Martin Wilckens

Nordamerikanische Landwirtschaft

Erfahrungen und Anschauungen gesammelt auf einer Studienreise im Jahre 1889

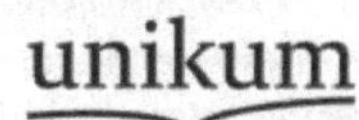

Martin Wilckens

Nordamerikanische Landwirtschaft

Erfahrungen und Anschauungen gesammelt auf einer Studienreise im Jahre 1889

ISBN/EAN: 9783845724850
Erscheinungsjahr: 2012
Erscheinungsort: Bremen, Deutschland

www.unikum-verlag.de | office@unikum-verlag.de

Martin Wilckens

Nordamerikanische Landwirtschaft

Erfahrungen und Anschauungen gesammelt auf einer Studienreise im Jahre 1889

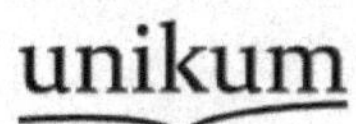

Nordamerikanische Landwirtschaft.

Erfahrungen und Anschauungen
gesammelt auf einer Studienreise im Jahre 1889

von

Prof. Dr. Martin Wilckens.

Mit 41 Abbildungen.

Tübingen, 1890.
Verlag der H. Laupp'schen Buchhandlung.

Vorwort.

Ich verdanke Sr. Excellenz dem k. k. österreichischen Ackerbauminister, Herrn Julius Grafen von Falkenhayn, einen namhaften Beitrag zu einer landwirtschaftlichen Studienreise, die ich vom 1. März bis 31. Oktober 1889 in die Vereinigten Staaten Amerikas und die kanadische Provinz Ontario ausgeführt habe. Die vorliegende Schrift ist der Bericht über diese Reise, den ich hiemit dem hohen k. k. österreichischen Ackerbauministerium, sowie den Landwirten in Oesterreich und Deutschland erstatte.

Die mitteleuropäischen Landwirte sind am härtesten von der Konkurrenz der nordamerikanischen Landwirtschaft getroffen. Ihnen wollte ich durch meine Studienreise die Gelegenheit bieten, die Thatsachen des nordamerikanischen Landwirtschaftsbetriebes kennen zu lernen und darnach die Mittel zu wählen, der nordamerikanischen Konkurrenz zu begegnen.

Leicht ist diese Konkurrenz nicht zu ertragen in unserem Lande, das von Waffen starrt, und in dem der Bürger niedergedrückt ist von der fast unerträglichen Last des bewaffneten Friedens. Der Landwirt in Mittel- und West-Europa muß seine ganze geistige Kraft aufbieten, um die Mitwerbung seiner überseeischen Gewerbsgenossen auszuhalten.

Aber der wirtschaftliche Kampf zwischen Nordamerika (vielleicht bald ganz Amerika) und Europa beruht nur zum Teil auf Vorteilen Amerikas, welche die alten Kulturländer Europas nicht besitzen, nämlich auf noch herrenlosen oder öffentlichen Ländereien. Viel mehr als diese Vorteile haben wir zu fürchten die geistige Bewegung in Nordamerika, die alle wissenschaftlichen und technischen Errungenschaften unseres Jahrhunderts in den Dienst der heimischen Landwirtschaft stellt. Noch steht die geistige Kraft, die Pflege der Wissenschaft höher in Europa als in Nordamerika. Aber was wir erringen auf diesem Gebiet, das dient nur dazu unsere Kriegswaffen zu vervollkommnen und den landwirtschaftlichen Fortschritt aufzuhalten.

Die zahlreichen Völker, die seit Jahrhunderten aus Europa nach Nordamerika ausgewandert sind, haben sich dort in den Vereinigten Staaten zu einem mächtigen Reiche geeinigt, in dem jeder Streit der Nationalitäten, der Konfessionen und gesellschaftlichen Stände unterdrückt ist zu Gunsten der „Union“, des gemeinsamen Vaterlandes, das keinerlei Unterschiede kennt zwischen Staaten und Staaten, zwischen Bürgern und Bürgern.

Europa aber ist zerrissen durch heftigen Streit zwischen Fürsten und Völkern, zwischen den Bürgern desselben Staates, zwischen den Religionsbekenntnissen und den Ständen der bürgerlichen Gesellschaft. Europa steht an der Schwelle einer Kriegsepoche, die wahrscheinlich die Kultur von Jahrhunderten vernichten wird.

Dieser Zustand der Selbstvernichtung, der furchtbare Aufwand von Kraft, um die Schrecknisse eines allgemeinen Völkerkrieges so lange wie möglich hinauszuschieben, das macht es Europa so schwer die Konkurrenz des freien und jugendkräftigen Amerikas zu ertragen, das seine ganze Kraft verwendet zur bürgerlichen Arbeit und zum Fortschritt der menschlichen Kultur.

Wir haben in Europa mit jenen Faktoren einer gefährdeten Kulturepoche zu rechnen. Keine Macht der Welt scheint den Kulturniedergang des alten Europas aufhalten, das Aufsteigen des jungen Amerikas hindern zu können. Das Einzige, was die geistigen Führer der europäischen Völker noch thun können, ist: alle Errungenschaften der Wissenschaft, insbesondere der Naturwissenschaft, in den Dienst der wirtschaftlichen Produktion zu stellen, um durch die sparsamste Ausnutzung der Naturkräfte die furchtbaren Lasten des bewaffneten Friedens erträglich zu machen.

Das gilt ganz besonders für das Gebiet der landwirtschaftlichen Produktion. Noch gibt es viele Tausende von Hektaren in Oesterreich und Deutschland, welche kaum die Hälfte des Ertrages geben, den sie liefern könnten, wenn sie besser bewirtschaftet würden. Die einfachsten Lebensbedürfnisse, wie Obst, Gemüse, Käse, Eier, Geflügel und Fische (in Nordamerika stehen sogar Austern jedem einfachen Arbeiter zu billigen Preisen zu Gebote) sind bei uns Luxusbedürfnisse, die sich nur der Wohlhabende und Reiche gönnen darf. Wenn sich unsere Landwirte mehr auf die Befriedigung lokaler Bedürfnisse beschränken wollten, anstatt für den Weltmarkt Weizen zu erzeugen, dann würden sie wahrscheinlich höhere Einnahmen erzielen; dazu gehört jedoch ein kaufmännischer und zum Teil gärtnerischer Betrieb. Aber freilich, die Mehrzahl unserer Bauern, welche gewohnt sind mit der Hand zu arbeiten, besitzen nicht die Kenntnisse, um einen solchen Betrieb erfolgreich auszuführen. Diejenigen unserer Landwirte aber, die im Besitze solcher Kenntnisse sind, oder sie leicht erwerben können, die scheuen sich mit der Hand zu arbeiten und in den Verdacht zu kommen

„Bauern“ zu sein. Gilt doch die Handarbeit in Europa als eine Arbeit niedersten Ranges!

Die zahlreichen Beispiele dieser Schrift, was die Handarbeit und der Kleinbetrieb gebildeter „Bauern“ in Nordamerika zu erreichen vermag, wird hoffentlich manchen unserer vornehmen Landwirte darüber aufklären, auf welche Weise er seine Scholle besser ausnutzen kann.

Eines der leuchtendsten Beispiele auf landwirtschaftlichem Gebiete in Nordamerika ist die Thätigkeit der dortigen landwirtschaftlichen Versuchsstationen. Die gelehrten Arbeiter derselben besitzen nicht den Hochmut der deutschen Gelehrten gegenüber den Praktikern, sondern sie bemühen sich ihre wissenschaftlichen Arbeiten allgemein verständlich und praktisch anwendbar zu machen. Aus diesem Grunde sind die amerikanischen Versuchsgelehrten die Führer der praktischen Landwirte und die von ihnen geleiteten staatlichen Versuchswirtschaften sind Muster des landwirtschaftlichen Betriebes.

Wir können also noch viel lernen von der nordamerikanischen Landwirtschaft; ich hoffe daß meine Schrift dazu beitragen wird.

Schließlich drängt es mich allen denen, welche meine nordamerikanische Studienreise durch Rat und Empfehlungen gefördert haben, auch an dieser Stelle meinen aufrichtigen Dank auszusprechen. Zu diesen meinen Freunden und Beratern gehören: Prof. Dr. Sering in Berlin, der Ackerbauminister der Union, J. M. Rusk, sowie der Direktor des Amtes der Versuchsstationen, W. O. Atwater in Washington, der Sekretär Eberhard des österreichisch-ungarischen Generalkonsulates in New-York, Karl Rümelin zu Dent in Ohio, der deutsche Vizekonsul von Schuckmann in Chicago, der deutsche Konsul von Baumbach in Milwaukee, die Vertreter der deutschen Presse in der Union: Wilhelm Jüngst in Cincinnati, Dr. Prätorius und Harrsen in St. Louis, Richard Michaelis in Chicago, Franz A. Hoffmann zu Jefferson in Wisconsin. Den letzteren, der unter dem Namen „Hans Buschbauer“ einer der fruchtbarsten und erfolgreichsten landwirtschaftlichen Schriftsteller ist, habe ich schon in einem besonderen Artikel in No. 7 der „Wiener Landw. Zeitung“ und in No. 1 des Schlesischen „Landwirth“ 1890 den deutschen Landwirten bekannt gemacht. Endlich gedenke ich dankbar der Mitglieder nordamerikanischer Versuchsstationen und der Lehrer landwirtschaftlicher Schulen, sowie der Farmer, die ich besucht und bei denen ich die weitgehendste Gastfreundschaft erfahren habe.

Währing bei Wien, Mitte Juli 1890.

M. Wilckens.

Inhaltsverzeichnis.

Einleitung.

Am 1. März 1889 verließ ich Wien, um mich am 6. März in Bremerhaven auf dem Schnelldampfer „Aller" des Norddeutschen Lloyd nach New-York einzuschiffen, wo ich am 15. März eintraf.

Kälte und Schneefall hinderten mich, meine Landreise schon im März anzutreten. Ich benutzte daher meinen 16 tägigen Aufenthalt in Brooklyn und New-York u. a., um den Marktverkehr kennen zu lernen, einige Volksschulen zu besuchen und die nötigen Vorbereitungen für meine Landreise zu treffen. Nur eine einzige Farm habe ich am 29. März von New-York aus besucht, nämlich die Mountain Side Farm des österreichisch-ungarischen Generalkonsuls Herrn Theod. A. Havemeyer, welche 2 Meilen von Mahwah in New-Jersey gelegen ist. Ich werde dieser Farm im 13. Abschnitte gedenken.

Mit großem Interesse habe ich den Washington Markt in New-York besucht. Eine große, aber alte und enge, keineswegs sehr saubere Markthalle beherbergt alle Lebensmittel, welche man für den täglichen Haushalt bedarf. Die Damen selbst pflegen hier ihre Tages- oder Wochen-Einkäufe zu machen, nur selten sieht man männliche Käufer. Die eingekauften Gegenstände werden durch Dienstmänner oder Transport-Gesellschaften nach kurzer Zeit, bei zeitigen Einkäufen gewöhnlich noch vormittags, in's Haus gebracht. Man zahlt die eingekauften Waren dem Verkäufer in der Markthalle und gibt die quittierte, gewöhnlich nur mit Bleistift geschriebene Note desselben den Dienst- oder Expreßmännern, die in der Nähe der Markthalle ihren Stand haben.

Ich hatte Gelegenheit mit einer Verwandten in der Washington Markthalle am 16. und 23. März die für einen Wochen-Haushalt nötigen Einkäufe zu machen. Diese erstreckten sich auf Fleisch, Fische, Gemüse, Obst, Käse und Eier. Das Fleisch ist meist in ganzen Vierteln aufgehängt, Geflügel und Fische liegen in Eis, das überall reichlich, teilweise auch bei Gemüsen in Anwendung kommt. Die übrigen Gegenstände, wie auch kleine und geräucherte Fleischstücke befinden sich auf Tischen.

Am größten ist die Nachfrage nach Rind- und Lammfleisch. Der Genuß des letzteren ist überall in Nordamerika sehr verbreitet; aber die Lämmer werden keineswegs so jung und unreif gegessen wie in Mitteleuropa, sondern im Alter von etwa einem Jahre. Das Pfd. Lammfleisch vom Hinter-Viertel kostete 14 cts (128 Pf. d. kg), ein Pfund Roastbeef 16 cts (148 Pf. d. kg), ein Pfund geräucherte Rindszunge 14 cts, 1 Paar Kalbsbröschen (Sweet bread) 25—50 cts, je nach Größe. Verhältnismäßig billig sind Seefische und andere Seetiere. Ein Pfund Hummer kostete 15 cts (138 Pf. d. kg), ein Pfund Red-Snapper 15—20 cts, 1 Shad (Maifisch, Clupea alosa) Doll. ½—1, je nach Größe. Geflügel war reichlich vorhanden, namentlich große und gut gemästete Puter (Turkeys), Enten und Tauben; letztere geschlachtet und zu je 6 Stück zusammengebunden. Mit Gemüsen war der Markt spärlich versehen. Von feineren Gemüsen war nur Blumenkohl da, ein mittelgroßer Kopf 35—45 cts, und gebleichte Selleriestengel 25 cts das Bund. Radieschen wurden mit 5 cts ein kleines Bund und Preiselbeeren (Cranberries), so groß wie kleine Kirschen, mit 15 cts das Quart (55 Pf. d. l) bezahlt. Von Obstsorten waren Orangen und Mandarinen am billigsten; große schöne Orangen mit ziemlich dicker Schale von bräunlicher Farbe, aus Florida und Havanna, kosteten 25 cts 13 Stück (8 Pf. d. St.). Guter alter Chedkarkäse kostete 11—12 cts das Pfund (M. 1. 01—1. 10 d. kg). Von Eiern bekam man 72 Stück für Doll. 1 (10 Stück für 58 Pf.)

Ein andermal hatte ich Gelegenheit den Fultonmarkt in New-York zu besuchen. Dieser ist vorwiegend Fischmarkt. Die seltensten See- und Flußfische, große und kleine Schildkröten werden zu verhältnismäßig billigen Preisen verkauft; aber es würde zu weit führen, auf diesen der Landwirtschaft fernstehenden Artikel hier einzugehen.

Mit Ausnahme von Gemüsen, waren alle Lebensmittel in New-York wohlfeiler als in den Großstädten Deutschlands und Oesterreichs. Am wohlfeilsten war im Vergleiche zu diesen Städten das Obst in New-York. Ich werde auf den Obstverzehr in Nordamerika später noch zurückkommen und die Bedingungen nachweisen, welche es ermöglichen, daß Jedermann dort sich Obst als Alltagsgenuß gönnen kann. Zum Teil ermöglichen das die günstigen klimatischen Verhältnisse der Vereinigten Staaten; so habe ich z. B. die ersten frischen Erdbeeren etwa am 20. März und die letzten etwa am 20. Juli gegessen. Im März kommen die Erdbeeren aus Florida und den Südstaaten, sowie aus Kalifornien, im Juli aus den Nordstaaten. Reife Pfirsiche und Pflaumen bekommt man vom Juni bis Oktober und Orangen das ganze Jahr, ebenso wie Bananen von den westindischen Inseln und aus Südamerika.

Eine besondere Beachtung verdient der Eierhandel in New-York. Nach englischer Sitte werden in Nordamerika sehr viel Eier zum ersten Frühstück gegessen. In den Vereinigten Staaten sollen jährlich für 200 Millionen Doll. (834 Millionen M.) Eier verzehrt werden. Ich habe ein neben dem Washington-Markt in New-York bestehendes Eiergeschäft besucht, welches nach der Angabe des Geschäftsführers täglich etwa 600 Fässer zu

70 Dutzend Eier verkauft, das entspräche (ungerechnet die schlechten, welche weggeworfen werden) einem täglichen Bedarf von einer halben Million Eiern. In einem dunklen Raum dieses Geschäftes saßen 6 Mann, welche mit einer merkwürdigen Geschwindigkeit die Eier gegen das Licht einer Lampe prüften und die undurchsichtigen beiseite warfen.

Später habe ich in Johnson Creek bei Jefferson in Wisconsin das Verfahren kennen gelernt, wie die Eier für den Winterverkauf aufbewahrt werden. Der Besitzer der dortigen Molkerei, Herr Mannsfield, trieb das Eiergeschäft als Nebengeschäft. Er besaß 8 große Becken in seinem Keller, welche mit Salz- und Kalkwasser gefüllt waren. Jedes dieser Becken konnte 6000 Dutzend fassen. Herr Mannsfield kaufte die Eier von Mai an zum Preise von 10 cts (41,7 Pf.) das Dutzend und er verkaufte sie im Winter zu 18 cts (75 Pf.) das Dutzend. Sein Umsatz an Eiern beträgt jährlich etwa Doll. 150,000 (M. 625,500).

Die leichte Gelegenheit, alle Nahrungsgegenstände für den Haushalt an einem einzigen Orte einzukaufen und in kurzer Frist in's Haus gebracht zu erhalten, gestattet den Damen, die Einkäufe selbst zu besorgen. In kleineren Städten, wo ähnliche Gesamtmärkte für Nahrungsmittel bestehen, ist das noch leichter. Die Damen machen dort ihre Einkäufe in ihren leichten einspännigen Wägelchen (Buggies).

Dieses in ganz Nordamerika verbreitete Selbsteinkaufen der Lebensmittel seitens der Damen, das auch in den kleineren Städten geschieht, wo keine Markthallen bestehen, sichert sie erstens vor betrügerischen Handlungen ihrer Dienstleute und dann kaufen sie manches, was ihnen gerade in die Augen sticht, oder wozu sie von den Käufern überredet werden. Solche Gelegenheitskäufe sind durch Dienstleute in der Regel nicht ausführbar; sie sichern dem Verkäufer den Absatz seltener, oder früh an den Markt gebrachter Waren. Jedenfalls sind sie zum Vorteile des landwirtschaftlichen Verkehres.

Die außerordentlich günstigen Verkehrseinrichtungen der nordamerikanischen Eisenbahnen gestatten eine vollkommen gesicherte Verfrachtung landwirtschaftlicher Erzeugnisse selbst aus weiten Entfernungen. Auf allen Hauptbahnen, und sogar auf kleineren Nebenbahnen oder Seitenlinien, findet man besondere Eisenbahnwagen für Milch, Obst, Gemüse, Fleisch. Alle diese Wagen sind mit Kühlvorrichtungen versehen und für den ausschließlichen Gebrauch der genannten Gegenstände bestimmt. Dazu kommt, daß die Art der Verpackung eine sehr einfache ist. Die Milch wird in verzinnten Eisenblechkannen verschifft, Obst und Gemüse in Holzkörben, Kisten, Fässern, oft nur in Lattenkasten (Crates), Fleisch in Stücken hängend oder in Säcken eingenäht. Und das alles ohne viele Schreiberei, ohne Frachtbrief, die einzelnen Frachtstücke nur mit einem Papierstreifen behängt, auf dem die Adresse des Empfängers steht, oft nur mit Bleistift geschrieben. Die Gefässe für die verfrachteten Gegenstände tragen die Namen der Firma, bezw. Name und Wohnort des Absenders, an den sie leer zurückgesendet werden können, wenn das für die Rückfracht (wie z. B. bei Milchkannen) lohnend ist.

Größere Landgüter haben in den benachbarten Städten ihre eigenen Niederlagen für Milch, Rahm und Butter, Gemüse, Obst und Fleischwaren. Daß alle diese Produkte, wie überhaupt alle Lebensmittel in der Stadt wie auf dem Lande, den Abnehmern in's Haus gefahren werden, bedarf wohl keiner besonderen Erwähnung in einem Lande, wo das Möglichste geschieht, um alle Erzeugnisse menschlichen Fleißes auf dem raschesten Wege an den Ort ihres Verbrauches zu führen. Daher haben denn auch die Eisenbahnen nicht bloß Eilzüge für Personen, sondern auch für Güter, welche einer raschen Beförderung bedürfen, insbesondere für alle Lebensmittel.

Nachdem ich mir in New-York ein Bild verschafft hatte von den großartigen und bequemen Marktverhältnissen für landwirtschaftliche Erzeugnisse, fuhr ich am 1. April nach der Bundeshauptstadt Washington, um mir einen Einblick zu verschaffen in den Regierungs-Betrieb für die gesamte Landwirtschaft der Vereinigten Staaten. Den Mittelpunkt des amtlichen Verkehrs bildet das Agricultural Department (Ackerbau-Amt) der Bundes-Regierung, dessen Sekretär (Minister nach unserem Sinne) Herr J. M. Rusk ist, ein Landwirt aus Wisconsin und früherer Gouverneur dieses Staates.

Nach kurzem Warten in einem Vorzimmer, in welchem zwei junge Damen amtliche Dienste verrichteten, wurde ich von Herrn Rusk empfangen, der über die landwirtschaftlichen Verhältnisse seines Vaterlandes gut unterrichtet war und ein lebhaftes Interesse hatte für meine Aufgabe, sie kennen zu lernen. Ich verdanke ihm ein Einführungsschreiben an die Präsidenten der Landwirtschaftsschulen, Direktoren der Versuchsstationen und Landwirtschaftsämter (Boards of Agriculture) in den Staaten, welche ich besuchen wollte. Auch gestattete er mir die Einrichtungen seines Ministeriums, bezw. die Fachabteilungen des von ihm verwalteten Ackerbau-Amtes kennen zu lernen, zu welchem Zwecke er mir den Assistenten der entomologischen Fachabteilung, Dr. L. O. Howard, als Führer mitgab.

Das Ackerbau-Amt der Vereinigten Staaten besteht aus 12 wissenschaftlichen Fachabteilungen (Divisions), von denen nur die Abteilung für Tierindustrie (Bureau of Animal Industry) eine ausübende Gewalt besitzt, insofern sie die Maßregeln gegen Tierseuchen anzuordnen hat, wie Quarantänen, Schlachtung verseuchter Tiere, Desinfizierung verseuchter Orte u. s. w. Die übrigen Fachabteilungen sind Auskunftsämter und Versuchsstationen für die wissenschaftlichen Bedürfnisse der Landwirtschaft. Die Fachabteilungen des Ackerbau-Amtes in Washington sind die folgenden:

1. für Insektenkunde (Div. of Entomology),
2. für Tierindustrie (Bureau of Animal Industry),

3. für Chemie (Div. of Chemistry),
4. für Botanik (Div. of Botany),
5. für Pflanzenkrankheiten (Section of Vegetable Pathology),
6. für Statistik (Div. of Statistics),
7. für Vogel- u. Säugetierkunde (Div. of Ornithology and Mammalogy),
8. für Versuchsstationen (Office of Experiment Stations),
9. für Mikroskopie (Div. of Microscopy),
10. für Obstkunde (Div. of Pomology),
11. für Forstwirtschaft (Div. of Forestry),
12. für Saatverteilung (Div. for the Distribution of Seed).

Außerdem besteht noch ein Amt für Molkereiwesen (bisher von nur geringer Bedeutung), ein Rechnungs-Amt, ein Amt für Dokumente und eine große, wohl ausgestattete Bibliothek.

Jeder Fachabteilung steht ein Professor, oder ein angesehner Fachgelehrter vor, der einen oder mehrere Assistenten unter sich hat, welche sich an der Ausführung der wissenschaftlichen Arbeiten beteiligen. Die rein amtlichen Arbeiten, sowie in der Abteilung für Saatverteilung die Untersuchung, Ordnung und Versendung der Samen verrichten Damen, meist verheiratete Frauen.

Da es mir unmöglich ist, die Arbeiten der einzelnen Fachabteilungen eingehend zu besprechen, so muß ich mich mit einer kurzen Uebersicht ihrer Leistungen begnügen, wobei ich mich auf den in Druck vorliegenden „Report of the Commissioner of Agriculture“ für das Jahr 1888 und auf den ersten Bericht des gegenwärtigen Ackerbau-Ministers für das Jahr 1889 beschränken werde. Ich bemerke hierzu, daß bis zum Februar 1889 dem Ackerbau-Amte der Vereinigten Staaten ein, dem Ministerium nicht angehörender „Kommissär“ vorstand, seit März 1889 aber der Ackerbau-Minister (Secretary of Agriculture) ein Mitglied des Kabinettes ist. Unter ihm steht ein Sekretärs-Assistent und der Hauptbeamte (Chief-Clerk). Diese drei bilden den politischen Bestand des Ackerbau-Amtes, der unter jeder neuen Präsidentschaft, bezw. mit dem Wechsel der Bundes-Regierung verändert wird. Ständige Hilfsbeamte sind nur die Fachgelehrten, sowie ihre männlichen und weiblichen Assistenten.

Der Vorstand der Abteilung für Insektenkunde ist Dr. Charles V. Riley. Die Untersuchungen dieser Abteilung werden teils durch Agenten im Lande selbst betrieben, welche darüber ihre Berichte einsenden, teils werden sie von Herrn Riley und seinen Assistenten in Washington ausgeführt. Die Agenten haben berichtet über eine Nematode der Anguilluliden-Familie, welche die Wurzeln der Pfirsiche und anderer Gewächse in Florida angreift; über den Schaden des Baumwollen-„Boll“-Wurm an der Tomato-Ernte in gewissen Golfstaaten; über die Wahrscheinlichkeit des Einfalles der Felsengebirgs-Heuschrecke im Nordwesten; über Insektenschäden an Getreide und Vieh im Südwesten, in Missouri u. s. w. Die Veröffentlichungen

(Bulletins) der Abteilungen hatten zum Gegenstande: die Getreidewanzen (Chinch bugs), die Maulbeer-Seidenraupe, die blätterzerstörenden Insekten der Laubbäume, den Pflaumenkäfer (Conotrachelus nenuphar, Herbst), eine „Fluted Scale" (Icerya purchasi, Maskell) genannte Schildlaus, die Hopfen-Pflanzenlaus (Phorodon humuli Schrank). Untersucht wurden ferner die Verheerungen der Blattläuse (Aphis) in den Weizenfeldern von Ohio, Maryland, Wisconsin, Michigan und Illinois, die Schäden einer Blattmilbe in den Orangenhainen von Florida, der Hornfliege, welche kürzlich aus Europa eingeführt, das gehörnte Rindvieh befällt u. s. w. Bei allen den Ernten schädlichen Insekten sind nachgewiesen: die geographische Verbreitung, die Nahrungspflanzen, die Lebensweise, die natürlichen Feinde und die Mittel der Insektenvertilgung. Auch gab die Abteilung ein Verzeichnis heraus der veröffentlichten Synopsen, sowie Kataloge und Listen nordamerikanischer Insekten. Von der Thätigkeit der Abteilung für Insektenkunde gibt auch die Thatsache Kunde, daß jährlich 4000—5000 Briefe zu beantworten sind, welche Anfragen enthalten nach Mitteln gegen schädliche Insekten. Dem Jahresberichte der Abteilung sind sehr schöne Abbildungen beigegeben.

Eine Unterabteilung der Abteilung für Insektenkunde ist die von Herrn Philipp Walker geleitete Seiden-Sektion, welche mit den besten Apparaten zur Behandlung der Eier und der Cocons ausgestattet ist. Ihre Hauptaufgabe ist: Versuche zu machen, um die Maschinen-Haspelung an Stelle der Handarbeit zu setzen.

Das „Bureau für Tierindustrie" steht unter der Leitung des Herrn D. E. Salmon. Die Hauptthätigkeit dieses Bureaus war auf die Ausrottung der Lungenseuche beim Rindvieh und der Verhinderung der Ausbreitung der Schweineseuche gerichtet. Seitens des Bureaus sind in den Staaten New-York, New-Jersey, Pennsylvanien, Maryland, Virginia und Illinois vom 1. Januar bis 30. November 1888 305,280 Stück Rindvieh auf Lungenseuche untersucht und darunter 1446 krank befunden worden. Die Sektion von getöteten Rindern ergab 3426 an Lungenseuche erkrankte. Die bakteriologischen Arbeiten des Bureaus werden von Herrn Theobald Smith, einem Deutschen, ausgeführt, dessen Institut mit den besten bakteriologischen Apparaten ausgestattet ist. Auch zur Ausrottung des Texas- oder Milzfiebers wurden Maßregeln getroffen durch Reinigung und Desinfektion der Eisenbahnwagen. Die Errichtung einer Versuchsstation für Tierkrankheiten ist in nahe Aussicht genommen, ebenso die einer besonderen Abteilung für Molkereiwesen.

Der Vorstand der Abteilung für Chemie ist Herr H. W. Wiley, dem 10 Assistenten unterstellt sind. Das Laboratorium dient zur Untersuchung von Mineralien, Erzen, Felsen, Mergeln, künstlichem Dünger, Sorghum-Zuckerrohr, Zuckerrüben, Syrup, von Wasserproben und anderen alltäglichen Untersuchungen. Besondere Aufgaben bestanden in der Untersuchung von Cassava-Wurzeln (Jatropha manihot) aus Florida, von Speck und seinen Verfälschungen und aus Versuchen zur Gewinnung von Sorghumzucker. Das Ackerbau-Amt unterhält mehrere Versuchsstationen für Sorghum-Zuckergewinnung und in dem Laboratorium des Herrn Wiley ist ein Assistent nur mit Zuckeruntersuchungen beschäftigt. Ich habe die Sorghumzucker-Station zu Rio Grande in New-Jersey später besucht und werde über dieselbe an anderer Stelle berichten. Auch bemüht sich gegenwärtig das Ackerbau-Amt eine Zuckerrüben-Industrie ins Leben zu rufen, nachdem die Versuche, eine Zuckerrüben-Kultur in Amerika einzuführen, in Kalifornien von Erfolg waren. Ohne Zweifel besitzt die Union ausgedehnte Landflächen, auf denen eine zuckerreiche Zuckerrübe gedeihen wird und man wird den Zucker daraus mit gleichem Vorteile gewinnen wie in Mittel-Europa. Dagegen wird die Erzeugung der Zuckerrüben in Nord-Amerika mit größeren Kosten verknüpft sein, weil der Arbeitslohn dort durchschnittlich etwa dreimal höher ist als in Mittel-Europa. Doch will ich mit diesem Einwande die Zuckerrüben-Industrie in Nord-Amerika keineswegs für unmöglich erklären, weil wahrscheinlich der für die Rübenkultur in Aussicht genommene Boden durch größere Erträge den höheren Arbeitslohn ausgleichen und die Handarbeit größtenteils durch Maschinen ersetzt werden wird.

Die Abteilung für Botanik unter Leitung des Herrn Georg Vasey beschäftigt sich haupsächlich mit der Untersuchung der den Kulturpflanzen schädlichen Unkräuter und mit neuen Futterpflanzen, insbesondere mit solchen, welche sich für die südlichen Staaten, sowie für die trocknen und halbtrocknen Gegenden des Westens eignen. Gras-Stationen sind errichtet in den Staaten Missisippi, Colorado und Kansas. Einer ihrer Agenten, Herr F. M. Anderson, hat den Bestand der Weiden in Montana untersucht. Die Hauptaufgabe der Abteilung ist: einen Zuwachs von Futter auf nichtbewässerbarem Land in trocknen Gegenden herbeizuführen. Zu diesem Zweck sind Wildgrassamen gesammelt und zu Anbauversuchen verbreitet worden. Die Veröffentlichung einer verbesserten Ausgabe der „Landwirtschaftlichen Gräser der Vereinigten Staaten“ steht bevor. Der Vorstand dieser Abteilung hat die einheimischen Gräser und deren klimatische Bedingungen in den Vereinigten Staaten durch ausgedehnte Reisen selbst untersucht. Die Abteilung für Botanik ist mit einer sehr reichhaltigen Sammlung von Kulturpflanzen, insbesondere von Gräsern, ausgestattet.

Die Abteilung für Pflanzen-Krankheiten unter der Leitung des Herrn B. T. Galloway hat Versuche angestellt über die Behandlung von Trauben-Krankheiten, über den flaumigen Schimmel (Phytophthora infestans DBy) der Kartoffel, über die Schwarzfäule der Tomatoes, über die Braunfäule (Monilia fructigena Pers.) und den staubigen Schimmel (Podosphaera oxycantha DBy) der Kirsche, über den Blatt-Brand (Blight) und das Reißen der Birne durch Entomosporium maculatum Lév., über die Blattflecke der Rosen durch Cercospora rosaecola Pass., über Pflaumen-Blattern durch Taphrina pruni, über Apfelrost durch Gymnosporangien, über Septosporium an Weinblättern, über eine Blätter-Fleckenkrankheit des Ahorn durch Phyllosticta acericola, über eine Krankheit der Platane durch Glaeosporium nervisequum, über den Blätterrost der Silberpappel (Cottonwood) und einiger anderer Pappelarten durch Melampsora populina Lév. Agenten der Abteilung sind an verschiedenen Plätzen der Union angestellt, um Pflanzenkrankheiten zu beobachten und darüber zu berichten. Seitens der Abteilung für Pflanzenkrankheiten wird ein monatlich erscheinendes „Journal of Mycology“ herausgegeben. Dem Jahresberichte liegen vorzügliche Abbildungen bei.

In der Abteilung für Statistik werden unter Leitung des Prof. J. R. Dodge festgestellt: der durchschnittliche Regenfall und die Temperatur der Vereinigten Staaten (eingeteilt in 22 Distrikte) in den Monaten April bis September, die Ernten des Jahres nach Gesamtmenge und Gesamtwert, sowie nach der durchschnittlichen Menge auf den Acker und die Zahl der angebauten Acker in jedem Einzelstaate. Dann sind für jeden Staat der Union sämtliche Ernteerträge im Ganzen, im Durchschnitt des Ackers und nach dem Werte zusammengestellt, so daß sich daraus ein Ueberblick ergibt über die Fruchtbarkeit der einzelnen Staaten bezüglich der verschiedenartigen Bodenerzeugnisse und des Preises derselben. Dann ist die Zahl und der Wert des Viehstandes festgestellt, sowie der wahrscheinliche Zuwachs, oder die Abnahme für das folgende Jahr berechnet. So ist für das Jahr 1889 z. B. der Rindviehstand auf 35,032,417 Stück, der Schweinestand auf 50,301,592 Stück berechnet; außer jenem Rindvieh aber sind noch 15,298,625 Milchkühe geschätzt. Der Gesamtwert sämtlicher Haustiere in der Union ist auf etwa 2 1/2 Milliarden Doll. (10,4 Milliarden M.) geschätzt. Weiter werden die Bedingungen der Viehhaltung besprochen und die Verluste in den Einzelstaaten angegeben. Auch die Handels-Bewegung der Haustiere ist nachgewiesen und zwar von den letzten 14 Jahren. So erfahren wir z. B. von Chicago, daß der Auftrieb von Rindvieh von 920,843 im Jahre 1875 auf 2,611,543 Stück im Jahre 1888 gestiegen ist; noch größer ist die Zunahme des Auftriebes in dieser Zeit in Kansas City, nämlich von 174,754 auf 1,056,086 Stück, während in Baltimore der Auftrieb von Rindvieh im Jahre 1875 von 112,679 auf 85,166 im Jahre 1887 gefallen ist. Dann zeigen uns übersichtliche Tabellen die Verfrachtungssätze per Eisenbahn-Wagenladung in den letzten 5 Jahren für Rindvieh, Schafe, Schweine, Körner und Mehl, Speck und Schweinefleisch und ausgeschlachtetes Rindfleisch (dressed beef). Endlich erfahren wir die Einfuhr und Ausfuhr von landwirtschaftlichen Produkten nach Maß und Wert; im Jahre 1888 hatte die Gesamtausfuhr landwirtschaftlicher Produkte einen Gesamtwert von fast 500 Mill. Doll. (über 2 Milliarden M.), wovon beinahe die Hälfte auf Baumwolle und Baumwollensaat-Oel entfiel. Die ausgeführten landwirtschaftlichen Produkte erreichten gegenüber den einheimischen Industriewaren (683,862,104 Doll.) einen Anteil von 73 vom Hundert. Die landwirtschaftliche Statistik einiger ausländischer Staaten schließt den Jahresbericht des Statistikers.

Der statistische Bericht über die Ernte von 1889 stellt fest eine Durchschnitts-Getreideernte, einen vollen Vorrat von Nahrung aller Art und eine Baumwollenernte hinreichend für alle Nachfragen. Kartoffeln haben etwas von Fäule gelitten, mehr im Osten als im Westen. Obst ergab eine Mittelernte, Aepfel insbesondere kaum 1/3 einer vollen Ernte. Die Hauptfrucht des amerikanischen Ackerbaues, Mais, hat an Ausbreitung mehr gewonnen als jemals bevor, indem sie mehr als die Hälfte der Fläche aller Getreidearten einnahm und 3/4 des gesamten Maisbaues auf der Erde betrug. Der Mais dürfte eine Durchschnittsernte übertreffen, welche bisher etwa 26 Bsh. vom Acker (22,6 hl vom ha) betrug. Die Weizenernte wird als volle Ernte geschätzt (zwischen 12 und 13 Bsh. vom Acker = 10,44 bis 11,31 hl vom ha), aber die Qualität ist unter dem Durchschnitt bezüglich des Gewichtes und der Eigenschaft zum Brodbacken. Die Baumwollenernte verspricht mehr als eine Durchschnittsernte. Die Notwendigkeit, die Erzeugung menschlicher Nahrung zu beschränken, hat im hohen Grade die Erzeugung von Heu und trocknem Futter gesteigert; die Ausbreitung des Silosystems, welches der Nachfrage nach saftigem Futter an Stelle von Rüben entspricht, hat die Abwechselung und die Masse des Futters im hohen Grade vermehrt. In den trocknen Gegenden hat der Anbau von Luzerne auf bewässerbarem Land beträchtlich zugenommen.

Die gemeinsame Abteilung für Vogel- und Säugetierkunde hat Dr. C. Hart Merriam zum Vorstande. Der Zweck dieser Abteilung ist durch eine Kongreßakte wie folgt bestimmt worden: „Förderung der wirtschaftlichen Vogel- und Säugetierkunde, Untersuchung der Nahrungs-Beschaffenheit, Verteilung und Wanderung der nordamerikanischen Vögel und Säugetiere, in Beziehung zur Landwirtschaft, Gartenbau und Forstwirtschaft". Zur Erfüllung dieser Aufgabe wurden die darauf bezüglichen Thatsachen gesammelt und in Berichten und „Bulletins" veröffentlicht. Eine sehr wertvolle Leistung dieser Abteilung ist der von Dr. C. Hart Merriam herausgegebene Bericht von W. W. Cooke über die Vogel-Wanderung im Mississippi-Thale (Report on Bird Migration in the Mississippi Valley in the years 1884 and 1885: Washington, Government printing office 1888). Die wichtigsten Untersuchungen im Jahre 1888 betrafen den Prairiehund (Pocket Gopher, Cynomys ludovicianus Wagn.) und das Backenhörnchen (Ground Squirrel, Tamias striatus L.), welche den Landwirten in den westlichen Staaten viel Schaden machen. Ein Assistent ist durch das ganze Jahr beschäftigt worden mit der Untersuchung der Köpfe und Schwingen der Vögel, welche, an den Leuchtthürmen der Meer- und Seeküsten in den Vereinigten Staaten und Kanadas umgekommen, von den Leuchthurmwärtern eingesandt waren. Ein großes Maß von Arbeit erfordert die Untersuchung des Mageninhaltes von Krähen, Habichten und Eulen, welche die Zahl von 10,675 erreicht haben. Auch die Bestimmung der Arten der von Privaten eingesandten Vögel und Säugetiere beschäftigt die in Rede stehende Abteilung. Die Feststellung der geographischen Verbreitung der einheimischen Arten von wilden Vögeln und Säugetieren gehört ebenfalls zu den Aufgaben der Abteilung für Vogel- und Säugetierkunde. Eine sehr umfassende Untersuchung über den Schaden und Nutzen der gemeinen Krähe (Corvus americanus) kommt zu dem für die Landwirtschaft wichtigen Ergebnis: „Der Schaden, welchen Krähen machen, scheint den Nutzen weit zu überwiegen". Ein besonderes Verdienst der Untersuchung des Mageninhaltes der Krähen ist die Feststellung der Thatsache, daß derselbe zahlreiche schädliche Samen enthält, z. B. die Beeren des Giftsumachs (Rhus venenata) und des Giftepheus (Rhus toxicodendron), welche mit den Auswürfen im Lande verbreitet werden. Dagegen ergibt die Untersuchung des Mageninhaltes der kurzohrigen Eule, des Sperlingshabicht (Falco sparverius) und des rotbrüstigen Kernbeißers (Grosbeak, Habia ludoviciana) deren Nutzen; der letztere ist ein Feind des Colorado-Kartoffelkäfers. Ein Hauptwerk dieser Abteilung ist die Zusammentragung und Veröffentlichung der Schrift über den englischen Sperling auf 405 Oktavseiten. Ein mit Abbildungen versehenes Werk über Habichte und Eulen ist in Vorbereitung. Vom 1. Januar bis 1. Oktober 1889 sind 3000 Exemplare von Vögeln zur Artbestimmung eingesendet worden.

Das Amt für die Versuchs-Stationen unter der Leitung von Direktor W. O. Atwater ist erst am 1. Oktober 1888 errichtet. Seine Aufgabe ist die Organisation der landwirtschaftlichen Versuchs-Stationen und die Sammlung von Material für künftige Veröffentlichungen. Am Schlusse des Jahres 1888 bestanden in den Vereinigten Staaten 46 landwirtschaftliche Versuchs-Stationen, mit deren Zweig-Stationen gegen 60. Das genannte Amt hat hauptsächlich eine vermittelnde Stellung einzunehmen für den Zwischenverkehr und den Austausch zwischen den landwirtschaftlichen Schulen und Versuchs-Stationen und es soll periodische Bulletins veröffentlichen über den landwirtschaftlichen Fortschritt, enthaltend in leichtverständlicher Form die letzten Ergebnisse im Fortschritte der landwirtschaftlichen Erziehung, der Forschung und des Versuchswesens im eigenen Lande und in fremden Ländern. Für das landwirtschaftliche Versuchswesen in jedem Staate des Bundes hat der Kongreß einen jährlichen Beitrag von Doll. 15,000 (M. 62,550) ausgesetzt. Auch die landwirtschaftlichen Schulen der Union, deren am Ende des Jahres 1888 fünfzig bestanden, stehen in einer gewissen geschäftlichen Verbindung mit dem Amte der Versuchs-Stationen. Da ich in besonderen Abschnitten die landwirtschaftlichen Schulen und Versuchs-

Stationen besprechen werde, so sehe ich an dieser Stelle ab von weiteren Betrachtungen dieser Anstalten.

Die Fachabteilung für Mikroskopie unter Leitung des Herrn Thomas Taylor beschäftigt sich hauptsächlich mit dem mikroskopischen Nachweis von verfälschten Gewürzen (Pfeffer, Senf, Gewürznelken, Piment, Cinnamon), von Fetten und Butter. Ausgedehnte Untersuchungen bezogen sich auf die Farbenreaktionen des einheimischen Olivenöles von Kalifornien und seiner Verfälschungen, sowie auf Oel von Baumwollensamen, Sesamsamen, Mohnsamen und Erdnußöl. Herr Taylor hat ein neues Taschen-Polariskop („Oleomargariskop“ genannt) erfunden, zum Nachweise der prismatischen Farben von Oleomargarin, bezw. der damit verfälschten Butter. Dem Jahresberichte der Abteilung sind musterhaft ausgeführte Abbildungen beigegeben.

Der Vorstand der Fachabteilung für Obstbau ist Herr H. E. van Deman. Die Thätigkeit der Abteilung besteht einmal in der Bestimmung eingesandter Obstsorten, deren im Jahre 1888 etwa 10,000 vorlagen. Dann hat die Abteilung im selben Jahre über 300 Zeichnungen und Abbildungen in Wasserfarben von Obst hergestellt, welche dem Archiv der Abteilung („Cabinet of Records“) einverleibt wurden. Diese Abbildungen in Wasserfarben, deren einige dem Jahresberichte der Abteilung beiliegen, sind musterhaft und wahrhaft künstlerisch von Herrn W. H. Prestele ausgeführt und von A. Hoen u. Co. in Baltimore auf lithokaustischem Wege hergestellt. Derartige Darstellungen von Früchten, Zweigen, Knospen und Blättern in natürlichen Farben sind mir in solcher Vollendung niemals vorgekommen. Eine besondere Aufmerksamkeit verwendet die Abteilung auf die Kultivierung einheimischer wilder Früchte, sowie auf die Verbreitung neuer kultivierter Früchte, falls sie sich als brauchbar bewähren. Insbesondere wurden in neuester Zeit verschiedene Arten von Kokosnüssen von den Philippinischen Inseln und verschiedene andere Früchte von Europa, Indien und Japan eingeführt. Ein ausführlicher Bericht ist erstattet über die Obsternte des Jahres 1888 und über die hervorragendsten Sorten derselben. Dem Jahresberichte beigefügt ist eine vortreffliche Abhandlung des Herrn W. H. Ragan von Greencaste, Indiana, über das in der Union kultivierte, einheimische und eingeführte Obst.

Die Abteilung für Forstwirtschaft unter der Leitung des Dr. B. E. Fernow, eines Deutschen, hat einen nur geringen praktischen Wirkungskreis, weil in den Vereinigten Staaten eigentlich keine Forstwirtschaft, sondern nur eine Forstverwüstung betrieben wird. Ihre Thätigkeit ist vorwiegend beratender und in litterarischer Beziehung berichtender Natur. Interessant ist aus dem statistischen Bericht dieser Abteilung zu ersehen, daß die Vereinigten Staaten in dem am 30. Juni 1888 endenden Jahre an Forstprodukten und Holzwaren ausgeführt hatten für Doll. 32,128,854 (M. 133,977,411), darunter nach Deutschland für Doll. 2,386,286 (M. 9,950,813), nach Oesterreich für Doll. 116,491 (M. 485,767 oder fl. ö. W. 465,964). Nach Deutschland, insbesondere nach Hamburg wurde allein an Wallnußholz über 10 Mill. Kubikfuß ausgeführt. Die Holzausfuhr nach England betrug 311,008,450 Kubikfuß und der Gesamtwert an Holzwaren dahin Doll. 7,323,135 (etwa 30 Mill. M.) England ist bisher der stärkste Abnehmer nordamerikanischer Forstprodukte. Die Größe der Forstinteressen in den Vereinigten Staaten ergibt sich aus der Thatsache, daß die jährliche Forstproduktion sich beläuft auf 700 Mill. Doll. (2919 Mill. M.). Die Forstbibliothek ist sehr gut ausgestattet mit einheimischen und fremden Werken, insbesondere auch mit deutschen Zeitschriften.

Die Saat-Abteilung unter der Leitung des Herrn W. M. King nenne ich hier zuletzt, obgleich sie die erste der vom Ackerbau-Amte errichteten Fachabteilungen war, weil ich mich etwas eingehender mit ihr beschäftigen wollte. Ihre Aufgabe ist die Verteilung von Samen, Pflanzen und Ablegern, was unentgeltlich geschieht. Für diese Thätigkeit sind ihr von der Bundesregierung über Doll. 100,000 (M. 417,000 oder fl. ö. W. 240,000) jährlich zur Verwendung gestellt. Diese Abteilung hat zu ihrer Verfügung einen großen Saal, worin zahlreiche Frauen die Samen untersuchen und in kleine Packete verpacken, einen großen Lagerraum für angekaufte Sämereien, ein wohleingerichtetes Zimmer für Keimungsproben u. s. w., kurz, in jeder Beziehung vortrefflich eingerichtete Räumlichkeiten und Apparate. Der letzte Jahresbericht macht darauf aufmerksam, daß die Durchschnitts-Weizenernte vom Acker in den Vereinigten Staaten 12 Bsh. (10,44 hl vom ha), in Großbritannien aber 28 Bsh. (24,36 hl vom ha) betrage. Würden die nordamerikanischen Farmer durch Auswahl guten Samens ihre jährliche Weizenernte nur um einen einzigen Bushel vom Acker vermehren, so würde ihr Einkommen um eine Summe von etwa 40 Mill. Doll. (166,800,000 M.) wachsen. Die Saat-Abteilung bemüht sich so weit wie möglich, solche Sorten von Feld- und Gartensamen zu verteilen, welche der besonderen Oertlichkeit angepaßt zu sein scheinen. Die Feldsaaten werden in Päckchen von 1 Quart (1,136 l) versandt und die Empfänger haben die Ergebnisse ihrer Versuche damit der Saat-Abteilung zu berichten. Die letztere hat kurze Auszüge dieser Berichte nach Staaten und Saaten geordnet in ihrem Jahresberichte veröffentlicht.

Vom 1. Juli 1887 bis 30. Juni 1888 hat die Saat-Abteilung an Päckchen mit Samen im Ganzen 4,655,519 Stück versandt, darunter von Gemüsesamen 3,642,018 Päckchen, von Blumensamen 383,446 Päckchen, von Tabaksamen 123,477 Päckchen, von Weizen 2966 Päckchen, von Mais 11,263 Päckchen, von Turnips 431,497 Päckchen, von Grassamen 15,556 Päckchen, Samen von eingeführten Futterpflanzen 2410 Päckchen, Baumwollensamen 6219 Päckchen. Die größte Nachfrage war demnach nach neuen Samen von Gemüse, Turnips, Blumen und Tabak. Von neuen Futterpflanzen versandte die Saat-Abteilung die Samen von Kaffir-Korn, Teofinte (Euchloena luxurians), englisch Blaugras, japanischem Klee (Lespedeza striata), Chapman's Honig-Pflanze (Echinops spherocephalus), persischer haariger Wicke (Vicia villosa) und russischer Serradella; auch hat die Saat-Abteilung viel beigetragen zur Verbreitung der Luzerne im Lande. Ueber das Gedeihen von Kaffirkorn (Sorghum vulgare) und Teosinte liegen die günstigsten Berichte seitens der Farmer vor, welche mit diesen Futterpflanzen Anbauversuche gemacht haben. Der Ackerbau-Minister legt besonderen Wert darauf, daß die Produkte fremder Länder, welche mit den amerikanischen auf den Welt-Getreidemärkten in Mitwerbung treten, versuchsweise in den Vereinigten Staaten angebaut werden.

Man sieht: das Ackerbau-Amt der Vereinigten Staaten thut alles Mögliche für die Produktionsfähigkeit der einheimischen Landwirtschaft. Es ist eine großartige Auskunftstelle für alle Landwirte, welche für ihren Betrieb die Hilfe der Wissenschaft in Anspruch nehmen wollen, ohne daß jenen dafür irgend welche Kosten erwachsen. Selbst die zahlreichen Berichte des Ackerbau-Amtes, welche in Hunderttausenden von Exemplaren gedruckt werden, kann jeder Interessent unentgeltlich bekommen.

Die hervorragendsten Gelehrten der Vereinigten Staaten arbeiten im Ackerbau-Amte zusammen, um der Landwirtschaft neue und fruchtbare Samensorten für Feld und Garten, gute, den klimatischen Verhältnissen der einzelnen Oertlichkeiten angepaßte Obstsorten zuzuführen; sie beschäftigen sich mit den Feinden des Ackerbaues und der Viehzucht und lehren die Mittel sie zu vernichten; sie untersuchen die Zusammensetzung des Bodens, des Düngers und der Pflanzen; sie verzeichnen die Ernten und die Vegetationsbedingungen derselben; sie weisen nach die Handelsbewegung landwirtschaftlicher Produkte und die Kosten derselben. Eine solche Thätigkeit, ein solcher unmittelbarer Verkehr mit den Landwirten seitens eines Regierungsamtes ist einzig in seiner Art und man begreift das, wenn man Kenntnis nimmt von den Worten des gegenwärtigen Ackerbau-Ministers, Herrn J. M. Rusk, mit denen er seinen ersten Jahresbericht schließt: „Die großen Nationen Europas spannen jeden Nerv an, um die Wissenschaft dem Kriege dienstbar zu machen. Möge es der Ruhm des amerikanischen Volkes sein, die Wissenschaft dem Ackerbau dienstbar zu machen."

In Washington habe ich auch die Vereinigten-Staaten-Fischteiche besucht, welche 40 Acker (16.2 ha) umfassen; sie stehen unter der Leitung des Herrn Hessel, eines eingewanderten Badensers. Die künstliche Fischzucht wurde im Jahre 1877 begründet; sie wird jetzt mit jährlich Doll. 4000 (M. 16,680) von der Bundesregierung unterhalten. Hauptsächlich werden Karpfen gezogen, dann aber auch Goldfische, Goldorphen, Schleien, Schildkröten und der gefleckte „Cat", ein dem Lachs ähnlicher Fisch. In einem gemauerten Brutteiche waren 10 Mill. kleiner Karpfen enthalten, welche im Alter von 8 Tagen unentgeltlich versendet werden zur Bestockung der Flüsse in den Ver. Staaten. Ein kleiner Teich hielt etwa 200 Schildkröten, welche 25 verschiedenen amerikanischen Arten angehören. In diesem Teiche werden die Schildkröten bis zu etwa 7 kg Schwere aufgezogen. Die Schildkrötenzucht bildet einen sehr interessanten Bestandteil dieser künstlichen Fischzucht der Vereinigten Staaten. Die Schildkröten legen im Mai ihre Eier in selbst gebohrte Erdlöcher, welche sie dann mit abgerupftem Gras zustopfen. In nassen Jahren verderben die Eier. Die jungen und alten Schildkröten werden gefüttert mit Wasserpflanzen, Maismehl und gehackten Fischen. Auch sah ich dort zum erstenmal den Bullfrosch, der bis 1 kg schwer wird. Von den jungen Fischen werden viele von den Schlangen gefressen, welche von den nahen Marschen des Potomacflusses die Fischteiche besuchen. Herr Direktor Hessel erzählte mir, daß er im Jahre 1888 2500 Schlangen geschossen hatte.

Schließlich will ich noch meines Besuches des Patent-Amtes in Washington gedenken. In diesem Amte befindet sich die Sammlung von Hunderttausenden von Modellen, für welche die Bundesregierung ein Patent erteilt hat. Man könnte allein über die Modelle landwirtschaftlicher Maschinen und Geräte ein dickes Buch schreiben, wenn man sich die Mühe geben würde, die allmähliche Entwicklung und Verbesserung dieser Apparate zu beschreiben. Besonders zahlreich sind die Modelle von Mähe- oder Erntemaschinen, mit und ohne Selbstbinder, Kühlapparate für Milch und Butterfässer in allen möglichen Formen und Betriebsarten. Sehr große Mühe haben sich die Erfinder von selbstschließenden Zaunthoren gegeben, welche in Nordamerika in der That in höchst praktischer und bequemer Einrichtung zu finden sind, namentlich solche, welche sich von selbst öffnen und schließen, wenn die Räder des Wagens über die zu beiden Seiten des Thores liegenden Angeln wegfahren. Ebenso sind zahlreiche Modellformen einfacher Zäune (Fences) im Patentamte zu finden, aber merkwürdigerweise sehr wenig Melkmaschinen, ein Beweis, wie wenig Wert man darauf in Nordamerika legt. Von Ackergeräten kommen Eggen in den verschiedensten Formen am zahlreichsten vor, dann verschiedenartige Kultivatoren. Sehr häufig kommen Modelle von Obsttrocken-Maschinen vor. Ich übergehe die zahlreichen unpraktischen Maschinen zum Ersatze der Handarbeit (z. B. Spaten-Maschinen) und will nur noch erwähnen, daß ich keine irgendwie denkbare Maschine zum Ersatze der Menschenarbeit kenne, welche ich im Patent-Amte zu Washington nicht in mehrfachen Modell-Formen gefunden habe.

I. Landvermessung und Landerwerb *).

Alle herrenlosen oder öffentlichen Ländereien (Public lands) der Vereinigten Staaten Amerikas — ausgenommen die in Texas und dem Indianer Territorium — gehören der Bundes-Regierung (Government), welche allein diese nach den allgemeinen Gesetzen zu verkaufen, oder darüber anderweitig zu verfügen hat. Oeffentliche Ländereien befinden sich in den Staaten Alabama, Florida, Illinois, Indiana, Michigan, Mississippi, Ohio, Wisconsin und in allen Staaten und Territorien westlich des Mississippistromes. In Ohio, Indiana und Illinois ist nur noch wenig öffentliches Land zu haben und dieses wird verkauft im General-Landamte zu Washington. Das übrige öffentliche Land der Staaten und Territorien ist in Bezirke (Districts) geteilt; in jedem derselben befindet sich ein Landamt mit zwei Beamten zur Bedienung, von denen der eine „Register" (Registrator), der andere „Receiver" (Einnehmer) genannt wird. Diese Beamten handeln als Agenten oder Verkäufer für die Bundes-Regierung. Wenn die durch sie ausgeführten Landverkäufe seitens des Bevollmächtigten (Commissioner) des General-Landamtes bestätigt sind, werden Besitztitel (Patents) den Landkäufern verabfolgt. Dieses „Patent" ist die Urkunde der Bundes-Regierung, durch welche die Vereinigten Staaten alle Rechte und Titel des darin beschriebenen Landes einer Privatperson, einer Körperschaft, oder einem Staate überträgt. Das „Patent" wird unterschrieben vom Präsidenten, gegengezeichnet vom „Recorder" (Archivar) des General-Landamtes und gesiegelt mit dem Siegel dieses Amtes. Es können jedoch nur solche männliche und weibliche Personen in den Vereinigten Staaten Land erwerben, welche das Haupt einer Familie, oder mindestens 21 Jahre alt und Bürger sind, oder eidlich erklären, Bürger werden zu wollen. Die Mitglieder der Gesellschaften, welche Land erwerben wollen, müssen ebenfalls jene Eigenschaften besitzen.

In den Vereinigten Staaten werden folgende Arten öffentlicher Ländereien unterschieden:

1. Acker-Ländereien bestimmt für Ackerbau unter den Gesetzen

---

*) Die in diesem Abschnitte besprochenen rechtlichen und gesetzlichen Verhältnisse sind entnommen dem „American Settler's Guide" von Henry N. Copp. 15. Ausgabe. Washington 1889.

der Heimstätte, des Vorkaufes und der Holzkultur, für öffentlichen Verkauf und private Besitznahme (Entry).

2. Wüsten-Ländereien in den Staaten Dakota, Kalifornien, Montana, Oregon, Nevada und Washington, und in den Territorien Arizona, Idaho, New-Mexiko, Utah und Wyoming. Ein Ansiedler kann nach dem Gesetze vom 3. März 1877 bis zu 640 Acker (259,2 ha) Wüstenland in Besitz nehmen, wenn er verspricht, dieses Land zu bewässern und Früchte darauf zu ziehen. Bei der Besitznahme zahlt er dem Landamte 25 cts vom Acker (M. 2,57 vom ha). Wenn er dann binnen 3 Jahren Bewässerung ausgeführt und Früchte erzogen hat und dies durch mindestens zwei nicht interessierte und glaubwürdige Zeugen bestätigt ist, erhält er das Patent gegen Zahlung von Doll. 1 für den Acker (M. 10,3 für d. ha). Das in Besitz genommene Wüstenland darf mit Wissen des Ansiedlers keinerlei Mineralien, Salz oder Kohlen enthalten, deren Gewinnung er in Aussicht genommen hat, was er beschwören und durch Zeugen bestätigen lassen muß.

3. Holz-Ländereien, welche sich nur für Holzwuchs eignen. Holzland in den Staaten Kalifornien, Oregon, Nevada und Washington wird nach dem Gesetze vom 3. Juni 1878 zum Mindestpreise von Doll. 2½ der Acker (M. 25,74 d. ha) verkauft, wenn der Ansiedler nachweist, daß das Holzland für irgend eine andere Kultur und für irgendwelchen Minenbetrieb ungeeignet ist.

4. Stein-Ländereien, nur wertvoll für Gewinnung von Steinen, werden nach demselben Gesetze verkauft wie die Holz-Ländereien in den obengenannten Küstenstaaten des Stillen Ozeans.

5. Kohlen-Ländereien werden nur für die Gewinnung von Kohlen verkauft nach dem Gesetze vom 3. März 1873: an einzelne Personen bis zu 160 Acker (64,8 ha), oder an Gesellschaften von mindestens 4 Personen bis zu 320 Acker (129,6 ha) zum Preise von Doll. 10 der Acker (M. 103 d. ha), wenn das Land mehr als 15 engl. Meilen (24 km) entfernt ist von einer vollendeten Eisenbahn, und zum Preise von Doll. 20 der Acker (M. 206 d. ha), wenn das Land innerhalb 15 Meilen von solcher Bahn liegt.

6. Mineral-Ländereien werden, mit Ausnahme der Stein- und Kohlen-Ländereien, nach den Minengesetzen verkauft. Zu den Mineralen gehören Feuer- und Töpferthone, Marmor, Asphalt, Soda, Schwefel, Diamanten, sowie die Edel- und gemeinen Metalle. Minenland schlägt alle für Eisenbahnen und Staatszwecke auserlesene Ländereien, wenn Mineralien an der betreffenden Stelle früher entdeckt sind, als die Eisenbahn- und Staats-Ansprüche in Wirkung traten.

7. Salz-Ländereien, auf denen Salzquellen gefunden sind, werden nach dem Gesetze vom 12. Januar 1877 verkauft, ausgenommen in irgendwelchem Lande der (damaligen) Territorien und der Staaten

Florida, Kalifornien, Louisiana, Mississippi und Nevada. Es muß durch Zeugen der wahre Charakter des Landes bestätigt und nachgewiesen werden, daß dasselbe keine bekannten Minen von Gold, Silber, Zinnober, Blei, Zinn, Kupfer, oder andere wertvolle Minerallager, oder irgendwelche Kohlenlager enthält. Salinenland wird zunächst nach öffentlicher Bekanntmachung dem Meistbietenden verkauft, aber nicht billiger als zu Doll. 1 1/4 der Acker (M. 12,87 d. ha). Wenn nicht in dieser Weise verkauft werden kann, dann wird das Salinenland zu jenem Mindestpreise an Private verkauft.

Alles öffentliche Land wird entweder im öffentlichen Verkaufe meistbietend erworben, oder durch Privatverkauf, oder durch private Besitznahme (Private entry), oder durch Ansiedelung (Location). Der öffentliche meistbietende Verkauf betrifft in der Regel nur große Landstrecken. Der Käufer eines im öffentlichen Verkaufe erworbenen Landes ist nicht genötigt, sich darauf anzusiedeln, oder es zu bebauen. Die gegenwärtige Politik der Bundes-Regierung begünstigt den Privatkauf des öffentlichen Landes in Form der Heimstätte (Homestead), des Vorkaufes (Pre-emption Claim), oder der Holzkultur (Timber-Claim).

Das öffentliche Land ist entweder angebotenes (offered), oder nichtangebotenes (unoffered) Land. Jenes ist das öffentlich zum Verkaufe angezeigte oder ausgerufene Land. Endlich unterscheidet man Minimum- und Double-Minimum-Land. Jenes ist das billigste Land, für welches bei privater Besitznahme Doll. 1 1/4 der Acker (M. 12,87 d. ha) bar zu zahlen ist. Double-Minimum-Land ist das Land innerhalb der Eisenbahngrenzen, für welches Doll. 2 1/2 der Acker (M. 25,74 d. ha) bar zu zahlen ist.

Gewisse Eisenbahngesellschaften, insbesondere der Pacific-Bahnen, haben zur Unterstützung des Baues ihrer Bahnen durch Kongreß-Gesetze Landbewilligungen (Grants) erhalten, gewöhnlich 6 engl. Meilen (9,6 km), die Nord-Pacific 10 Meilen (16 km) an jeder Seite ihrer Bahnlinie, und zwar die ungleichnummerigen Sektionen der die Bahnlinie begrenzenden Townships (Stadtbezirke). Diese Einrichtung führt uns nun zunächst zur Landvermessung in den Vereinigten Staaten und zur Frage: wie ein vermessenes Stück Land zu finden ist.

Jeder Staat, dessen Land seitens des General-Vermessungsamtes in Washington vermessen ist, hat einen von Süd nach Nord verlaufenden Haupt-Meridian (Principal-Meridian), der entweder mit dem geographischen Meridian zusammenfällt, oder diesem parallel verläuft. Ferner hat jeder vermessene Staat eine dem Breitengrade parallel verlaufende Grundlinie (Principal base line). In nachstehender Fig. 1 ist AB die Grundline, CD der Haupt-Meridian. Es kommt auch vor, daß zwei Staaten Grundlinie und Haupt-Meridian gemeinsam haben, wie z. B. Washington und Oregon, Wisconsin und Illinois. Durch die Kreuzung der Grundlinie und des Haupt-Meridians entstehen 4 viereckige Felder,

Fig. 1.

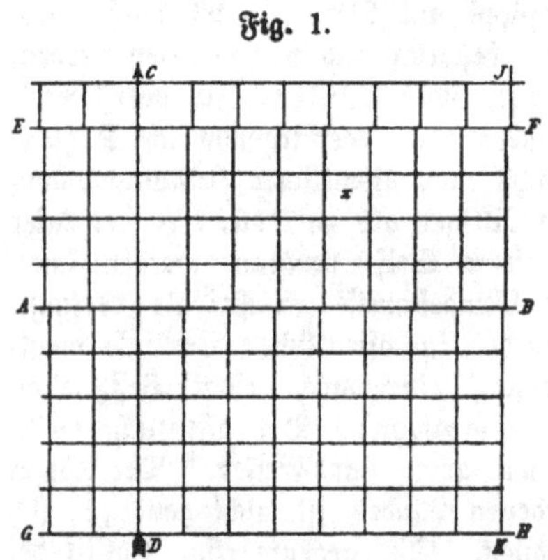

welche nördlich und südlich von der Grundlinie, und westlich und östlich vom Haupt-Meridian liegen. Diese Felder sind nun in Vierecke von 6 engl. Meilen (9,65 km) Seite, also von 36 □ Meilen (etwa 93 qkm) Inhalt geteilt, welche Townships (Stadtbezirke) genannt werden. Diese Townships bilden Reihen parallel dem Haupt-Meridian, entweder nördlich oder südlich der Grundlinie, welche als Township 1, 2, 3, 4 u. s. w. Nord, oder 1, 2, 3, 4 u. s. w. Süd gezählt werden. Die Township-Reihen heißen Ranges und diese werden längs der Grundlinie (von der Kreuzung des Haupt-Meridians an) als Range 1, 2, 3, 4 u. s. w. West (nach links), oder als Range 1, 2, 3, 4 u. s. w. Ost (nach rechts) gezählt.

Da indessen die geographischen und die damit parallelen Haupt-Meridiane in der nördlichen Halbkugel der Erde nach Norden konvergieren, so sind auf den Vermessungskarten noch einige Hülfslinien gezogen, welche den Zweck haben, die weiter nördlich liegenden Townships in gleicher Größe, nämlich jeden von 6 engl. □ Meilen Inhalt zu halten. Die der Grundlinie parallelen Hülfslinien (Standard-Parallels oder Correction lines) verlaufen nördlich derselben (Fig. 1 *EF*) zwischen je 4 Townships, also nach je 24 engl. Meilen, südlich derselben (Fig. 1 *GH*) zwischen je 5 Townships, also nach je 30 engl. Meilen. Die dem Haupt-Meridiane nahezu parallelen Hülfslinien (Guide-Meridians) verlaufen in Zwischenräumen von 8 Ranges (Fig. 1 *JK*) oder von 48 engl. Meilen in gebrochenen Linien. Zwischen je 2 Standard-Parallels bezw. zwischen der Grundlinie und dem ersten nördlichen Standard-Parallel verbreitern sich die Townships etwas in westlicher und östlicher Richtung, d. h. die Townships werden in diesen Richtungen um so viel breiter, wie die Längs-Meridiane einander näher treten. Aus diesem Grunde verlaufen die Guide-Meridians in gebrochenen Linien.

Jeder Township, der nahezu 23,040 Acker (9331,2 ha) enthält, ist in 36 Sektionen von je 1 engl. Meile Seite eingeteilt. Jede Sektion umfaßt also 1 engl. □ Meile (2,59 qkm) oder 640 Acker (259,2 ha). Die Sektionen haben in der ersten nördlichen Reihe von Ost nach West die Nummern 1—6, in der zweiten nördlichen Reihe von West nach Ost die Nummern 7—12 u. s. w. (Siehe Fig. 2). In den Townships, welche innerhalb der Eisenbahngrenzen liegen, gehören die ungeraden (querschraffierten) Nummern der Sektionen den Eisenbahngesellschaften, die geraden Sek-

Fig. 2.

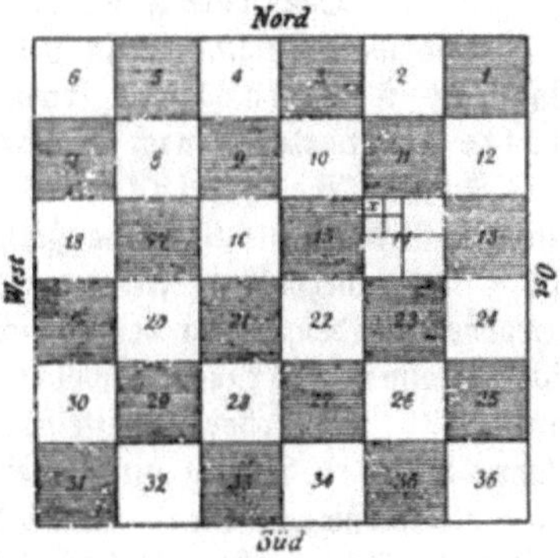

tions-Nummern den Vereinigten Staaten, welche sie in irgend einer der oben besprochenen Formen den Ansiedlern abtreten, ausgenommen die 16. und 36. Sektion, die allein für Schulzwecke bestimmt sind. Wenn diese verkauft werden, so gehört den Schulen des betreffenden Staates das dafür einkommende Geld.

Jede Sektion der Townships ist ferner in Viertelsektionen eingeteilt, welche also 160 Acker (64,8 ha) umfassen. Die Viertelsektionen sind häufig nochmals in halbe und viertel Viertelsektionen zu 80 und 40 Acker (32,4 und 16,2 ha) eingeteilt und sie werden in diesen Ausmaßen von der Bundes-Regierung bezw. in deren Auftrage von den Landämtern verkauft. Heimstätten werden in der Regel zu 80 und 160 Acker abgegeben.

Alle diese Abteilungen und Unterabteiluugen des vermessenen öffentlichen Landes sind durch hölzerne, oder steinerne Pfosten von bestimmter Form und mit bestimmten Zeichen (Kerben) gekennzeichnet. So steht z. B. in der Mitte von je 4 Townships ein diagonal gestellter viereckiger Pfosten mit 6 Kerben an jeder Kante, auf dessen Flächen die Nummern der Ranges, der Townships und der Sektionen stehen, denen ihre Fläche zugekehrt ist. Inmitten jeder Sektion steht ein den Sektionsgrenzen parallel gestellter viereckiger Pfosten, dessen Kanten 1—4 Kerben tragen zur Bezeichnung der 1.—4. Sektion, und endlich hat nötigenfalls auch eine viertel Viertelsektion einen viereckigen Pfosten mit der Bezeichnung ¼ S. Als Grenzbezeichnungen der Sektionen dienen auch Bäume und Pfosten in Erdhaufen; die letzteren sind als Grenzhügel bestimmt gekennzeichnet, worauf ich hier nicht weiter eingehen will.

Es ist nun sehr leicht, irgend eine Landstelle auf einer Vermessungs- bezw. Township-Karte zu bezeichnen. Ich will mal annehmen, daß der in Fig. 2 gezeichnete Township der mit x bezeichnete der Fig. 1 wäre, und daß das kleine Viereck x von 40 Acker in Sektion 14 die gesuchte Landstelle wäre, so würde diese Landstelle wie folgt bezeichnet werden: Nordwestviertel des Nordwestviertels der Sektion 14 des Township 3 Nord der Range 5 Ost, oder nach amerikanischer Weise abgekürzt: NW ¼, NW ¼, Sec. 14, T. 3 N, R. 5 E (Ost). Wenn nun auch der betreffende Haupt-Meridian dazu genannt werden soll, so wird auch dieser der Rangenummer in Abkürzung hinzugefügt, z. B. im Staate Washington der Willamette-Meridian, abgekürzt W.M. Es genügt aber meistens jener obigen Bezeichnung einer Landstelle den Namen des County und des Staates (oder des Territoriums) hinzuzusetzen, in dem der bezeichnete Township gelegen ist. Das wäre z. B. im Staate Wisconsin der County Lafayette.

Wir wollen nunmehr in Betracht ziehen, in welcher Weise öffentliches Land als Ackerbauland erworben werden kann. Zunächst als Heimstätte (Homestead) nach dem Gesetze vom Jahre 1862.

In den Vereinigten Staaten können von der Bundes-Regierung 160 Acker (64,8 ha) außerhalb der Eisenbahngrenzen und 80 Acker (32,4 ha) innerhalb derselben gegen eine Gesamtgebühr von Doll. 15—30 erworben werden, wenn der Ansucher schwört, daß er das Land ausschließlich zu seinem Gebrauche bewohnen und bebauen, sowie niemand anderem einen mittelbaren, oder unmittelbaren Vorteil damit zuwenden wolle. Fünf Jahre muß der Besitzer einer Heimstätte (der ursprüngliche Ansiedler oder seine rechtmäßigen Erben) das Land bestellen und er darf es während dieser Zeit nicht über 6 Monate verlassen. Wenn er dies nach 5 Jahren durch zwei Zeugen beweist, der Bundes-Regierung Gehorsam verspricht und schwört, daß er von der erworbenen Heimstätte inzwischen kein Land abverkauft habe (außer zu Kirchen- und Bahnhofsanlagen), dann bekommt er das Patent, welches ihm den vollen Besitztitel verleiht. Während der ersten 5 Jahre ist die Heimstätte steuerfrei und sie darf erst nach Ausgabe des Patentes für Schulden haften, ist jedoch bis zu einer bestimmten Größe (bis 40 bezw. 80 Acker in verschiedenen Staaten) vom gerichtlichen Zwangsverkaufe ausgenommen. Auch kann kein Ehemann seine Heimstätte ohne Zustimmung und Unterschrift seiner Frau weder verkaufen noch belasten. Sollte der Erwerber einer Heimstätte nicht volle 5 Jahre warten wollen bis er dieselbe als Eigentum erhält, dann kann dies schon nach 6 Monaten geschehen, wenn er alsdann den vorgeschriebenen Regierungs-Verkaufspreis dafür bezahlt.

Durch diese letztere Bestimmung bezw. Vergünstigung, wird nun allerdings der wohlthätige Zweck der Heimstätte wieder in Frage gestellt. Dieser Zweck geht dahin: dem Lande eine seßhafte Bauernbevölkerung zu schaffen und auch unbemittelten Personen die Möglichkeit zu bieten, auf eigenem Boden landwirtschaftliche Arbeit zu betreiben. Die Möglichkeit schon nach 6 Monaten eine Heimstätte durch Kauf als Eigenthum zu erwerben und demnächst wieder zu verkaufen, öffnet der Landspekulation Thür und Thor.

In Kanada*) beträgt die Frist der Eigentumserwerbung nur 3 Jahre. Zugleich mit seiner Heimstätte, aber nicht später, kann der Ansiedler in Kanada ein an seine Heimstätte angrenzendes Stück von 160 Acker für einen festen Preis (wenigstens Doll. 1 den Acker = M. 10,3 d. ha) von der Regierung kaufen. Demjenigen, welcher 3 Jahre lang eine Heimstätte bewohnt hat, steht noch ein fernerer Anspruch auf 320 Acker (als Heimstätte oder als Vorkaufsland) unter den gleichen Bedingungen offen. Sering meint mit Recht, daß den kanadischen Landgesetzen offenbar der

*) Sering, Landw. Konkurrenz Nordamerikas S. 366.

Gedanke zu Grunde liege, die Vereinigten Staaten in den Vorteilen, welche sie dem Ansiedler gewähren, noch zu überbieten. Denn einem mäßig bemittelten Einwanderer eine Fläche von 640 Acker (259,2 ha) zu überlassen, lasse sich durch keinerlei soziale oder ökonomische Gesichtspunkte rechtfertigen. Die Ansiedler werden dadurch notwendig zu Landspekulation und schlechter Wirtschaft verführt.

Die zweite Form der Erwerbung öffentlichen Landes ist der Vorkauf (Pre-emption Claim) nach dem Gesetze vom Jahre 1830. Vorkäufe sind zulässig bis zu 160 Acker (64,8 ha) sowohl auf vermessenem Lande, sei dies nun zum Verkaufe angeboten oder noch nicht angeboten, innerhalb oder außerhalb der Eisenbahngrenzen gelegen, wie auf unvermessenem Lande, welches den Vereinigten Staaten gehört und dessen Besitztitel für Indianer gelöscht ist. Wenn ein Ansiedler sich auf „angebotenes" Land festsetzt, dann muß er die Thatsache seiner Ansiedlung binnen 30 Tagen nach seiner Festsetzung dem Landamte seines Bezirkes melden und binnen einem Jahre nach seiner Ansiedlung muß er vor dem Register und Receiver erscheinen, seine wirkliche Bewohnung (Residence) und Bearbeitung des in Besitz genommenen Landes nachweisen und sich dasselbe sichern durch Bezahlung des Landpreises. Dieser beträgt Doll. 1,25 für den Acker außerhalb und Doll. 2,50 für den Acker innerhalb der Eisenbahngrenzen (M. 12,87 und 25,74 d. ha). Die Berechtigung zum Vorkaufe ist jedoch nur Familien-Häuptern, Witwen, oder einzelnen Personen über 21 Jahre gestattet, wenn sie nicht schon 320 Acker Land besitzen und eigenes Ackerland in demselben Staate, oder Territorium nicht aufgegeben haben. Sie müssen ferner das im Vorkaufe beanspruchte Land zum Anbau und zur Wohnung, nicht zum Zwecke der Spekulation erwerben wollen. Ein Ansiedler kann sich auch nicht für Vorkauf und Heimstätte zu gleicher Zeit eintragen lassen.

Die dritte Art des Erwerbes öffentlichen Landes ist der sog. Timber-Claim nach dem Holzkultur-Gesetze vom Jahre 1873. Dieses Gesetz hat zum Gegenstande: die Förderung der Holzkultur auf Prairieland oder Nicht-Prairieland, welches des natürlichen Holzwuchses entbehrt. Eine Person, welche das Haupt einer Familie ist, oder welche das Alter von 21 Jahren erreicht hat, darf eine Holzkultur-Besitznahme bis zu 160 Acker (64,8 ha) machen, ohne Rücksicht, wie viel Land sie schon besitzt. Die häusliche Niederlassung auf dem Timber-Claim ist im Gesetze nicht gefordert. Die Gesamtgebühren für eine Holzkultur-Besitznahme betragen Doll. 14 für mehr als 80 Acker, Doll. 9 für 80 Acker oder weniger, gleichviel ob das für Holzkultur bestimmte Land innerhalb, oder außerhalb der Eisenbahngrenzen liegt.

Der Besitzer einer Timber-Claim ist verpflichtet, 1/16 seines Landes binnen 4 Jahren mit Waldbäumen, Waldsamen oder Stecklingen (Cuttings) zu bestellen, und zwar in folgender Weise: Wenn ein Ansiedler 160 Acker zur Holzkultur aufgenommen hat, dann muß er im ersten Jahre mindestens 5 Acker umbrechen oder pflügen, und ebenso viel im zweiten Jahre. Die im ersten Jahre umgebrochenen oder gepflügten 5 Acker muß er während des zweiten Jahres durch Aufzucht einer Frucht (Getreide, Knollenfrucht u. s. w.) kultivieren und dieselben im dritten Jahre mit Waldpflanzen, Waldsamen oder Stecklingen bestellen. Im vierten Jahre müssen die im zweiten Jahre umgebrochenen und im dritten Jahre kultivierten 5 Acker mit Waldpflanzen, Samen, oder Stecklingen bestellt werden. Wer nur 80 Acker Holzkultur-Land aufnimmt, hat die Kultivierung von mindestens 2 1/2 Acker vorzunehmen, bis im vierten Jahre mindestens 5 Acker als Wald bestellt sind. Werden die Holzkulturen durch Heuschrecken, oder durch außerordentliche und ungewöhnliche Dürre zerstört, dann kann der Termin der Holzkultur für jedes Zerstörungsjahr um ein Jahr verlängert werden, wenn die Zerstörung durch zwei Zeugen bestätigt wird. Der Besitztitel (Patent) wird erst 8 Jahre nach der letzten Pflanzung, oder innerhalb 5 Jahren nach diesem Termine erteilt, wenn durch zwei glaubwürdige Zeugen vor dem Landamte bestätigt wird, daß der Erwerber des Timber-Claim, oder dessen Erben die vorgeschriebene Zahl und Art der Waldbäume kultiviert und gepflegt (cultivated and protected) haben. Auf jeden der 10 bezw. 5 Acker müssen wenigstens 2700 Bäume gepflanzt sein und zur Zeit der Erteilung des Besitztitels müssen 675 lebende und gedeihende (thrifty) Bäume auf jedem zur Holzkultur verwendeten Acker stehen. Als Waldbäume (timber trees) sind vorgeschrieben: Eichen, Eschen, Ulmen und andere solche Bäume, welche gewöhnlich für Schiff- und Hausbau gebraucht werden. Durch spätere Verordnung sind auch Bäume für Handelszwecke, oder für Feuerungsbedarf zulässig, insbesondere sind, außer den oben genannten, bezeichnet: Erle, Birke, Buche, Schwarzwallnuß, Linde, Schwarzakazie, Ceder, Kastanie, Pappel, Tanne, Föhre, Fichte, Hickory, Lärche, Honigakazie, Ahorn, Platane (Sycamore), Eberesche, Butternuß (Juglans cinerea), Trompetenbaum (Catalpa), Weißweide. In Süd-Kalifornien ist auch der Eucalyptus oder australische Gummibaum erlaubt.

Von diesen drei Arten des Erwerbes öffentlichen Landes ist die Heimstätte die am häufigste, der Timber-Claim die seltenste. Die Erwerbung von Eisenbahnland in den ungeraden Sektionen eines Township bietet dem Ansiedler den Vorteil, daß er auch kleinere Landflächen als 40 Acker (16,2 ha) und andererseits auch größere bis zur ganzen Sektion (640 Acker = 259,2 ha) erwerben kann, freilich nur im Wege des Kaufes und zu höheren Preisen als von den Landämtern der Vereinigten Staaten. Dafür aber sind ihm keine, seine Bewohnung betreffenden Nebenbedingungen gestellt. Er kann sich Eisenbahnland zu Spekulationszwecken erwerben; er braucht es nicht zu bewohnen und kann es jederzeit wieder verkaufen. Die Preise des Eisenbahnlandes schwanken von Doll. 2 1/2—6 der Acker (M. 25,74—61,78 d. ha). Noch teurer sind die Preise, welche Landagenten bezahlt werden, die öffentliches Land zu Spekulationszwecken in Besitz genommen haben. Diesen zahlt man Doll. 10 den Acker (M. 103

d. ha) und darüber. Die höheren Preise von Eisenbahn-Gesellschaften, oder Landagenten gelten natürlich für die bessere Beschaffenheit und Lage des Landes. In der Regel stellen diese Gesellschaften und die privaten Landagenturen (real estate offices) die Zahlungsbedingungen für das von ihnen erkaufte Land in der Weise, daß der Kaufschilling in mehreren Jahren abgezahlt werden kann. Die Nord-Pacific-Eisenbahngesellschaft nimmt z. B. bei Verkäufen im Staate Washington auf einen fünfjährigen Termin 1/6 Kasse und am Ende des ersten Jahres die Zinsen nur von dem schuldig gebliebenen Betrage. Am Ende jedes der nächsten 4 Jahre ist je 1/6 Kapital und der jährliche siebenprozentige Zins zu zahlen. Auf einen zehnjährigen Zahlungstermin verkauft die Nord-Pacific-Eisenbahngesellschaft nicht über 320 Acker bei jährlicher Abzahlung von 1/10 und 7 % Zinsen und sie verpflichtet den Käufer, das angekaufte Land zu bewohnen, zu bebauen und zu verbessern (improve).

In manchen Staaten, wie z. B. in Wisconsin und Minnesota besteht eine „Staats-Einwanderungs-Behörde" (State Board of Immigration), an deren Spitze der Staats-Gouverneur, der Staats-Sekretär und andere hohe Staats-Beamte stehen. Diese Behörden geben zur unentgeltlichen Verteilung Beschreibungen ihres Staates in englischer und deutscher Sprache heraus, aus denen sich ersehen läßt, in welchen Counties noch unkultiviertes und kultiviertes Land und zu welchen Preisen zu haben ist, von welcher Art Boden, Klima, Pflanzenwuchs, Verkehrs- und Handelsverhältnisse des Landes sind u. s. w. Die hübsch ausgestatteten, mit Abbildungen versehenen Schriften der Staats-Einwanderungs-Behörden enthalten in leichtverständlicher Darstellung alle gesetzlichen Vorschriften zur Erwerbung öffentlicher und Staats-Ländereien.

Was die letzteren betrifft, so habe ich schon oben erwähnt, daß die 16. und 36. Sektion jedes Township Schulland ist und dem Staate gehört, in welchem die angebotenen öffentlichen Ländereien liegen. Außerdem kann aber jeder Staat öffentliches Land innerhalb seiner Grenzen kaufen, oder er bekommt von der Bundes-Regierung auch wohl Land-Schenkungen für Unterrichtszwecke, insbesondere für Universitäten. So besitzt z. B. der Staat Minnesota „Land für innere Verbesserungen" (ursprünglich 500,000 Acker), Agricultural College- (Landwirtschaftsschul-) Land 24,000 Acker und Universitäts-Land 73,000 Acker. Dieses Staatsland wird zum Teile verkauft, in Minnesota zum Mindestpreise von Doll. 5 der Acker (M. 51,5 d. ha). Ehe diese Ländereien zum Verkauf kommen, werden sie zu diesem, oder einem höheren Preise abgeschätzt und sie können dann unter dem Schätzungspreise nicht verkauft werden. Sie werden nur durch öffentliche Feilbietung in den Monaten Juni und Oktober jedes Jahres verkauft. Die Verkaufsbedingungen sind: 15 % des Kaufgeldes und 7 % Zinsen für den Kaufrest in Barem zahlbar bis zum nächsten 1. Juni. Für Land, welches mit Hartholz bestanden ist, muß auch der Wert des Holzes erlegt werden*). Der Rest des Kaufgeldes für die 3 Klassen Schulland (für die 16. und 36. Sektion jedes Township, für Agricultural College- und Universitäts-Land) ist nach dem Belieben des Käufers innerhalb 30 Jahren vom Datum des Verkaufs, dasjenige für das „Land für innere Verbesserung" innerhalb 20 Jahren zu bezahlen, mit der Bedingung, daß die 7 % Zinsen am 1. Juni eines jeden Jahres, oder innerhalb 6 Tagen darnach jährlich im Voraus bezahlt werden. Beim Unterlassen der Zinszahlung bei der Verfallzeit fällt das Land ohne weitere Notiz und ohne Prozeß an den Staat zurück, und es wird auf's Neue zum Vorkaufe ausgeboten, falls nicht der doppelte Betrag der fälligen Zinsen vor dem Neuausbieten bezahlt wird. Auf den dem Staate gehörenden Ländereien, welche mit Fichten bestanden sind, werden diese zuerst abgeschätzt und verkauft, worauf dann das Land zu mindestens Doll. 5 der Acker verkauft wird.

In anderen Staaten bestehen private Einwanderungs-Aemter, welche den Landverkauf besorgen. Der „Oregon Immigration Board" zu Portland besitzt ein Ausstellungsgebäude für landwirtschaftliche Produkte aus Oregon, Washington und Idaho, auf welche Länder sich seine Thätigkeit erstreckt. Ich habe dort ausgestellt gesehen: 230 Abarten von Weizen, riesige Birnen und Pflaumen, letztere von der Größe mittelgroßer Aepfel, Kirschen („Royal Ann") nur in Wasser aufbewahrt, so groß wie europäische Pflaumen, eine sehr reichhaltige Sammlung von Gräsern, Hafergarben etwa 2,4 m hoch, Buchweizenpflanzen etwa 2 m hoch, einen starken Ast eines Haselnußstrauches, fast 30 cm im Umfange, ein Cedernbrett von Port Oxford 4,80 m lang, 71 cm breit, 7,6 cm dick, kurz, alle möglichen Produkte von erstaunlicher Größe, welche den fruchtbarsten Boden verraten. Ich komme auf die Fruchtbarkeit des Bodens in Oregon und Washington, die ich aus eigener Anschauung kennen gelernt habe, später zurück.

In den alten östlichen Staaten ist gut kultiviertes Land nur sehr schwer zu haben. Im Lancaster County, Pennsylvanien, und im Connecticut-Thale des westlichen Massachusetts kostet ein Acker Farmland Doll. 400—500 (M. 4118—5148 d. ha). Dagegen gibt es einige Gegenden in New-England (in Vermont und Maine), wo Farmen verhältnismäßig billig verkauft werden, weil deren Besitzer nach dem Westen gewandert sind. Dieser Zug aus den östlichen Staaten nach dem fernen Westen dauert fortwährend an; vorwiegend ist es die alte anglo-amerikanische Landbevölkerung — die echten Yankee's —, welche nach Westen auswandert, weil dort noch Land fast unentgeltlich, oder zu sehr geringen Preisen zu haben ist. Fortwährend bilden sich in den westlichen Großstädten neue große Landagentur-Gesellschaften, welche meistens mit Kapitalien aus dem Osten begründet werden.

Bei einiger Vorsicht kann man sich solcher Gesellschaften zum Ankaufe

*) Das ist auf Holzland (Urwald), welches von der Bundes-Regierung erworben ist, nicht notwendig.

von Land bedienen, wenn es sich darum handelt, in mehr kultivierten Gegenden sich anzusiedeln. Im Allgemeinen aber — insbesondere wenn ein Ansiedler die körperliche Kraft und die Entsagung besitzt auf Prairie-, oder Urwaldland als Pionier aufzutreten — ist es am vorteilhaftesten und wohlfeilsten von den Landämtern der Bundes-Regierung, den großen Eisenbahn-Gesellschaften und den Staaten Land zu erwerben. Am gefährlichsten ist es, von neuen Ansiedlern (Settlers) Land zu kaufen, deren Besitztitel noch nicht berichtigt ist. Ist eine Landstelle schon von Ansiedlern in Besitz genommen, welche sie zu verkaufen wünschen, so ist der Nachweis des oben besprochenen Patentes und eine genaue Vergleichung des darin bezeichneten Landes mit dem zu verkaufenden das erste Erfordernis eines privaten Landkaufes.

II. Ansiedelungen im Urwalde.

Ich habe auf meiner Reise keine Gelegenheit gehabt, erste Ansiedelungen auf offener Prairie zu besuchen, obwohl ich solche beim Vorbeifahren auf der Eisenbahn gesehen habe. Ansiedelungen der letzteren Art sind sehr einfach. Der Ansiedler umfriedet sein Besitztum meistens mit Drahtzäunen (weil Holzzäune auf der waldlosen Prairie zu teuer sein würden) und bezieht sich ein fertiges Holzhaus mit allem Zubehör aus der nächsten Stadt. Wenn die Prairie mit Salbei- und Wermutsträuchern, mit Cactus und anderen sperrigen „Unkräutern" besetzt ist, dann verbrennt er diese, was auch mit dem abgestorbenen Grase geschieht. Dann wird die Grasnarbe umgebrochen, gepflügt u. s. w. Es ist keine zu schwere Arbeit, ein Stück offenes Prairieland in Kultur zu nehmen, aber es gehört eine kräftige Gesundheit dazu, um den furchtbaren Stürmen zu widerstehen, welche über die offene Prairie widerstandslos dahin rasen; in den nordwestlichen Staaten gehört auch viel Widerstandsfähigkeit dazu, um die strenge Winterkälte und den brennenden Sonnenbrand im Sommer zu ertragen. Auch die Dürre und die Insektenschäden sind auf offenem Prairieland viel mehr zu fürchten als auf bewaldeten Ländereien. Aus diesen Gründen sind die Ansiedlungen auf den Prairien in Dakota, Jowa, Nebraska und Kansas — denn nur in diesen Staaten ist noch Prairieland auf großen Flächen zu haben — verhältnismäßig zurückgegangen. Die ersten Ansiedlungen werden auf Waldland und selbst auf bewässerbarem Steppen- oder Wüstenland bevorzugt.

Erste Ansiedlungen im Urwalde habe ich besucht im Puyallupthale bei Tacoma im Staate Washington und bei Medford, im nördlichen Teile des Staates Wisconsin. Eine erste Ansiedlung auf der Steppe im östlichen Teile des Staates Washington werde ich später beschreiben.

Wer noch keinen Urwald gesehen hat, kann sich schwer einen Begriff davon machen. Insbesondere auf dem üppigen und fruchtbaren Boden längs des Stillen Ozeans in den Staaten Washington und Oregon zeigt der Urwald eine so unbezähmbare Wildheit, eine so kraftstrotzende Natur, daß der Gedanke es für unmöglich hält, an der Stelle der Baumriesen, welche in einer Stärke von 2 m Durchmesser und darüber und in einer Höhe bis zu 80 m gen Himmel ragen, oder halbverfault auf dem Boden hängen und liegen, umringt von üppigwucherndem Unterholz (von Ahorn, Hasel, Hollunder, Brombeeren, Himbeeren und Stachelbeeren, an feuchten Stellen auch von Erlen) ein menschlicher Haushalt erstehen und wogende Saaten und Gräser, blattreiche Gemüsepflanzen, fruchtstrotzende Obstbäume und hochrankende Hopfenpflanzen sich einfinden können. Wer solchen noch unberührten Urwald betritt, der muß sich Schritt für Schritt erkämpfen, er muß sich durch das sperrige Unterholz, durch Dornen und Kletterpflanzen durchwinden und über die vom Sturme gefällten Baumleichen kletternd und kriechend sein Fortkommen suchen. Es ist merkwürdig, wie zahlreich die Windbrüche im Urwalde sind. Am häufigsten sieht man Laubbäume, selbst mächtige Eichen, Ulmen und Ahorn, Eschen und Birken, mit ihrem vollen Wurzelwerk am Boden liegen. Der dichte Stand der Bäume und des Unterholzes gestattet keine tiefe Bewurzelung und die flach verlaufenden Wurzeln heben sich leicht aus dem weichen Boden, wenn ein starker Wind in die dichtbelaubten Kronen fährt. Deshalb halten sich auch einzelne Waldbäume nicht (mit seltener Ausnahme nur Eichen und Ulmen), wenn man solche auf gerodeten Feldern stehen läßt. Der mehr pyramidenförmige Wuchs der Nadelhölzer bewahrt sie vor diesen Zerstörungen und man findet daher in den Urwäldern der pacifischen Küste als stärkste Bäume die Fichten und Cedern und alle überragend die prächtige Douglastanne mit ihrem zähen, nur langsam wachsenden Stamm.

Wer sich durch den dichten Bestand eines Urwaldes hindurchwindet und glücklich eine Blöße erreicht hat, der staunt über die fast bis zum Boden reichende Verzweigung, über die dichte Astentwicklung und über den Reichtum an Blättern und Nadeln, selbst in den nordwestlichen Wäldern Wisconsins und Minnesotas. Im Sommer ist es nicht leicht, sich seiner Bewunderung im Urwalde hinzugeben, denn zahllose Mosquitos umschwärmen den, gegen ihre empfindlichen Stiche durch fortwährende Bewegung sich wehrenden Wanderer.

Auf dem ärmeren Boden Nord-Wisconsin bilden Nadelhölzer die vorherrschenden Bäume des Urwaldes, namentlich die zierliche Hemlock- oder Schierlingstanne (Pinus canadensis L.) mit hängenden Aesten, die den bekannten Kanadabalsam liefernde Balsamtanne (Abies balsamea) mit langen saftgrünen Nadeln, Rotfichten mit blaugrünen Nadeln und lachsfarbigem Holze, die ihnen an Wuchs und Form ähnliche Spruce (Picea pungens), Rot- und Weißkiefern und amerikanische Lärchen, sog. Tamaracks

(**Larix americana**), welche nebst rauhrindigen Cedern nur auf sumpfigem Boden wachsen. Spruce und Tamaracks liefern sehr gesuchtes Holz für Eisenbahnschwellen, von Hemlocktannen wird die Rinde zum Gerben benutzt. Von Laubbäumen sind am häufigsten gelbe und schwarze Birken, so genannt nach der Farbe ihrer Rinde, Felsen- und Wasser-Ulmen, groß- und kleinblättrige Linden, die letztere Art ähnlich der europäischen; selten sind hier Eichen, ebenso Eschen und Ahornbäume, dagegen finden sich häufig Ahornsträucher als Unterholz, neben Haseln und Weißbuchen, an Flußrändern auch Erlen.

Die Besiedelung des Urwaldes beginnt mit der Vernichtung der Bäume in jeder nur möglichen Weise. Wo das Holz in Sägemühlen Verwendung findet, wie in der Nähe von Tacoma, Washington, und Medford, Wisconsin, da fällt man die Stämme mit Axt und Säge. Im Urwalde Washingtons werden die Riesenstämme gewöhnlich etwa 2 m über dem Boden angesägt, zu welchem Zwecke der Ansiedler auf einem eisernen Gestell steht, das in einem mit der Axt hergestellten Spalt des Baumes befestigt wird. Dies geschieht, weil die Urwaldbäume unmittelbar über dem Wurzelhalse entweder angefault oder harzig sind. Man schneidet, oder haut also nur in das gesunde Holz. Im Urwalde Wisconsins läßt man gewöhnlich nur einen Stumpf von etwa 1/2 m Höhe stehen.

Eine der von mir besuchten größten Sägemühlen im Westen der Vereinigten Staaten ist die schon im Jahre 1868 errichtete Tacoma-Mühle von Hanson u. Co. Diese Mühle hat im Jahre 1888 83 Schiffsladungen verfrachtet mit etwa 60 Mill. Fuß Balken und Brettern (4 m lang, 30 cm breit und 2 1/2 cm dick), 25 Mill. Latten und 571,000 Pfosten. Von den nicht verwertbaren Abfällen werden 100—150 Klafter (Cord, 8 engl. Fuß lang, 4 Fuß breit, 4 Fuß tief = 3,62 m^3) täglich verbrannt. Diese Mühle beschäftigt 250—300 Arbeiter daheim und 300—400 als Holzhauer im Walde. Die von ihr mit Dampfkraft bearbeiteten Baumstämme haben bis 1 1/2 m Durchmesser. Sind die Stämme dicker, so müssen sie erst zerschnitten werden. Mitunter werden 13—14 große Segelschiffe (Barken und Schoner) gleichzeitig verladen, was in sehr einfacher Weise geschieht, indem die Hölzer durch Oeffnungen vorn und hinten am Schiffskörper mittelst einer kleinen Dampfmaschine auf einer schiefen Ebene in den Bauch des Schiffes geschoben werden.

Zahlreiche andere Sägemühlen liegen in der Umgebung von Tacoma und am Puget Sund. Die Gesamt-Holzausfuhr Tacoma's betrug im Jahre 1888 94 Schiffsladungen oder etwa 73 1/2 Mill. Fuß Balken und Bretter im Werte von Doll. 873,708 (M. 3,643,362). Den größten Anteil an den bearbeiteten Hölzern hat die Douglastanne. Man rechnet, daß ein Stamm derselben so viel Holz liefert wie durchschnittlich 10 Fichten von Minnesota. Längs der Nord-Pacific-Eisenbahn, welche von Tacoma nach dem Paß des Kaskadengebirges führt, liegen am Walde zahlreiche kleine

Sägemühlen, welche Schindeln aus Cedernholz herstellen. Die Ceder läßt sich leicht spalten und man kann allein mit der Axt aus Cedernholz Bretter und Latten machen, fast so gleichmäßig, wie wenn sie mittelst Säge und Hobel bearbeitet wären.

Ein Ansiedler, welcher solche Sägemühlen in der Nähe seiner Niederlassung hat, oder sie wenigstens mit einer Holzfuhre in einem halben Tage zu erreichen und von da zurückzukehren im stande ist, kann sein mit schwerer Mühe gefälltes Holz meistens verwerten. In Nord-Wisconsin, wo der Urwald zahlreiche Hemlocktannen enthält, wird nach dem Fällen dieses Baumes zuerst dessen Rinde abgeschält in Rollen von 4 engl. Fuß (1,20 m) Länge. Dann werden die erstgefällten Stämme — mitunter in voller Stärke — verwendet zur Errichtung einer Umfriedung (Fence), welche nach aller Sitte im Zickzack verlaufend, gewöhnlich nur aus roh behauenen Riegeln (Rails) bestehen, deren Enden übereinander gelegt werden. Eine solche Fenz von etwa 1—1¼ m Höhe heißt Rail- oder Wormfence; der letzte Name kommt her von dem zickzackförmigen bezw. wurmartigen Verlauf. Die besten Stämme der ersten Fällung werden zum Aufbau eines Blockhauses, oft auch schon zur Errichtung eines Viehschuppens zurecht gelegt. Wenn das Holz für das Blockhaus ausreichend vorhanden ist, dann werden die benachbarten Ansiedler zur Hilfe gebeten und mit vereinten Kräften wird ein Blockhaus in ein bis zwei Tagen aufgebaut und mit breiten Latten, oder mit selbst bereiteten oder erkauften Schindeln, oder mit Baumrinde das Dach gedeckt. Thüren, Fenster, Oefen und anderes Hausgerät wird fertig aus der Stadt bezogen. Man findet überall in den Vereinigten Staaten die gleiche Form der Thüren mit rundem Griff, die gleichen Schiebefenster, dieselbe Gestalt des großen eisernen Ofens (Furnace), dasselbe einfache Hausgerät für Ansiedlungen auf dem Lande. So werden die Blockhäuser im Urwalde von Wisconsin errichtet und die Nachbarn helfen einander, ohne dafür Bezahlung zu nehmen. Der neue Ansiedler hat nur für Speise und Trank zu sorgen. Im Urwalde von Washington sind Blockhäuser als Wohnhäuser seltener; man errichtet sich dort meistens Bretterhäuser aus gespaltenen Cedernstämmen, oder man bezieht fertige Bretterhäuser aus der nächsten Stadt, wenn die Entfernung derselben nicht zu weit ist. Die Bretterhäuser bestehen aus einem Lattengestell, das außen und innen mit quergelegten Brettern verschalt wird, zwischen denen ein Luftraum bleibt. Die äußeren Bretter werden so gelegt, daß sie sich dachziegelförmig decken. Die Zimmerdecke wird aus einem Querbalken gebildet, auf dem in Entfernungen von etwa ⅓—½ m verschieden lange, 30 cm breite und etwa 6 cm dicke Bohlen (Goists) auf die hohe Kante gestellt und durch zwei kleine sich kreuzende Spreitzen (Bridges) auf je 2 m Länge auseinander gehalten werden. Auf jenen aufrecht stehenden Bohlen liegt dann der Fußboden des oberen Raumes. In dieser Weise sind alle einfachen Wohnhäuser und auch größere Stallungen hergestellt.

Die Blockhäuser bestehen gewöhnlich nur aus einem Wohnraum, der mit Balken gedeckt, ihn von dem Dachraume trennt. Die Balken des Blockhauses, aus hartem oder weichem Holze — wie die Bäume an Ort und Stelle wachsen — werden mit Gypsmasse ausgefugt und innen gewöhnlich mit Kalkmilch geweißt. Der große eiserne Ofen, in der Regel in der Mitte des Zimmers stehend, dient zum Kochen und Heizen; ein eisernes Rohr führt den Rauch durch die Seitenwand des Hauses oder durch das niedrige Dach ab.

Bevor die Ansiedler an die Errichtung eines Hauses gehen können, wohnen sie in Zelten, oder unter dem Plauendach eines Wagens (des sog. Prairieschoners, vergleichbar dem Schoner des Meeres), oder in einer einfachen Bretterhütte, oder bei nahe wohnenden Nachbaren, auf den Prairien auch in mit Brettern ausgezimmerten Erdgruben (Dug-outs).

Nachdem der Ansiedler im Urwalde sich nun sein Bretterhaus (Framehouse, Gestellhaus) oder sein Blockhaus (Log-house, Klotzhaus) errichtet und seine Besitzung eingefriedet („eingefenzt“ im amerikanischen Deutsch) hat, macht er so viel Waldland klar, wie er zum ersten Anbau von Kartoffeln und Gemüse braucht. Kann der Ansiedler die gefällten Baumstämme nicht als Nutzholz für Sägemühlen verwenden, so verbrennt er sie, oder er läßt es in diesem Falle gar nicht mal zum Fällen der Bäume kommen, sondern er verbrennt die stehenden Stämme, indem er entweder Feuer rings um den Stamm anlegt, oder in denselben schräge, etwa 5 cm weite Löcher bohrt, in denen er Feuer anlegt. Sobald ein mit Bohrlöchern versehener liegender, oder stehender Stamm brennt, werden zwischen den Bohrlöchern Keile eingetrieben und in die entstandenen Spalten Steine gesteckt, um dem Feuer Luft zu verschaffen. Das Unterholz wird teils niedergehackt und dann verbrannt, oder es wird stehend durch Feuer zerstört.

So eine neu entstandene Ansiedlung im Urwalde sieht schauerlich aus. Der Boden ist mit verbrannten Stämmen und Strauchholz bedeckt, ganz und halb verbrannte Stämme mit abgebrochenen Kronen und verkohlter Rinde starren gen Himmel und soweit Feuer und Rauch reichten, ist alles schwarz und russig. Hat das Feuer einen stehenden Stamm mürbe gemacht, dann wird er mit Seilen umgerissen und was noch von festem Holz vorhanden ist, wird wieder angebohrt und in die schrägen Bohrlöcher Feuer hineingeleitet.

Die beste Zeit zur Verrichtung dieser ersten Klärungsarbeiten im Urwalde ist der Herbst und Winter. Wenn dann der Frühling in's Land kommt, kann der mit Asche bedeckte Boden mit Kartoffeln belegt werden, von dem man im geklärten Urwalde Washingtons einen Ertrag von 300 Bsh. oder 9 Tonnen auf den Acker (etwa 200 q auf den ha) rechnet. Die Tonne Kartoffeln hat dort einen Preis von etwa Doll. 25 (M. 11,50 d. q). Der neu geklärte Acker bringt also einen Rohertrag von Doll. 225 (M. 2317,5 d. ha). Ein Teil der Klärung wird auch wohl mit Timothygras angesäet, das entweder abgeweidet, oder zu Heu gemacht wird. Ein Heuertrag von 5 Tonnen vom Acker (112 q vom ha) ist nicht ungewöhnlich. Die nächste Umgebung des Wohnhauses wird von dem Ansiedler möglichst von Stumpfen befreit. Wenn nach etwa 2 Jahren ein paar Acker geklärt sind, dann beginnt die Arbeit des Pfluges und der Egge, gewöhnlich von Ochsen gezogen. Mais, Weizen und Hafer werden gesäet und im Urwalde von Washington wird auch Hopfen gepflanzt. Immer weiter lichtet sich der Urwald, immer weiter schreitet die Kultur, aber es dauert lange, bis der Acker völlig von Stumpfen befreit ist. Die Stumpfen der großen Bäume bleiben ruhig stehen, und man überläßt es den Witterungs-Einflüssen sie zu zerstören. Es dauert im Staate Washington, mit den milden Wintern der pacifischen Küste, 3 Jahre, bis große Stämme verfault sind. In den nordwestlichen Urwäldern mit den harten Wintern in Minnesota und Wisconsin, vergehen mindestens 5 Jahre, bis ein großer Baumstamm verfault ist.

Nur wohlhabende Ansiedler können sich fremder Hände bedienen zur Klärung ihres Besitzes, denn der Arbeitslohn ist an den Orten, wo die landwirtschaftliche Kultur beginnt, sehr hoch. Man zahlt Doll. 2 Tagelohn (M. 8,34) und darüber, und eine „Hand“ im Monatslohn kostet Doll. 30 (M. 125) nebst voller Beköstigung und Wohnung. Von einem wohlhabenden Farmer im Urwalde von Nord-Wisconsin habe ich erfahren, daß er für die durch Tagelöhner besorgte Arbeit des Stümpfeausziehens, Steineablesens und erstmaligen Pflügens auf 2½ Acker Doll. 175 (M. 721 d. ha) bezahlt habe. Ein anderer, sehr gebildeter Ansiedler im Urwalde von Nord-Wisconsin hat 5 Acker für Doll. 100 (M. 206 d. ha) gekauft und mit eigener Hand geklärt, das Land eingefriedigt, ein Blockhaus und einen Stall für Rindvieh und Hühner gebaut; er berechnete darnach den Wert seines Eigentumes (bei genauer Buchführung) auf Doll. 111 den Acker (M. 1143 d. ha). Da ihn nun das rohe Land Doll. 20 der Acker gekostet hatte, so betrugen die Kosten der Klärung Doll. 91 der Acker (M. 937 d. ha) und dabei waren noch nicht mal alle Stümpfe entfernt, aber die ganzen 5 Acker waren mit Futter, Gemüse und Obstbäumen bestellt.

Eine viel größere Farm, welche dem Urwalde abgerungen war, habe ich im Carver County, im mittleren Minnesota kennen gelernt. Der deutsche Farmer hat mit zwei Gefährten seine 240 Acker (97,2 ha) umfassende Farm bis auf etwa 60 Acker (24,3 ha) geklärt, welche noch als zusammenhängender, aber zum Teil schon gelichteter Urwald bestehen. Seit 35 Jahren wirtschaftet der Farmer auf seinem Gute, jetzt nur mit seiner Frau, seinen zwei Söhnen und zwei Töchtern, ohne gemietete „Hand“. Der Boden ist ein schwarzer, tiefgründiger Humusboden von großer Fruchtbarkeit; der jährliche Regenfall ist dort 29 Zoll (737 mm). Der Acker gibt bis 30 Bsh. (26,1 hl v. ha) Winterweizen, bis 35 Bsh. (30⅘ hl v. ha) Winterroggen, 40—60 Bsh. (34,8—52,2 hl v. ha) Hafer und Runkelrüben; von letzteren werden sog. Mammuths und Leutewitzer gezogen, welche bis

18—20 Pfd. (8,2—9 kg) schwer werden sollen. Aber Winterweizen und Winterroggen gedeihen nicht immer sicher; sie werden von Flughafer und mächtig wuchernden Unkräutern unterdrückt und von Getreidewanzen (Chingbugs) verheert, welche zu gewissen Zeiten in so mächtigen Schaaren heranziehen, daß sie selbst Eisenbahnzüge aufzuhalten vermögen. Sommerweizen ist die sicherste Feldfrucht für Minnesota und das benachbarte Dakota, aber auf der in Rede stehenden Farm im Carver County gibt er doch nur etwa 20 Bsh. vom Acker (17,4 hl v. ha) im Durchschnitt.

Außer den genannten Feldfrüchten wird als Hauptfrucht noch Mais in harten, frühreifen Sorten gebaut und als Nebenfrüchte Gerste und Sorghum. Gedüngt wird im Winter zu Mais, Rüben und Sorghum, d. h. der Dünger wird im Winter auf die für diese Früchte bestimmten Felder täglich ausgefahren. Da die Kühe im Sommer über Tag auf die Weide gehen und sich nachts auf einem umfriedeten Hofe aufhalten, so wird dann nur wenig Dünger gewonnen, der übrigens den Feldweiden zu Gute kommt. Außer den Feldweiden von geringem Umfange, dient hauptsächlich der Wald als Weide. Bei dieser Benützung kann natürlich von einer Pflege des Waldes keine Rede sein. Das ist aber auch nirgends der Fall in Nordamerika. Nirgends besteht eine eigentliche Forstwirtschaft und nur im Osten zwingt die beginnende Holznot den Farmer zu einer Schonung des Waldes. Auf der waldlosen Prairie und selbst auf der Steppe werden wohl Waldbäume angepflanzt, aber in den geklärten Waldgegenden habe ich niemals eine Forstpflanzung in den gelichteten Wäldern, oder auf offenem Felde gesehen.

Auf dieser von mir besuchten Farm standen nur noch wenige umfangreiche Baumstumpfen auf dem Felde, die man selbst auf älteren Ansiedlungen, wie z. B. in Kentucky und Ohio, noch zahlreich findet, die Ackerbestellung im hohen Grade erschwerend.

Die strenge Winterkälte im mittleren und nördlichen Minnesota, die bis —40° F. (—40° C.) erreicht, nötigt die dortigen Landwirte zu einer sehr sorgfältigen Auswahl abgehärteter und frühreifer Samen- und Obstsorten, wobei sie seitens der Saatverteilungs-Abteilung des Ackerbau-Amtes in Washington in entgegenkommender Weise unterstützt bezw. beraten werden. Von Winterweizen wird im Carver County gebaut: Martin Amper, Everitt's Highgrade, Michigan Amper, Scotch five mit roten Körnern; der Sommerweizen stammt aus Lafayette in Indiana; von Mais wird hauptsächlich „Bride of the North“; von Obstsorten werden russische Aepfel und Kirschen gezogen. Die einheimischen Aepfelbäume leiden dort an Brand (Blight,) ihr Holz wird in dem kurzen Sommer nicht reif und es erfriert im Winter. Dagegen gedeiht der Weinstock noch, der aber nur einen sauren Wein gibt. Reichlichen Ertrag bringen die Beerensträucher, in erster Linie die Brombeeren, von denen drei bis vier großfrüchtige, zur Zeit meines Besuches am 5. Juni reichblühende Sorten gezogen wurden. Ausgezeichnet und sehr wohlschmeckend werden die Garten-Erdbeeren. Aber auch Himbeeren und Johannisbeeren gedeihen vortrefflich, weniger die Stachelbeeren in kleinfrüchtigen nordamerikanischen Sorten.

Da die meisten Ansiedler im Urwalde sich eine Heimstätte innerhalb der Eisenbahngrenzen aufnehmen, so ist die durchschnittliche Größe eines Landgutes im Waldgebiete 80 Acker (32,4 ha). Ein Landgut dieser Größe hat — als die Hälfte einer Viertelsektion — die Form eines Rechteckes von etwa 800 m Länge und 400 m Breite. Diese Form ist sehr günstig für die Anwendung von Säe- und Erntemaschinen, weil diese nicht so oft umzukehren brauchen, wie auf einem Ackerstück mit vier gleichen Seiten. Ein als Heimstätte, oder durch Ankauf erworbenes Landgut von 40 Acker (16,2 ha) hat die Form eines gleichseitigen Viereckes; jede Seite mißt etwa 400 m. Kleinere Landgüter, welche von den Staaten, von Eisenbahn-Gesellschaften und Landagenten gekauft werden, haben gewöhnlich die Form eines länglichen Rechteckes, wenn sie unmittelbar an einer Haupt-Landstraße liegen.

Jede von der Bundes-Regierung angebotene Sektion ist von einer Landstraße umgeben, oder diese wird im Falle der Besitznahme vom Landamte hergestellt. Der Straßenbau zwischen den einzelnen Sektions-Abschnitten geschieht auf Kosten der Land-Eigentümer. Mit Rücksicht auf die, eine Sektion durchschneidenden Straßen baut jeder Ansiedler sein Wohnhaus bezw. seinen Hof zunächst der Straße, also an einem Rande, oder an einer Ecke seines Besitzes. Niemals habe ich im Waldgebiete Nordamerikas einen Gutshof abseits einer öffentlichen Straße gesehen. Das wäre auch sehr unvorteilhaft, weil der Gutsbesitzer, im Falle er seinen Hof inmitten seines Gutes anlegen würde, er sich zu diesem Zwecke eine besondere Straße bauen müßte, welche ihn Land, Arbeit oder Geld kosten würde. Der Vorteil der Lage des Gutshofes inmitten der Ländereien, der für die Bearbeitung und Ernte des Bodens ja unverkennbar ist, wird vollständig aufgewogen durch den Zeit- und Arbeitsverlust, die öffentliche Straße zu erreichen, was namentlich bei der ersten Urbarmachung wesentlich ist.

Da die öffentlichen Straßen in der Regel an den Sektions-Viertel- und Achtelsektionsgrenzen verlaufen, so ist das Befahren des Landes sehr zeitraubend, weil die Wege alle in rechten Winkeln aufeinander stoßen. Nur die County-Straßen, sowie auch viele zu Schulgebäuden führende öffentliche Wege verlaufen schräg durch die Sektionen und deren Unterabteilungen.

Da in Nordamerika jeder Eigentümer einer Heimstätte, oder eines im Vorkaufe erworbenen Landes wenigstens bis zur Besitztitel-Erteilung auf seiner Farm zu wohnen gesetzlich verpflichtet ist, so ist selbstverständlich das Dorfsystem vollständig ausgeschlossen. Es gibt in Nordamerika keine Dörfer im europäischen Sinne, sondern nur Farmen und Städte. Diese führen, auch wenn sie noch so klein sind, die Bezeichnung Town, und wenn sie 10,000 Einwohner erreicht haben und „inkorporiert“ sind, dann bekommen sie die Bezeichnung City. In Nordamerika hoffen die Bewohner der kleinsten, nur aus wenigen Häusern bestehenden Stadt in kurzer Zeit ihre Town in eine City umgewandelt zu sehen.

III. Fahrten auf Prairien und Steppen.

Der von mir bereiste, zwischen dem 38. und 48.° n. B. gelegene Teil der Vereinigten Staaten Amerikas, wird durch den von Südwesten nach Nordosten streichenden Gebirgszug der Alleghanies oder Appalachen und durch das von Südosten nach Nordwesten verlaufenden Felsengebirge zunächst in drei, nach der Breite des Festlandes nebeneinander liegende Teile geteilt. Der mittlere, zwischen den Alleghanies und dem Felsengebirge liegende Teil ist das Gebiet des Mississippistromes, ein sehr breites, östlich nach den Alleghanies, westlich nach dem Felsengebirge ansteigendes Thal, welches vom 80.—105. Grade westlicher Länge (von Greenwich) liegt und 3,8 Mill. qkm (etwa siebenmal so viel als das Deutsche Reich) umfaßt. Zahlreiche Nebenflüsse des Mississippi, im Norden die großen Seen, im Süden das breite, größtenteils versumpfte Mündungsdreieck des „Vaters der Ströme" und der Golf von Mexiko, machen das Mittelgebiet des großen Festlandes zu einem sehr wasser- und regenreichen.

Aber klimatisch unterscheidet sich das Mississippibecken nicht von der östlichen Atlantischen Zone, weil die Alleghanies sich nur von 300 m bis zu einzelnen Höhen von 2000 m über den Meeresspiegel erheben und die Ost- und Westwinde über diese niedrige Gebirgskette hinwegstreichen. Die östliche Klimazone reicht vom Atlantischen Ozean bis etwa zum 100. Grade westlicher Länge, wo die trocknen und dürren Hochebenen beginnen. In dieser östlichen Zone bringen die im Winter von Norden und Nordwesten wehenden Winde von den Eisgegenden des Nordpolarkreises und von der weiten, mit Eis bedeckten Hudsonsbay strenge Kälte und Schnee bis nahe zur Golfküste; im Sommer die Süd- und Südost-Winde hohe Wärmegrade und häufige Regen von dem Golf von Mexiko, der einen beständigen Wärmegrad von 27° C. hat. Es ist erstaunlich, wie warm der aus diesem Meerbusen ausgehende Golfstrom ist. Als ich am 20. Oktober 1889 245 Seemeilen (454,5 km) von Sandy-Hook (der südlichen Spitze der Bay von New-York) entfernt auf dem Golfstrome fuhr, maßen wir auf 40° 28′ 11″ nördlicher Breite und 68° 33′ westlicher Länge das Wasser dieses Stromes im Atlantischen Ozean mit 24° C. Die kalten Nord- und Nordost-Winde führen noch im Frühjahre die Kälte bis tief nach Süden. Mitte Mai 1889 hatte ich in Chicago schon eine unerträgliche Hitze auszuhalten, die sich mittags um 90° F. (32,2° C.) im Schatten hielt. Am Morgen des 31. Mai aber ging ich auf den Straßen von Portage City in Süd-Wisconsin im Schnee, der auch in Milwaukee über Tag liegen blieb. Als ich am 1. April aus New-York (auf demselben Breitengrade wie Neapel) abreiste, war dort noch Winter, und als ich Ende April in Denver und dem nördlichen Colorado unter dem 40. Breitengrade (also südlicher als Neapel) weilte, erlebte ich einen starken Schneesturm und der Schnee blieb mehrere Tage auf den Straßen und den Feldern liegen. Freilich liegt Denver 1592 m über dem Meeresspiegel, aber die Bäume hatten doch schon ihr erstes Laub. Nördlich vom 40. Breitengrade habe ich erst Anfang Mai auf dem Felde in Nebraska pflügen und säen sehen und erst Mitte Mai wurde in Jowa, nördlich vom 42. Breitengrade, die Maissaat beendet. Und dabei hatte das Jahr 1889 in Nordamerika ein zeitiges Frühjahr, wenn man die Uebergangszeit vom Winter zum Sommer in Nordamerika so nennen will. Ein Frühjahr wie in Europa gibt es dort nicht. Nachdem der Winterfrost und der Schnee vergangen, ist es in wenigen Wochen grün, aber Nachtfröste sind selbst noch im Juni zu fürchten. Ich bin im nördlichen Teile der Vereinigten Staaten auf den Eisenbahnen nur im Juli und August in ungeheizten Wagen gefahren und in manchen Gasthaushallen wurde noch im Mai und Juni und schon wieder im September geheizt, so daß die Oefen in den nördlichen und östlichen Staaten nur 2 Monate Ruhe haben. Aber es kann im April und Mai so heiß sein wie im Juli und August. Im Sommer ist es zu St. Paul in Minnesota so heiß wie in St. Louis, Cincinnati, Washington, Philadelphia und New-York — den heißesten Städten der Nordstaaten. Ich habe am Nachmittage des 8. Juli zu Medford in Nord-Wisconsin eine Wärme von 97° F. (36° C.) im Schatten erlebt, die mir selbst im August in New-York nicht vorgekommen ist. Eine rasche Wärmeabnahme von 15—20° C. in wenigen Stunden ist im Sommer gar nicht ungewöhnlich; im Winter sind Wärmeschwankungen von 40° C. über Nacht nicht selten. Dieser starke Wechsel der Wärmeverhältnisse in der östlichen Zone ist leicht erklärlich, da von Norden nach Süden gar keine größere Bodenerhebung die Nord- und Südwinde zu brechen vermag und die Entfernung von der kalten Hudsons-Bay zum warmen Golf von Mexiko nur 2782,5 km beträgt. Auf dieser Entfernung von nur 25 Breitengraden gibt es Wärmeunterschiede im Sommer und Winter wie zwischen Egypten und Westsibirien.

Bei alledem sind die höchsten Sommertemperaturen sehr gleichmäßig verteilt. Man kann sagen: der Sommer ist (vielleicht mit Ausnahme der Nordostküste von Maine) überall heiß und der Winter ist in dem in Rede stehenden Gebiete überall kalt, am kältesten in Minnesota und Dakota.

Während das Frühjahr die Jahreszeit der größten Wärmeschwankungen ist, zeigt der Herbst eine gleichmäßige, milde Temperatur, welche bis zum November, in den mittleren Staaten selbst bis zum Dezember anhält. Ein nordamerikanischer Herbst ist von wunderbarer Schönheit. Der Laubfall verzögert sich durch mehrere Monate. Die Blätter beginnen ihren Farbenwechsel von Grün durch Gelb, Violett, Roth zu Braun schon in der zweiten Hälfte August und dieses bunte Farbenspiel dauert bis zum November, fast 3 Monate in den mittleren Staaten. Der Herbst — der sog. Indianer-Sommer — ist in der That die schönste Jahreszeit in Nordamerika. Der heiße Sommer und der lange milde Herbst sind dem Obstbau außerordentlich günstig; das Fruchtholz reift zeitig und es übersteht den kalten Winter besser als in Europa in entsprechenden Breiten. Auch ist der lange Herbst außerordentlich günstig für die Bestellung der Wintersaaten und für die Zurichtung des Ackers zur Frühjahrssaat. In den nordwestlichen Staaten Minnesota und Dakota ist die Winterkälte und der Schneefall so stark, daß in der Regel keine Wintersaaten gebaut werden. Man baut Sommerweizen (Spring-wheat, Frühjahrsweizen), weil der Winterweizen erfrieren, oder unter der hohen Schneedecke ersticken würde. Aber die Zeit zur Frühjahrsbestellung ist dort sehr kurz und deshalb ist es von großem Vorteil, daß der Herbst die Vorbereitung des Ackers zur Frühjahrssaat gestattet. In den mittleren und nördlichen Staaten habe ich selten ein Feld im Frühjahre pflügen gesehen. Die Mais-Bestellung dehnt sich in den nördlichen Staaten bis gegen Ende Mai aus und gegen Ende September beginnt dort schon der Schnitt der reifen Frucht, welche kaum 4 Monate den Boden einnimmt und dabei eine Höhe bis zu 5 m erreichen kann. In den Neu-England-Staaten habe ich Maisstengel gesehen von 6 m Höhe, welche auch nur 4 Monate gewachsen waren.

Der Ackerboden in den Atlantischen Staaten und im Mississippibecken ist vorwiegend Schwemmland. Das sog. Bottom- (Marsch-) Land und Driftland (ähnlich unserem Löß) in den zahlreichen Flußthälern bietet einen sehr fruchtbaren Boden, namentlich auch in den Waldgegenden.

Die Verbreitung des Waldes ist ziemlich regelmäßig in der Atlantischen Zone, östlich von den Alleghanies. Die Neu-England-Staaten, die Staaten New-York, New-Jersey und Pennsylvanien haben gegenwärtig noch viel Wald, wenn derselbe auch — wie überall in Nordamerika — keineswegs gepflegt und aufgeforstet wird.

Das Waldgebiet erstreckt sich dann vom Nordwestabhange der Alleghanies durch die Staaten Ohio mit stark gelichteten Wäldern, Indiana mit reichlichem Wald, Michigan und Nord-Wisconsin. In Minnesota reicht die Waldgrenze ungefähr bis zum Red River; der Wald umfaßt hier die Mitte (die Mille Lacs Region) und den nordwestlichen Teil mit zahlreichen Seen, die von prächtigen Eichen umgeben sind. Die Waldgrenze geht dann von Chicago in einer vielfach gewundenen Linie durch Illinois südlich nach St. Louis, von hier wieder nordwärts in großen Krümmungen durch Iowa bis nach Topeka in Kansas, von wo sie dann südöstlich nach dem Staate Missouri und im Westen desselben südwärts verläuft, um im östlichen Teile von Texas am Golf von Mexiko zu enden. In diesem Waldgebiete besitzen die Staaten Ohio, Indiana, Illinois, Nord-Missouri, Südost-Iowa und Nordost-Kansas Prairien, welche mit Waldland abwechseln. In Ohio und Indiana nennt man diese Prairien „Oak opening prairies“, weil sie mit Eichen abwechseln. Neben Eichen (von denen in Nordamerika 36 verschiedene Arten vorkommen sollen) bilden den Hauptbestand der auf dem östlichen Prairiegebiete vorkommenden Wälder: Ulmen, insbesondere die hochästige amerikanische Art, deren Krone die Form eines Blumenstraußes hat, Ahorn, namentlich auch Zuckerahorn, Eschen, die amerikanische Linde mit breiten Blättern, Hickory mit festem zähem Holze und zerschlissener grauer Rinde, Schwarzwallnuß und der diesem ähnliche Butternußbaum. Bemerkenswerterweise habe ich in den Wäldern dieser östlichen Prairiegebiete, wie auch in den Wäldern Wisconsins und Minnesotas häufig den Eschenahorn (Box Elder, Acer negundo) als Baum und Strauch gesehen, der in Europa nur als Alleebaum gezogen wird; wahrscheinlich ist dieser Baum in Nordamerika durch natürliche Kreuzung von Eschen- und Ahornsamen entstanden. An den Waldrändern findet sich als Unterholz häufig Sumach (Rhus toxicodendron), dessen Rinde 15 % Tannin enthalten soll, weshalb sie zum Gerben verwendet wird.

Im Westen dieses Waldgebietes, bezw. des die Prairie begleitenden Waldes, beginnt die offene Prairie, welche ungefähr bis zum 100. Grade westlicher Länge reicht. Die Prairien sind in ihrem natürlichen Zustande dicht mit kurzen und mittelhohen Gräsern bestanden, von denen einige Arten büschelförmig wachsen und daher Bunch-Grass heißen, womit aber keine bestimmte Art bezeichnet ist. Prairiegräser von der Höhe, daß sich Männer darin verstecken können — wie man dies in Indianergeschichten liest — habe ich nie gesehen; höchstens können Krähen und Prairiehühner im Prairiegrase unterkriechen, sonst ist aber nichts zu verstecken. Wild habe ich auf der eigentlichen Prairie nie gesehen. Unser Hase fehlt in Nordamerika meines Wissens ganz; was man dort so nennt, sind wilde Kaninchen. Vom Büffel (amerikanischem Wisent) lebten nach einer Mitteilung des „Smithsonian Institut“ in Washington D. C. noch vor 20 Jahren nicht weit von 8 Mill. Stück auf den westlichen Ebenen. Jetzt sind im Gebiete der Vereinigten Staaten weniger als 600 übrig. Davon sind nur 85 in Freiheit, und zwar nach den genauesten Ermittelungen 25 in Texas, 20 in Colorado, 26 in Wyoming, 10 in Montana, 4 in Dakota. Im Yellowstone-Park eingezäunt sind etwa 200, die übrigen in Tiergärten. Außerdem soll es in den britischen Besitzungen nördlich von Montana noch etwa 550 geben, was aber keineswegs gewiß ist.

Von den Prairiegräsern ist das gemeinste und am häufigsten vorkommende das Grammagras (Bouteloua oligostachya) mit 20—30 cm hohen Stengeln und sehr schmalen, 5—10 cm langen Blättern; die dunkel purpurfarbigen Aehrchen sind rauh, haarig und borstig; die Wurzel ist faserig. Dieses Gras, welches auf den östlichen Prairien von Bouteloua hirsuta begleitet ist, wird auch häufig Büffelgras (Buffalo Grass) genannt, welcher Name aber rechtmäßig dem Buchloe dactyloides zukommt, das nur 7—20 cm hoch wird und dessen über dem Boden kriechende, zu Büscheln vereinigte Stengel leicht wieder Wurzeln bilden, woraus die rasche Verbreitung des Büffelgrases sich erklärt. Aber Grammagräser und Büffelgräser verschwinden auf kultiviertem Boden. Der Name Büffelgras (Bunch Grass), welcher dem Büffelgras beigelegt wird, ist auch gebräuchlich für den winterbeständigen Little Blue Stem (kleinen Blaustengel) oder Andropogon scoparius mit mehr oder weniger rötlichen Stengeln, die bis zu 60 cm hoch werden; die schmalen Blätter sind auf der Oberfläche kannelliert, von hellgrüner Farbe mit einem Stich in's Rote. Als „Büffelgras“ wird auch das Muskit Grass oder Bouteloua racemosa bezeichnet, das aber dem Grammagras ähnlich ist. Unter dem Namen „Prairiegras“ kommen mehrere Grasarten vor, nämlich Koeleria cristata, welches ebenfalls in Büschelform wächst und Eatonia obtusata. Diese beiden, höchstens etwa 35 cm hoch wachsenden Gräser haben cylindrische Aehrchen, welche denen des Timothygrases einigermaßen ähnlich sind. Noch niedriger wächst das ebenfalls „Prairiegras“ genannte Sporobolus vaginaeflorus mit schlank gewundenen Stengeln von geringem Futterwert; etwas höher wächst das der gleichen Gattung angehörende Sporobolus asper von blasser Farbe, durch den Winter ausdauernd. Dagegen gehört der hochwachsende Big Blue Stem (Großer Blaustengel) oder Andropogon provincialis und das ihm ähnliche Ginstergras (Broom Grass oder Andropogon saccharoides) mit seinem bläulich-weißen mehlichten Ueberzuge auf Blättern und Stengeln und das halmreiche Mühlenberg-Gras (Muehlenbergia glomerata) zu den besten Prairiegräsern, die sich auch zur Heuwerbung gut eignen.

Die offene Prairie geht westlich vom 100. Grade westlicher Länge in die Steppe (Plain) über, welche bis an den östlichen Abhang des Kaskadengebirges reicht. Die Gräser treten immer mehr zurück und machen Salbei- und Wermuthsträuchern, Kakteen und Prairierosen Platz. Das Hauptgras der Steppen ist das sog. falsche Büffelgras (Munroa squarrosa). Außerdem finden sich auf fruchtbarerem Boden der meist sandigen Steppe auch einige Prairiegräser, so das Ginstergras (Broom Grass) und der große Blaustengel (Big Blue Stem), ferner Koeleria cristata, Eatonia obtusata und Muehlenbergia glomerata. Auf Höhen über 900 m wächst das Berg-Blaugras (Poa andina) mit etwa 30 cm hohem, abgeplatteten Stengel, auf der Oberfläche kannellierten, schmalen Blättern, in der Form gleich dem Kentucky Blau-Gras (Poa pratensis), nur kleiner.

Nach O. Loew („Die Wüsten Nordamerikas“) gehört in dem, in dem Felsengebirge von Colorado und der Sierra Nevada von Kalifornien liegenden, südlich bis zur mexikanischen Grenze reichenden Gebiete, annähernd alles zu den echten Wüsten, was unter 1000 m, und zu den Halbwüsten, was zwischen 1000—1500 m Seehöhe gelegen ist. Sobald das Land wieder ansteigt, bedeckt es sich mehr und mehr mit Vegetation und bei 2000 und 2400 m treten großartige Urwälder auf mit fetten Gründen und zahlreichen Quellen. Würde das erwähnte Gebiet die Seehöhe von 1000 m nicht übersteigen, so wäre es eine einzige großartige Wüste, welche an Ausdehnung halb Europa übertreffen würde. Ueber 3500 m entkleiden die Gebirge sich wieder der Wälder und die Pflanzenwelt wird ärmer infolge der Wärmeerniedrigung.

Ich habe die nordamerikanische Wüste in ihrer ganzen Ausdehnung von Osten nach Westen viermal auf der Eisenbahn passiert, im Monate April im Süden des Staates Kansas, im Monate Mai im Süden des Staates Nebraska, und westlich von beiden im Osten des Staates Colorado; dann im Juni im Norden von Dakota, im Juli im mittleren Teile von Dakota und westlich in Montana, Idaho und im östlichen Teile des Staates Washington. Die große nordamerikanische Wüste habe ich also in verschiedenzeitlicher Erscheinung durch etwa vier Monate gesehen.

In Süd-Kansas reicht das Prairieland noch etwa bis Dodge City. Auf dem Wege von Topeka, der Hauptstadt von Kansas, liegt das Städtchen Newton, umgeben von blühenden Kolonien preußischer und russischer Mennoniten. Dann wird das allmählich ansteigende Land (die Eisenbahn von St. Louis, westlich von 90° westlicher Länge steigt von etwa 112 m bis zu 1592 m nach Denver östlich von 105° westlicher Länge) wellig, der Ackerbau verschwindet fast ganz und man sieht nur noch einzelne magere Kühe und Pferde auf der Weide, welche sich die spärlichen Grashalme heraussuchen zwischen den Haufen stachlichter Kaktus und sperriger Salbeisträucher. Es war trocken und warm (nachmittags zwischen 1 und 1½ Uhr 22½° C. im Schatten) am 27. April, als ich die Strecke westlich von Dodge City befuhr. Man sah einzelne Wassergräben, dann und wann Erdhütten und gepflügte Ackerstücke, die aber wieder verlassen waren; man sah auch noch Stellen, wo ein Haus gestanden hatte, die Wohnstätte der Ansiedler, die es gewagt hatten die trockene Steppe zu bearbeiten. Das Land war nur in der Nähe kleiner Städte eingezäunt, ausseits derselben aber lief das eingeborene Rindvieh (sog. Natives, d. h. Shorthorn-Kreuzungen) frei und ohne Hirten auf den grenzenlos scheinenden Steppen. Auch Kadaver gefallenen Rindviehes sah man bisweilen, Ueberreste des harten Winters. Zwischen Mannsfield und Garden City war eine große Pferdeweide am seichten und ziemlich breiten Arkansas-Flusse. Garden City würden wir kaum ein Dorf nennen; es besteht aus einzelnen kleinen Holzhäusern. Aber in dessen Umgebung war das Land bewässert und ich sah gute Weizensaaten und ein sehr schönes Luzernefeld. Dann kam wieder sandiges Steppenland mit Salbeisträuchern, einzelne Yuccapflanzen und Kakteen, zuweilen Alkali-Niederschläge in vertrockneten Teichen oder Wasserlöchern und ärmliche Erdhütten, halb in, halb über der Erde. Kleine behende Prairiehunde sonnten sich auf ihren Erdhügeln, die einzigen Wildtiere auf der weiten Steppe. In dem kleinen Orte Lakin stand mitten auf der Steppe ein kleines Bretterhaus mit dem stolzen Namen „Park Hotel“. So ging es fort auch über die Steppen Colorados, bis endlich Denver erreicht war. Den Ackerbau in dessen Nähe, bezw. in dem nördlichen Teile von Colorado werde ich im nächsten Abschnitte beschreiben.

Meine Rückfahrt von Cheyenne, der Hauptstadt des Territorium Wyoming, durch Süd-Nebraska nach Lincoln, der Hauptstadt des Staates Nebraska, geschah am 2. Mai. Das Land senkt sich von Cheyenne, das 1814 m hoch liegt, allmählich bis nach Omaha, 288 m hoch, in einer Entfernung von etwa 1000 km. Die Steppen von Nebraska haben fast denselben Charakter wie die von Kansas. Regenmessungen auf diesen trockenen Steppen sind mir nicht bekannt geworden, sind auch wahrscheinlich nicht angestellt. Aber ich bin überzeugt, daß der Regenfall 30 cm im Jahre nicht erreichen wird. Auf dem wasserreicheren Steppengebiete Nord-Colorados, am Ostabhange des Felsengebirges, beträgt der jährliche Regenfall 35—43 cm.

Am 9. Juni fuhr ich von St. Paul in Minnesota auf der Manitobabahn nach Helena, der Hauptstadt Montanas. Die Entfernung beträgt 1884 km, welche man durch zwei Tage und zwei Nächte beständig über Prairien und Steppen fährt. Die Prairien reichen bis westlich von Rugby Junction. Bis dahin ist der Boden fruchtbar, von schwarzer Farbe, reich an Humus; der jährliche Regenfall soll 76—101 cm betragen. Es gibt kleine Landseen und Teiche im nordöstlichen Dakota. Eine große Rindviehherde, von berittenen Hirten (Cowboys) bewacht, sah ich östlich von Rugby Junction, aber die großen Haufen gebleichter Rinderknochen sprechen nicht für günstige Aussichten der Viehhaltung. Der Ort selbst ist ein Städtchen mit 50—60 Einwohnern, das ein Hotel besitzt und 4 „Saloons“, d. h. Bier- und Branntweinschänken. Bei Pleasant Lake, der letzten Station östlich vor Rugby Junction, kam noch ein großer Wald vor, dann finden sich nur noch Bäume und Sträucher an den Rändern der Flüsse, welche Nord-Dakota spärlich durchströmen; bei Towner am Mouse- oder Sourisfluß sogar ein kleiner Wald. Westlich von Towner liegt ein vertrockneter Seeboden mit zahlreichen Sandhaufen, Weidenbüschen und wilden Kirschbäumen bestanden, deren Früchte schwarz und sauer sind.

Die Eisenbahn verläuft hier schnurgerade durch die menschenleere Steppe, ihre Schwellen liegen unmittelbar auf dem Boden, nur selten führt ein niedriger, aus Grassoden gemachter Damm über eine seichte Bodensenkung. Hier ist es leicht eine Eisenbahn zu bauen. Die Manitobabahn, welche keine Landbewilligung (Grant) von der Bundes-Regierung bekommen hat, kaufte das Land zu ihrer Linie mit Doll. 10 die engl. Meile (etwa M. 26 d. km), das Land für die Stationen zu Doll. 20. Durchschnittlich baute sie 50 Meilen (80 km) die Woche, zu Doll. 1500 die Meile (M. 3910

d. km) und ihre Gesamtkosten (für das angekaufte Land, den Bahnkörper mit Schwellen und Schienen, Stationsgebäuden und Telegraphen) soll die 100 engl. Meilen nur Doll. 150,000—180,000 betragen haben. Jede sechste Meile steht ein Sektionshaus für den Bahnwächter.

Das Land an der Manitobabahn durch Nord-Dakota ist meistens herrenlos. Aber nur selten sieht man eine erste Ansiedlung auf Prairie- und Steppenland. In einer Boden-Einsenkung östlich vor Minot hatten sich Einwanderer mit Zelten und Wagen niedergelassen, auch sah man vereinzelte Indianerzelte auf der Strecke, leicht kenntlich an den hohen, aus der Zeltwand hervorragenden Stangen und dem schmutzigbraunen Segeltuch. Westlich von Minot erhebt sich das Land zu zahlreichen Hügeln, zwischen denen sich Bäume und Sträucher eingefunden haben. Manche Eisenbahnstationen bestehen bloß aus Wasserbehältern (Tanks) mit einer Windmühle. Unter dem Dache des Wasserbehälters haben zahlreiche Schwalben ihre Nester gebaut. Zwischen Minot und Stanley echtes Wüstenland mit Alkaliteichen, ab und zu die schmutzigen Zelte der Indianer, die hier zur Jagd weilen. Aber man sieht weit und breit kein jagdbares Tier. Nur die zierlichen Prairiehunde (Gophers) sitzen auf ihren Erdhaufen und flinke Backenhörnchen (Ground Squirrels) huschen über den Bahnkörper, wenn der Zug vorüber ist. Ich fuhr im letzten Wagen und sah von seiner hintern Plattform weit hinaus auf die gerade Bahnlinie, die bis an den Horizont nicht eine Krümmung zeigte. Wilde Kaninchen sollen auf der öden Steppe hausen. Auch sieht man häufig Gangspuren von Büffeln und flache Gruben, in denen sie ihr Lager hatten. Aber die Büffel sind auch hier verschwunden und nur noch ihre Knochen findet man auf der Steppe verstreut, oder auf den Bahnstationen mit Rinderknochen angehäuft, welche für die Knochenmühlen bestimmt sind.

Bei White Earth wird das Land wieder fruchtbarer und man sieht Flächen mit grünem Grase, ein Zeichen, daß Ansiedler das alte graue Steppengras verbrannt haben, das dann grün wieder hervorsprießt, wie die ersten Sprossen des Getreides. Bei der von Weißen und Indianern bewohnten kleinen Ortschaft Williston gelangt man an den Missouri, dessen flache Ufer stellenweise bewaldet sind; meistens sind es Sträucher von Weißpappeln und Eschenahorn, welche den Flußlauf begleiten, aber auch Eichen kommen vor. In dem gegen die Indianer errichteten Fort Buford am Missouriflusse, unfern der Grenze des Staates Montana, sieht man große Pferdeställe und Schießscheiben; Kavallerie macht ihre Uebungen auf staubigem Wüstenlande, Offiziere und Soldaten (von denen 1000 Mann hier liegen sollen) begrüßen den Zug auf der Station. Westlich von Buford setzt sich die unfruchtbare Wüste fort, bedeckt mit grauen Salbeisträuchern. Bei Chinook in Montana steht dicht an der Bahn eine große Indianer-Niederlassung mit schmutzigen Zelten und einzelnen Blockhäusern, mit Rasen gedeckt. Die Steppe erhebt sich zu kahlen Hügeln, das Tiefland ist besetzt mit Salbeibüschen und wilden Rosen in voller Blüthe, mit Sträuchern von Weiden und Eschenahorn. Bei Fort Assinniboine weidet eine große Pferdeherde und drei Haufen von gebleichten Pferde- und Rinderknochen liegen auf der Station. Dann kommt man zu dem kleinen Fluß Box Elder und der gleichnamigen Station. Box Elder ist der englische Name für Eschenahorn (Acer negundo) und sein häufiges Vorkommen hat dem Flüßchen und dem Städtchen den Namen gegeben. Bei Verona befindet sich eine Oase in der Wüste und zahlreiches Rindvieh weidet auf der hier flacheren Steppe. Zwischen Fort Benton, bis wohin der Missouri schiffbar ist, und Great Falls wird das Land wieder unfruchtbar und hügelig, aber man sieht große Schafherden den spärlichen Grashalmen nachgehen.

Am 11. Juni nachmittags gegen 3 Uhr kam ich in Great Falls an, bei einer Temperatur von 32,2° C. im Schatten. Great Falls ist ein Städtchen von etwa 3000 Einwohnern, das erst vor drei Jahren gegründet ist. Es liegt am Nordwestabhange eines nordöstlichen Ausläufers des Felsengebirges. Der Missouri macht hier vier Fälle. Ich habe nur den ersten (Black Eagle Fall) und den zweiten (Rainbow Fall) gesehen, der etwa 6 Meilen von dem Städtchen entfernt ist; seine Breite beträgt 435 m, seine Höhe 15—18 m; der größte Fall von 27 m Höhe liegt weitere 6 Meilen entfernt. Der Missouri ist an seinen Fällen von bewaldeten Höhen umgeben. Seine Wasserkraft wird von einer großen Kupferschmelze verwertet. Great Falls ist eine aufkeimende Industriestadt; für die Landwirtschaft hat sie noch keine Bedeutung. Einzelne Geschäftsleute bemühen sich, durch Ausstellung landwirtschaftlicher Produkte Ansiedler anzulocken. Aber die Gegend hat für einen Landwirt gar nichts Verlockendes.

Aber 12. Juni nachmittags fuhr ich weiter nach Helena, der Hauptstadt Montanas. Hinter Cascade beginnt das Felsengebirge mit kahlen und schroffen Bergen. Die Thäler sind mit Kiefern, Weißpappeln- und Weidensträuchern besetzt, spärliches Gras und wilde Rosen bedecken das offene Land. Die ganze Gegend um Helena herum ist grau und staubig; seit Monaten ist kein Tropfen Regen gefallen. Man begreift nicht, was das Vieh auf der Weide sucht, wo man kaum einen Grashalm sieht.

Nach einem mehrtägigen Aufenthalte in Helena, in dessen Nähe ich eine Molkereifarm besichtigte, reiste ich auf der Nord-Pacificbahn weiter durch das Felsengebirge, zunächst nach Deer-Lodge, wo ich eine große Viehzuchtsfarm besuchte, und nach Missoula. Die Bahn steigt bei Mullan, wo die Wasserscheide ist zwischen dem Atlantischen und dem Stillen Ozean. Hier auf der Höhe sieht man mal wieder grüne Weiden. Aber bergab ist alles wieder grau und verdorrt. Lichterloh brennt der ausgetrocknete Urwald bei Missoula auf einem Gebiete von vielen Quadratmeilen. Ich habe diesen Wald durch mehrere Tage brennen sehen und schauerlich schön war er in der Nacht, wo ich ihm auf einem Landgute (im Westen „Ranch" genannt) bei Missoula ganz nah war, etwa eine Meile entfernt. Der

Blackfoot-Fluß trennte mich von ihm. Jenseits desselben, im Walde selbst liegen die Niederlassungen der Flathead-Indianer und an seiner nordöstlichen Grenze hausen die Blackfoot-Indianer, denen zu Ehren der ansehnliche Fluß den Namen trägt. Diesen Fluß mußte ich auf einer Furth durchfahren, um auf die Ranch zu gelangen, wobei der leichte Buggy bis über die Axen von dem lebhaft strömenden Wasser umgeben war. Und als ich bei Eintritt der Dämmerung mit dem Vormann und seiner Frau vor ihrem kleinen, am Saume des Urwaldes gelegenen Wohnhause saß, machte ich die Bekanntschaft eines Flathead-Indianers, der auf seinem Pony angeritten kam, die Büchse vorn am Sattelknopf, um auf der Ranch zu jagen. Der Vormann wies den Indianer zurück; er wendete stillschweigend sein Pferd und verschwand im Walde.

Als ich dann an der pacifischen Küste weilte, las ich, daß dieser Indianerstamm sich gegen die Regierung des Staates Montana empört hatte, weil er einen der Ihrigen nicht ausliefern wollte, der einen Weißen ermordet hatte. Bei meiner Rückkehr in die Gegend von Missoula standen die Regierung und die Flathead-Indianer noch auf dem Kriegsfuße und bei Ravalli an der Nord-Pacificbahn hatten Bundestruppen ein Kriegslager bezogen, um die Bahn gegen die Angriffe der Indianer zu schützen.

Auf der halb vom Waldgebirge, halb vom Blackfoot-Flusse umschlossenen Ranch von 800—900 Acker (324—364,5 ha) wuchs nur noch spärliches Büschelgras, das den weidenden Pferden zur Nahrung diente. Das Rindvieh war auf die etwas reichlichere Waldweide angewiesen, auf der Raum genug war zwischen den gelichteten Bäumen. Der Hafer war halb verdorrt und die Bewässerungsanlage, welche mit großen Kosten hergestellt war, genügte nicht, um überall Wasser hinzuführen. Es war eine wilde Bewässerung, ohne jedes Sachverständnis angelegt, die an einer Stelle einen Sumpf machte und bei den trocknen Kuppen vorüberfloß. Die zur Heuwerbung bestimmten Gras- und Luzerneäcker lohnten nicht den Schnitt; nur die Unkräuter gediehen gut und unter diesen sah ich zum erstenmale die blaue Lupine wild, die im blühenden Zustande auf Weide- und Waldland eine Höhe von 30—40 cm erreicht hatte. Der Besitzer der Ranch und seine Arbeiter kannten die Pflanze nicht; ich traute meinen Augen kaum und mußte sie erst genau betrachten, ehe ich die, unseren Sandböden so wertvolle Hülsenfrucht mit vollkommener Sicherheit wieder erkannte und sie in Hunderten von Exemplaren auf der weiten Flur auffand. Später habe ich sie auf den Steppen des östlichen Washingtonstaates im wilden Zustande häufig wieder gesehen. Wollte man auf den westlichen Steppen diese genügsame Pflanze anbauen, so würde man gewiß eine der anhaltenden Dürre besser widerstehende Frucht gewinnen, als Weizen und Hafer. Die Natur selbst züchtet auf den trocknen Steppen die Lupine, die ganz unzweifelhaft eine in Nordamerika ursprüngliche, wild wachsende Pflanze ist, denn kein Mensch hat in dortiger Gegend, wo der Ackerbau erst am Anfange steht, den Samen der Lupine ausgestreut. Auch wilden Jasmin traf ich dort am Waldessaume mit angenehm duftenden Blüten.

Von Missoula geht es wieder westwärts über kahle hüglige Steppen mit grandigem, handgroße Kieselsteine tragenden Boden, auf dem Pferde und Rinder weiden. Nur in den Vertiefungen und Niederungen sieht man grüne Felder mit Getreide und Gräsern. Oestlich von Evaro führt eine etwa 53,7 m lange und 69 m hohe Holzbrücke (sog. Trustle work) über ein fruchtbares Thal. Diese Brücken bestehen aus mehreren Stockwerken von hölzernen Pfeilern, die alle zusammen fest verschroben sind. Sie sehen sehr gefährlich aus, aber sie sind so fest verfugt, daß sie nicht schwanken, wenn der Zug, freilich nur in langsamer Bewegung, über sie wegfährt. Bei Evaro erscheint der schwarze, humusreiche Boden sehr fruchtbar; grüne Weiden und ein dichter Wald von Rotfichten deckt das Thal, das von bewaldeten Bergen umgeben ist. Zwischen Thompson-Falls in Montana und Hope in Idaho ist das Felsengebirge bewaldet. Bei Hope passiert man den großen Pend d'Oreille-See, der mit seinen hohen bewaldeten Ufern eine prachtvolle Landschaft darstellt; bei der Station Pend d'Oreille ist der See für die Eisenbahn eine Strecke weit überbrückt. Eine Zeitlang fährt man noch durch Kiefern- und Fichtenwälder mit blühendem Jasmin, Hollunder- und Weidensträuchern am Rande. Dann kommen Stellen der gräulichsten Waldverwüstung, verbrannte Stämme liegen auf dem Boden, dazwischen ragen schwarzgebrannte Bäume gen Himmel und inmitten dieses Werkes der Zerstörung standen die Blockhäuser der ersten Ansiedler und üppiger Weizen mitten im Urwalde. Bei Rathdrum in Idaho beginnt ein weites Thal mit wenig Wald, aber reichlichen grünen Weiden. Die umgebenden, noch zum Felsengebirge gehörenden Berge sind gut bewaldet. Westlich von Rathdrum tritt wieder der Wald mit mächtigen Kiefern und Fichten an die Bahn heran, die wohl nicht lange ihren Platz behaupten werden, da sie nicht weit zu verfrachten sind zu den großen Sägemühlen in Spokane-Falls. Dann verlassen wir das Gebiet des Felsengebirges und überschreiten die Grenze zwischen dem Territorium Idaho und dem Staate Washington, um nun wieder in die verdorrte und unfruchtbare Steppe einzutreten, die bis an den Ostabhang des Kaskadengebirges reicht. Die erste Station im Staate Washington ist Spokane-Falls, ein gewerbreiches Städtchen, das den mächtigen, zu Industriezwecken verwendeten Fällen des Spokaneflusses seinen Wohlstand verdankt. Wenige Monate nach meinem Besuche brannte der hübsch gebaute Ort ab. Der Spokanefluß, der in seinem weiteren nordwestlichen Laufe den hier südlichen Abhang des Felsengebirges begrenzt, ergießt sich bald in den Columbiafluß, der unfern in British-Columbia entspringt und nach kurzem, fast südlichen Verlaufe durch das Felsengebirge die große Ebene des östlichen Washington nördlich und westlich begrenzt, die nach ihm Great plain of the Columbia benannt ist.

Nun beginnt wieder das Elend der Wüste, das durch die fruchtbare und landschaftlich schöne Oase des nördlichen Idaho unterbrochen war. Bei Sprague sind keine Berge mehr zu sehen, die dürre, mit wenig Büschelgräsern und reichlichen Salbeisträuchern bedeckte Steppe ist fast eben, oder nur wenig hügelig. Bei Ritzville sieht man einige Holzhäuser, Pferde und Kühe auf staubiger Weide, alles voll Staub, der durch die doppelten Fenster der Pullmann Schlafwagen, die am Tage als Parlor Cars benutzt werden, eindringt und selbst die Mahlzeiten im Speisewagen fast unmöglich macht, denn dichte Staubwolken dringen durch Nase und Mund, wenn man den letzteren nicht fest geschlossen hält. So weit man sehen kann, zu beiden Seiten der Bahn, nichts als endlose staubige Wüste, Himmel und Erde Grau in Grau. Bei Connell beginnen Felspartien, mit gelben, schwefelfarbigen Flechten bedeckt. Endlich erreicht man hinter Pasco-Junction den hier schon breiten Columbiafluß, über den eine große Brücke führt, auf der man mal staubfrei aufatmen kann. Als ich westwärts fuhr, trat jenseits des Columbiaflusses die Nacht ein, aber als ich wieder zurück, ostwärts fuhr, da passierte ich die Gegend zwischen Tacoma und dem Columbiafluß, ebenso die Gegend zwischen Hope in Idaho und Missoula in Montana, auf welcher ich westwärts bei Nacht gefahren war. Ich habe also die ganze Strecke zwischen Helena und Tacoma, welche zwei Nächte und einen Tag erfordert, auf der West- und Ostfahrt bei Tage gesehen.

Die Bahn zwischen Pasco-Junction und Yakima verläuft zwischen sandiger, dicht mit Salbeisträuchern bestandener Steppe, nur gleich hinter der erstgenannten Station liegt am Columbiaflusse eine Ranch mit grünen Pflanzen. Bei Yakima habe ich auf der Rückfahrt nach Osten die nahegelegene Moxeefarm besucht, eine Oase in der Wüste, die ich im nächsten Abschnitte beschreiben werde.

Westlich von Yakima tritt die Bahn in das Thal des Yakimaflusses (ebenfalls ein Nebenfluß des Columbia), das von kahlen mit schwefelgelben Flechten besetzten Felsbergen besetzt ist, auf denen Schafe weiden. Dann kommt man nach Ellensburg, welches am 4. Juli 1889 abgebrannt ist infolge unvorsichtiger Handhabung von kleinen Feuerraketen (Fire-crackers), mit welchem Jung-Amerika den größten Feiertag der Vereinigten Staaten (die Unabhängigkeits-Erklärung) gefeiert hatte. Hier beginnen schon einzelne Kiefern und Birkenbüsche aufzutreten und der ärmliche Sandboden trägt kurzen Hafer und Sommerweizen. Dann steigt die Bahn aufwärts nach Eston, dem östlichen Thore des sich in Weston, mitten im Kaskadengebirge öffnenden Tunnels, den der Zug in 10½—11 Minuten durchfährt. Schon auf der Fahrt nach Eston steigt der Wald auf mit prächtigen Kiefern und Hemlocks. Im Kaskadengebirge aber finden wir wohl prächtige Wälder, aber auch viel Waldverwüstung, selbst an steilen Abhängen, welche nichts anderes als Bäume tragen können.

Die Bahn verläuft bis Tacoma nun fortwährend im Urwalde; auf den Höhen sind Fichten, Tannen, Cedern und Hemlocks, viel Unterholz von

Ahorn, Hasel, mehrere Spiraeenarten, darunter die eschenblättrige und die rotblühende, an feuchten Orten Weiden und Erlen; überall an den Waldrändern Hollunder, Vogelbeeren, Stachelbeeren, Brombeeren und Himbeeren. Weiter nach abwärts bilden mächtige Eichen, Eschen, Ulmen und Ahorn den Bestand des Waldes. Bei Buckeye liegt mitten im Walde eine große Ansiedlung mit Sägemühle, Hopfengärten und Pferdeweide. Schon 50—60 Meilen vor Tacoma sieht man den 4404 m hohen, mit Schnee bedeckten Tacomaberg (früher Rainier genannt) über den Gipfeln der mächtigen Urwaldbäume, welche die Bahnlinie südlich begrenzen. Die Passagiere des Schlafwagens, der nur einmal täglich mit dem Ueberlandzuge der Nord-Pacificbahn von Helena nach Tacoma fährt, werden schon etwa zwei Stunden vor Tacoma geweckt, wo der Zug ungefähr um 7½ Uhr früh ankommt. Ich habe schon erwähnt, daß die Sommernacht einbrach, als wir mitten auf der Columbiasteppe waren, umgeben von Staub, Staub und Staub. Wenn man aber aufwacht am andern Morgen, dann befindet man sich im herrlichen Walde, inmitten einer grünen, thaufrischen Natur, vor üppigen Hopfenanlagen und freundlichen Farmhäusern. Und in der Ferne sieht man über dem Grün der Bäume den schneebedeckten Kegel des Tacomaberges. Ich habe das alles aus meinem Bette im Schlafwagen angesehen und ich zögerte aufzustehen, um nicht den prächtigen Anblick zu verlieren.

Man kann gewissermassen den Tunnel der Nord-Pacificbahn bei Eston als das Thor ansehen, das zur pacifischen Küstenzone führt. Die Breite dieser Zone, vom pacifischen Ozean bis zum östlichen Abhange des Kaskadengebirges beträgt hier etwa 200 km. Dieser schmale Küstenstreifen hat in den Thälern einen wunderbar fruchtbaren, tiefgründigen und humusreichen Boden und ein sehr mildes Küstenklima. Namentlich soll der Winter sehr milde sein. Während meines Aufenthaltes im Juni habe ich von der Hitze nicht gelitten.

Tacoma, auf einer Anhöhe am Puget-Sunde schön gelegen, ist der Hauptort des neuen Staates Washington. Die Hauptgeschäfte werden mit gesägtem Holz, Hopfen und Land gemacht. Ein Ausflug, den ich von Tacoma aus nach der am Nordwestende des Puget-Sundes gelegenen britischen Insel Vancouver machte, galt nur der Bewunderung des Sundes und seiner Umgebung, denn in landwirtschaftlicher Beziehung war nichts Bemerkenswertes auf jener Insel, wo wenigstens in der Umgebung der schön gelegenen Hauptstadt Victoria nur Sandboden war und kümmerlich gewachsene Kiefern standen. Aber der Puget-Sund mit seinem blauen Wasser, das an der Südspitze Vancouvers durch die Strait of Juan de Fuca mit dem Stillen Ozean in Verbindung steht, seinen bewaldeten Ufern und dem Schneekegel des fernen Tacomaberges, den man beinahe bis Victoria sieht, ist von wunderbarer Schönheit.

Von Tacoma nach Portland in Oregon fährt man wie in einem Park. Prächtige Wälder mit freundlichen Farmanlagen, Hopfenfelder, an der Westseite die mit Schnee bedeckten Häupter hoher Berge, des Tacomaberges, des St. Helens- und des Adamsberges. Bei Kalama übersetzt man den breiten Columbiastrom im Eisenbahnzuge auf einer Dampffähre und dann gelangt man im Thale des Willamette zur schön gelegenen und hübsch gebauten Stadt Portland. Meinen Ausflug von hier in das obere Willamettethal, der Heimat des herrlichsten Obstes, werde ich im neunten Abschnitte beschreiben.

Ich kehre nach Helena in Montana zurück und will nun noch meiner vierten Fahrt über die Steppen Montanas und Dakotas gedenken. Sobald der Eisenbahnzug von Westen her sich Helena nähert, öffnet sich das Felsengebirge und man sieht in den weiten Kessel hinab, in dem die noch sehr unfertige Stadt Helena liegt, auf deren Bauplätzen noch vielfach die letzten Spuren der Goldgräber zu sehen sind. Sobald man von Helena auf der Nord-Pacificbahn abfährt, beginnt sogleich die öde, staubige Steppe mit ihren grauen Salbeisträuchern und dem nun gelb und rot blühenden Kaktus. Die Nacht deckte bald die traurige Gegend. Mit dem Beginn des neuen Tages passiert man Livingston, von wo aus eine Zweigbahn nach Cinnabar geht, der Eingangspforte für den berühmten Yellowstone-Park, den ich leider nicht besuchen konnte, weil mir die Zeit dazu fehlte. Mit Tagesgrauen kamen wir nach Big Horn, wo Indianer eine Niederlassung haben. Die Bahn verläuft hier am südlichen Ufer des Yellowstoneflusses, der breit und lebhaft dahinströmt. Das Land zu beiden Ufern ist sandig und das nördliche Ufer ist mit Silberpappeln (Cottonwood) besetzt. Eine niedrige Hügelkette mit einzelnen kegelförmigen Erhebungen zeigt sich nordwärts. Bei Rosebud ein Hain von Cottonwood und Viehweiden. Dann erscheint Fort Keogh in einem Thalkessel, von niedrigen Hügeln umgeben, in dessen unmittelbarer Nähe Indianerzelte. Oestlich von Miles City zeigt die Steppe insofern eine Abwechselung, als Wachholdersträucher auf ihr wachsen. Westlich von Terry beginnen nun die berüchtigten Bad Lands (die Mauvaises terres der ersten französischen Entdecker). Das ist eine schauerlich öde Wildnis, bestehend aus nackten zerrissenen Felskegeln, die ja schon häufig beschrieben sind. Bei Glendive wendet sich der Yellowstonefluß nach Nordosten, um östlich vom Fort Buford an der Manitobabahn sich in den Missouri zu ergießen. In der Umgebung von Glendive zeigt die Steppe einen schwachen Graswuchs. Dann beginnen wieder die kegelförmigen nackten Felskuppen und halb vertrocknete Flußbetten mit weißem Alkalibelag. Bei Beaver treten die Felsenkegel zurück und gute Weiden zeigen sich, ebenso bei Medora. Dann wieder Felsenkegel und bei Dickinson und Taylor grüne Weiden, dort von niedrigen, begrünten Hügeln begrenzt.

Die letztgenannten Orte liegen schon im Staate Dakota, eigentlich Nord-Dakota (da das frühere Territorium in zwei Staaten, Nord- und Süd-Dakota, geteilt ist), dessen Hauptstadt Bismarck (die zum Verdrusse des deutschen Reichskanzlers so genannt ist) wir in der Nacht passieren.

Am frühen Morgen erreichen wir Jamestown, das mitten auf ebener grüner Prairie liegt. Auf dem Wege dahin hatten wir zahlreiche Prairiebrände zu beiden Seiten der Bahn gesehen. Es mag wohl sein, daß zuweilen eine trockne Prairie durch Zufall in Brand gerät. Aber meistenteils sind es die Ansiedler selbst, welche das trockne Prairiegras in Brand stecken, um neues Gras aus den Wurzeln aufsprießen zu lassen, zugleich um den Boden zu düngen. So ein Ausbruch von frischen, lichtgrünen Prairiegräsern auf schwarz gebranntem Boden gewährt einen herzerfreuenden Anblick, nachdem man die graue Steppe verlassen, auf der nur einzelne Oasen grün erscheinen. Die Eisenbahn wird von den Prairiebränden durch etwa 1—1 1/2 m breite gepflügte Streifen geschützt, welche sich zu beiden Seiten des Bahnkörpers hinziehen.

In neuester Zeit hat Herr Walter Strange zu Sioux City in Iowa eine Maschine zum Schutze gegen Prairiefeuer erfunden. Dieselbe besteht*) aus Eisenblech, wo im Inneren ein Feuer brennt, dessen Flammen durch Röhren nach dem Erdboden geleitet werden. Wird eine Farm von einem Prairiebrande bedroht, so spannt der Farmer zwei Pferde vor die auf Rädern stehende Maschine und zieht einen beliebig großen Kreis um sein Land. Das Feuer im Innern der Maschine brennt dabei einen Streifen von 6 Fuß (1,83 m) Breite völlig von allem Grase frei, so daß dem Feuer damit ein Einhalt gethan ist, wie man es bisher durch Pflügen zu thun pflegte. Die Maschine hat Sicherheitsvorrichtungen zum Beseitigen etwaiger Kohlen, welche zufällig herausfallen könnten; sie verbraucht bei beständigem Feuer nur 1 1/2 Gallonen (6,81 l) Oel den Tag und soll leicht zu handhaben sein.

Das erste große Weizenfeld sah ich zwischen Oraska (auf dessen Station sich ein Elevator befand) und Tower City. Bei der Station Wheatland (Weizenland) lagen zu beiden Seiten der Bahn riesige Weizenfelder von allerdings nur dünnem und niederen Stande. Aber der Sommerweizen — nur dieser wird in Dakota und größtenteils in Minnesota gebaut — wird ja nicht hoch. Der Boden ist hier schwarz und humusreich. Bei dem dünnen Stande des Weizens wuchs viel Unkraut dazwischen. Daran ist aber wohl nicht allein der dünne Stand des Weizens Schuld, sondern das seichte Pflügen, das auch auf den Prairien von Kansas üblich ist. Man pflügt den Acker hier und dort in breiten und flachen Streifen, wahrscheinlich um an dem hohen Arbeitslohn zu sparen. Die nur oberflächliche Bearbeitung des Ackers trocknet den Boden leicht aus und läßt die Unkräuter wieder rasch aufschießen, namentlich in Dakota, wo bei dem sehr beschränkten Maisbau der Boden keine gründliche Reinigung erfährt. Von der Bahn sah ich nur einzelne Felder mit Mais und Gerste. Bei Dalrymple, der Riesenfarm (75,000 Acker, 30,375 ha umfassend) des Herrn Dalrymple sah

*) Nach der Milwaukee „Germania" vom 1. November 1889.

ich ein Meer von Weizen, der auch gut bestanden war und eine dunkelgrüne Farbe hatte. Ich habe diese mit guten Gebäuden besetzte Farm, welche unmittelbar am Bahnhofe liegt, nicht besucht, weil zur Zeit, am 2. Juli, nichts anderes zu sehen war als Weizensaaten und weil Prof. Dr. Sering*) die großen Weizenfarmen, welche er im Jahre 1883 besucht hat, in seinem Reiseberichte ausführlich beschreibt. Ich habe an anderen Plätzen die Weizensaaten im Nordwesten der Vereinigten Staaten gesehen. Wäre ich in Dalrymple ausgestiegen, um die durch ihren großartigen Betrieb zur Saat- und Erntezeit berühmte Farm zu besichtigen, so hätte ich (zu dieser Vegetationszeit) von irgendwelcher Feldarbeit nichts gesehen und ich hätte 24 Stunden dort verweilen müssen, weil nur ein einziger Personenzug der Nord-Pacificbahn täglich dort in östlicher Richtung verkehrt.

Auch bei Greene standen ausgedehnte dichte Weizensaaten, etwa 30 bis 40 cm hoch und wenig verunkrautet; hier lag auch ein hübscher Akazienhain nahe der Bahn. Auf den Prairieweiden grasten nur wenig Kühe. Die Viehzucht und Viehhaltung spielt hier eine ganz untergeordnete Rolle. Die Hauptsache ist der Weizenbau, der im wahren Sinne des Wortes ein Raubbau ist, denn der Boden wird bei möglichst geringem Arbeitsaufwande und ohne Düngung von amerikanischen Spekulanten erschöpft bis zur Unfruchtbarkeit. Dann wird er nachfolgenden Ansiedlern überlassen.

Die größten Weizenfelder sah ich in Ost-Dakota zwischen Valley City und Fargo, auf einer Entfernung von 58 Meilen (93 km). Bei Fargo stand der Weizen sehr dünn. Zwischen Fargo und Morehead führt eine Brücke über den Red River-Fluß und wir sind, sie passierend, wieder in Minnesota. Nun treten wir wieder in das Waldgebiet, wo zahlreiche Seen von prächtigen Eichen umgeben sind. Kleinere Farmen treten auf, Maisfelder und Kartoffeln. Oestlich von East St. Cloud und Big Lake erscheinen noch große Weizenfelder, aber bei letzterem Orte ist der Eichenwald verkümmert. Oestlich vom Elk-Fluß weiden Kühe auf großer Weide von künstlich angesäeten Gräsern. Die Bodenkultur wird eine sorgfältigere, Mais und Kartoffeln sind rein gehalten. Endlich erreichen wir Minneapolis, die Schwesterstadt von St. Paul.

In landwirtschaftlicher Beziehung ist Minneapolis berühmt durch seine großen Getreidemühlen. Die größte Müller-Firma ist Chas. A. Pillsbury u. Co. Diese Firma besitzt drei Mühlen, welche jeden Tag 200 Eisenbahnwagen gebrauchen, um Weizen zuzuführen und Mehl abzuführen. Alle drei Mühlen haben eine tägliche Leistungsfähigkeit für 10,500 Barrel (93,55 q) Mehl. Die Mühle A allein mahlt jährlich 9 1/2 Mill. Bsh. (3,344,000 hl) Weizen. Diese Masse reicht ungefähr hin, um zwei Städte von der Größe New-Yorks mit Brod zu versorgen. Ich habe der Besichtigung dieser Mühle mehrere Stunden gewidmet. Die Arbeitsverteilung

*) a. a. O. S. 434.

und Arbeitsersparung ist ausgezeichnet organisiert. Die gefüllten Mehlfässer rollen auf einer schiefen Ebene in die Eisenbahnwagen. Sämtlicher Weizen, den diese Mühlen mahlen, ist Sommerweizen, zumeist aus Dakota und Minnesota. Außer den Pillsbury-Mühlen gibt es aber noch mehrere andere in Minneapolis.

Auch eine große, mit Wasser und Dampf betriebene Sägemühle, die des Herrn Mc. Mullen und Co. habe ich in Minneapolis besucht. Diese Mühle macht wie überall Bretter, Pfosten und Latten, aber besonders lehrreich war mir die Anfertigung von Schindeln, welche in großer Menge von den Ansiedlern für ihre einfachen Block- oder Bretterhäuser verwendet werden. Alle Schindeln werden aus Fichtenholz und ganz glatt, d. h. ohne Falz hergestellt. Die Schindeln sind sämtlich 25,4 cm lang und 7,6—10,2 cm breit; die gewöhnliche Sorte kostet Doll. 1½ (M. 6¼) das Tausend, die beste Sorte Doll. 3—5 (M. 12½—16⅔) das Tausend. Ich habe nur die gewöhnlichen Schindeln machen sehen und weiß nicht wodurch sich die beste Sorte von jenen unterscheidet.

In St. Paul endeten meine nördlichen Prairie- und Steppenfahrten, die sich auf fast 7800 km erstreckten.

IV. Landwirtschaft auf Steppengebiet.

Nur auf einer Ranch bei Missoula in Montana habe ich Ackerbau auf unbewässertem Steppenlande kennen gelernt, was ich im vorigen Abschnitte erwähnt habe. Es ist nicht der Mühe wert, darüber zu schreiben. Wer auf unbewässertem Steppenlande Ackerbau treibt, setzt Kapital und Arbeit aufs Spiel. Ohne Bewässerung ist kein Feldbau möglich auf einem Lande, das kaum einen jährlichen Regenfall von 356 mm und auf der großen Columbiasteppe im Staate Washington nur einen solchen von 152 mm hat. Nur auf Niederungen, welche unmittelbar an Flüssen gelegen sind, ist Pflanzenbau dort möglich.

Ich will daher nur diejenigen Steppenwirtschaften in Betracht ziehen, deren Land der Bewässerung unterworfen ist.

Im nördlichen Teile des Staates Colorado, wo der jährliche Regenfall nur 14—17 Zoll (356—432 mm) beträgt, habe ich bei Fort Collins zwei bewässerte Ranches besucht, die der dortigen landwirtschaftlichen Schule und die Sheldon Ranche der Herren Loomis und Kelley.

Die Ranch der landwirtschaftlichen Schule bei Fort Collins umfaßt 240 Acker (97,2 ha) und der Preis des bewässerungsfähigen Landes beträgt in dortiger Gegend Doll. 40—50 der Acker (M. 411,8—514,8 d. ha).

Es wird dort Weizen, Mais und Luzerne gebaut; letztere stand sehr schön. Die Felder haben in Reihen von je 3 Fuß (91,5 cm) Bewässerungsgräben, in welche ein Arbeiter aus dem vom Cache-la-Poudre-Fluß sieben Meilen weit abgeleiteten Zuleitungsgraben das Wasser mit einem langstieligen Schöpfer einfüllt. Das Wasser der Bewässerungsgräben sickert entweder unterirdisch zu den Pflanzenwurzeln (Tranche System), oder das Wasser überflutet aus den Reihen die dazwischen liegenden Beete (Floating System). Das ist die einfachste Feldbewässerung, welche ich gesehen habe.

In ähnlicher Weise war auch die Feldbewässerung auf der Sheldon Ranch, welche 1,5 Meilen (2,4 km) vom Fort Collins entfernt, im Thale des Poudre-Flusses liegt. Diese Ranch ist eine engl. Quadratmeile oder 640 Acker (259,2 ha) groß. Von dem bewässerten Lande sind etwa 200 Acker (81 ha) mit Sommerweizen und etwa 400 Acker (162 ha) mit Luzerne (Alfalva) bestellt. Die Luzerne stand zur Zeit meines Besuches (am 30. April) etwa 30 cm hoch und, so weit ich sie gesehen habe, durchweg üppig. Die Luzerne wird ohne Ueberfrucht zu 25 Pfd. pr. Acker (28 kg pr. ha) im Frühjahre ausgesäet und 2 Zoll (5 cm) tief untergebracht. Der erste Schnitt der Frühjahrssaat wird schon im Juli desselben Jahres genommen. Die Luzernefelder werden jährlich dreimal geschnitten und man rechnet auf einen jährlichen Heuertrag von 6 Tonnen den Acker (134,8 q d. ha). Nach jedem Schnitte werden die Luzernefelder überflutet. Man glaubt, daß die Vegetation derselben mindestens zehn Jahre dauern werde.

Das Luzerneheu wird ausschließlich zur Mast von Ochsen — oder wie man in Nordamerika sagt: von Stieren — verwendet, welche davon so viel bekommen, wie sie fressen wollen. Aber sie verzehren nach Angabe des Verwalters, der die Ranch selbständig bewirtschaftet, täglich 37—40 Pfd. (17—18 kg). Außerdem stehen Kochsalz und Wasser zur freien Verfügung der Masttiere.

Der Ankaufspreis der mageren, vier- bis fünfjährigen Ochsen beträgt 2,5—2,75 cts das Pfd. (22,9—25,2 Pf. d. kg). Verkauft werden sie entweder am Platze, oder in dem nahen Denver (der Hauptstadt des Staates Colorado) zu 4 cts das Pfd. (36,7 Pf. d. kg). Nach der Berechnung des Verwalters verwertet sich die Tonne Luzerneheu durch Ochsenmastung zu Doll. 8 (M. 3,67 d. q). Das Anfangsgewicht der mageren Ochsen beträgt durchschnittlich 1065 Pfd. (484 kg), das Endgewicht der ausgemästeten durchschnittlich 1300 Pfd. (591 kg). Die Mast dauert von Oktober und November bis Mai und Juni, also ungefähr sechs bis sieben Monate.

Wenn wir annehmen, daß ein Ochse von 484 kg Lebendgewicht täglich 17,5 kg Luzerneheu durch 200 Masttage frißt und dabei durchschnittlich 107 kg an Lebendgewicht zunimmt, so berechnet sich der Zuwachs wie folgt:

484 kg zu 24 Pf.	=	M.	116,16
591 „ „ 36,7 „	=	„	216,90
107 kg Zuwachs	=	M.	100,74
1 „ „	=	„	0,94

Da der Ochse durch 200 Masttage 35 q Luzerneheu verzehrt hat, so verwertet sich 1 q desselben mit M. 2,88 oder mit Doll. 6,28 die Tonne. Der Verwalter hat demnach die Verwertung des Luzerneheues um Doll. 1,72 die Tonne (den q um 79 Pf.) zu hoch berechnet.

Ich erwähne dies, weil die nordamerikanischen Landwirte häufig geneigt sind, Fremden und namentlich Europäern gegenüber ihre Berechnungen zu hoch zu machen, was zum Teile begründet ist durch eine gewisse Uebertreibungssucht, zum Teile aber durch den Mangel einer genauen Buchführung. Mit sehr wenigen Ausnahmen (im Falle ein gesellschaftlicher Betrieb vorlag) habe ich auf nordamerikanischen Farmen eine landwirtschaftliche Buchführung nicht angetroffen. Das Fehlen derselben wurde mir gegenüber teils wegen Mangel an Zeit entschuldigt, teils nicht für notwendig erklärt.

Die Mastochsen, 137 Stück, teils sog. Natives (Shorthornkreuzungen), teils Devonkreuzungen, Galloways und Friesen-Holländer, waren im guten Ernährungszustande und wohl gepflegt; sie hatten schon das Sommerhaar. Sie standen in vier Höfen (Corrals), jeder 150 Quadratfuß (14 qm) groß. Jeder Hof hat eine etwas schräge Lage von Nord gegen Süd, und er wird an der Nord- und Westseite von Schuppen begrenzt, die nur an einer Seite (nach Norden, oder Westen) aus Pfosten oder Bretterwänden bestehen, im übrigen aber offen und nur mit einem aus Mist, bezw. verrottetem Stroh bestehenden Dach gedeckt sind. Die Schuppen, von 200 Fuß (61 m) Länge für jeden Hof, dienen zum Schutze gegen Wind, Kälte und Sonnenbrand. In der Mitte jedes Hofes steht eine große hohe Krippe, welche immer mit Luzerneheu gefüllt ist. Dieses Heu, von der vorjährigen Ernte, war von bester Güte, auffallend grün und blattreich. Eine kleinere Krippe enthielt Steinsalz und ein hölzerner Trog frisches Wasser, das 1½ Meilen weit von Fort Collins hergeleitet ist.

Wenn wirklich 1 Acker 6 Tonnen Luzerneheu bringt und die Tonne sich (nach meiner Berechnung) mit Doll. 6,28 durch Ochsenmast verwertet, dann gewährt der mit Luzerne bestandene Acker einen Rohertrag von Doll. 37,68 (M. 388 d. ha), ein gewiß gutes Ergebnis der Bewässerung, ohne welche der Acker nur spärliches Gras getragen hätte. Ueber den Reinertrag der Sheldon Ranch kann ich leider keine Angaben machen. Dieselbe wird für gewöhnlich von dem Verwalter (Manager) und 3 Arbeitern (Hands) bewirtschaftet, welche 2 Milchkühe und 10 Maultiere zu ihrer Verfügung haben. In der Heuernte arbeiten 8—10 Männer auf der Ranch.

Eine andere Steppenwirtschaft habe ich in der Nähe der kleinen Stadt Yakima besucht auf der großen Columbiasteppe im östlichen Teile des Staates Washington. Die Stadt Yakima hat etwa 7000 Einwohner und da sie ungefähr in der Mitte des neuen Staates Washington liegt, so beansprucht sie, zur Hauptstadt desselben erhoben zu werden. Die Umgebung der Stadt besteht aus sandigem, dürrem Boden, der in der Ebene nur spärlich mit Gras, desto reichlicher aber mit Salbei- und Wermutsträuchern besetzt ist, deren Aeste häufig die Dicke eines Mannesarmes erreichen. Außerdem sah ich das dem Salbeistrauche ähnliche „Grease Wood" und blaue Lupinen auf der Steppe. Der jährlche Regenfall beträgt dort nur 6 Zoll (152 mm).

Die von mir besichtigte Moxee-Farm gehört einer aus mehreren Familien bestehenden Gesellschaft, deren Präsident Herr Wilhelm Ker ist, ein geborner Schotte, der noch vor etwa drei Jahren in einem Telephongeschäfte in Kanada beschäftigt war und seitdem die Moxee-Farm bewirtschaftet. Dieselbe umfaßt etwa 5000 Acker (2025 ha), von denen aber erst 500—600 Acker (202—243 ha) in Kultur genommen, bezw. der Bewässerung unterworfen sind. Das übrige nicht bewässerte Steppenland, zum Teile auf Anhöhen gelegen, dient Rindern und Schafen zur Weide.

Der Boden der Moxee-Farm besteht, wie mir Herr Ker nach einer chemischen Untersuchung mitteilte, aus: 64—78 Teilen unlöslichen Silikaten, 0,275 Teilen löslichen Silikaten, 4—6 Teilen Thon, 0,7—1,69 Teilen Soda und 1,5—2 Teilen organischen und flüchtigen Stoffen.

Das kahle Land (ohne Gebäude) hat Herr Ker zu Doll. 4—20 den Acker (M. 41—206 d. ha) angekauft. Welchen Wert es durch die Bewässerung erlangt hat, werden wir gleich sehen.

Das Wasser zur Bewässerung der Moxee-Farm gibt der Yakimafluß her, ein kleiner, aber stets Wasser haltender Nebenfluß des großen Columbiastromes. Ein Kanal leitet das Wasser aus dem Yakimaflusse auf die Farm, wo es mittelst Schöpfräder in die Zuleitungsgräben gehoben wird. Diese Gräben, welche zwischen Dämmen verlaufen, führen das Wasser in schüsselartige Vertiefungen von unregelmäßiger Form, im Ausmaße von ½ bis zu 15 Acker (0,2—6 ha). Diese Vertiefungen heißen „Checks"; sie haben eine von dem Zuleitungsgraben zu dem gegenüberliegenden Ableitungsgraben geneigte Lage, dergestalt, daß der „Check" an der Ableitungsschleuse (Escape-gate) um etwa einen Fuß (30,5 cm) niedriger liegt als an der Zuleitungsschleuse (Supply-gate). Diese aus Holz hergestellten Schleusen befanden sich in den, dem Check zugekehrten Dämmen der Wassergräben. Meistenteils bildet der Ableitungsgraben eines oberen Checks zugleich den Zuleitungsgraben eines unteren Checks. Ist das Land eben, so umfaßt der Check 12—15 Acker (4,86—6 ha). Unebenes Land ist in so viele Checks zerlegt, daß das Land zwischen den Dämmen von 0 zu 12 Zoll (30,5 cm) Fall bekommt.

Die Checks, welche mit Getreide, Luzerne und Timothygras bestellt sind, werden ganz unter Wasser gesetzt, so daß das Wasser 6—8 Zoll (15—20 cm) hoch steht. Die Ueberflutung der Checks dauert 1—6 Stunden, je nach der Wärme und Trockenheit der Witterung, bezw. nach dem Wasserbedarfe der Pflanzen. Die Ueberflutung der mit Getreide bestandenen Checks geschieht jährlich etwa fünfmal; die mit Luzerne bestandenen Checks werden zehnmal, oder zu jedem Luzerneschnitt je zweimal überflutet, und zwar das erstemal nach dem Schnitt, das zweitemal ungefähr in der Mitte des Wachstumes. Zur Zeit meines Besuches auf der Farm (am 29. Juni) waren 250 Acker (101 ha) mit Luzerne bestellt, welche jährlich 5—6 mal geschnitten und größtenteils zu Heu gemacht werden. Ein kleiner Teil Luzerne wird grün an Schweine (nicht an Rinder und Pferde) verfüttert. Die beiden ersten Luzerneschnitte dieses Jahres gaben nach Angabe des Herrn Ker einen Heuertrag von 2 1/2 Tonnen vom Acker (56 q vom ha). Das Heu vom Timothygras wird sämtlich verkauft. Die Luzerne wird ohne Ueberfrucht im Frühjahre zu 21 Pfd. pr. Acker (23,5 kg pr. ha) angesät. Sobald die junge Saat aufgegangen ist, wird sie einige Stunden unter Wasser gesetzt.

Etwas anders ist die Bewässerung von Mais, Hopfen, Kartoffeln und Tabak. Diese Früchte stehen sämtlich in Reihen, welche in der Richtung der Bodensenkuug angelegt sind. Nachdem die Reihen mit dem Kultivator bearbeitet und behäufelt sind, wird Wasser in sie eingelassen. Der Hopfen steht in Reihen von 6 1/2 Fuß (fast 2 m) im Viereck und jede Hopfenreihe ist von zwei Bewässerungsrinnen begrenzt.

Der Wasserverbrauch auf der Moxee-Farm ist höchstens 1,44 Kubikfuß pr. Sekunde für je 80 Acker (1,26 l pr. Sekunde und ha). Auf Verlust durch Einsickerung wird 20—25 % Wasser gerechnet. Die ganze Bewässerung auf 500—600 Acker (202—243 ha) wird von einem einzigen Arbeiter besorgt und von einem Techniker überwacht. Dieser Techniker (Surveyer), der die Bewässerungsanlagen anlegt, besorgt zugleich die Post und das Verkaufsgewölbe.

Die Kosten der Bewässerungsanlage sind die folgenden: die Gräben zu graben und das Wasser zum Lande zu leiten kostet Doll. 7 der Acker (M. 72,1 d. ha); das Land selbst herzurichten, bezw. die Checks anzulegen Doll. 8—13 der Acker (M. 82,4—133,9 d. ha). Die ganze Bewässerungsanlage kostet also Doll. 15—20 der Acker (M. 154,5—206 d. ha). Da das teuerste Land zu Doll. 20 der Acker (M. 206 d. ha) gekauft ist, so kostet 1 Acker desselben mit Bewässerungsanlage Doll. 40 (M. 412 d. ha).

Herr W. Ker, der mir als ernster und zuverlässiger Mann bekannt geworden ist, hat mir von seinen Ernten vom Acker folgende Angaben gemacht: Sommerweizen 35 Bsh. (30,45 hl v. ha), Hafer und Gerste 40 Bsh. (34,8 hl v. ha), Hopfen 1800 Pfd. (2016 kg v. ha), Tabakblätter 1000 Pfd. (1120 kg v. ha).

Von besonderem Interesse war mir der Tabakbau, weil die Moxee-Farm meines Wissens der einzige Ort im Staate Washington ist, wo Tabak gebaut wird. Die Boden- und klimatischen Verhältnisse (die Sommerhitze erreicht auf der Moxee-Farm 110° F. = 43,3° C.) sind in Ost-Washington dem Tabakbau sehr günstig, wenn Feuchtigkeit genug im Boden ist, die auf der Moxee-Farm ja durch Bewässerung herbeigeführt wird.

Die Moxee-Farm hat ihr eigenes Tabaktrockenhaus und ihre eigene Zigarrenfabrik. Das Trockenhaus kann eine Tabakernte von 12—15 Acker (4,9—6 ha) aufnehmen. Der Tabak hängt darin auf Stangen, in mehreren Reihen übereinander. Da er aber in den heißen Monaten zu rasch trocken würde, so wird Dampf in das Trockenhaus geleitet. Außerdem wird der Tabak zu Bündeln in eine geschlossene Holzkiste verpackt und in einen mit Zinkblech ausgeschlagenen Kasten gesetzt, wo jene Holzkiste durch 12—14 Stunden heißen Wasserdämpfen ausgesetzt wird. Die Trocknung im Trockenhause dauert gewöhnlich 2—4 Monate, von Ende August bis in den Dezember.

Zur Herstellung von 1000 Zigarren werden 20 Pfd. (9,1 kg) Tabakblätter verbraucht, welche anzubauen und zu kultivieren Doll. 2 (M. 8,34) kosten. Die Kisten, Etiketten und die Steuer für 1000 Zigarren kosten Doll. 10 (M. 41,7) und der Macherlohn Doll. 13—15 (M. 53,8—62,1). Der höchste Herstellungspreis für 1000 Zigarren ist also Doll. 27 (M. 112,6). Da nun 1000 Zigarren zu Doll. 50 (M. 208,5) durchschnittlich verkauft werden, so bleibt ein Gewinn von Doll. 23 (M. 95,9) für je 20 Pfd. getrocknete Tabakblätter.

Dieses bezieht sich auf die aus eigenem Tabak gemachten Zigarren, welche unter dem Namen Flor de Moxee verkauft werden. Außerdem werden dort auch Zigarren verfertigt von Sumatra-Deckblatt und Binder mit Einlage von Moxeetabak. Ich habe von beiden Zigarrensorten geraucht und fand sie von angenehmem Geschmack und Geruch, freilich aber auch übermäßig teuer gegen deutsche und österreichische Zigarren.

Die Moxee-Farm ist eine der wenigen Farmen, wo die Arbeiter nicht am Tische des Farmers beköstigt werden, was übrigens auch auf den meisten Großfarmen nicht der Fall ist. Dafür befand sich neben dem Wohnhause der Arbeiter ein besonderes, für sie eingerichtetes Speisehaus, in welchem ein chinesischer Koch die Küche besorgt. Auch die Privatküche des Herrn Ker wird von einem chinesischen Koch besorgt, der ebenso wie ein chinesischer Diener Doll. 30 (M. 125) Monatslohn bekommt. Der von dem chinesischen Koch zubereitete „Lunch" war vortrefflich, insbesondere eine aus Orangen und zerschnittener Kokosnuß bestehende Obstspeise, welche den anmutenden Namen Angels food (Engelsspeise) führt.

Die weißen Arbeiter der Moxee-Farm bekommen nebst freier Wohnung und voller Verpflegung im Sommer Doll. 30 (M. 125) Monatslohn, im Winter Doll. 1 (M. 4,17) täglich nebst Wohnung und Verpflegung. Einige chinesische Arbeiter der Farm bekommen einen Tagelohn von Doll. 1½ (M. 6,25), aber sie beköstigen sich selbst und wohnen in Zelten. Im Sommer werden auf der Moxee-Farm 50, im Winter 12 Arbeiter beschäftigt. Außer dem schon erwähnten Techniker (Surveyer) wird auch ein Buchhalter auf der Farm gehalten.

Unter allen in den Vereinigten Staaten und in der kanadischen Provinz Ontario von mir besuchten Farmen hat die auf der dürren Steppe der Columbia-Ebene gelegene Moxee-Farm auf mich den wirtschaftlichen günstigsten Eindruck gemacht. Wenn man die etwa eine Stunde betragende Entfernung von der kleinen Stadt Yakima auf furchtbar staubiger Straße und grauer, nur mit Salbei- und Wermutsträuchern bestandener Wüste zurückgelegt hat, dann ist man überrascht, mitten in der trostlosen Ebene ein kleines Paradies zu finden mit grünen Saaten, wohl gedeihenden Baumpflanzungen und hübscher Gartenanlage, welche die freundliche Villa des Besitzers und den etwas abseits gelegenen Gutshof umgeben. Getreide, Luzerne und Timothygras standen auf den bewässerten Feldern im kräftigen Wuchs, der Mais hatte, gerade einen Monat nach seiner Einsaat, eine Höhe von 2—3 Fuß erreicht und der Hopfen stand wie ein Wald. Während auf der Steppe nur die Silberpappel (Cotton-wood, Populus monilifera) als einziger frei lebender Baum an Flußrändern gedeiht, wachsen auf der Moxee-Farm Trompetenbäume (Catalpen), Tameracks (Larix americana), Akazien, veredelte Pfirsichbäume und Weinstöcke. Von Weinsorten werden dort zwei amerikanische: Catawba und Muscat, sowie Johannisberger Riesling aus Kalifornien in der, in Nordamerika üblichen Weise an Drahtspalieren gezogen. Der Obstgarten und die Baumschule umfaßten etwa 10 Acker (4 ha).

Ich fuhr mit Herrn Ker auf seinen Steppenweiden rings um seine bewässerten Felder. Diese mir unvergeßliche Fahrt hat mir gezeigt, was eine sachverständige Anwendung von Wasser aus einer Wüste herzustellen vermag. Hier die graue fast unfruchtbare Steppe mit dicken Salbeisträuchern, spärlichen Gräsern und einzelnen blauen Lupinen, dann ein kleiner Damm, dahinter der Wassergraben und jenseits die grüne Flur.

Wenn man durch eine Bewässerungsanlage, welche höchstens Doll. 20 der Acker (M. 206 d. ha) kostet, solche Erfolge erreichen kann, wie sie die Moxee-Farm aufweist, dann dürfen wir erwarten, daß das von der Bundes-Regierung in Aussicht genommene Bewässerungswerk die berüchtigte amerikanische Wüste in ein fruchtbares Ackerbaugebiet umwandeln wird, auf welchem Hunderttausende von Farmen entstehen werden.

V. Landwirtschaft auf Prairiegebiet.

Die meisten Prairiewirtschaften, welche ich in den Vereinigten Staaten kennen gelernt habe, gehörten den Versuchs-Stationen, bezw. den Versuchs-Wirtschaften der einzelnen Staaten an. Von den am äußersten Westen der

Prairie gelegenen Versuchs-Wirtschaften habe ich besucht die von Manhattan in Kansas und Lincoln in Nebraska.

Die Farm der landwirtschaftlichen Schule des Staates Kansas umfaßt 315 Acker (127,6 ha), worauf 5 Pferde, 60 Stück Rindvieh und 40—50 Schweine gehalten werden; jedoch ist ein großer Teil des Farmlandes Park- und Gartenland, ein kleiner Teil Versuchsfeld, woraus sich der verhältnismäßig kleine Viehstand erklärt. Diese Versuchs-Wirtschaft hat sich um den Staat Kansas ein großes Verdienst dadurch erworben, daß sie durch ihre Versuche die für die dortige Gegend passenden Kultur- bezw. zahmen Gräser festgestellt hat. Die wilden Prairiegräser verlieren sich nämlich auf kultiviertem Boden. Es scheint sich auch ihre Kultur nicht zu lohnen, weil sie eine dichte Beweidung nicht vertragen; ihr einziger Vorzug vor den kultivierten Gräsern besteht darin, daß sie die Sommerhitze besser aushalten. Die Kultur des Bodens verdrängt die wilden Prairiegräser und die Aufgabe der Versuchs-Wirtschaften ist nun, andere, kultivierte Gräser an ihre Stelle zu setzen. Nach den Erfahrungen in Manhattan ist das Knaulgras (Dactylis glomerata, dort Orchard-Grass genannt) im Allgemeinen das beste und nützlichste Gras; für die gemischten Weiden und zum Mähen bestimmten Grasfelder haben Knaulgras und Rotklee dieselbe Bedeutung in Kansas, wie Timothygras und Rotklee in den östlichen Staaten. Wie überall auf kultivierten Prairien, so findet sich auch Kentucky-Blaugras (Poa pratensis) auf den künstlichen Grasfeldern von Kansas ein; aber es hat hier nicht den Wert wie in Kentucky. Das Blaugras verdrängt beinahe jede andere Grasart von dem Boden, in welchem es Fuß gefaßt hat, es gibt wenig Heu und keine reichliche Weide. Das beständige Raygras (Lolium perenne) überlebt nicht den zweiten Winter in Kansas. Der Wiesenhafer (Avena elatior) gibt eine sehr frühe und ausgezeichnete Weide, aber er ist empfindlich gegen trockne Witterung und sein Heu ist leicht und anscheinend nicht sehr schmackhaft. Der gemeine Weißklee erscheint zeitig im Frühjahre und er gibt für eine zeitlang reichliche Weide, aber er verdorrt im Sommer, schlägt jedoch im nächsten Frühjahre wieder aus. Der in den östlichen Staaten häufig angebaute Red-top (gem. Straußgras, Agrostis vulgaris) gedeiht nicht auf dem trocknen Boden von Kansas. Dagegen hat sich L u z e r n e (Medicago sativa, in Nordamerika Alfalfa genannt) dort vortrefflich bewährt, sowohl zur Grünfütterung, wie zur Heuwerbung.

Im Allgemeinen ist die Ackerbestellung in Kansas, wie auch in den übrigen westlichen Prairiestaaten, eine sehr oberflächliche, d. h. man pflügt sehr seicht. Infolge dessen trocknet der Boden leicht aus und alle Feldfrüchte schlagen mehr oder weniger fehl in trocknen Jahren. Darauf hat nun die Versuchs-Wirtschaft in Manhattan ihre Aufmerksamkeit gerichtet. Das Untergrundpflügen zu Mais hat sich jedoch nicht bewährt, d. h. die Kosten desselben standen in keinem Verhältnis zu der geringen Mehrernte. Von der großen Fruchtbarkeit des reichen Prairiebodens gibt die Thatsache

Zeugnis, daß zur Zeit meiner Anwesenheit (am 25. April) schon zum neunten Male Weizen auf demselben ungedüngten Versuchsfelde stand. Angeblich soll derselbe 1888 noch 34 Bsh. vom Acker (29,6 hl v. ha) gegeben haben, was sich wohl nur daraus erklären läßt, daß ein besonders wertvoller Boden dazu ausgesucht worden ist.

Uebrigens wurde mir die Durchschnitts-Weizenernte auf den Feldern der Versuchs-Wirtschaft mit 40 Bsh. vom Acker (34,8 hl v. ha) angegeben, während die Durchschnitts-Weizenernte im Staate Kansas nur 15 Bsh. vom Acker (13 hl v. ha) beträgt.

Der Maisbau geschieht auf der Versuchs-Wirtschaft versuchsweise in Furchen (Lists), welche mit einer kleinen Maschine (Lister) gezogen werden. Für gewöhnlich wird der Mais mit der zweireihigen Mais-Dibbelmaschine (Cornplanter) gesäet; die Reihen sind 3¾ Fuß (1⅛ m) von einander entfernt. Als neue Maschine sah ich dort einen Mais-Kultivator, welcher den Boden zwischen den Maissaaten mit vier Messern abschält, weshalb er Surface-Cultivator (Oberflächen-Kultivator) genannt wird. Die durchschnittliche Maisernte in Manhattan ist 60—80 Bsh. vom Acker (52,2—69,6 hl v. ha).

Die im ganzen Osten verbreiteten Silos waren auch schon bis Manhattan gedrungen. Diese Silos (welche ich später beschreiben werde) sind meistens in den Scheunen errichtet und sie bilden eine Art Schacht von etwa 7 m Tiefe und verschiedenem Durchmesser.

Die Versuchs-Wirtschaft der Universität Lincoln im Staate Nebraska bietet mir keinen Anlaß zu besonderen Bemerkungen.

In der Nähe von Lincoln sah ich am 3. Mai zum erstenmal die in Nordamerika allgemein verbreitete Mais-Dibbelmaschine (Cornplanter) in Arbeit. Diese Maschine werde ich im achten Abschnitte beschreiben.

Auf einer Fahrt über die offene Prairie sah ich mich plötzlich in eine breite Straße versetzt, welche den Namen Elizabeth Avenue führte; dann passierte ich noch zahlreiche Nebenstraßen, welche alle benannt waren. Dieser City fehlte aber nur eines, nämlich die Häuser. Ein Farmer hatte seine Farm zu Spekulationszwecken als Stadt „ausgelegt“, aber bis jetzt war ihm noch Niemand „reingefallen“.

Von Lincoln machte ich vom 4.—6. Mai einen Ausflug auf die Farm des Herrn C. H. Walker im Read Township, nahe der Ortschaft Surprise im Butler County Nebraskas. Diese auf offener Prairie gelegene Farm umfaßt 1800 Acker (729 ha), von denen 80—100 Acker (32,4 bis 40,5 ha) mit Flachs und dazwischen eingesäetem Rotklee bestanden waren, 30—40 Acker (12,15—16,2 ha) waren mit Hafer, 100 Acker (40,5 ha) mit Kartoffeln bestellt und 640 Acker (259,2 ha) lagen noch in Prairieweide. Ein Teil des Prairiebodens sollte mit Mais bestellt werden. Der Viehstand bestand aus 30—40 Pferden, 175 Stück Rindvieh und über 100 Schweinen.

Herr Walker besitzt seine Farm schon 20 Jahre, aber er wohnt erst 6 Jahre darauf. Der Prairieboden wird nur so weit kultiviert, daß der Besitzer darauf leben kann. Der Hauptzweck des Besitzes ist die Veräußerung an kleinere Landwirte. Herr Walker ist mehr Landspekulant als Landwirt. Sein Wirtschaftsbetrieb ist auf das Notwendigste beschränkt; Hof, Haus und Garten sind auf das Einfachste eingerichtet, obgleich seinem Hause — dank seiner Frau — die Behaglichkeit durchaus nicht fehlt. Die amerikanischen Frauen verstehen es, ihr Haus selbst mit einfachen Mitteln wohnlich einzurichten. Freilich ist der Lebensstand (Standard of life) in Nordamerika durchschnittlich ein höherer als in Deutschland. Ich habe dort niemals ein Zimmer bewohnt, das nicht ganz und gar mit einem Teppich bedeckt gewesen wäre, sowohl in den kleinsten Gasthöfen, wie in den einfachsten Bauernwohnungen. Ich habe einmal in Montana bei einem einfachen Vorarbeiter übernachtet, wo dieser mir sein Ehebett überließ, um sich mit seiner Frau in einen Bodenraum einzuquartieren. Die einfache Wirtschaft hatte nur ein einziges Trinkglas, aber das Schlafzimmer der Eheleute war doch mit einem Teppich ganz überspannt. Diese Zimmerteppiche sind bei kleinen Bauern und Arbeitern selbstverständlich nur einfach und wenig kostspielig, aber sie sind doch ein Zeugnis dafür, daß ihre Besitzer einen Sinn haben für eine wohnliche Hauseinrichtung. Für gesund halte ich einen Zimmerteppich freilich nicht, wenn er, wie gewöhnlich, höchstens zweimal im Jahre ordentlich ausgeklopft wird; auch trägt das häufige Spucken der tabakkauenden Amerikaner, wobei auch der Teppich nicht verschont bleibt, nicht zur Sauberkeit desselben bei. Ich ziehe einen Zimmerboden mit gewichsten Eichenbretteln, oder einen angestrichenen Schiffboden aus Gesundheitsrücksichten entschieden vor; aber in Nordamerika ist der Zimmerteppich nun einmal Sitte.

Herr Walker hat einen großen Teil seiner Farm an 5 Pächter vergeben. Aber sowohl das Pachtland, wie der eigen bewirtschaftete Rest läßt erkennen, daß die Bodenkultur sich erst am Anfange befindet. Der Boden wird nur teilweise gedüngt, der meiste Dünger wird unbenützt beseitigt. Wenn sich der Dünger im Viehhofe zu sehr anhäuft, dann wird letzterer wo anders angelegt. Der rohe Prairieboden hätte die Düngung wohl nötig, aber das würde die Arbeit vermehren. Um Kapital und Arbeit zu sparen, sind die Wirtschafts-Baulichkeiten von der einfachsten Art, selbstverständlich von Holz. Eine einzige Scheune beherbergt Pferde und Rindvieh. Die Schweine finden Schutz gegen Regen und Wind in einem mit schadhaftem Dach gedeckten Schuppen, der nur nach der Windseite notdürftig mit Brettern verschalt ist. Eine solche halb offene Baulichkeit heißt Windbreak (Windbruch). Die Rinder nähren sich von Heu und Maiskolben; sie müssen die Körner von den Kolben abnagen, aber sie verdauen ungefähr nur ein Drittel bis die Hälfte davon. Die unverdauten Maiskörner werden im Kot ausgeschieden und von den nachfolgenden Schweinen aufgefressen.

Das ist die Hauptnahrung der Schweine und man rechnet, daß zwei Rinder mit den in ihrem Mist zurückgelassenen unverdauten Maiskörnern drei Schweine ernähren können. Das ist eigentlich der Gewinn der Wirtschaft, bezw. der Rindviehhaltung.

Die Ackergeräte und Wagen standen auf dem Hofe ganz ohne Bedeckung umher, wie das im Westen üblich ist, wo man häufig noch im Sommer die Erntemaschine auf dem Felde stehen sieht, die man das Jahr zuvor dort benutzt hat. Der Amerikaner ist in der Behandlung seiner Ackermaschinen sehr sorglos und er legt auch keinen Wert darauf, die Wagen, auf denen er fährt, vor den Einflüssen der Witterung zu schützen und rein zu halten. Die Folgen davon habe auch ich verspürt, als ich, in Begleitung eines Herrn und einer jungen Dame mit einem Farmer von einer Eisenbahnstation ausfahrend, etwas scharf um eine Straßenecke bog, wobei ein Rad zusammenbrach und wir alle vier auf die Straße geschleudert wurden, ohne zum Glück uns ernstlich zu beschädigen. Während der Farmer mit seinen ausgespannten Pferden nach der Stadt zurückkehrte, um sich einen anderen Wagen zu holen, habe ich das zerbrochene Rad besichtigt und gefunden, daß an der Stelle, wo die Speichen in der Nabe sitzen, dieselben ganz verfault und dort abgebrochen waren.

Herr Walker, in dessen gastfreiem Hause ich zwei Tage und Nächte verweilte, hatte die Freundlichkeit, mich zu einem, einige Meilen entfernt wohnenden deutschen Farmer zu führen, dessen Wirtschaft er rühmte. Der Ausspruch des Herrn Walker war: „die Deutschen sind unsere besten Farmer und unsere besten Bürger".

Dieser Farmer, Herr G. C. Schröder, war ein einfacher, aber intelligenter Bauer aus Soltau in Hannover. Herr Schröder hat sich im Jahre 1871 im Read Township des genannten County eine Heimstätte von 80 Acker (32,4 ha) aufgenommen, wofür er insgesamt Doll. 14 (M. 58,38) an Gebühren bezahlt hat. Dazu hat er dann noch 160 Acker (64,8 ha) Eisenbahnland zu Doll. 6 der Acker (M. 61,8 d. ha) mit zehnjährigem Kredit gekauft und später nochmals 160 Acker für zusammen Doll. 5000 (M. 321,9 d. ha). So hat es Herr Schröder allmählich zum Großgrundbesitzer gebracht, der jetzt 400 Acker (162 ha) sein eigen nennt. Auf dieser Fläche offenen Prairielandes hält er 13 Pferde und Fohlen, etwa 100 Stück Rindvieh und 300—500 Schweine. Aber die Schweinehaltung ist so zu sagen nur theoretisch, denn Herr Schröder hat in den letzten zwei Jahren etwa 400 Schweine an der Schweineseuche verloren.

Herr Dr. Frank Billings, der tierärztliche Forscher an der Universität zu Lincoln, der mein Begleiter war auf meinem Ausfluge in das Butler County, hält die Schweineseuche (welche nach ihm übereinstimmend ist mit der sog. Schweine-Cholera) für eine Blutvergiftungskrankheit, welche durch Aufnahme eines, von Dr. Detmers (Tierarztes an der Universität zu Columbus, Ohio) im Jahre 1878 entdeckten eiförmigen, umgürteten

Keimes entsteht. Nach Dr. Billings ist die Schweineseuche nicht durch Berührung ansteckend (contagious), sondern nur eine durch Giftaufnahme entstehende (infectious). Er will der Schweineseuche durch Impfung vorbeugen, was ihm jedoch keineswegs immer gelungen ist. Jedenfalls scheinen mir die Untersuchungen über die Schweineseuche noch nicht endgültig abgeschlossen zu sein. Im Staate Nebraska hat die Schweineseuche ungeheure Verluste herbeigeführt. Herr Dr. Billings behauptet, daß nach sorgfältigen, seit nahezu drei Jahren angestellten Untersuchungen, die Verluste an Schweineseuche in Nebraska nicht weniger als vier Mill. Doll. (M. 16,680,000) jährlich betragen haben, beinahe so viel wie die zweijährigen Verwendungen der Gesetzgebung des Staates für alle Zwecke. Herr Dr. Billings schätzt die Verluste durch Schweineseuche allein im Read-Township auf jährlich Doll. 40,000 (M. 166,800).

Kehren wir nun nach dieser allgemeinen Betrachtung zu den Schweinen auf der Farm des Herrn Schröder zurück, so sah ich die wenigen, von der Seuche verschont gebliebenen Schweine, wie überall in den Prairiewirtschaften des Westens, sich allein von den im Kuhmist unverdaut ausgeschiedenen Maiskörnern ernähren. Ich glaube, daß diese Art der Ernährung eine wesentliche Ursache der Schweineseuche ist, denn wenn auch frischer Koth, von einem anderen Tiere aufgenommen, nicht blutzersetzend wirkt, so thut dies doch wohl der Koth im Zustande der Zersetzung, oder dieser Zustand begünstigt die Entwicklung von Bacillen oder kleinsten Organismen, welche die Blutzersetzung unmittelbar einleiten. Jedenfalls ist die Seuche durch die widernatürliche Haltung der Schweine entstanden. Da die Impfung der Schweine mit dem Seuchengift sich nicht als unfehlbares Mittel gegen die Schweineseuche bewährt hat, ja sogar nach der Ansicht einiger Farmer deren Verbreitung begünstigte, so scheint mir das einfachste und naheliegendste Mittel zu sein, daß man die Schweine verhindert, sich Maiskörner aus Rindermist aufzulesen und sie nur mit reinen Körnern und aus nicht faulenden Futter-Geräten füttert. Auch das letztere scheint mir wesentlich zu sein, denn in ganz Nordamerika bestehen die Futtertröge für Schweine aus Holz, das meistens nicht sehr reinlich gehalten ist.

Aber ein Farmer auf der Prairie würde glauben, zu Grunde gehen zu müssen, wenn er seine Schweine mit frischen Maiskörnern füttern und die unverdauten Maiskörner im Rindermist unbenutzt liegen lassen sollte.

Der wirtschaftliche Fehler, der hier vorliegt, besteht in der unwirtschaftlichen Verwendung ganzer Maiskörner zum Rindviehfutter. Alle wiederkäuenden Haustiere bedürfen zum Wiederkauen langes Futter. Wenn sie nur kurzes Futter, insbesondere Körner bekommen, so verschlucken sie dieselben, ohne zu kauen und einzuspeicheln; die Verdauungssäfte im Magen (Labmagen) und Darm üben nur eine sehr geringe Wirkung aus auf die festen, unzerkauten Körner.

Herr Schröder füttert sein Rindvieh außer mit Mais auch mit Heu und Stroh, insbesondere auch mit Hirsestroh. Hauptsächlich betreibt er Ochsenmastung. Nach der Maisernte bis zum Januar bekommen seine Ochsen den Mais am Kolben mit Hülsen und kein anderes Beifutter. Da demnach Herr Schröder bei der Fütterung von Maiskörnern stets irgend ein langes Beifutter gibt (auch die Maishülsen sind als solches anzusehen), so ist der Anteil an unverdauten Maiskörnern im Mist seiner Rinder auch nicht so groß wie auf den Wirtschaften, wo nur Maiskolben ohne Hülsen verfüttert werden: Gleichwohl lagen auch auf seinem Ochsenhofe massenhaft unverdaute Maiskörner umher, welche Herr Schröder auf etwa ¼ der Verdauten schätzt.

Herr Schröder hatte im Jahre 1888 90 Ochsen gemästet, von denen er 70 Stück zu 3 cts das Pfd. (27,6 Pf. d. kg) eingekauft hatte. Die fetten Ochsen wurden nach sechs- bis siebenmonatlicher Mast zu 3,8 cts das Pfd. (35 Pf. d. kg) verkauft. Der Mäster bezahlte die Fracht sowohl für die mageren, wie für die fetten Ochsen (nach Chicago). Die Ochsenmastung erzielte durchschnittlich 272 Pfd. (123,6 kg) Zuwachs, aber sie brachte ihm wahrscheinlich keinen Vorteil; nur die Schweine hätten das übrig bleibende Futter gut verwertet, wenn sie nicht in so großer Zahl durch die Schweineseuche vernichtet worden wären. Außerdem hält Herr Schröder auch einige Kühe, deren Kälber er 4—7 Monate saugen läßt. Sämtliches Rindvieh ist enthornt, eine Operation, welche Herr Schröder mit seinem Schwager, der ihm als „Hand" dient, selbst ausgeführt hat. Der Vorteil des enthornten Rindviehes ist, daß die Tiere ruhiger werden und sich gegenseitig nicht stören. Die Ochsen werden im Herbst, die Kälber schon im ersten Jahr enthornt.

Auf der Farm des Herrn Schröder ist das Wohnhaus mit nur vier Zimmern sehr einfach eingerichtet, aber die Wirtschaftsgebäude bieten sehr reichlichen Raum. Alles Vieh hat seine Stallungen und es besteht selbst ein Schuppen für die Ackergeräte, welche reichlich vorhanden sind, insbesondere die Kultivatoren in praktischer Ausführung. Dicht am Wohnhause hat Herr Schröder einen kleinen Hain von Silberpappeln (Cotton wood) gepflanzt und auf dem Ochsenhofe ist eine Selbfütterungs-Einrichtung (Selffeeder) angebracht, in welcher die Maiskörner aus einem oberen Vorratskasten nach einer Krippe abwärts laufen, sobald diese geleert ist.

In der Maisernte zahlt Herr Schröder an Lohn für 1 Bsh. Körner 3 cts (35,4 Pf. d. hl), im Uebrigen Doll. 18—20 (M. 75—83,4) Monatslohn und volle Beköstigung.

Die ganze Wirtschaft machte auf mich einen freundlichen und guten Eindruck; sie bringt ohne Zweifel einen auskömmlichen Ertrag und Herr Schröder erklärte mir, daß er zufrieden sei.

Aus Nebraska reiste ich über Des Moines, der Hauptstadt des Staates Jowa, nach Ames, der Universität desselben, mit der eine landwirtschaftliche Schule und eine Versuchs-Wirtschaft verbunden ist. Da ich meine

Aufmerksamkeit hauptsächlich dem landwirtschaftlichen Unterrichte in Ames zugewendet habe, so sah ich von der Versuchs-Wirtschaft nur wenig. Dieselbe umfaßt 120 Acker (48,6 ha) Land, von dem 65 Acker (26,3 ha) Pflugland und 45 Acker (18,2 ha) Obstgarten ist.

Im Obstgarten werden russische Aepfel gezogen, von denen man erwartet, daß sie das rauhe Klima Jowa's besser vertragen werden als die einheimischen Sorten aus den mehr südlich gelegenen Staaten der Union. Der Viehstand der Versuchs-Wirtschaft bestand aus 24 Pferden, Kreuzungen von Clydesdales und Normännern, 100 Stück Rindvieh, Shorthornkreuzungen, ferner aus 35 Shropshire-Schafen und 45 Polandchina-Schweinen. Die Versuchs-Wirtschaft war gut im stande, doch habe ich keine weiteren Nachrichten über ihre Arbeiten sammeln können.

Von Ames aus besuchte ich die Cloverdale-Farm bei dem Städtchen Reinbeck im Grundy County im Staate Jowa, welche einem Deutschen aus Thüringen, Herrn Wilhelm Meißner, gehört, der dort schon seit 33 Jahren ansässig ist. Die Farm umfaßt 960 Acker (388,8 ha), von denen Herr Meißner 80 Acker (32,4 ha) seinem ältesten Sohne überlassen hat, der in dem nahen Reinbeck ein Droguengeschäft betreibt und jene Ackerfläche seinem Schwager verpachtet hat. Herr Meißner bewirtschaftet seine übrigen 880 Acker (356,4 ha) mit fünf gemieteten Arbeitern, welche durchschnittlich Doll. 19 (M. 79,23) und bis auf den Vormann (der zugleich Viehwärter ist) freie Wohnung und volle Beköstigung im Hause des Farmers empfangen. Außerdem hilft ein Sohn mit in der Wirtschaft. Die Hausarbeit besorgt Frau Meißner mit 2 Töchtern und einer deutschen Köchin. Der Vormann ist verheiratet und führt seinen eigenen Haushalt; seine Frau und seine 2 noch sehr jugendlichen Töchter (von 11 und 13 Jahren) melken zweimal täglich die Kühe.

Da ich in dem gastfreundlichen Hause des Herrn Meißner zwei volle Tage (vom 9.—11. Mai) verweilte, so hatte ich Gelegenheit, das wirtschaftliche Leben auf einer großen Prairie-Farm kennen zu lernen.

Morgens um 5 Uhr beginnt die Fütterung der Pferde und Schweine; die Kühe und Kälber finden ihr Futter auf der Weide, die Mastochsen im Hofe, wo sie ohne menschliche Hilfe ihre Maiskörner und ihr Heu finden. Um 6 Uhr versammelt sich die Familie und die 4 unverheirateten Arbeiter (von denen einer Amerikaner, zwei Deutsche nnd einer Böhme war) um den gemeinsamen Frühstückstisch, um warme Fleisch- und Eierspeisen, Butter und Brod, Kaffe und Milch zu genießen. Um 6½ Uhr geht es zur Arbeit auf das Feld, wo gerade die Maisbestellung stattfand, oder in die Ställe; die Damen des Hauses besorgen das Geflügel, entnehmen das Gemüse für den Mittagstisch dem Garten und gehen ihren häuslichen Geschäften nach. Von 12—1 Uhr ist Mittagsrast, etwa um 12½ Uhr die Mittags-Mahlzeit. Eine Viertelstunde vor jeder Mahlzeit wird geläutet und bevor die Arbeiter zum Mittagsessen das Speisezimmer betreten, waschen und kämmen sie sich im Vorzimmer unmittelbar vor dem Speisezimmer. Beim Mittagsessen sitzt der Hausherr an einem Ende der Tafel, die Arbeiter am anderen Ende und dazwischen die Familien-Mitglieder und die Köchin, die Hausfrau neben dem Hausherrn. Frau und Töchter legen allen Suppe und Speisen vor, der Hausherr schneidet den Braten. Die Arbeiter beteiligen sich an dem allgemeinen Tischgespräch und benehmen sich durchaus wie gesittete Leute. Einen Kleiderwechsel nehmen sie nicht vor, sondern jeder erscheint in seinem Arbeitsanzuge, meistens in Hemdsärmeln, wie auch der Hausherr. In dieser Beziehung macht man in Nordamerika keine Umstände, es sei denn in Gegenwart fremder Damen. Um 1 Uhr nachmittags geht es wieder zur Arbeit, die um 6 Uhr abends geschlossen wird. Etwa um 6½ Uhr abends findet das Abendessen statt, das ebenfalls aus warmen Speisen besteht und von der Familie und den Arbeitern gemeinsam eingenommen wird. Als Getränk bei allen Mahlzeiten dient Kaffe, Thee oder Milch. Irgendwelche geistige Getränke werden bei keiner Mahlzeit aufgesetzt, insbesondere nicht in dem „Prohibitivstaat" Jowa. Nur im engeren Familienkreise wird in deutschen Häusern wohl auch ein Glas Bier und Wein getrunken, was auch im Hause Meißner geschah.

Der Farmer verrichtet dieselben Arbeiten wie seine Arbeiter und es ist allgemein in Nordamerika, daß er, wie er mit ihnen gemeinsam arbeitet, auch mit ihnen zusammen speist. In der arbeitsfreien Zeit benutzen die Arbeiter ein für sie bestimmtes Wohnzimmer im Hause des Farmers, wo sie sich unterhalten, lesen u. s. w. Die im Farmhause gehaltenen politischen und landwirtschaftlichen Zeitungen stehen ihnen zur Verfügung. Herr Meißner hält 5 landwirtschaftliche Zeitungen und er besitzt eine reichhaltige Bücherei. Die unverheirateten Arbeiter haben ihre Schlafzimmer im oberen Stock des Wohnhauses.

Wie überall auf nordamerikanischen Farmen, wurde ich auf dem Felde, oder in den Ställen, oder im Hause jedem einzelnen Arbeiter vorgestellt und jeder Arbeiter mir, entweder nur durch gegenseitige Namensnennung, oder der Farmer sagte in meiner Gegenwart zu seinem Arbeiter: **Mister N. shake hand with Dr. Wilckens from Vienna, Austria** (Herr N. schüttle die Hand mit Dr. W. aus Wien, Oesterreich). Diese einfache Weise der gegenseitigen Vorstellung ist auch bei Nicht-Arbeitern sehr verbreitet, kurz und bündig. Wie daraus hervorgeht, wird jeder Arbeiter von seinem Arbeitsgeber **Mister** (Herr) angeredet und auf vollkommen gleichem Fuße mit einer sog. höher stehenden Person behandelt, die wir in Europa allein mit „Herr" anreden, während der europäische Arbeitsgeber seine Arbeiter gewöhnlich nur mit dem Familien- oder Vornamen anredet, ohne es für notwendig zu halten, ihn „Herr" zu nennen. Der europäische Arbeitgeber läßt seinen Arbeiter in der Regel fühlen, daß er unter ihm steht, er schreit oder schnauzt ihn an und gibt sich nur mit ihm ab, wenn dies der Arbeitsverkehr notwendig macht.

Wir dürfen ferner als Regel annehmen, daß auf den meisten Landgütern Europas ein gegenseitiges Mißtrauensverhältnis besteht; der Arbeiter zweifelt meistens an dem Wohlwollen seines Herrn und traut ihm zu, daß dieser ihn nur zu seinem Vorteile ausnutzt; der Herr zweifelt an der Treue und Ehrlichkeit seines Arbeiters und sucht ihn nach Möglichkeit zu überwachen. Dieses den europäischen Zuständen eigentümliche Verhältnis von „Herr" und „Knecht", oder gar von „Gnädigem Herrn" und thatsächlichem, wenn auch nicht rechtmäßigem Sklaven, ist die Hauptursache der unerquicklichen Arbeiterverhältnisse, welche die meisten europäischen Landwirte beklagen und die den Landwirtschaftsbetrieb so unbehaglich machen.

Ich weiß sehr wohl, daß es in Europa viele Landwirte gibt, welche ihren Arbeitern wohlwollend entgegenkommen, für sie Arbeiterhäuser bauen, ihnen ein Stück Gartenland zur eigenen Bearbeitung anweisen und sie anständig und ruhig behandeln. Aber eine gute Wohnstätte und ruhige Behandlung gewährt der Landwirt, der seinen Vorteil versteht, auch seinem Vieh. Auch solche wohlwollende Landwirte sind in Europa ihren Arbeitern gegenüber stets „Herren" und sie betrachten ihre Arbeiter stets — wenn nicht als „Knechte" — so doch als ihnen untergeordnete Wesen.

In Nordamerika, sowohl in den Vereinigten Staaten wie in Kanada, ist das Verhältnis zwischen Arbeitgeber und Arbeitnehmer ein rein geschäftliches. Das Geld des Arbeitgebers ist gerade so viel und nicht mehr wert als die Arbeit des Arbeitnehmers. Der nordamerikanische Arbeitgeber behandelt seinen Arbeiter als seinen Geschäftsfreund, mit dem er zusammen arbeitet und zusammen ißt. Davon gibt es auf den Großfarmen in Nordamerika allerdings Ausnahmen. Auf solchen Farmen mit zahlreichen Arbeitern würde das Haus und das Speisezimmer des Farmers (der zudem häufig abseits vom Wirtschaftshofe wohnt) nicht groß genug sein, um seine Familie und seine Arbeiter bei den Mahlzeiten zu vereinigen. Dazu kommt, daß auf vielen Großfarmen, wie z. B. auf den großen Weizenfarmen im Staate Dakota, nur zur Saat- und Erntezeit Arbeiter aufgenommen werden, welche aus allen Himmelsgegenden zu jenen Zeiten auf den Farmen zusammenströmen, um einen für kurze Dauer bemessenen guten Verdienst mitzunehmen. Die wenigsten solcher Arbeiter sind in landwirtschaftlichen Arbeiten bewandert und sie bedürfen der Aufsicht seitens ihrer Arbeitgeber, um ihre Arbeiten ordentlich auszuführen.

Auf den kleinen und mittleren Farmen aber, welche die Regel bilden in Nordamerika, werden ständige, in Monatslohn stehende landwirtschaftliche Arbeiter zur Familie und zu den Familien-Mahlzeiten der Farmer herangezogen. Solche Arbeiter, welche sich bewußt sind, daß sie zu ihrem Arbeitgeber in einem geschäftlichen Verhältnis stehen, bedürfen keiner Aufsicht; sie machen ihre Arbeit ohne fremden Antrieb und sie faulenzen nicht hinter dem Rücken ihres Arbeitgebers. Davon habe ich mich in zahlreichen Fällen überzeugt, wo ich landwirtschaftliche Arbeiter ohne jede Aufsicht für mich allein beobachten konnte. Die landwirtschaftlichen Aufsichtsbeamten, die Verwalter, Wirtschaftsbereiter, Adjunkten, Assistenten, die z. B. in Oesterreich förmlich militärisch organisiert sind, fehlen in Nordamerika entweder gänzlich, oder sie sind nur auf solchen Farmen vorhanden, welche der Besitzer selbst nicht bewohnt. In diesem Falle tritt ein Manager (Verwalter), oder ein bloßer Foreman (Vormann) an dessen Stelle. Auch auf größeren Farmen in Nordamerika, wo mehrere fremde Arbeiter gehalten werden, findet sich ein Vormann, aber dieser ist kein Aufsichtsbeamter, sondern ein Vorarbeiter.

Wer in Nordamerika Landwirtschaft betreibt, der muß selbst arbeiten, und zwar ebensowohl mit der Hand wie mit dem Kopfe. Nur auf den wenigen Großfarmen bleibt dem Leiter der Wirtschaft keine Zeit zur Handarbeit übrig und er widmet sich allein der Beaufsichtigung derselben, bezw. deren Inganghaltung.

Wer in Nordamerika die Landwirtschaft praktisch erlernen, oder sie nur kennen lernen will, der kann dies nur auf dem Wege der Arbeit erreichen; er muß selbst mitarbeiten, selbst mit Handanlegen. Solche Wirtschaftsbummler, welche sich in Deutschland und Oesterreich „Praktikanten“ oder „Volontäre“ nennen, gibt es in Nordamerika nicht.

In Nordamerika gilt die Handarbeit gerade so viel wie die bloße Kopfarbeit und selbst Leute, welche in ihrem Lebensberufe für gewöhnlich nur die Feder führen, scheuen sich nicht, auch Hand anzulegen, wenn es notwendig ist und sich die Gelegenheit dazu bietet. Die Handarbeit ist dort der Kopfarbeit nicht untergeordnet und jeder Handarbeiter kann in Nordamerika die höchsten Stellungen in der Gesellschaft und im Staate erreichen. Einer der besten und angesehensten Präsidenten der Vereinigten Staaten, Abraham Lincoln, war früher ein bloßer Holzfäller und die Axt war die Grundlage seiner Präsidentschaft. Auch die meisten Farmer, die angesehensten Landwirte Nordamerikas haben ihre Stellung und ihr Heim durch ihrer Hände Arbeit begründet, mit Säge und Axt, mit Hacke und Pflug.

Gegenüber dem Adel der Arbeit gibt es in Nordamerika auch keine „Arbeiterfrage“, keine „soziale Frage“, keine Furcht vor „Revolution“ und „Anarchismus“.

Die Notwendigkeit selbst Hand anzulegen, erzieht den nordamerikanischen Farmer zur genauen Kenntnis der möglichen Arbeitsleistung. Der hohe Arbeitslohn nötigt ihn zur Sparsamkeit.

Schon wiederholt habe ich auf den für europäische Verhältnisse sehr hohen Lohn der landwirtschaftlichen Arbeiter in Nordamerika hingewiesen. Aber für diesen hohen Lohn muß dieser Arbeiter auch angestrengt arbeiten und er thut es auch, weil ihm seine geschäftliche Ehre gebietet, die übernommenen Verbindlichkeiten zu erfüllen. Es wird dort von den landwirtschaftlichen Arbeitern aber nicht nur mehr während des Tages gearbeitet (wozu der Umstand kommt, daß die in Deutschland und Oesterreich üblichen und zeitraubenden Frühstück- und Vesperzeiten mitten in der Arbeit entfallen), sondern der nordamerikanische Arbeiter arbeitet auch mehr Tage im Jahre, weil er nicht so viele Feiertage hat wie in Deutschland, oder gar in Oesterreich. Der Amerikaner hat einschließlich der 52 Sonntage des Jahres im Ganzen nur 60 Feiertage. In Deutschland und Oesterreich feiert man auf dem Lande an den Hauptfesten gewöhnlich drei Tage, in Oesterreich gibt es durchschnittlich 75 Feiertage im Jahre und im Herzogtum Salzburg gar 102, mit allen Kirchentagen der eigenen und der Nachbar-Gemeinden. Für den geringeren Lohn in Deutschland und Oesterreich leisten also auch die landwirtschaftlichen Arbeiter weniger, und da sie sich von ihren Arbeitgebern mehr oder weniger abhängig, bezw. ihnen untergeordnet fühlen, so arbeiten sie mehr gezwungen und nicht mit dem vollen Bewußtsein der Pflichterfüllung, wie dies bei den, zu ihren Arbeitgebern im Geschäftsverhältnis stehenden landwirtschaftlichen Arbeitern Nordamerikas der Fall ist.

Soweit ich auf meiner Reise Gelegenheit hatte, den Verkehr der nordamerikanischen Farmer mit ihren Arbeitern zu beobachten, wurden diese von jenen durchaus achtungsvoll behandelt; die nötigen geschäftlichen Anordnungen wurden im ruhigen Tone getroffen und habe ich niemals ein Anschreien oder gar Anschimpfen der Arbeiter gehört, wie dies an solchen Orten in Europa üblich ist, wo der „Herr" mit dem „Knecht" verkehrt. Freilich ist der Bildungszustand und die Gesittung der landwirtschaftlichen Arbeiter in Nordamerika durchschnittlich entschieden höher als bei uns; es kommt dort z. B. niemals vor, daß ein eingeborener Amerikaner von weißer Hautfarbe nicht lesen und schreiben kann. Dasselbe gilt auch für die eingewanderten Deutschen und Skandinavier, während freilich die aus Böhmen, Polen, Ungarn, Irland und Italien eingewanderten Arbeiter häufig genug nicht lesen und schreiben können. Aber man trifft diese Volksstämme selten auf dem Lande.

Wenn ich die Verhältnisse landwirtschaftlicher Arbeiter in Nordamerika gerade gelegentlich meines Besuches der Cloverdale-Farm in Jowa in Betracht gezogen habe, so kommt dies daher, weil mir der Verkehr des Herrn Meißner mit seinen Arbeitern gewissermaßen musterhaft erschien.

Im Gegensatze zu den hohen Löhnen der nordamerikanischen Farmarbeiter sind die Steuern der Farmer sehr niedrig. Sie betragen etwa 3½% des, seitens einer Steuerkommission geschätzten beweglichen und unbeweglichen Vermögens. Von diesem Vermögen werden die Vereinigten Staaten-Bonds im Besitze eines Privatmannes gar nicht abgeschätzt, d. h. sie sind steuerfrei. Die übrigen Wertpapiere kommen nur insoweit zur Steuerabschätzung, als ihr Dasein der Steuerkommission bekannt wird, d. h. in der Regel nicht. Die eigentlichen Besteuerungsgegenstände sind auf dem Lande: Grund und Boden, Gebäude, Geräte und Vieh. Diese Gegenstände werden in der Regel zu ⅓ ihres wahren Wertes geschätzt, so daß der Farmer von seinem beweglichen und unbeweglichen Vermögen in der That nur 1 1/8 % des wahren Wertes an Steuern zahlt. Das ist der Betrag von sämtlichen Staats-, Grafschafts- und Gemeindesteuern in den westlichen Prairiestaaten, soweit ich Kenntnis davon erhalten habe.

Dagegen steht in den westlichen Staaten der Zinsfuß für grundbücherliche Schulden (Mortgages) sehr hoch, nämlich 7 %; für Schulden auf beweglichem Eigentume zahlt man 10 % Zinsen im Voraus, also in Wirklichkeit etwa 11 %, was meines Wissens auch gesetzlich gestattet ist. Eine hohe Last tragen die nordamerikanischen Farmer an den unvermeidlichen landwirtschaftlichen Maschinen. Des Kredites wegen werden diese Maschinen meistens von Maschinenhändlern und deren Agenten bezogen, welche für sich einen Nutzen von 40 % berechnen. Dieses ist mir sowohl von Farmern, wie von Maschinenhändlern versichert worden. Da nun auch die Fabrikanten landwirtschaftlicher Maschinen für sich einen Unternehmergewinn von durchschnittlich etwa 60 % berechnen, so muß der Farmer eine landwirtschaftliche Maschine mit dem doppelten Betrage ihrer Herstellungskosten bezahlen.

Ich selbst habe im Staate New-York Veranlassung gehabt, von Fabrikanten landwirtschaftlicher Maschinen einige Molkereigeräte gegen Barzahlung zu kaufen, wobei mir ein Rabatt von 1/3—1/2 des Verkaufspreises gewährt wurde. Ich glaube, daß wenn die nordamerikanischen Farmer in der Lage wären, ihre landwirtschaftlichen Maschinen unmittelbar in den Fabriken gegen Bar zu kaufen, sie an diesen Ausgaben etwa die Hälfte sparen könnten. Der Kredit, den die Maschinenhändler und Agenten dem Farmer gewähren, muß freilich hoch bezahlt werden, weil die Verkäufer sich schadlos halten müssen für die Verluste, welche sie durch zahlungsunfähige Farmer erleiden.

Der leitende Grundsatz der in Rede stehenden „Cloverdale Stock-Farm" ist Arbeitsersparung; alle Einrichtungen derselben sind darauf berechnet. Eine große aus Holzwerk errichtete Scheune — man nennt in Nordamerika jedes Wirtschaftsgebäude für Feldfrüchte und Vieh „Scheune" (Barn) — beherbergt Pferde, Rinder und Schweine. Die Thüren und Stallräume gestatten das Einfahren mit Wagen, um den Mist täglich auszufahren. Eine Düngerstätte besteht nicht, sondern der Dünger wird im Winter auf den Acker, im Sommer auf Wiesen und Weiden gefahren. Der Acker, aus schwarzem, tiefgründigen und humusreichem Boden bestehend, wird vorwiegend zum Maisbau verwendet. Die Wiesen, d. h. das zu Grünfutter und Heu bestimmte Grasland, bestehen zumeist aus Kentucky-Blaugras (Poa pratensis) von üppigem Stande. Die angesäeten Weiden aus Rotklee und Timothygras. Natürliche Prairieweide fand sich bloß an den Rändern der Landstraßen. Sein Farmland bewertet der Besitzer zu Doll. 45 der Acker (M. 463,5 d. ha).

Der Viehstand besteht aus 1 Clydesdalehengst, 21 Zuchtstuten, die zum Teil in den 6—7 Pferdezügen zur Arbeit benutzt werden, aus 70 Kühen und gegen 130 Stück Jungvieh und Mastochsen und über 300

Schweinen, darunter 45 Zuchtsauen der Polandchinazucht. Der Rindviehstand besteht zumeist aus Shorthornkreuzungen und einigen Friesenkreuzungen; der Bulle ist ein Friese (sog. Holstein). Sämtliches Rindvieh ist künstlich enthornt. Die Enthornung, welche durch einen sich damit beschäftigenden Mann in der Gegend ausgeführt wird, kostet für das einzelne Stück 10 cts (41,7 Pf.), in größerer Zahl 6—8 cts (25—33,4 Pf.) das Stück. Herr Meißner ist für das Enthornen des Rindviehes sehr eingenommen; er hat im vorigen Jahre nur eine Kuh daran verloren. Nach dem Enthornen ist das Rindvieh ruhiger und es stört sich nicht gegenseitig beim Saufen und Fressen.

Die Mastochsen werden im Winter in einem offenen Hofe gefüttert, in dem eine große Krippe mit Maiskolben steht. Dieser Hof ist an der einen Seite von halboffenen Ställen, an der zweiten von dem geschlossenen Kuhstalle und an den übrigen zwei Seiten von Heubansen umgeben, die oben und außen gedeckt, aber nach Innen offen, bezw. nur mit einem Holzgitter versehen sind. Eine Oeffnung für Kopf und Hals der Ochsen gestatten ihnen, unmittelbar vom Heuhaufen zu fressen, wobei dieser sich allmählich von Oben und Außen nach Unten und Innen senkt. Das Heu braucht den Mastochsen also nicht vorgelegt zu werden, sondern sie können nach Belieben davon fressen. Die Mastochsen nehmen abwechselnd Maiskörner (von den vorgelegten Kolben) und Heu, und daher kommt es, daß sie erstere besser verdauen. Im Sommer haben die Mastochsen außerdem einen ganz freien Hof, der an einer Seite von Bäumen beschattet ist. Zwischen den Mastochsen bewegen sich die Schweine, die sich von den Maiskörnern mästen, welche die Mastochsen nicht verdaut haben. Diese im Kote derselben ausgeschiedenen ganzen Maiskörner betragen etwa $^1/_5$—$^1/_4$, während die Farmer in Nebraska auf $^1/_3$—$^1/_2$ unverdaute Maiskörner rechnen.

Die Kühe und das Jungvieh befinden sich im Winter in einem Stalle, in dem sie außer der Futterzeit frei herumgehen. Zu beiden Seiten des Stalles verlaufen die Maiskrippe und die Heuraufe hintereinander. Um zu seinem Futterstande gelangen zu können, muß das Rindvieh den Kopf unter ein Nackenjoch zwischen zwei senkrecht gestellte Stangen stecken, von denen die eine feststeht, die andere aber eine seitliche Hebelbewegung in der Weise gestattet, daß der beim Herantreten der Kuh unter dem Nackenjoch seitwärts, bezw. nach Außen gestellte Hebel in senkrechte Richtung gebracht und oben am Nackenjoch durch eine eiserne Klammer befestigt wird. Alsdann steckt der Hals der Kuh zwischen zwei senkrecht gestellten Stangen, aus denen der Kopf nicht durchgezogen werden kann. Man nennt diese Vorrichtung zur Befestigung der Kühe Stanchion d. h. Gitter. Diese Stanchions sind in Nordamerika sehr verbreitet und sie werden in verschiedener Ausführung, namentlich in Betreff der Befestigung des Hebels an das Nackenjoch oder den Querriegel, fabrikmäßig hergestellt. Herr Meißner hat sich seine Stanchions selbst eingerichtet und patentieren lassen.

Bei Anwendung der Stanchions erspart man sich das Anbindematerial und die Arbeit des Anbindens (im Stalle des Herrn Meißner war nur der Bulle angebunden). Die Feststellung des Stanchion-Hebels ist sehr leicht ausführbar und sie erfordert weniger Arbeit als das Anbinden; auch sind die Kühe durch Seitwärtsstellung des Hebels leichter wieder frei zu machen als durch das Abbinden. Wenn der Hals der Kühe nur während des Fressens zwischen dem Stanchion steckt (wie das auf der Cloverdale-Farm der Fall ist), dann ist diese Art der Festhaltung nicht bloß arbeitssparend, sondern auch zuträglich, oder wenigstens leidlich für die Kühe. Wenn diese aber auch zwischen ihren Mahlzeiten, oder gar beständig (wie ich das in manchen Stallfütterungs-Wirtschaften gesehen habe) den Hals im Stanchion halten müssen, also auch wenn sie sich niederlegen, dann ist das eine Tierquälerei und entschieden verwerflich.

Im Sommer sind die Kühe und das größere Jungvieh der Cloverdale-Farm Tag und Nacht auf der Weide, die Kälber nur am Tage.

Daß die Arbeit auf einer Farm von 880 Acker (356,4 ha) bei einem so großen Viehstande (abgesehen vom Melken der Kühe) nur von 6 Arbeitern und dem Farmer besorgt wird, ist nur dann begreiflich, wenn man die arbeitsersparenden Einrichtungen in Scheune und Viehhof gesehen hat und Kenntnis nimmt von der weitgehenden Anwendung landwirtschaftlicher Maschinen, die wie überall, so auch auf der Cloverdale-Farm zahlreich und in den gebräuchlichen Formen — die ich im siebenten Abschnitte in Betracht ziehen werde — vorhanden waren.

Freilich darf aber nicht verschwiegen werden, daß bei der Notwendigkeit an dem teuren Arbeitslohn zu sparen, manche Arbeiten unterbleiben, welche auf europäischen Landgütern zur Verschönerung und Reinlichhaltung von Haus und Hof dienen. So ordentlich und reinlich gehaltene Gutshöfe, so schön angelegte und wohlgepflegte Gärten, eine so saubere Ackerbestellung, so gut geputztes Vieh, wie man alles das namentlich auf Landgütern in Deutschland und zum Teil auch in Oesterreich trifft, habe ich in Nordamerika selten gesehen, und auch nicht auf der Cloverdale-Farm in Jowa. Solche Pflege trägt aber nicht nur viel dabei zur Verschönerung und Behaglichkeit des Landlebens, sondern es bringt bezüglich des Gartens, des Ackerbaues und der Viehhaltung auch unmittelbaren Vorteil, was ich wohl hier nicht des Näheren zu erläutern brauche. Auf den meisten nordamerikanischen Farmen kostet der Garten nichts, oder er beansprucht nur sehr wenig Arbeit; dafür aber bringt er auch wenig oder gar nichts. Das gemütliche Ergehen des deutschen Landwirtes im Garten nach gethaner Arbeit, die Freude an Blumen, Gesträuchen, Baum- und Beerenfrüchten, kennt der nordamerikanische Farmer meistens nicht, denn sein Garten enthält keine Blumen, Wege und Rabatten sind voller Unkraut, Obstbäume und Beerensträucher — wenn sie überhaupt vorhanden sind — wimmeln von Raupen, kurz: es fehlt die Arbeit zur Pflege des Schönen und Angenehmen. Selbst das wenige Gemüse, welches der Farmer für seine Küche braucht, kämpft den Kampf um's Dasein gegen üppig wuchernde Unkräuter, und nur Kartoffeln und Tomatoes erfreuen sich einer etwas besseren Pflege als die Hülsen- und Wurzelfrüchte, die gleichsam nur als Luxusgemüse selten Verwendung finden. Aus diesem Grunde ist das Mittagsessen auf nordamerikanischen Farmen sehr einförmig an Pflanzenkost; über Kartoffeln und Tomatoes kommt man meistens nicht hinaus.

Im Allgemeinen aber sind die deutschen Farmer in Nordamerika noch mehr geneigt, die Umgebung ihres Hauses und ihren Hof zu verschönern als die Amerikaner; diese thun meistens nur das, was notwendig ist und sie sparen möglichst jede Arbeit, welche nicht dringend geboten ist und sich unmittelbar bezahlt macht. Daher denn auch die nüchterne, reizlose Umgebung der meisten amerikanischen Farmen. Nur auf die innere Einrichtung seines Wohnhauses verwendet der amerikanische Farmer durchschnittlich größere Kosten als der deutsche. Ueber die Behaglichkeit eines amerikanischen Farmhauses habe ich oft meine Freude gehabt, selbst auf kleinen Farmen. Auf größeren Farmen baut der amerikanische Farmer sein Wohnhaus gern abseits vom Wirtschaftshofe, was zur Ruhe und Behaglichkeit desselben wesentlich beiträgt und die Fliegenplage vermindert, die in der Nähe der Stallungen im hohen Grade lästig ist.

Aus dem Staate Jowa nahm ich meinen Weg nach Chicago und dem Nordwesten. Aber was ich hierüber zu berichten habe, betrifft nicht die Prairiewirtschaften und findet in anderen Abschnitten seinen Platz.

Auf meiner Rückkehr von Chicago habe ich Prairiewirtschaften in den Staaten Illinois und Indiana und früher schon — auf meiner Hinreise nach dem Westen — in Ohio besucht.

Am 11. und 12. Juli verweilte ich in Champaigne, wo sich die Universität von Illinois befindet und mit ihr verbunden eine landwirtschaftliche Schule nebst Versuchs-Wirtschaft, welche ich in Begleitung des Landwirtschafts-Assistenten, Herrn Th. F. Hunt besichtigt habe. Die Versuchs-Wirtschaft wird auf zwei Farmen von 170 und 400 Acker (68,8 und 162 ha) betrieben. Ich werde auf die wissenschaftlichen Versuche der Versuchsstation hier nicht eingehen, sondern darüber im 14. Abschnitte berichten. Ich beschränke mich an dieser Stelle darauf, zu bemerken, daß der Boden der Versuchs-Wirtschaft, wie fast überall in Zentral-Illinois, ein sehr fruchtbarer schwarzer Prairielehm ist, der in guter Kultur steht. Der jährliche Regenfall in Zentral-Illinois beträgt 38—39 Zoll (965—991 mm). Die Haupt-Feldfrucht ist Mais, der während seines Wachstumes 3—4 mal mit verschiedenartigen Kultivatoren bearbeitet wird. Wie die Versuche der dortigen Station ergeben haben, wächst der Mais am besten nach Stalldünger, demnächst übt Superphosphat und dann Pottasche eine gute Wirkung aus auf das Maiswachstum. Der Mais wird noch mit Kultivatoren befahren, bezw. damit behackt und behäufelt, wenn er schon 1—1½ m hoch ist. Während meiner Anwesenheit wurde er zum drittenmale bearbeitet und zwar mit einem The Gopher genannten Kultivator, der aus 2 Paaren schräg hinter einander stehender Messer besteht, welche das Unkraut flach abschälen. Bei höherem Unkraut wird in Champaigne John Deere shovel cultivator (Schaufel-Kultivator) als Tief-Kultivator verwendet. Beide Arten von Kultivatoren werden von 2 Pferden gezogen, von denen jedes in einer Mais-Zwischenreihe geht; die Maispflanzen passieren unter einem eisernen Bogen des Kultivators, der sich zwischen den Messer- oder Schaufelreihen befindet.

Die Versuchs-Wirtschaft besaß prächtige Weiden von Timothygras und Blaugras. Als Grünfutter wurde angebaut: Mammuth-Klee, ähnlich unserem Rotklee, nur mit etwas größeren Köpfen, schwedischer Klee (Alsike clover) und gem. Straußgras (Red-top, Agrostis vulgaris) in Verbindung mit Timothygras. Auf dem Grasfelde sah ich eine Side delivery hay rake, welche das Heu zusammenrecht und in Reihen (Winrows) legt, die dann von dem Heulader auf den Wagen gebracht werden. Ich sah beide Maschinen nicht in Arbeit und hörte, daß man sie für nicht recht brauchbar, bezw. arbeitsersparend hält.

Auf der südlichen Stock-Farm befanden sich schöne Shorthorns von breiten Formen. Außerdem wurden Herefords-Jerseys nnd sog. Holsteins gehalten, insgesamt etwa 100 Stück.

In der Nähe von Champaigne besuchte ich Herrn J. G. Clark, der dort 3 Farmen von zusammen 900 Acker (364,5 ha) bewirtschaftet und einen sehr schönen Stock von Shorthorns besitzt; insbesondere die Jungbullen und Färsen waren sehr gut entwickelt und ebenmäßig gebaut. Außerdem betrieb Herr Clark Pferdezucht, Schaf- und Schweinezucht. Von Pferden sah ich einen mächtigen 4jährigen schwarzen Shirehengst, einen eleganten 2jährigen Normänner Rapphengst und 23 Shirestuten. Die Schafe sind Shropshires, die Schweine Polandchinas, die Hühner Plymouth-Rocks.

Die Kühe werden nur zur Zucht gehalten, ihre Milch bekommen die Kälber.

Ich sah auf der Farm des Herrn Clark nur die außerordentlich üppigen Weiden, hörte aber von ihm, daß er auf einem Felde seit 30 Jahren ununterbrochen Mais und Mohrhirse ohne Dünger versuchsweise und mit befriedigenden Erträgen gebaut habe. Die zuletzt von ihm angekaufte Farm von 160 Acker (64,8 ha) hat ihn Doll. 75 der Acker (M. 772,5 d. ha) gekostet.

In der Umgegend von Champaigne gibt es viele Feldhecken von Osage-orange, ein Strauch mit maulbeerartigen Blättern, die auch zur Fütterung von Seidenraupen verwendet werden. Auch sieht man dort prächtige Weiden von Rot- und Weißklee, Timothy- und Blaugras, üppige Maisfelder, weniger Weizen und Hafer, nur selten Gerste. An Flußufern und in Hecken stehen sehr alte, vollästige Weidenbäume, im Uebrigen sind die an Straßen vorkommenden Bäume meistens Ahorn (Soft mable) und zuweilen sind Ailanthusbäume gepflanzt. Von Obstbäumen sieht man nicht viel, meistens Aepfel; andere Baumfrüchte gedeihen hier nicht.

Eine große Schattenseite des fruchtbaren Bodens sind die üppig wuchernden Unkräuter. Auf fast allen Feldern ist der, Rag weed genannte wilde Wermut (Ambrosia artemisiaefolia) mit gefiederten Blättern sehr verbreitet, dann wilder Hanf. Auf den Landstraßen stehen förmliche Wälder von Süßklee (Sweet clover, Melilotus albus) und Kamillen. Der Süßklee, der sich auch auf die Felder verbreitet, hat luzerneartige Blätter und weiße Schmetterlingsblüten, welche einen angenehmen süßlichen Duft haben, weshalb sie von Damen zwischen die Wäsche gelegt wird. Aber kein Vieh frißt den Süßklee, weder im grünen, noch im getrockneten Zustande. Es that mir ordentlich leid, daß die prächtigen Süßkleepflanzen, die eine Höhe von 1 1/2 m und mehr als 1 m Umfang erreichen, gar nicht nutzbar sind; vielleicht ließen sie sich zur Gründüngung verwenden.

Von Zentral-Illinois reiste ich nach dem Westen Indianas. Sobald man diesen Staat betritt, wird man von dessen herrlichen Laubwäldern angenehm berührt. Hier ist die von Eichenhainen unterbrochene Prairie (Oak opening prairie). Häufig findet man hier wildwachsend den eschenblätterigen Ahorn (Box elder, Acer negundo), der in Europa nur als Alleebaum vorkommt, und an Flußufern den Trompetenbaum (Catalpa), der bei uns nur in Gärten gezogen wird. Als Unterholz an Waldrändern finden sich häufig Sumachsträucher und kriechender Wachholder (Juniperus sabina).

In Indiana besuchte ich am 15. Juli die Versuchs-Station und Versuchs-Wirtschaft der Purdue-Universität bei Lafayette. Auch in der Umgegend von Lafayette wird vorwiegend Maisbau betrieben. Der Boden besteht zumeist aus sehr fruchtbarem schwarzem Prairielehm. Der jährliche Regenfall beträgt 35—40 Zoll (889—1016 mm), doch sind die Monate Juli, August, September sehr trocken.

Der Weizenbau steht erst in zweiter Linie. Während meiner Anwesenheit im westlichen Indiana war der Weizen schon geschnitten; er stand in Schocks, d. h. in Haufen von 12 Garben, von denen 10 gegeneinander gestellt und 2 darüber gelegt werden. In dieser Weise werden alle Getreidearten behufs Trocknung auf dem Felde behandelt.

Wo der Mais sorgfältig gebaut wird, wird er in 4 Fuß (1,22 m) breiten Quadraten gepflanzt, bezw. mit der Maschine gedibbelt und mit Kultivatoren kreuz und quer bearbeitet. Bei einfacher Reihenpflanzung säet man in Reihen von 3—3 1/2 Fuß (91,5—106,75 cm). Der zum Preßfutter (Ensilage) bestimmte, noch grün geerntete Mais — gewöhnlich Pferdezahnmais — wird in Reihen von 2 2/3 Fuß (81,4 cm) gebaut. Gewöhnlich stehen auf einem Horst vier Pflanzen. Außer dem Stalldünger, der für Maisbau der beste ist, verwendet man von künstlichen Düngemitteln: Superphosphat, Chilisalpeter (Natriumnitrat) und Gyps (Kalksulphat, in Nordamerika Landplaster genannt).

Während meiner Anwesenheit auf der Farm der Purdue-Universität wurde Heu auf dem Graslande gemacht, das mit Timothygras, Rotklee und gem. Straußgras (Agrostis vulgaris) bestanden war. Dieser Bestand wurde mit der Buckeye-Grasmähemaschine von der Fabrik Richardson in Worcester, Massachusets, abgeschnitten, dessen 6 Fuß (183 cm) breiter Grasschneider (Cutter bar) leicht über Steine und Stumpfe gehoben werden kann und beim Abfahren so aufgerichtet und umgeschlagen wird, daß er vollständig auf die Deichsel zu liegen kommt. Die gezähnte Axe des Grasschneiders ist durch eine Kette mit dem Zahnrade des großen Maschinenrades verbunden.

Nach dem Schneiden wurde die Futtermasse mit dem Heuwender (Hay-Tedder) von J. H. Thomas in Springfield, Illinois, trocken gemacht. Ich nahm auf's Geratewohl einen abgeschnittenen Kleestengel mit kaum erschlossener Blüte auf und maß ihn mit 3 Fuß 8½ Zoll (113 cm).

Wie die meisten wohleingerichteten Farmen in Nordamerika, so besitzt die Farm der Purdue-Universität auch mehrere, aus Brettern hergestellte Silos. Man läßt hier den dazu bestimmten Mais beinahe reif werden und schneidet ihn zu Preßfutter (Ensilage) ½ Zoll (1,27 cm) kurz. Wie ich hörte, soll auch Grünfutter zu Preßfutter verwendet werden, doch habe ich das niemals gesehen.

Etwa 4 engl. Meilen von Lafayette entfernt liegt die Shadeland-Farm des Herrn Adam Earl, welche ich zusammen mit Herrn Dr. H. E. Stockbridge, dem Direktor der Versuchs-Station bei Lafayette, besucht habe. Diese Farm umfaßt 1600 Acker (468 ha) und sie beschäftigt 20 Arbeiter. Der Hauptbetrieb dieser Farm ist die Zucht von Herefords, auf die ich hier nicht näher eingehen, sondern im 11. Abschnitte besprechen werde. Ich will nur bemerken, daß die aus Rotklee und Timothygras bestandenen Weiden sehr dicht und grün waren und die Auslaufhöfe des Jungviehes von zahlreichen Gruppen alter Laubbäume beschattet waren. Die Weiden sind überall von Eichen- und Eschenhainen begrenzt. Auf einer großen Weide weideten Jungochsen und Schweine gemeinsam.

Von Lafayette in Indiana fuhr ich zunächst nach Lansing in Michigan, wo ich die 676 Acker (273,7 ha) umfassende Versuchs-Wirtschaft besuchte, welche mit der dortigen Landwirtschaftsschule verbunden ist. Auf den Versuchsfeldern wuchs die aus Kaukasien eingeführte Beinwell (Prickly comfrey, Symphytum asperrimum); ihre ovalen, dem Tabak ähnlichen Blätter, sowie die Stengel sind rauhhaarig, die Blumen blau; ihr Ertrag wurde mir auf 24 Tonnen vom Acker (537,6 q v. ha) angegeben, eine Futtermasse, welche mir nicht recht wahrscheinlich zu sein scheint. Früher sah ich die genannte Futterpflanze auf den Versuchsfeldern der Universität Madison,

Wisconsin; der Ertrag war dort 11,000 Pfd. von ¼ Acker (200 q v. ha). Uebrigens wurden die grünen Blätter und Stengel dieser Pflanze vom Rindvieh nicht gerade bevorzugt; aber vielleicht läßt sie sich als Sauerfutter besser verwerten als in frischem Zustande.

Der Viehstand in Lansing war ein reichlicher und im guten Zustande. Es wurden 160 Stück Rindvieh gehalten, darunter 43 Shorthorns, 5 Herfords, 4 Ayrshires, 3 Galloways, 10 Holsteins (Friesen-Holländer), 3 Jerseys, das übrige Kreuzungen. An Schafen 50 Shropshires, Southdowns und Merinos. Dieser aus so zahlreichen Zuchten bestehende Viehstand diente zugleich zu Unterrichtszwecken für die Studierenden der Landwirtschaftsschule.

In Lansing lernte ich auch einige neue Feldunkräuter kennen, nämlich Asclepia cornuta, eine einstengelige hohe Pflanze mit großen elliptischen Blättern und rötlichen doldenförmigen Blüten; die nach ihren mit Milchsaft versehenen Stengeln und Blättern Milk weed genannte Yinko bifolia und Mullein, eine hohe Pflanze mit graugrünen Blättern und langem gelbem Blütenstand, deren botanischer Name mir nicht bekannt ist.

In der großen Scheune der Versuchs-Wirtschaft war eine Heuharpune in Gebrauch, die ich im 7. Abschnitte beschreiben werde. Ein für die Studenten bestimmtes Gerätezimmer vereinigt alle auf der Wirtschaft gebrauchten Handgeräte, die in sinnreicher Weise aufgestellt sind, so daß ihre Benutzung leicht kontrolliert werden kann.

Der Monatslohn für landwirtschaftliche Arbeiter betrug in Lansing Doll. 18 (M. 75,06) mit voller Beköstigung und Wäsche, oder Doll. 30 (M. 125,10) ohne diese Zuthaten.

Von Lansing machte ich einen Ausflug nach Herrn Jas. M. Turner's Springdale-Farm, welche 1400 Acker (567 ha) umfaßt. Da diese Farm ausschließlich Pferde- und Rindviehzucht betreibt, so werde ich ihrer später gedenken. Die Farm hat 2 Silos zu je 20 Fuß (6,10 m) Tiefe, mit Cämentboden; die doppelte Bretterwand war an den, den Zwischenraum begrenzenden Flächen mit Theerpapier bekleidet und die innere, dem Futter zugekehrte Wand getheert.

Im Staate Ohio besuchte ich die 625 Acker (253 ha) umfassende Farm des Soldatenheims (Soldiers home) bei Dayton und mehrere Farmen in der Umgegend von Cincinnati und Columbus, u. A. die Farm des Herrn Karl Rümelin zu Dent bei Cincinnati, mit ihm einige Farmen in dem fruchtbaren Miamithale, wo der Acker Maisland 60—80 Bsh. (52,2 bis 69,6 hl v. ha) Körner trägt und mit Doll. 150 (M. 1545 d. ha) bezahlt wird; bei Columbus die Versuchs-Wirtschaft der dortigen Universität, welche 340 Acker (137,7 ha) umfaßt, die 1000 Acker (405 ha) große Marble-Cliff-Farm des Herrn Miller, der selbst nur Pferdezucht (die ich später in Betracht ziehen werde) betreibt und seine Ländereien größtenteils an sechs Pächter gegen die halbe Ernte verpachtet hat, und die 850—900

Acker (344,25—364,5 ha) haltende Farm der Staatsanstalt für geistesschwache Kinder (Institution for feeble minded children) mit zahlreichem und gutem Viehstand.

Unmittelbar an die Hauptstadt Columbus grenzt das durch seine Fruchtbarkeit berühmte Sciotothal, dessen tiefgründiger schwarzer Humusboden stellenweise 50 Jahre hintereinander ohne Düngung Mais getragen haben soll. Der Landpreis beträgt hier Doll. 400—500 der Acker (M. 4120 bis 5150 d. ha), die Pacht Doll. 4—6 der Acker (M. 41,2—61,8 d. ha) ohne Inventar, oder zu $^3/_5$—$^1/_2$ der Körnerernte.

Dann besuchte ich auch noch die die deutsche Kommunistengemeinde zu Zoar im östlichen Ohio, welche 8000 Acker (3240 ha) gemeinsamen Landbesitz und einen Viehstand von 400 Stück Rindvieh hat, welches im Sommer geweidet wird. Diese Gemeinde besteht aus etwa 500 Mitgliedern mit einem Gesamtvermögen von etwa Doll. 2,500,000 (M. 10,425,000), wie mir von einem Mitgliede gesagt wurde.

Die Landwirtschaft in den östlichen Prairiestaaten Ohio, Indiana und Illinois und zum Teil auch in Michigan, zeigt sehr viel Uebereinstimmung in ihrer Wirtschaftsweise. Der Feldbau steht im Allgemeinen auf hoher Kulturstufe; die vorherrschende Frucht ist Mais, doch wird in Illinois auch viel Mohrhirse gebaut, deren Aehrenbüschel zu Besen verarbeitet werden. Das Vieh ist gut gezüchtet und gepflegt. Am meisten Ackerland hat Illinois (57,9 % des Farmlandes), am meisten Grasland (15,1 %) Ohio, am meisten Waldland (25,8 %) Indiana. Ich werde später noch Veranlassung haben, auf die Pferde- und Rindviehzucht dieser Staaten und im 8. Abschnitte auf den Obstbau Ohios zurückzukommen. Die Schafhaltung ist nur im letztgenannten Staate von Bedeutung; es werden zumeist Shropshires, seltener Southdowns gehalten. Die vorherrschenden Schweinezuchten sind Polandchinas. Von Hühnern ist die einheimische Zucht der Plymouth-Rocks die häufigste und beliebteste.

Die Anwendung landwirtschaftlicher Maschinen ist in den östlichen Prairiestaaten sehr verbreitet und man trifft dort wohl die besten Ackermaschinen, welche in den Vereinigten Staaten überhaupt in Gebrauch stehen. Auf jeder größeren Farm in diesen Staaten findet man Grasmähemaschinen und Getreidemähemaschinen mit Selbstbinder, welche 8—9 Drillreihen abmähen und die Garben mit Manilahanf binden. Als Kraftmaschinen sind überall Windmühlen und Tretmaschinen für Pferde in Verwendung.

VI. Landwirtschaft im östlichen Waldgebiet und in Neu-England.

Aus dem Staate Ohio reiste ich nach Pennsylvanien, in dessen freundlicher Hauptstadt Harrisburg ich meinen ersten Aufenthalt nahm. Die Bahn von Pittsburg nach Harrisburg führt durch das schöne Waldgebiet der Alleghanies.

In der Nähe von Harrisburg besuchte ich die Obstfarm des Herrn G. Hiester, über die ich im 8. Abschnitte berichten werde. Dann fuhr ich nach Middletown im östlichen Pennsylvanien, in dessen Nähe Herr James Young 13 Farmen von zusammen 1440 Acker (583,2 ha) und außerdem 400 Acker (162 ha) Weideland besitzt. Gemästet werden 340 Ochsen vom Herbst bis Frühjahr. Die Ochsen kommen zuerst auf die Weide, dann werden sie gefüttert mit geschnittenem und gedämpftem Maisstroh, mit Maiskörnern und Heu. Die Magerochsen werden im Herbst in Chicago und Pittsburg zu Doll. 3½—4 die 100 Pfd. (32,2—36,8 Pf. d. kg) Lebendgewicht gekauft. Der Markt für Fettochsen ist New-York, wo die 100 Pfd. Lebendgewicht zu Doll. 4½—5 (41,4—46 Pf. d. kg) verkauft werden. Ferner hält Herr Young 41 Milchkühe (Jerseys und deren Kreuzungen), deren Milch nach Middletown verkauft wird. Die Felder sind bestellt mit Mais, Weizen, Hafer, Klee und Timothygras. Der üppig stehende Mais hatte zur Zeit meines Besuches (am 27. Juli) eine Höhe von 8—9 Fuß (2,44—2,74 m) erreicht; er war 3—4 mal über Kreuz kultiviert.

Herr Young ist seit 32 Jahren auf seinem Platze. Das Farmland kostet in der Umgegend von Middletown Doll. 125—250 der Acker (M. 1287,5—2575 d. ha). Der Monatslohn für landwirtschaftliche Arbeiter ist dort auffallend billig, nämlich nur Doll. 12—15 (M. 50—62,55) und volle Verpflegung. Der Tagelohn in der Heuernte beträgt Doll. 1,25 (M. 5,21) und volle Verpflegung.

Von Middletown führte mich mein Weg nach Lancaster, dem etwa 26,000 Einwohner zählenden Hauptorte der gleichnamigen Grafschaft, schön gelegen am Conestoga Creek. Die Stadt Lancaster war von 1799—1812 die Hauptstadt des Staates Pennsylvanien und sie ist gegenwärtig der Mittelpunkt der Niederlassungen deutscher Bauern, welche im vorigen Jahrhundert eingewandert waren.

Die deutschen Ansiedlungen in Pennsylvanien haben eine merkwürdige Geschichte, die sich zurückführen läßt auf den verschwenderischen Karl II., König von England. Dieser schuldete seinem Admiral Sir William Penn £ 16,000 (M. 320,000). Nach dessen Tode übernahm sein Sohn William die Erbschaft, und da er kein Geld von Karl II. erlangen konnte, so erbat er sich dafür ein Stück wildes und nicht besiedeltes Land innerhalb der Staatsgrenzen. Karl II. wies dem jungen William Penn in seinen nordamerikanischen Kolonien das Land an, welches heute den Staat Pennsylvanien bildet und 117,102 qkm (beinahe so viel wie Süddeutschland ohne Elsaß-Lothringen mit 118,129 qkm) umfaßt. William Penn nahm das Land 1682 in Besitz und gab ihm seinen Namen (zu deutsch: Penn's Waldland). Die ersten Ansiedler kamen im Jahre 1708 oder 1709 aus der Schweiz (Mennoniten) und der Unterpfalz. Bald darauf kamen in einem einzigen Jahre 30,000 Einwanderer aus der Oberpfalz, welche auf Antrieb der französischen Heerführer Melac und Montclas unter Ludwig XIV. wegen ihres protestantischen Glaubens ihr deutsches Vaterland verlassen mußten. Seitdem sind wiederholt Oberpfälzer und andere Rheinländer, aber auch französische Hugenotten in die pennsylvanische Grafschaft Lancaster eingewandert.

Die deutschen Bauern, welche gegenwärtig die Grafschaft Lancaster bewohnen, sprechen noch heute die oberpfälzische Mundart, die freilich stark durchsetzt ist mit englischen Worten und Silben. So sagen sie z. B. statt gebrauchen „jusen" (englisch to use), statt vermischen „mixten" (englisch to mix), statt malen oder anstreichen „painten" (englisch to paint), statt bewegen „muven" (engl. to move), statt Erdbeere „Strohbeere" (engl. strawberry), statt Wagen „Cärritsch" (engl. carriage, übrigens gleichlautend gesprochen). Ein dortiger Bauer sagte mir mal: Mei Haus hat e schlechte „Ruf"; er meinte damit: das „Dach" (engl. roof) seines Hauses sei schlecht. Außerdem werden eine Menge besondere deutsche Ausdrücke gebraucht, die im Hochdeutschen nicht üblich sind, z. B. sehr häufig das Wort „Sell" (Selbiges, mit Hinweis auf etwas), Mucken für Fliegen, Hingel für Hühner, Kerk für Kirche, Hocken für Sitzen, Aepeln für Aepfeln. Gezählt wird eens, zwee, drei u. s. w.

In Nordamerika wird diese Sprache Pennsylvania Dutch genannt, d. h. holländisch, aber das ist falsch, denn die Sprache der deutschen Bauern in Pennsylvanien ist nahezu rein oberpfälzisch. Ich verstand die Sprache sehr gut, aber die dortigen Bauern verstanden mein Hochdeutsch nicht, so daß ich mit ihnen doch meistens englisch sprechen mußte. Ihre Anrede ist „Du", auch für Fremde.

Lancaster County ist eines der fruchtbarsten Bezirke im Osten der Vereinigten Staaten. Ein leichtwelliges Hügelland, ein tiefgründiger, fruchtbarer Lehmboden, eine anmutige, reichlich bewaldete Gegend, ein für den dortigen Breitegrad gemäßigtes Klima, mit 40 Zoll (1016 mm) Regenfall, günstige Absatzverhältnisse nach Lancaster und Philadelphia, macht den Bezirk von Lancaster zu einer landwirtschaftlich hervorragenden Gegend. Der Hauptvorzug der Landwirtschaft von Lancaster County aber ist begründet durch die Intelligenz und den Fleiß seiner deutschen Bauern. Ich habe in der That in Nordamerika nur selten besser bearbeitetes Land und schönere Saaten gesehen als dort. Die Getreideernte (d. h. die Ernte von Weizen und Hafer) war zur Zeit meines Besuches vom 27. bis 30. Juli allerdings schon beendet. Aber Weizen und Hafer haben für die Einnahmen der dortigen Bauern nur eine untergeordnete Bedeutung. Ich konnte jedoch aus der teilweise umgepflügten Weizenstoppel (ein Teil des Weizens wird mit Timothygras und Rotklee angesäet) die gute Kultur und Reinheit des Bodens beurteilen. Hafer wird zur Fütterung der Arbeitspferde nur in geringer Menge angebaut. Man rechnet in Lancaster County folgende Erträge vom Acker: 25—30 Bsh. Weizen (21,75—26,1 hl v. ha), 40 bis 60 Bsh. Hafer (34,8—52,2 hl v. ha), 50—80 Bsh. Mais (43,5 bis 69,6 hl v. ha), 1200—1600 Pfd. trockne Tabakblätter (1344—1792 kg v. ha); häufig sollen schon 50 Bsh. Weizen vom Acker (43,5 hl v. ha) geerntet worden sein.

Die Hauptfrüchte sind Mais und Tabak. Zur Zeit meines Besuches stand der Mais sehr üppig, meistens 8—10 Fuß (2,44—3,05 m) hoch, nicht selten höher; er war gerade im Abblühen, bezw. im Kolbenansatz und von dunkelgrüner Farbe. Ich habe bisher niemals so kräftigen Mais gesehen wie hier und in der Umgegend von Harrisburg. Man schätzte die stehende Ernte auf 100 Bsh. vom Acker (87 hl v. ha). Wie meistens in den Vereinigten Staaten werden Körner und Stroh vom Mais nur zum Viehfutter verwendet, abgesehen von den geringen Mengen gartenmäßig angebauten Mais-Gemüses (Sweet-Corn), dessen unreife kleine Körner im gekochten Zustande gegessen werden.

Für die Geldeinnahme des Bauern bildet der Tabak die vornehmste Ernte. Von allen Bezirken (Counties) der Vereinigten Staaten wird in Lancaster County der meiste Tabak angebaut. Man baut entweder den großblättrigen Havanna-Tabak, oder eine kleinblättrige Seed leaf genannte einheimische Art. Von Havanna-Tabak rechnet man auf 1200 Pfd., von Seed leaf auf 1600 Pfd. trockne Blätter vom Acker (1344 und 1792 kg v. ha). In dem außerordentlich fruchtbaren Jahre 1889 erwartete man auf bestem Boden eine Ernte von 2000 Pfd. trocknen Blättern vom Acker (2240 kg v. ha).

Der Tabak wird in Reihen von 3 Fuß (91,5 cm) gepflanzt; in der Reihe stehen die Pflanzen 20 Zoll (50,8 cm) von einander. Die Pflanzen werden im zeitigen Frühjahr im Garten aus Samen gezogen, nachts mit Leinwand überspannt (was ich anfangs April schon in Kentucky gesehen habe) und anfangs Juni auf den Acker gesetzt. Die Tabaksäcker werden 2—3 mal mit Pferde-Kultivatoren längs der Reihen befahren und je nach Bedarf mit der Hand behackt. Falls Blüten erscheinen (wenn nicht Samenpflanzen gezogen werden sollen) werden sie ausgebrochen. Die Tabakernte beginnt meistens anfangs August, aber während meiner Anwesenheit in Lancaster County hatte sie schon begonnen. Der Tabakstock wird nahe dem Wurzelhalse mit einem besonderen Messer abgeschnitten und über Latten im Tabak-Trockenhause der Farm aufgehängt. Während des Trocknens wird durch Ventilatoren gut gelüftet. Im Dezember werden die Blätter vom Tabakstock abgenommen und im Januar sind sie fertig zum Verkauf. Man zahlt für das Pfund Deckblätter 51—20 cts (M. 1,38—1,84 d. kg), für Einlegetabak entsprechend weniger. Die Kulturkosten für einen Acker (Pflanzenzucht, Pflanzenaussetzen, Kultivieren und Ernten) berechnen sich auf Doll. 40—50 (M. 412—515 v. ha). Eine Durchschnittsernte soll etwa Doll. 300 vom Acker (M. 3090 v. ha) bringen.

Gewöhnlich vergibt der Bauer den Tabakbau an seine Arbeiter, welche von der Pflanzenzucht bis zur Ernte alle Arbeiten verrichten und die halbe Ernte für sich behalten, bezw. deren Wert bezahlt bekommen. Man berechnet den durchschnittlichen Reinertrag beim Tabakbau auf Doll. 225 bis 250 vom Acker (M. 2317,5—2575 v. ha).

Der Landpreis von gutem Tabakboden steht in Lancaster County sehr hoch; man zahlt Doll. 400—500 für den Acker (M. 4120—5150 d. ha). Die durchschnittliche Größe der Bauerngüter ist etwa 100 Acker (40,5 ha). Verpachtet wird häufig für den Betrag der halben Ernte, wobei der Verpächter die Steuern zu tragen und Gebäude und Fenzen (Umfriedungen) zu erhalten hat. Für totes und lebendes Inventar hat der Pächter zu sorgen. Der Arbeitslohn beträgt Doll. 1 (M. 4,17) täglich bei voller Beköstigung.

Von der Fruchtbarkeit des Bodens im Lancaster County gibt auch die Fruchtfolge Kunde, die bei allen Bauern nahezu gleich ist. Die erste Frucht im frischen Dünger ist Mais, dann folgt (nochmals frisch gedüngt) Tabak, oder 1/2 Tabak, 1/2 Mais. Die dritte Frucht ist Winterweizen, die vierte wiederum Weizen, der im Herbst zugleich mit Timothygras ausgesäet wird, zu welchem Zwecke an den Drillmaschinen eine Vorrichtung zur Aussaat des Grases angebracht ist; im nächsten Frühjahr wird dann Rotklee eingesäet. Im fünften und sechsten Jahr liegt das Feld in Kleegras, das einmal zum Heuen geschnitten und dann geweidet wird. Die beiden Weizensaaten werden vielfach mit Superphosphat gedüngt, und zwar 200—300 Pfd. der Acker (224—336 kg d. ha). Auch der Tabak wird häufig mit Superphosphat gedüngt. In der Regel wird also zu jeder Hauptfrucht gedüngt. Hafer und Kartoffeln werden in geringer Ausdehnung im dritten oder vierten Felde angebaut. Eine andere Fruchtfolge ist: 1. Mais, 2. Weizen, Tabak und Hafer (auch Mais), 3. Weizen mit Timothygras und Rotklee, 4. Kleegrasheu, 5. Weide.

Die Viehhaltung dient hauptsächlich dem Zweck der Dünger-Gewinnung. Die Bauern kaufen im August und September magere Ochsen zu 3,6—4 cts das Pfd. (33,1—36,8 Pf. d. kg) Lebendgewicht aus Ohio, Indiana und Illinois, mästen sie durch 7—8 Monate mit Maisschrot, Kleie, Heu und Maisstroh und verkaufen sie zu 4 1/4 cts das Pfd. (39,1 Pf. d. kg) Lebendgewicht nach Philadelphia, New-York und zur Ausfuhr nach Europa.

Trotz der entschieden einsichtsvollen Bewirtschaftung des fruchtbaren

Bodens und der guten Ackerpflege, rentiert die Landwirtschaft im Lancaster County doch nur zu 3 bis höchstens 4 %.

Im Staate New-Jersey habe ich am 7. Oktober die Versuchsfarm der landwirtschaftlichen Schule zu New-Brunswick besucht, welche 100 Acker (40,5 ha) umfaßt. Auf dem leichten Boden dieser Farm war alles Getreide und Mais natürlich schon abgeerntet und ich kann nur die mir mitgeteilte Ernte für das Jahr 1889 angeben. Es waren vom Acker geerntet: Weizen 37 Bsh. (32,2 hl v. ha), Maiskörner 70 Bsh. (60,9 hl v. ha), Hafer 60 Bsh. (52,2 hl v. ha), Roggen 35 Bsh. Körner (30,45 hl v. ha) und 2 Tonnen Stroh (44,8 q v. ha), Heu 4,5 Tonnen (100,8 q v. ha). Auf dem Felde standen noch Speisekartoffeln, Turnips, Möhren und etwas Mangold in gutem Wuchs.

Auf einem umgepflügten Felde sah ich Kemp's Düngerstreumaschine in Thätigkeit, welche ich im nächsten Abschnitt näher beschreiben werde. Der Stallmist, den die Maschine streute, wurde zwar gleichmäßig auf das Feld verteilt, aber so dünn, daß sich kein westeuropäischer Landwirt damit begnügen würde. Die Düngerstreumaschine verteilt den Stallmist in einem Herbsttage auf etwa 8 Acker (3,24 ha), würde also nur auf einer kleinen Farm den Düngungsansprüchen der Zeit nach genügen. Da die Maschine aber ziemlich hoch im Preise steht (sie kostet mit einem 4rädrigen Wagen Doll. 120 = M. 500,40, mit einem 2rädrigen Karren Doll. 80 = M. 333,60), so wird man wenigstens in Europa die Düngung mit der Hand billiger und ausgiebiger bestreiten können.

Die Farm hielt zu Versuchszwecken je drei Stück Holländer-, Shorthorn-, Guernsey-, Jersey- und Ayrshire-Kühe und außerdem 28 Stück Kreuzungen (Grades), deren Milch in der Stadt New-Brunswick verkauft wurde.

Der Landpreis in der Umgebung dieser kleinen Stadt ist durchschnittlich Doll. 45—50 der Acker (M. 463,5—515 d. ha); es werden aber auch bis Doll. 200 (M. 2060 d. ha) gezahlt.

Im südlichen Teile von New-Jersey besuchte ich die Sorghum-Zuckerfabrik Hughes Sugar-House Co. zu Rio Grande bei Cap May. Diese Fabrik bildet eine Art Versuchs-Station für Sorghumzucker-Gewinnung, welche von dem Ackerbau-Amte in Washington unterstützt wird*). Der eine Chemiker der Fabrik, Herr Horton (der seine chemischen Studien in Göttingen gemacht hat), ist von der Bundes-Regierung angestellt, ein zweiter Chemiker vom Staate New-Jersey.

Die Fabrik besitzt 200 Acker (81 ha) Farmland und sie hat 100 Acker für Doll. 60 (M. 6,18 d. ha) gepachtet. Auf dem Sandboden Rio Grandes werden vom Acker durchschnittlich 15 Tonnen (136 q v. ha) Zucker-Mohr-

---

*) Die Bundes-Regierung gewährt insgesamt jährlich Doll. 10,000 (M. 41,700) für Versuche zur Sorghumzucker-Gewinnung.

hirse (Sorghum saccharatum) geerntet; 1 Tonne Sorghum gibt 2 Bsh. (70,4 l) Samen, der mit Hülsen und Stengeln gekocht an Schweine verfüttert wird; ein Teil des Samens wird zu Doll. 2 der Bsh. (M. 23 d. hl) verkauft.

In 1 Tonne Sorghumstengel sind wenigstens 1250 Pfd. Saft mit 6 — 7 % Zucker enthalten. Die Fabrik besteht seit 9 Jahren in Rio Grande (die einzige östlich vom Mississippi, westlich vom Mississippi gibt es Sorghum-Zuckerfabriken in Jowa, Kansas und Texas); sie verarbeitet vom 15. August bis 30. November täglich 50 Tonnen (453,5 q) Sorghumstengel.

Die grünen Sorghumpflanzen werden unmittelbar vom Felde vor eine Hebemaschine (Carrier) außerhalb der Fabrik gefahren und mittelst dieser auf die Schneidemaschine innerhalb der Fabrik gebracht. Diese Maschine scheidet die Samenähren, Blätter und Stengel und schneidet letztere in Stücke von 1,6 Zoll (4 cm). Die Aehren fallen vorn ab, werden auf dem Felde getrocknet und mit der Dreschmaschine ausgedroschen; die Blätter werden durch eine besondere Blasemaschine (Fanner) hinten entfernt, und die zerschnittenen Stengel fallen aus der Schneidemaschine in der Mitte nach unten in eine andere Maschine, welche die Stengelstücke zerreißt oder zerschleißt. Diese Bruchstücke der Sorghumstengel kommen dann in gußeiserne, mit Löchern versehene Kessel, in denen sie fest eingestampft (ein Kessel enthält etwa 400 Pfd. = 182 kg Stengelteile), mit einem durchlöcherten Deckel zugedeckt und etwa 3 Minuten in ein heißes Wasserbad von 80—90° C. eingesetzt werden. Alsdann gelangen diese Kessel der Reihe nach in die Batterie, welche einen Kreis von 10 gußeisernen Wannen bildet. Diese Wannen enthalten Zuckerlösungen von etwa 80° C. Wärme, die von der ersten bis zur letzten Wanne immer stärker werden. Nach je einer Minute werden alle 10 Kessel mit einemmal aus den Wannen gehoben und rücken dann um eine Wanne vorwärts. Aus der letzten Wanne wird der Kessel herausgehoben, um seine ausgelaugten Sorghumstengel zu entleeren; diese Rückstände (Exhausted ships oder Bagasses) werden auf einen Haufen gefahren, wo sie in einem Jahre verrotten, um dann als Dünger verwendet zu werden. Nach der Entfernung des Kessels aus der letzten Wanne nimmt die erste Wanne wieder den Kessel mit den frischen Stengelstücken auf.

Die durch dieses Diffusionsverfahren gewonnenen Zuckerlösungen werden aus den Wannen abgelassen und in Becken mit Sägespänen geleitet, welche kleine Stückchen Schnitzel zurückhalten. Dann kommen sie in einen offenen Dampfapparat und schließlich in den Vacuumapparat, wo sie bis 40° Beaumé gekocht werden. Aus dem Vacuumapparat rinnt der braune Syrup heraus. Weiter als bis zu Syrup bringt es diese Fabrik nicht. Die Herstellung des Sorghumzuckers aus Sorghumsyrup geschieht an anderen Orten.

Der Unterschied zwischen der Sorghum- und Rübenzuckerfabrikation besteht in dem Schneiden der Stengel und der Diffussion in der Batterie, in der die Rohrschnitzel bewegt werden, während in den Rübenzuckerfabriken der Saft bewegt wird.

Die Sorghumstengel enthalten bis 67 % Saft, von dem 90 % gewonnen werden können.

Der höchste Sorghumzucker-Ertrag vom Acker ist 1995 Pfd. (2234,4 kg v. ha); auf kleinen Versuchsflächen sind aber schon 4800 Pfd. Sorghumzucker vom Acker (5376 kg v. ha) gewonnen worden. Von einer Tonne Sorghum rechnet man 80 Pfd. Zucker (von 100 kg 4 kg Zucker), demnach 1200 Pfd. Zucker von einer Durchschnittsernte von 15 Tonnen auf 1 Acker (1344 kg Zucker v. ha).

Die Sorghumpflanze gedeiht von Texas bis nach Kanada und sie wird bis 14 Fuß (4,27 m) hoch. Der früheste Sorghum ist der Early Amber, der anfangs September reift; der späteste, Late Orange, reift gegen Ende November. Gesäet wird Anfang Mai mit der Hand in Reihen von 3 Fuß (91,5 cm), in der Reihe 2 Fuß (61 cm) weit. Man rechnet auf einen Horst 12 Körner; etwa 60 % derselben gehen auf. Der Samen wird auf 1—1 ½ Zoll (2,5—3,8 cm) mit der Handhacke zugedeckt, später mit Pferde-Kultivatoren dreimal kultiviert; 1 Kultivator kann in 10 Stunden 5 Acker (2 ha) bearbeiten. Wenn die rasch wachsenden Pflanzen 1—2 Fuß hoch sind, hört die Bearbeitung mit Kultivatoren auf; Handhacken werden nicht angewendet und würden auch die Wurzeln verletzen.

Als Grünfutter läßt man den Sorghum bis 8 Fuß (2,44 m) hoch werden und kann ihn 8—10mal schneiden.

Den größten Teil des Monats September verweilte ich in den Neu-England-Staaten, zum Teil im Staate New-York. Diese Staaten stehen, ebenso wie der östliche Teil von Pennsylvanien, auf der höchsten Stufe der Bodenkultur und des landwirtschaftlichen Betriebes in Nordamerika, aber sie brauchen auch den Vergleich mit den bestbewirtschafteten Gütern in Europa nicht zu scheuen.

Der Landwirtschafts-Betrieb in den Neu-England-Staaten ist bezüglich der Konkurrenz der Weststaaten geradezu musterhaft für diejenigen europäischen Landwirte, welche unter dem Drucke der nordamerikanischen Konkurrenz zu leiden haben.

Diese Konkurrenz trifft mit voller Gewalt die Neu-England-Staaten und die übrigen altkultivierten Oststaaten der Union, welche auf ihren höherwertigen und mehr erschöpften Feldern nicht so wohlfeiles Getreide und Futter zu erzeugen vermögen, wie dies auf den neukultivierten und weniger erschöpften Feldern der westlichen Staaten der Fall ist.

In Neu-England wird Getreide und Mais nur für den eigenen Bedarf, nicht für den auswärtigen Handel gebaut. Der Anbau von Weizen ist meistens ganz eingestellt, oder nur auf den eigenen Bedarf der Farm beschränkt. Ein Farmer im östlichen Massachusetts erzählte mir, daß er seit 15 Jahren keine Dreschmaschinen im Lande mehr gesehen habe, welche früher von Farm zu Farm zogen, um Weizen zu dreschen. Mais wird nur zum Futter, größtenteils zur Füllung der Silos gebaut. Vorwiegend wird Milchwirtschaft betrieben, nur zum Teil mit selbstgezüchtetem Vieh, das übrigens aus dem Westen angekauft wird. Mastung findet im beschränkten Umfange nur mit hochfeinen und frühreifen Tieren statt, welche ihren nahen Markt in Boston und New-York finden.

Besondere Pflanzenkulturen in beschränkten Bezirken sind: gemeine Mohrhirse (Broomcorn, Sorghum vulgare), Tabak, Zwiebeln und Liebesäpfel (Tomatoes). Dagegen ist Obstbau mit Baum- und Beerenfrüchten überall verbreitet in den Staaten Neu-Englands, New-York und New-Jersey.

Am 14. und 15. September verweilte ich auf der Millwood-Farm des Herrn Frank Bowditch bei South-Framingham im östlichen Massachusetts. Die Farm umfaßt 500 Acker (202,5 ha) und ist seit 25 Jahren im Besitze des Herrn Bowditch. Der sehr fruchtbare Boden der Farm enthält auf Lehm-Untergrund eine etwa ½ Fuß (15 cm) dicke Humusschicht. Die Felder werden bebaut mit Mais, einer hochwachsenden, aber kurzkolbigen Art, die zur Fütterung (nicht als Ensilage) verwendet wird, ferner mit Hafer, Erbsen und Gräsern. Die Grasfelder sind mit Timothy- und gemeinem Straußgras (Agrostis vulgaris) bestellt, die in der letzten Woche August ohne Ueberfrucht ausgesäet und wovon im nächsten Jahre durchschnittlich 2 Tonnen Heu vom Acker (44,8 q v. ha) geerntet werden.

Die Grundlage der Wirtschaft bilden Buttererzeugung und Lämmermast. Herr Bowditch hält 20 Stück Guernsey-Kühe, welche ihm im Jahr durchschnittlich 300 Pfd. (136 kg) Butter, bezw. von 1 Pfd. Milch 1 Unze Butter (6¼ %) geben, die zu 80 cts (M. 7,36 das kg) in Boston verkauft wird.

Herr Bowditch füttert seine Kühe im Stall, im Winter mit Kleegrasheu und Maismehl, ohne Ensilage, weil er von dieser für die Butter einen unangenehmen Geschmack befürchtet. Das Maismehl besteht aus den zusammen vermahlenen Maiskolben und Körnern, die zuerst durch eine Maschine getrennt werden.

Auf der Millwood-Farm werden 600 Schafe gehalten, von denen 100 Stück Hampshires, 50 Stück gehörnte Dorsets und die übrigen Dorsetkreuzungen sind. Die im November und Dezember fallenden Lämmer werden mit Maismehl und Leinsamenmehl gemästet, im Alter von 2½ Monaten im eigenen Schlachthause geschlachtet und nachdem ihr Fleisch einen Tag auf Eis gelegen, zu Doll. 8—9 (M. 33, 36—37, 53) in dem nahen Boston verkauft. Herr Bowditch sagte mir, daß er jährlich 300—400 Stück geschlachtete Lämmer zu durchschnittlich 25 Pfd. verkaufe. Die Schafe werden im Sommer über Tag geweidet und Nachts gehürdet.

Der ganz aus Holz gebaute Schafstall ist sehr zweckmäßig eingerichtet. Er besteht aus 7 Abteilungen für je 40—50 Schafe, die sich nur im Winter darin aufhalten. In jeder Abteilung verlaufen die Krippen längs der erhöhten Futtergänge und jede Abteilung hat laufendes Wasser. Der Stall ist sehr gut ventiliert. Die Thüren sind quer geteilt und die obere Abteilung kann aufgeschlagen und mittelst Ketten offengehalten werden. Die Fenster sind ohne Angeln, schräg eingesetzt und sie werden oben durch eine Querstange festgehalten, so daß sie leicht herausgehoben werden können.

Herr Bowditch hält ferner 40 Yorkshire-Sauen und insgesamt angeblich 1600 Schweine.

Mit Herrn Bowditch machte ich am 15. September einen Ausflug auf die benachbarte Deerfoot-Farm des Herrn Eduard Burnett. Auf dem Wege dorthin sah ich in Framingham vor einem Farmhause am Wege eine prachtvolle Ulme, deren Alter mit 79 Jahren bekannt ist; ihre Seitenäste beschatteten einen Raum von 130 Fuß (39,65 m).

Die Deerfoot-Farm umfaßt 400 Acker (162 ha); ihr Hauptbetrieb besteht in der Erzeugung von Butter und Schweinefleisch.

Die Molkerei der Farm verarbeitet täglich 10000 Pfd. (4545 kg) Milch. Darunter ist die Milch von 175 auf der Farm gehaltenen Kühen (Jerseys und deren Kreuzungen), die übrige Milch wird gekauft. Die Behandlung und Abrahmung der Milch (durch Milchschleudern oder Zentrifugen) werde ich im 12. Abschnitte beschreiben.

Zum Schlachten der Schweine besitzt Herr Burnett ein eigenes Schlachthaus, in welchem vom 31. Oktober bis 1. April gegen 5000 Schweine oder dreimal wöchentlich zusammen etwa 200 Schweine geschlachtet werden. Die Farm selbst hält nur 500 Yorkshire- und Berkshire-Schweine, die übrigen Schlachtschweine werden gekauft. Von den geschlachteten Schweinen werden die Schinken in Burlap (eine Art Jute), das Fett als Pure Leaf Lard (reiner Blätterspeck) in Zinnbüchsen zu 5 Pfd. (2,27 kg) zu 18 cts das Pfd. (165,6 Pf. das kg) verkauft. Das übrige Fleisch wird zu kleinen Würsten (in der Art der Frankfurter oder Wiener) verarbeitet, von denen angeblich täglich 1200—2000 Pfd. (549—910 kg) vorwiegend in New-York und Boston zu 17 cts das Pfd. (156,4 Pf. d. kg) verkauft werden, verpackt in zweipfündigen Paketen von Pergamentpapier. Zur Wurstbereitung stehen im Schlachthause 2 Schneidemaschinen (Sausage-choppers) und 1 Stopfmaschine.

Herr Burnett füttert seine Milchkühe mit Mais-Preßfutter (Ensilage) und zwar 18—25 Pfd. (8,2—11,4 kg) das Stück; er meint, daß die Butter dadurch nicht leidet. Im Kuhstall befand sich ein großer Silo mit 4 Abteilungen, 16 Fuß (4,88 m) tief für Mais-Preßfutter, das unter Brettern, mit Sandfässern beschwert, gepreßt wird. Der Silo hat doppelte Holzwände, deren den 10 Zoll (25,4 cm) weiten Zwischenraum begrenzenden Innenseiten mit Theerpapier gedeckt sind; die Innenwand des Silos ist getheert. Außer Ensilage bekommen die Kühe im Winter 6—12 Pfd. Futtermehl (Mixt meal), zusammengesetzt aus Kleie, Maismehl, Leinsamenmehl nnd Glutenmehl (Schrot und Schalen von Mais, nach Wegnahme von Feinmehl), außerdem Heu von Rotklee, Timothy- und gem. Straußgras. Im Sommer gehen die Kühe über Tag auf die Weide; abends bekommen sie im Stall Körner und Klee. Gemolken werden sie zwischen 5 und 6 Uhr morgens und abends im Stall. Der Stall war sehr rein gehalten; die hölzernen Krippen konnten von hinten geöffnet und ausgekehrt werden.

Auf der benachbarten Farm des Herrn J. M. Sears sah ich zum erstenmal in Nordamerika 11 Stück rostbraune englische Tamsworth-Schweine, welche Herr Ed. Burnett von der Sussex-Kompagnie in England angekauft und in Massachusetts eingeführt hat. Diese, den ungarischen Szalontaerschweinen ähnlichen Tiere werden in England zur Kreuzung mit hochfeinen sog. Vollblutschweinen verwendet, um den Nachkommen mehr Fleisch beizubringen.

Im westlichen Massachusetts habe ich zunächst die Versuchsfarm der landwirtschaftlichen Schule zu Amherst besucht. Die Farm dieser Schule umfaßt 390 Acker (158 ha). Von Feldfrüchten sah ich nur noch sehr üppig und hochstehenden Mais und gute Runkelrüben (sog. Mangoldwurzeln), die aber zu dicht gepflanzt waren. Auf den Grasfeldern standen die kleinen Heuhaufen unter Heukappen (Hay caps) aus der Fabrik von Symmes Hay and Grain Cap Co. in Concord, New-Hampshire. Diese Heukappen bestehen aus einer mit Oel getränkten Papiermasse, deren Oberfläche gerippt oder faltig ist zum Ablaufen des Regens; der Durchmesser dieser kreisrunden, mit 2 Löchern am Rande versehenen Heukappen ist etwa 1 ½ m. Sie werden zum Zudecken von Heu in Neu-England häufig verwendet.

Die Versuchsfelder zu Amherst sind sehr reich an neuen Futterpflanzen. So sah ich dort Sojabohnen, die aber nicht reif werden, sondern mit der ganzen Pflanze als Futter dient; ferner japanische Kuherbsen (Cow peas, Dolichos chinensis), mit ähnlichen Blättern wie die Sojabohnen, aber glatten Stengeln, während die Stengel der Sojabohne haarig sind. Red Adzuhi-Bohnen von roter und weißer Farbe, 9 Stück in einer Schale, ebenfalls aus Japan stammend, wo sie zu Kuchen verwendet werden; japanesischen Klee (Lespedezia striata); japanesische Kolbenhirse; Bokharaklee (Melilotus alba) ähnlich der Luzerne; „ungarisches Gras" (Hungarian grass, Setaria italica), eine kleinkörnige Hirse, wird als Futter gezogen.

Der Viehstand besteht aus Guernseys, Jerseys, Friesen-Holländer, Shorthorns und Ayrshires, zusammen 50 Stück Kühe. Dieselben weiden im Sommer und bekommen Mais-Preßfutter im Winter. Der Mais wird dazu in Stücken von 1—1 ½ Zoll (2,54—3,81 cm) geschnitten, der angefüllte Silo mit Sandfässern auf Brettern gepreßt. Die Kühe stehen im Stalle zwischen Gittern (Stanchions) aus der Fabrik von E. Prescott in Boston. Die Schweine sind große Yorkshires.

Die Versuchs-Wirtschaft besitzt ihre eigene Heupresse von P. K.

Deberick u. Co. in Albany, New-York, welche ich dort arbeiten gesehen habe. In die von einer 6 Pferdekraft-Dampfmaschine getriebene Maschine packen 2 Mann das Heu hinein, welches wie eine Wurst aus derselben herausgepreßt wird. Diese herausgepreßte Heumasse wird in Entfernungen von 3 Fuß (91 cm) durch Holzklötze getrennt, durch welche drei Drähte gesteckt werden. Von der einen Seite werden die Drähte eingeschoben, von der andern Seite festgedreht, wozu wieder 2 Mann notwendig sind. Der von den drei Drähten umschlossene vierkantige Heuballen hat 14 Zoll (35,56 cm) Breite, 18 Zoll (45,72 cm) Höhe und 115 Pfd. (52 kg) Gewicht. Das Heu ist so fest zusammengepreßt, daß ich meinen Finger nicht hineindrücken konnte. Die Heupresse soll in einer Stunde 1 Tonne (22,4 q) Heu pressen und durchschnittlich einen Ballen in 3 Minuten liefern.

Auch sah ich dort Graplings Hay Fork (Heugabel) arbeiten, welche mit 3 Zinken 400—500 Pfd. (182—227 kg) Heu faßt; gehoben wird diese Masse durch 1 Pferd, welches an einem über eine Rolle laufenden Tau zieht.

Von Amherst aus besuchte ich mehrere größere und kleinere Farmen, welche alle Mais und Tabak bauten, eine auch Zwiebeln auf dem Felde. Der Mais leidet im Osten häufig vom Maisbrand (Smut, Ustilago majdis), der die männlichen Blüten ergreift und aussieht wie Mutterkorn; ich sah diesen Maisbrand häufig in Pennsylvanien, auf Long-Island bei New-York und in Massachusetts.

Eine kleine Farm von 24 Acker (9,72 ha), Herrn H. Comins gehörig, besuchte ich im Thale des Connecticutflusses, das der Garten Neu-Englands genannt wird und in der That sehr fruchtbar ist. Herr Comins baut 2—3 Acker mit Tabak, von dem er 1500 Pfd. Blätter vom Acker (1680 kg v. ha) erntet. Zum Tabak wird mit Baumwollensamen-Mehl (Cottonseed-meal) gedüngt, außerdem aber auch viel Mineraldünger verwendet. Der Mais auf 2 Acker war zur Zeit meines Besuches schon geschnitten; er bleibt in Schock mindestens einen Monat auf dem Felde stehen, dann werden die Kolben enthülst und in die hohe Krippe gebracht, welche überall in Nordamerika mit ihrem Dach eine Rautenform hat, d. h. das Dach ragt zu beiden Seiten der frei stehenden Maiskrippe vor und diese, nur aus Lattenwänden bestehend, verschmälert sich nach unten. Die durchschnittliche Maisernte ist 50 Bsh. vom Acker (43,5 hl v. ha), der höchste Ertrag war 98 Bsh. vom Acker (85,3 hl v. ha). In die Maisreihen war am 1. Juli Rotklee gesäet worden. Ein Acker war mit Zwiebeln bestellt, von denen im Jahre 1888 500 Bsh. (435 hl v. ha) geerntet waren. Auf einem Acker standen Kartoffeln, fünf Acker sind Wald und das übrige ist Grasland und Obstgarten. Zur Zeit meines Besuches wurden nur 2 Kühe im Stall gefüttert; gewöhnlich werden im Winter 10 Kühe gehalten. Der Rahm wird in die Butterei zu Amherst gesendet.

Der gut gehaltene Obstgarten war mit Aepfeln, Birnen, Pflaumen, Pfirsichen und Trauben bestanden.

Die Tabakblätter werden in dem eigenen Trockenhause, an Bindfaden oder Stangen hängend, durch 2 Monate getrocknet. Dann werden die Blätter von den Stengeln gelöst und zu 20 Stück zusammengebunden in Kisten eingepackt, welche 350 Pfd. (etwa 160 kg) Blätter aufnehmen; in diesen Kisten bleiben die Blätter bis zur nächsten Ernte und werden dann verkauft.

Herr Comins hält sich für 7 Monate einen Arbeiter für monatlich Doll. 15—20 (M. 62,55—83,40) und volle Verpflegung.

In North-Hadley bei Amherst besuchte ich die 70 Acker (28,35 ha) umfassende Farm des Herrn Ryan. Seine Farm, ebenfalls im Connecticutthale gelegen, hat 5 Acker (2 ha) Wald und 65 Acker (26,3 ha) Feld, wovon 16 Acker mit Mais, 1 Acker mit Zwiebel, 1/2 Acker mit Kartoffeln bestellt waren und das übrige Grasland war. Herr Ryan hat den Tabakbau aufgegeben, weil er keine künstlichen Düngemittel kaufen will. Er hielt sich zur Zeit meines Besuches 15 Stück Rindvieh, im Winter 50 Stück. Der Rahm wird in die Butterei nach Amherst gebracht. Das Rindvieh (Kühe und Jungvieh) wird im Sommer im Stalle mit Kleegras gefüttert; das Grasland besteht aus Rotklee, Timothy- und gem. Straußgras (Agrostis vulgaris). Im Winter bekommen sie neben Heu Maiskolbenmehl (Maiskörner und Kolbenstücke zusammen vermahlen) und Glutenmehl (Maismehl nach Abnahme des Feinmehles).

Herr Ryan hält etwa 100 Hühner, meistens Plymouth-Rocks.

Der Landpreis in dortiger Gegend ist Doll. 150 der Acker (M. 1545 d. ha).

In dem fruchtbaren Thale des Connecticutflusses, das von demselben teilweise überflutet wird, sieht man überall schöne Farmhöfe, welche von der Wohlhabenheit ihrer Besitzer Zeugnis geben, inmitten alter Ulmen-, Ahorn- und Kiefernbäume. Außer den früher genannten Feldfrüchten sieht man viel Mohrhirse oder Besenkorn (Sorghum vulgare) auf den Feldern, welche meistens nicht umfriedet sind, weil das Vieh auch im Sommer im Stall gefüttert wird.

Besonders interessant war mir der Besuch des Dorfes Hadley am Connecticutfluß. Dieses Dorf wurde im Jahre 1614 von puritanischen Auswanderern aus England gegründet. Es zählt gegenwärtig etwa 2500 Einwohner, welche fast sämtlich Farmer sind. Hadley zählt nur zwei Krämereien (Grocery-stores), alle übrigen Häuser sind Farmhäuser, welche zu beiden Seiten einer 487 Fuß (148,54 m) breiten Doppelstraße liegen, die durch eine breite Wiesenfläche getrennt ist. Diese Straße ist mit einer Doppelallee von alten Ulmen besetzt. Die villenartigen Farmhäuser liegen in einer Reihe, jedes in einem Garten, dahinter die Scheuern. Die durchschnittliche Größe der Farmen ist 50 Acker (20,25 ha), meistens aus Wiesen bestehend, welche vom Connecticutfluß überfluthet werden. Die ganze Anlage macht einen ruhigen, friedlichen und wohlhabenden Eindruck, ein wahres ländliches Idyll.

Auf dem vom Connecticutfluß überfluthenen Grasland rechnet man jährlich 4 Tonnen Heu vom Acker (89,6 q v. ha). Das Grasland wird nach einem 7jährigen Ertrage umgebrochen.

Die oberen Büschel der gemeinen Mohrhirse (Broomcorn), welche dicht unter der Verzweigung vom Stengel abgeschnitten werden, dienen allein zur Anfertigung von Besen und Bürsten. Man rechnet, daß 700 Pfd. Broomcorn-Büschel 70 Bsh. Samen geben (100 kg 8 hl). Dieser Samen wird als Mehl an Pferde, Rindvieh und Schweine verfüttert, zur Hälfte mit Maismehl vermischt, zu 8 Quart (9,1 l) das Stück und Tag.

Zu Portland in Maine habe ich die Fabrik der Herren Twitchell, Champlin & Co. besucht, welche aus Broomcorn-Büschel Besen und Bürsten macht. Diese Büschel, welche etwa 1½ Fuß (45,75 cm) lang sind, kauft die Fabrik in Bündeln von 375 Pfd. (170 kg) zu Doll. 100—120 die Tonne (M. 46—55,20 der q) in Wagenladungen. Die fertigen Besen (in Europa nennt man sie „Reisbesen") verkauft die Fabrik zu Doll. 1¼—3 (M. 5,21—12,51) das Dutzend. Die Bürsten werden zu Doll. ¾—1¾ (M. 3,13—7,30) das Dutzend verkauft. Die meisten Broomcorn-Büschel kommen aus Chicago von dem in Illinois und Kansas gebauten Broomcorn. Zu den Stielen der Besen und Bürsten verwendet man das Holz der Pechtanne (Spruce), der Ahorn, Birken und Buchen. In der obengenannten Fabrik fertig 1 Mann mit Hilfe von Dampfkraft täglich 7 Dutzend Besen und mit Hilfe einer mit dem Fuße getriebenen Maschine 5 Dutzend Bürsten. Diese Bürsten werden erst rund mit Draht zusammengefaßt und dann gepreßt.

Dieselbe Fabrik stellt auch eingemachtes Gemüse, Obst und Rindfleisch in Zinnbüchsen her, die sie selbst anfertigt. Zur Zeit meines Besuches, am 13. September, wurden Liebesäpfel (Tomatoes) eingemacht. Die dazu verwendeten Tomatoes werden zu 35 cts der Bsh. von 60 Pfd. (etwa 5⅓ Pf. d. kg) eingekauft. Die Tomatoes werden zuerst in kupfernen Kesseln gekocht, dann die Haut abgezogen, in 3pfündige (etwa 1⅓ kg haltige) Zinnbüchsen gepackt, welche nach ihrer Verlöthung in einen Dampfkochapparat gesetzt werden.

Außer Besen, Bürsten und eingemachten Früchten u. s. w. wurden in der Fabrik auch Konditorwaren verfertigt, insbesondere die schmackhaften Nugatins aus Eiern, Zucker, Glukose (Syrupextrakt) und Mandeln, dann wohlriechende Wasser (Eau de Cologne u. a.) und in einer besonderen Abteilung Kaffee geröstet. Alle diese Fabrikationszweige waren in mehreren Fabrikräumen, welche ich alle besichtigt habe, im vollen Gange.

Aus dem westlichen Massachusetts fuhr ich zu der Versuchswirtschaft Hanover im Staate New-Hampshire, welche 360 Acker (145,8 ha) umfaßt, wovon 80 Acker (32,4 ha) Felder, etwa 100 Acker (40,5 ha)

Weideland und das übrige Wald ist. Die Wirtschaft hält 4 Bullen, 20 Stück Jungvieh und 25 Kühe, bestehend aus Shorthorns, Jerseys, Ayrshires und Friesen-Holländer (sog. Holsteins).

Der Boden ist ein thoniger Lehm (clay loam), hauptsächlich für Grasland geeignet. Auf Grasland wird der Acker angesäet mit $^1/_2$ Bsh. Timothygras (0,43 hl d. ha), 10 Pfd. Rotklee (11,2 kg d. ha) und 5 Pfd. gemeinem Straußgras (5,6 kg d. ha), letzteres mit den Hülsen.

Der Regenfall war in den letzten 20 Jahren durchschnittlich 31$^3/_4$ Zoll (806 mm). Das Klima ist rauh. Das Thermometer sinkt im Winter auf — 30—35° F. (—33,3—37,2° C.). Die Saatzeit für Getreide ist erst in der ersten Maiwoche, für Kartoffeln in der zweiten Maiwoche, für Mais in der letzten Maiwoche. Zuweilen kommen Fröste vor zwischen dem 25. Mai und 1. Juni. Häufig tritt schon Mitte September wieder Frost ein, Schnee jedoch erst gegen Ende November. Der Mais wird nicht immer reif, man baut daher Pferdezahnmais (sog. Western corn) für Ensilage. Auch baut man in dortiger Gegend wenig Wintersaat, nur zuweilen Roggen. Viele Felder sind nicht umfriedet, weil viel Sommer-Stallfütterung betrieben wird. In diesem Falle geht das Vieh vom 1. Oktober ab frei auf die Felder.

Der Wald in dieser waldreichen Gegend besteht hauptsächlich aus Ulmen, Zuckerahorn (Acer saccharinum), großblätterigen Linden (Basewood), Roteichen mit großen, dunkelgrünen Blättern, Weißbuchen, Weißpappeln, Hemlocks, deren Rinde mit etwa 12 % Tannin zum Gerben von Leder benutzt wird, Weißfichten (Pinus strobus), selten sind Rotahorn und Butternuß (Juglans cinerea) mit eschenförmigen Blättern.

Auf den Feldern sieht man viel Quecken (Witch grass, Triticum repens) und Golden rod, ein hochstengeliges Unkraut mit gelben Blüten. An den Wald- und Wegrändern blühen zahlreiche wilde Astern mit violetten Blumen.

Wie auf allen Versuchsfeldern, welche ich bisher gesehen habe, so wurden auch in Hanover mehrere neue Futterpflanzen kultiviert. Sojabohnen, die natürlich auch hier nicht reifen, werden — ebenso wie Kuherbsen (Cow peas) — zusammen mit Mais als Ensilage verwendet. Ferner sah ich hier japanesischen Buchweizen, der größer wird als der gemeine, und eine neue Kleeart, welche Crimson clover (Karmoisinklee, wahrscheinlich eine Abart unseres Inkarnatklees) genannt wurde; er sieht der Esparsette ähnlich, hat große hellgrüne Blätter ohne Abzeichen und einen langen Blütenstand von karmoisinroter, bezw. sammetroter Farbe. Außerdem wurden schwedischer Klee (Alsike clover, Trifolium hybridum), Esparsette, Serradella, gelbe Lupinen und blaue Wicken versuchsweise kultiviert.

Auf den Feldern der Versuchswirtschaft sah ich zwischen den Reihen des hohen Ensilage-Maises abwechselnd Reihen von niedrigem Mais, der zum Reifwerden bestimmt war.

Die Versuchsstation zu Hanover beschäftigt sich vorwiegend mit Fütterungs-

und Melkungsversuchen, über welche ich später berichten werde. Der gut eingerichteten „kooperativen" Butterei (creamery) in Hanover werde ich im 12. Abschnitte gedenken.

Mit dem Vorstande der Versuchswirtschaft, Herrn Whitcher, besuchte ich einige Farmen in der Umgegend von Hanover.

Auf der Grassland-Stock-Farm des Herrn Frank Hutchinson, welche 400 Acker (162 ha) umfaßt, sah ich prachtvollen, etwa 12 Fuß (3,66 m) hohen Pferdezahnmais (Western corn), zur Ensilage bestimmt, für die ein 20 Fuß (6,10 m) tiefer Silo aus Stein und Zement gebaut war. Herr Hutchinson betreibt hauptsächlich Pferdezucht, die ich im 10. Abschnitte in Betracht ziehen werde. Außerdem waren auf der Farm 25 Stück Kühe, Jerseys und Kreuzungen; der Bulle war ein Holländer mit viel Weiß und weiblichem Aussehen. Es wurden 10—11 Stück Merinoschafe, Schweine mit gemischtem Blut und sehr schöne lichte Brahmas gehalten. Die Milch der Kühe wird zur Cooperative Creamery in Hanover geliefert.

Auf Herrn Britchman's Farm sah ich sehr schöne Jerseykühe und lichte Brahmas. Die Milch wird auf der Farm selbst von Frau Britchman zu Butter verarbeitet. Wie fast überall in Neu-England — wo nicht Milchschleudern (Separators, Zentrifugen) verwendet werden, dient der im 12. Abschnitte zu beschreibende Cooley Creamer von Bellow-Falls in Vermont zum Abkühlen und Abrahmen der Milch. Die leichte Handhabung dieses Kühlers, welcher im vorliegenden Falle 12 Milchständer enthielt, gestattet es auch einer Frau, die Milchständer mittelst eines Aufzuges allein zu heben und den Rahm zu entleeren. Von 19 Kühen wurden täglich 7 Kannen Milch zu 37 Pfd. (etwa 17 kg), also zusammen etwa 119 kg Milch gewonnen, deren Rahm durch Drehung eines Eichenholzfasses ohne innere Einrichtung verbuttert wurde. Die Butter wurde in Büchsen von Buchenholz, oder gelber Birke zu je 5 Pfd. (2,3 kg) in Boston zu 25 cts das Pfd. (M. 2,30 d. kg) verkauft. Gestempelte Butter erzielte dort einen Preis von 30 cts das Pfd. (M. 2,76 d. kg). Es werden jährlich 5000 Pfd. (2273 kg) gemacht, oder durchschnittlich 240 Pfd. (110 kg) von der Kuh.

Auf der etwa 200 Acker (81 ha) umfassenden Farm wurden jährlich 80 Tonnen (725,6 q) Heu gewonnen.

Auf der Farm des Herrn Wilh. Hall sah ich mal ausnahmsweise ein Gerstenfeld, das am 10. September mit der Sense gemäht wurde, weil Gras eingesäet war. Die Gerste wird in der zweiten Hälfte des Juni gesäet, Mais in der zweiten Hälfte Mai. Die Farm umfaßt 96 Acker (38,88 ha), wovon 20 Acker (8,1 ha) Holzland sind, die dem Besitzer jährlich 17 Ladungen Holz bringen. Herr Hall baut hauptsächlich Hafer, von dem er 500—600 Bsh. jährlich erntet. Mais wird nur zur Ensilage gebaut, jährlich etwa 75 Tonnen (680 q). Ein Bulle und 13 Jerseykühe waren auf der Weide. Die Milch derselben wird in die Creamery zu Hanover gebracht. Herr Hall berechnet die Reineinnahme einer Jerseykuh auf Doll. 50 (M. 208,5) jährlich. Ebenso viel kostet der Ankauf einer Jerseykuh; tragende Färsen werden mit Doll. 40 (M. 166,8) bezahlt.

Herr Hall, der ein gewöhnlicher englischer Bauer ist, verwendet auf seiner Farm sehr viel künstliche Düngemittel, insbesondere Phosphat und Gyps für Gras (das Grasland zum Mähen umfaßt 31—32 Acker = 12,5—13 ha), Mais und Kartoffeln (nur für den Hausbedarf). Mit dem Namen „Phosphat" bezeichnet man eine Mischung von Superphosphat und Potasche mit einem gewährleisteten Gehalt von 2 % Stickstoff, 12 % Phosphorsäure (wovon 8 % löslich in Wasser) und 3 % Potasche. Dieses „Phosphat" wird zu 250—400 Pfd. der Acker (280—448 kg d. ha) zugleich mit der Maissaat in Reihen gesäet.

Die Schweine des Herrn Hall waren von einer dort einheimischen, Meadow hogs genannten Zucht von grauer Farbe. Außerdem hielt Herr Hall zahlreiche Hühner, nämlich Plymouth-Rocks, schwarze Spanier und braune Leghorns, ferner Truthühner, Gänse und Bienen. Der große Obstgarten war mit Aepfeln, Birnen, Kirschen, Pflaumen und Beerensträuchern bestanden.

Herr Hall zahlt seinen Hilfsarbeitern einen Tagelohn von Doll. 1 (M. 4,17) neben voller Verpflegung; ständige Arbeiter bekommen monatlich Doll. 20 (M. 83, 4) und volle Verpflegung.

Sein Boden ist etwas steinig, aber die Wirtschaft im guten Stande.

Die Umgegend von Hanover ist welliges, anscheinend fruchtbares Land, gut bewaldet. Man sieht vorwiegend Grasland und gut gehaltene Obstgärten, hauptsächlich mit Aepfelbäumen bestanden. Die Farmen machen einen wohlhabenden Eindruck; sie werden meistens mit den Namen ihrer Besitzer benannt.

Von Hanover fuhr ich durch die White Mountains, eine sehr schöne und waldige Gebirgsgegend, nach Portland in Maine. Die Thäler der White Mountains sind sehr reich an Grasland, auf denen das Heu auf Stangen getrocknet wurde. In Maine besuchte ich die staatliche landwirtschaftliche Ausstellung in Lewiston, über die ich im 15. Abschnitte berichten werde.

Schließlich führte mich mein Weg auch durch Vermont, ein reich bewaldetes Land mit fruchtbaren Thälern und üppigen Weiden. Die Durchschnittsgröße der Farmen in Vermont ist 50—75 Acker (20,25—30,37 ha), in den Bergen sind sie kleiner. Ich besuchte in Vermont die Versuchswirtschaft bei South-Burlington, die sich auf einer alten, 104 Acker (42,12 ha) umfassenden Farm befindet. Die Hauptfeldfrucht derselben ist Hafer; außerdem wird etwas Gerste gebaut und Mais zu Ensilage. Der Obstgarten von 2 Acker (0,8 ha) enthielt Aepfel, Birnen, Kirschen und Beerenobst.

Das Klima in South-Burlington, das herrlich am Champlaine-See liegt, ist rauh; man zählt dort nur 90 frostfreie Tage. Als ich dort am 19. September verweilte, war die Witterung auch mehr winterlich als herbstlich, wenn auch noch kein Schnee fiel.

Die Versuchs-Wirtschaft besitzt 2 Silos von zusammen 54 Tonnen (489,8 q), von denen der eine für Gras-Preßfutter bestimmt ist. Da das

Stroh von Sommergetreide verfuttert wird, so sind die Stände in den Stallungen mit Sägemehl bestreut, was häufig geschieht.

Die meisten Farmen betreiben Milchwirtschaft, meistens Butterei. Die früher stark verbreitete Merino-Schafzucht mit feiner Wolle ist jetzt sehr zurückgegangen.

Im nördlichen Vermont war der Mais am 20. September noch nicht geschnitten. Auch dort herrschen Wald und Weide vor, die letztere mit einzelnen Bäumen bestanden.

Die Fortsetzung meiner Reise in der kanadischen Provinz Ontario werde ich im 16. Abschnitte beschreiben.

VII. Landwirtschaftliche Maschinen.

Der hohe Lohn, den die nordamerikanischen Landwirte an landwirtschaftliche Arbeiter zahlen müssen, nämlich Doll. 1—1 1/4 (M. 4,17—5,21) Tagelohn, oder Doll. 16—30 (M. 66,72—125,10) Monatslohn neben Wohnung und voller Verpflegung, ist die Ursache der weiten Verbreitung landwirtschaftlicher Maschinen in den Vereinigten Staaten und in Kanada. Die Anwendung landwirtschaftlicher Maschinen wird den nordamerikanischen Landwirten in der Regel sehr leicht gemacht, weil die meisten Maschinenfabrikanten und Händler Agenten halten, welche im Lande herumreisen und den Landwirten mit großer Zungenfertigkeit Maschinen aufschwatzen, die sie ihnen auf Kredit liefern. Dieser Kredit ist freilich sehr teuer, er beträgt oft bis 40 %, aber die Maschine ist in den meisten Fällen auch sehr notwendig, um den teuren Arbeitslohn zu ersetzen. Mancher Landwirt hat sich schon durch seine Schuldverschreibung an Maschinenagenten in Ungelegenheiten gebracht, die ihn nötigten, Haus und Hof zu verlassen. Wer aber in der glücklichen Lage ist, seine Maschinen unmittelbar beim Fabrikanten zu kaufen und bar zu bezahlen, der kauft um mindestens 1/3, ja selbst bis zur Hälfte billiger als der Kreditnehmende.

Ich will hier nun diejenigen landwirtschaftlichen Maschinen und Geräte in Betracht ziehen, von denen ich glaube, daß sie den meisten europäischen Landwirten nicht bekannt sind, oder von denen ich weiß, daß sie erst kürzlich in Nordamerika erfunden und in Europa noch nicht eingeführt sind. Ich habe diese Maschinen und Geräte sowohl auf landwirtschaftlichen Ausstellungen in den Vereinigten Staaten und Kanada, wie auch auf Farmen in Gebrauch gesehen.

1. Pflüge.

Die Zahl der nordamerikanischen Pflugformen ist sehr groß; ich will mich daher nur auf die mir bekannt gewordenen neuesten Formen beschränken. Zunächst will ich bemerken, daß alle amerikanischen Pflüge entweder ganz von Eisen sind, oder wenn Grindel und Sterzen aus Holz sind — sie doch die Schare, Streichbretter und Kolter von Eisen oder Stahl haben. Die meisten amerikanischen Pflüge sind Schwingpflüge, einige davon Kehr- oder Gebirgspflüge (Swivel oder Hillside plows). In minderer Zahl kommen Räderpflüge vor, welche dann stets Sulky plows sind, d. h. schwere Pflüge mit Sitz für den Treiber. Räder- oder Karrenpflüge, wie die in Europa üblichen, habe ich in Nordamerika nicht gesehen.

Fig. 3.

Die berühmtesten und weit verbreitetsten Pflüge in den Vereinigten Staaten sind die Schwingpflüge von James Oliver in South-Bend, Indiana. Die arbeitenden Teile dieser Pflüge (Schar, Streichbrett und Kolter) sind von Schalenguß, sog. Chilled plows. Die gebräuchlichste Form dieser Pflüge mit hölzernem Grindel, Stelzrad, Kolter, schräger Landseite und Meißelschar von Gußeisen ist in Fig. 3 abgebildet. Dieser Pflug, der als rechtshändiger erscheint, wird auch linkshändig angefertigt; er ist für zwei oder drei Pferde und eignet sich für jede Bodenart. Gewicht 130 Pfd. (60 kg), Preis Doll. 11 (M. 45,87).

Fig. 4 zeigt einen Kehrpflug (Hillside plow) mit hölzernem, oder

Fig. 4.

schmiedeisernem Grindel mit Stelzrad, Kolter in der Griessäule und dreieckigem Schar. Das Umdrehen von Streichbrett und Schar geschieht durch Niederdrücken der Sterzen; der Hebel zwischen beiden dient zum Richten des Kolters. Dieser Pflug kostet mit hölzernem Grindel und 12 Zoll (30,5 cm) Furchenbreite Doll. 11 (M. 45,87), mit 14 Zoll (35,6 cm) Furchenbreite Doll. 12 (M. 50,04).

Oliver fertigt auch einen Reihenpflug mit doppeltem Streichbrett und Meißelschar. Dieser Pflug macht eine 16 Zoll (40,6 cm) breite Doppelfurche, wiegt 80 Pfd. (36,3 kg) und kostet Doll. 8 (M. 33,36).

Alle Holzteile der Oliver'schen Pflüge sind von Weißeiche.

Fig. 5.

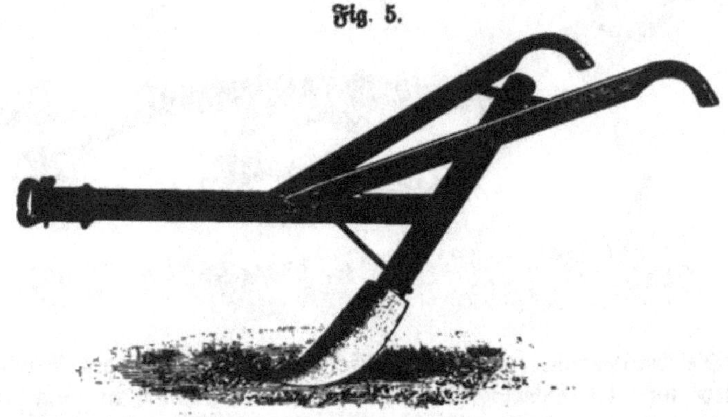

Ein anderer Reihenpflug, der einfache Schaufelpflug der Chilled Plow Co. zu Syracuse, Staat New-York, ist in Fig. 5 abgebildet; er kostet mit hölzernem Grindel und Schaufelblatt von bestem Hartstahl Doll. 3,50 (M. 14,60). Ein Doppelschaufelpflug derselben Fabrik läßt seine beiden Grindel mit je einem Schaufelblatt enger oder weiter, die Sterzen höher oder niedriger stellen; er kostet mit hölzernem, oder eisernem Grindel Doll. 4,50 (M. 18,76).

Fig. 6.

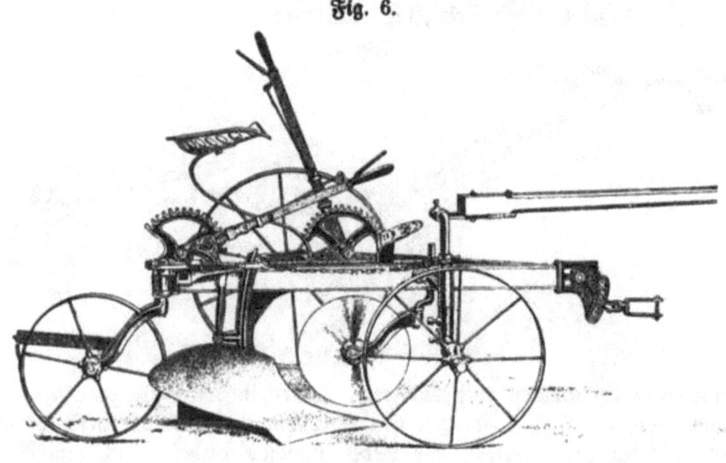

Einen Pflug mit Sitz für den Treiber (Sulky plow) aus der Fabrik der Gale Manufacturing Co. zu Albion, Michigan, zeigt Fig. 6. Derselbe hat 3 Räder, einen hölzernen Grindel mit stählernem Rollsech. Die Tieferstellung des Pflugkörpers geschieht durch Senkung des Hebels zur Rechten des Treibers, wodurch das Hinterrad niedriger gestellt wird, und gleichzeitig Hebung des linken Hebels, wodurch das linke Landrad erhöht wird. Dieser für 2 oder 3 Pferde bestimmte Pflug ist leicht zu handhaben und er geht sehr sicher. Sein Preis ist mir nicht bekannt geworden.

Ein Kehrpflug mit hölzernem Grindel, Stelzrad und rollendem Kolter (The Yankee Swivel Plow) aus The Belcher & Taylor Agricultural Tool Co. in Chicopee-Falls, Massachusetts, hat die Eigentümlichkeit, daß man den am vorderen Ende des Grindels befestigten Stellbügel (Clevis) mit dem Hebel, der zwischen beiden Sterzen auf einem eingekerbten Eisen verschoben werden kann, nach rechts und links rücken und damit die Furchenbreite regeln kann ohne anzuhalten. Der rollende Kolter wird allgemein aus einem gebrauchten Kreissägenblatt hergestellt, von dem die Zähne abgeschliffen werden. Diese Kolter mit ganz scharfem Kreisrande eignen sich vortrefflich im verunkrauteten und Moorland, aber sie sind nicht zu gebrauchen im steinigen Boden.

2. Eggen.

Auch die nordamerikanischen Eggen sind von sehr mannichfaltiger Form und sie dienen verschiedenen Zwecken.

Gewissermassen eine „Universalegge" ist die auch in Europa bekannte Acme, welche von mehreren Fabriken angefertigt wird. Diese Egge trägt in zwei Reihen je zehn gekrümmte Messer aus Gußstahl. Die vorderen Messer sind nach links gedreht, die hinteren nach rechts und zwar so, daß die Enden der hinteren Messer nahezu in einer Linie stehen mit den Enden der vorderen Messer. Durch diese Einrichtung greifen die Messer so über den Boden, daß dessen ganze Oberfläche zerrissen, gehoben und gewendet wird. Diese Egge von 6 Fuß (1,84 m) Breite dient zugleich als Kloßbrecher; sie wiegt ungefähr 180 Pfd. (82 kg) und kostet Doll. 25 (M. 104,25).

Eine zweite Art von Egge ist die in den westlichen Prairiestaaten häufig verwendete Scheibenegge (Disc Harrow), welche aus der Fabrik der Keystone Manufacturing Co. zu Sterling, Illinois, in Fig. 7 abgebildet ist. Diese Egge besteht aus einem mit der Deichsel verbundenen Querbalken, auf dem der Treibersitz befestigt ist. Zu beiden Seiten der Deichsel befinden sich, vom Treibersitz leicht erreichbar, 2 Hebel, welche 2 Scheibengänge, die unter dem Querbalken befestigt sind, entweder gradlinig, oder im stumpfen Winkel zu einander stellen. Jede der beiden Scheibengänge trägt 6 nach der Außenseite ausgehöhlte (konkave) Stahlscheiben von 13—16 Zoll (33—40 cm) Durchmesser. Die ganze Egge hat eine Breite von 6—6 1/2 Fuß (1,83—1,98 m). Der Preis ist Doll. 25

bis 30 (M. 104,25—125,10). Diese Egge eignet sich vorzüglich zum Kloßbrechen, aber sie wird auch verwendet um Körner unterzubringen. Unkraut und Gräser kann sie wie ein Pflug abschneiden, an dessen Stelle sie auch gebraucht wird, namentlich auf Stoppelfeldern.

Fig. 7.

Fig. 8.

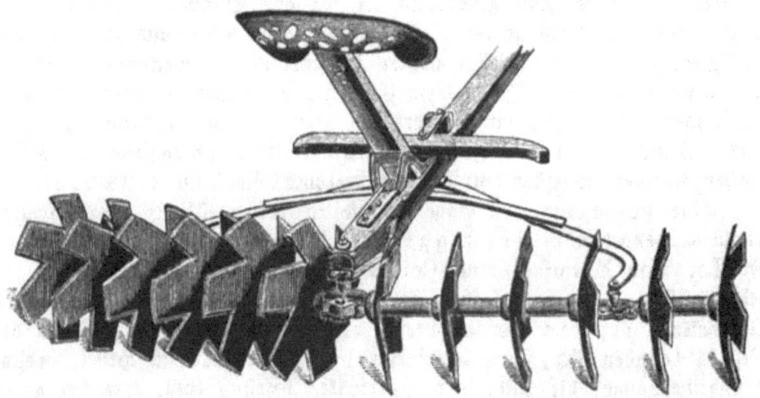

Noch wirksamer zum Zerschneiden des Bodens und Zerreißen der Klöße ist Clark's Cutaway Harrow in Fig. 8. Diese Egge besteht ebenfalls aus zwei Scheibengängen mit je 6 auswärts ausgehöhlten Scheiben, deren jede 5 Zähne am Rande trägt. Die aus Stahl gefertigten Scheiben mit den Zähnen haben 16 Zoll (40,64 cm) Durchmesser. Die ganze Egge hat 6 Fuß (1,83 m) Breite und wiegt vollständig 250 Pfd. (114 kg). Der Preis der, von der Higganum Manufacturing Corporation zu Higganum in Connecticut angefertigten Eggen ist mir nicht bekannt.

Die neueste, ebenfalls häufig verbreitete und von den Farmern in Ost und West allgemein gelobte Egge ist die federnde Zahnegge (Spring Tooth Harrow) der Fig. 9. Sie besteht aus 6 im rechten, oder stumpfen Winkel

Fig. 9.

mit einander verbundenen und von 6 Querriegeln zusammengehaltenen Holzbalken, welche an der Kreuzung der Hölzer 16—22 Stahlzähne tragen, die an der Unterseite des Holzes befestigt sind und sich aufwärts im Bogen nach hinten krümmen, ihre zugeschärften Spitzen aber nach vorn wenden. Diese Egge wird in mehreren Fabriken erzeugt; die vorliegende für ein Pferd (gewöhnlich werden aber zwei Pferde genommen) stammt aus der Fabrik von G. B. Olin u. Co. zu Canandaigua, Staat New-York. Preis für 18 Zähne Doll. 25 (M. 104,25), für 22 Zähne Doll. 30 (M. 125,10). Von dieser Egge wird allgemein gerühmt, daß sie eine gründlich reinigende Arbeit macht; insbesondere eignet sie sich gut zum Herausreißen von Quecken. Ich habe sie fast auf jeder größeren Farm in den östlichen und den westlichen Prairiestaaten gesehen. Da diese Egge noch ein neues Gerät ist, so habe ich nicht erfahren, wie rasch sich die Zähne abnutzen; jedenfalls sind sie leicht zu ersetzen.

3. Kultivatoren.

Die Zahl und Form der in Nordamerika verwendeten Kultivatoren ist sehr groß, aber sie unterscheiden sich nicht wesentlich von den in Europa gebräuchlichen. Nur eine neue Form des Kultivators habe ich in den Vereinigten Staaten gesehen, nämlich einen mit den nebenbeschriebenen federnden Stahlzähnen versehenen. Mehrere Fabriken fertigen solche von verschiedener Größe zu einem oder zwei Pferden.

Fig. 10 zeigt eine größere Form mit 2 Rädern, 10 Zähnen und Sitz für den Treiber, aus der Fabrik der Albion Manufacturing Co. zu Albion, Michigan. Sie ist verwendbar für höhere Pflanzen, insbesondere für Mais, der durch zwei, in der Mitte verlaufende Schutzflügel vor der Verletzung durch die Zähne geschützt wird. Die Preise der verschiedenen

Fig. 10.

Arten von Kultivatoren sind mir nicht bekannt geworden. Die kleineren Arten werden übrigens in sehr verschiedener Form hergestellt: mit 5, 7 und mehr Zähnen, mit seitlichen Flügeln zum Anhäufeln u. s. w. Auch diese Kultivatoren verdienen dasselbe Lob wie die Eggen mit federnden Stahlzähnen.

4. Walzen.

Auch die nordamerikanischen Walzen sind im wesentlichen von der gleichen Form wie die in Europa üblichen. Eine, wie ich glaube, in Europa nicht bekannte Walze ist die der Fabrik Patten, Stafford u. Myer zu Canastoga, Staat New-York. Diese Walze ist 37 Zoll (94 cm) hoch und 7 Fuß (2,13 m) breit; der Mantel ist von Eichenholz. Das vordere Gestell der Walze trägt einen Kasten für Grassaat, das hintere einen für künstlichen Dünger (Fertilizer). Die vorn auslaufende Grassaat wird also von der nachfolgenden Walze festgedrückt und dann hinter derselben mit künstlichen Düngemitteln bestreut. Diese Maschine gibt Zeugnis von dem

Bestreben der amerikanischen Fabrikanten: mehrere Arbeitsziele in einer einzigen Maschine zu vereinigen, was auch bei anderen Maschinen der Fall ist. Ich habe diese Walze nicht arbeiten sehen, möchte sie auch nicht empfehlen, da ich von ihrer Brauchbarkeit nicht überzeugt bin. Der Preis ist mir unbekannt.

5. Säemaschinen.

Die nordamerikanischen Drillmaschinen verraten ebenfalls das Bestreben, mehrere Arbeitszwecke in sich zu vereinigen: eine große Zahl von ihnen ist aus drei, hinter einander liegenden Kasten zusammengesetzt, von denen der vordere Grassaat säet, der mittlere Getreide und der hintere künstliche Düngemittel ausstreut. Wo Wintergetreide, gewöhnlich Weizen, ausgesäet wird, das im folgenden Jahre Kleegras tragen soll, wird die Grassaat zugleich mit den Weizenkörnern im Herbst gesäet und die Rotkleesaat im nächsten Frühjahr breitwürfig darauf gestreut, wie ich das früher aus dem Lancaster County in Pennsylvanien erwähnt habe.

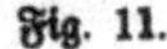

Fig. 11.

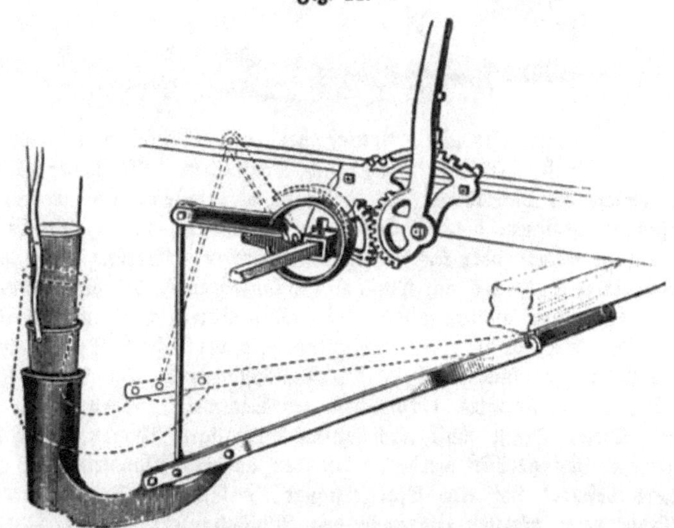

Der Empire Shoe Drill aus der Empire Drill Co. zu Shortsville, Staat New-York (welcher der Empire State, d. h. Kaiserstaat genannt wird) zeigt die Vereinigung von Gras-, Körner- und Düngerdrill. Seine Besonderheit besteht in den, den Drilltrichtern vorausgehenden, aber mit ihnen verbundenen Scharen, welche aus Gußstahl hergestellt sind und sich unabhängig von einander heben und so den Unebenheiten des Bodens folgen können. Die besondere Zusammenfügung, sowie die Art und Weise der Bewegung der Drillschuhschare ist aus Fig. 11 ersichtlich.

Die gleiche Fabrik fertigt auch Körner- und Dünger-Drills von niedriger Form mit 5 Saatreihen und besondere kleine Maisdrills, die ich im Westen habe arbeiten sehen. Fig. 12 zeigt einen einreihigen Maisdrill; hinter der Trommel für Maiskörner befindet sich eine größere Trommel für Phosphate, welche 46—186 Quart dieses Düngepulvers pr. Acker (128,8—520,8 l pr. ha) verteilen kann. Diese Maispflanzer (Cornplanter), wie sie gewöhnlich genannt werden, sind zur Gartensaat für sich allein und zur Feldsaat hinter einem Schaufelpflug in Gebrauch.

Fig. 12.

Der gebräuchlichste Maispflanzer hat zwei Saatkasten und er macht zwei 3½—4 Fuß (1,07—1,22 m) breite Saatreihen. Die Löcher der Saatkasten, welche die Maiskörner in die Saattrichter fallen lassen, werden durch Triebstangen geöffnet, die mit Hebel in Verbindung stehen, welche durch kleine eiserne Kugeln oder Knoten eines Drahtes in Bewegung gesetzt werden, der von einem Ende des mit Mais zu bepflanzenden Feldes bis zum anderen Ende gespannt und an den Enden des Feldes mittelst eines eisernen Pflockes im Erdboden befestigt ist. Der über das Feld verlaufende Draht geht über eine Welle an der inneren Seite des Maispflanzers. Die kleinen Kugeln, oder Knoten des Drahtes entsprechen der Saatweite innerhalb der Saatreihen. Dieser Draht muß nach einem einmaligen Umgange des Maispflanzers weiter gerückt werden. An der äußeren (Landseite) des Maispflanzers befindet sich eine Markierstange, welche eine Furche im Boden zieht, die beim nächsten Umgange des Maispflanzers in der Mitte der beiden Saatreihen verlaufen muß. Der Treiber, bezw. der Lenker des Maispflanzers hat seinen Sitz auf derselben. Um die Saatreihen gerade zu ziehen, muß er trachten, die von der Markierstange gezogene Bodenfurche zwischen beiden Pferden zu halten. Das ist die einzige Schwierigkeit beim Maispflanzen, wenigstens ist mir dies so erschienen, als ich auf einer Farm in Jowa versucht habe, einen derartigen Maispflanzer über das Feld zu führen. Sehr lästig ist aber das fortwährende Fortstecken des Leitungsdrahtes.

Einen verbesserten Maispflanzer, der ohne Draht und Markierstange, auch zugleich als Drill zu gebrauchen ist, fertigt die Keystone Manufacturing Co. zu Sterling, Illinois. Dieser in Fig. 13 abgebildete Mais-

Fig. 13.

pflanzer gestattet eine schachbrettartige Reihensaat, welche eine Kreuz- und Querbearbeitung mit Kultivatoren möglich macht. Die Auslaufvorrichtung für den Saatkasten ist in Fig. 14 besonders dargestellt. Der Preis dieser Maschine ist mir nicht bekannt.

Fig. 14.

Einen kleinen zweireihigen Drill für Wurzel- und Gartensamen von B. Bell u. Sohn in St. George, Ontario, Kanada, zeigt Fig. 15. Den beiden glockenförmigen Samenbehältern gehen zwei ausgehöhlte Walzen voraus, welche einen kleinen Erdhügel formen, auf den die Samen ausgestreut werden, welche dann die, den Samenbehältern folgenden glatten Walzen festdrücken. Ich habe diesen Gartendrill auf der landwirtschaftlichen Ausstellung zu Hamilton, Ontario, gesehen und ihn von mehreren Farmern loben gehört, die ihn in Gebrauch haben. Er ist für ein schwaches Zugtier bestimmt. Sein Preis ist Doll. 15 (M. 62,55).

Fig. 15.

Der vollkommenste Gartendrill, der zugleich als Hacke, Kultivator, Rechen und Pflug verwendet werden kann, ist der in Fig. 16 mit allen

Fig. 16.

seinen Bestandteilen abgebildete Planet Jr. von der Higganum-Fabrik in Connecticut. Er kostet mit allem Zubehör Doll. 12 (M. 50). Ich habe ihn allgemein rühmen hören.

6. Erntemaschinen.

Auf allen **Farmen** in Nordamerika sieht man Gras- und Getreide-Mähemaschinen; letztere sind gewöhnlich verbunden mit Garbenbinder (Selfbinder), oder wie sie kurzweg genannt werden „Binder“.

Die gebräuchlichste Form der Grasmäher entspricht ganz der in Europa üblichen. In neuester Zeit werden auch Grasmähemaschinen verfertigt mit 6 Fuß (1,83 m) breitem Schneideapparat, der bei der Fahrt auf der Straße vollständig hinter den Pferden über die Deichsel gelegt werden kann.

Als die besten Selbstbinder gelten die von Walter A. Wood Mowing and Reaping Machine Co. zu Hoosick-Falls, Staat New-York. Diese Maschinen sieht man zur Erntezeit auf jeder getreidebauenden Farm arbeiten. Größere Farmen besitzen ihre eigenen Selbstbinder, kleinere mieten sich solche, bezw. die Maschinenhändler fahren mit ihren Selbstbindern von Farm zu Farm, um die Ernte zu besorgen. Die Selbstbinder mähen 8—9 Drillreihen Getreide ab und binden die Garben mit Manilahanf. Zur Bedienung der Maschine ist nur 1 Mann erforderlich, der von deren Sitz aus die Pferde lenkt.

Da die Selbstbinder in Europa bekannt sind, so unterlasse ich es, dieselben hier abzubilden.

Fig 17.

In der Heuernte sind überall Heurechen und Heuwender in Anwendung, die beide auch in Europa in Verwendung sind, die letzteren aber weniger als die ersten, weshalb ich mir erlaube, einen der in Nordamerika gebräuchlichsten Heuwender (Hay-Tedder) in Fig. 17 hier abzubilden.

Die an den Hebelgelenken befindlichen Gabeln kratzen nach hinten aus und schleudern das Heu in die Luft.

Zu den in der Heuernte gebrauchten Maschinen gehören noch die seitlichen Reihenrecher und die Heulader. Die erstgenannte Maschine, die Side Delivery Hay Rake, recht die Heuschwaden auf und hebt sie mittelst zweier durch aufrechtstehende Holzleisten verbundenen endlosen Ketten auf ein seitwärts auslaufendes schräges Vorderteil, welches die Heureihen macht. Der Heulader führt ebenfalls mittelst zweier durch Holzlatten verbundenen endlosen Ketten die Heureihen auf den Wagen. Wie ein Grasmäher, ein Reihenrecher, ein Heulader und ein Heuheber zusammenarbeiten, zeigt die Abbildung von Fig. 18. Ich will übrigens bemerken, daß ich auf amerikanischen Farmen die Reihenrecher und Heulader wohl stehen, aber nicht in Gebrauch gesehen habe. Man hält sie nicht für recht praktisch

Fig. 18.

Das in den Hof geführte Heu wird mittelst Heuheber in die Scheune gebracht. Zu diesem Zweck wird ein Heuhaufen auf dem Wagen entweder mit einzinkigen Gabeln, über deren Spitze eine doppelte Zunge vorgeschoben werden kann — sog. Heuharpunen — durchstoßen, wobei die vorgeschobene Zunge das Heu festhält, oder es wird von einer zwei-, vier- oder sechszinkigen Klammergabel (Grapple fork) umklammert und dann aufwärts gezogen.

Die Heugabel, oder die Klammergabel ist an einem mit einer Rolle verbundenen Hacken aufgehängt. Das Tau, welches diese Rolle umfaßt, läuft über zwei Rollen des Heuläufers (Hay Carrier), dessen Maschinenteile in Fig. 19 abgebildet sind. Der Heuläufer ist eine Art Rollwagen, der an seinem Oberteile zwei Räder trägt, welche auf dem Langbalken der Scheune hin- und herrollen. Unter dem Mittelpunkte des Balkens befindet sich der mittelst Schrauben befestigte Hemmungsblock, dessen zwei Schenkel miteinander einen stumpfen Winkel bilden. Unter diesem Hemmungsblock hängt der Körper des Heuläufers im Zustande der Ruhe, d. h. wenn an ihm ein Heuballen aufgezogen wird. Der oberste Teil dieses Körpers vom Heuläufer ist der bewegliche Schlüssel, der an den Hemmungsblock anstößt und durch dessen abwärts gerichtete Schenkel festgehalten wird. Unter dem

Fig. 19.

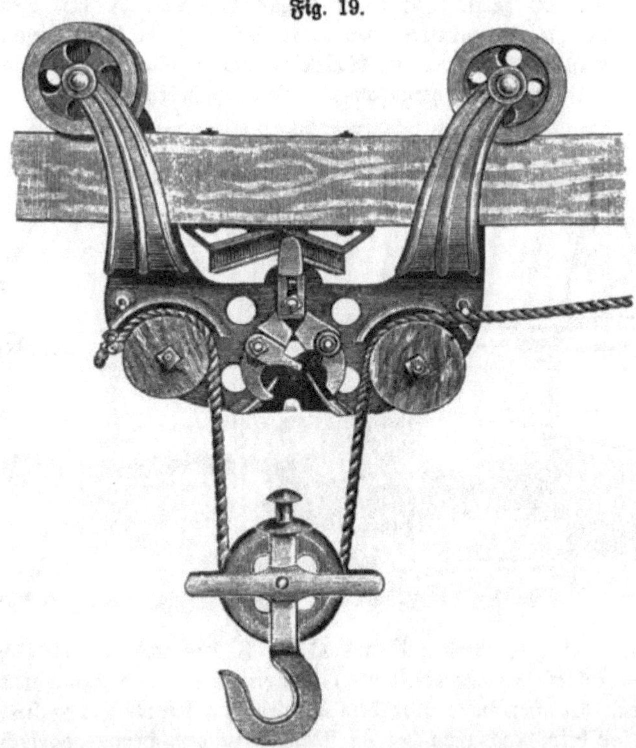

Schlüssel befinden sich die beiden klauenförmigen Sperrhacken. Der linke Sperrhacken hat einen schräg einwärts und abwärts gerichteten Schenkel, der durch den Knopf der herabhängenden Rolle aufwärts gestoßen wird, sobald diese mit dem emporgezogenen Heuballen ihren höchsten Stand unter dem Körper des Heuläufers erreicht hat. Indem nun die beiden Sperrhacken oben auseinander getrieben, bezw. geöffnet werden, verliert der Schlüssel seinen Halt, rutscht nach unten zwischen die Sperrhacken und macht den Heuläufer frei von dem Hemmungsblock, so daß sich jener nun seitwärts bewegen und den aufgezogenen Heuballen mittelst seiner auf dem Scheunenbalken (entweder unmittelbar oder mittelst einer Eisenschiene) verlaufenden Rollen zur rechten oder linken Seite in die Scheune führen kann. Das Tau, welches über die mittlere Heurolle und die beiden seitlichen Rollen des Heuläufers läuft, wird an einem Ende in der Scheune befestigt, oder mittelst eines aufgehängten Gewichtes straff erhalten; das andere Ende des Taues (auf der Seite der Scheune, wo das Heu abgeladen werden soll) wird mittelst verschiedener Rollen auf die Tenne zurück und durch ein vorgespanntes Pferd aus der Scheune gezogen und so in Bewegung gesetzt, wie dies Fig. 20 zeigt. In dieser Figur bezeichnet A den Heuläufer, MN ist das um die mittlere, den Heuballen tragende Rolle geschlungene Tau, das rechts von p über die Rollen C und F läuft und in das durch das Gewicht R beschwerte herabhängende Ende L übergeht. Das linke Tau

Fig. 20.

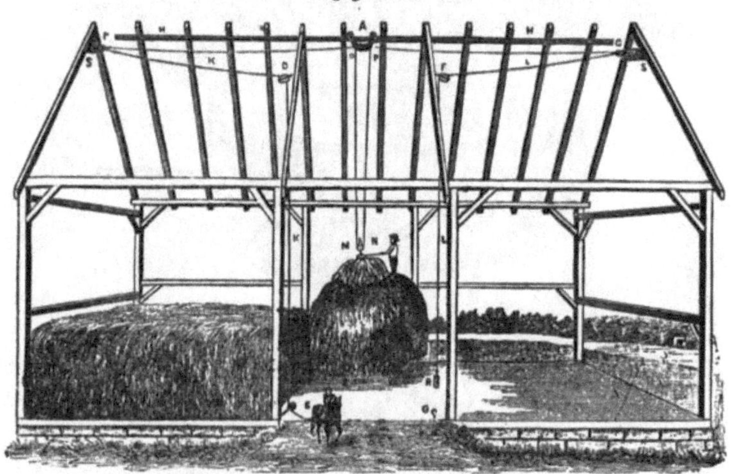

läuft von o über die Rollen P und D bei K senkrecht auf die Scheunentenne, um endlich diesseits der Rolle E mit einem Pferde bespannt zu werden.

Wenn der Heuläufer über dem Bansen von seinem Heuhaufen befreit ist, rollt er beim Nachlassen des Zugstranges zu dem Hemmungsblock zurück, an dem er durch den Schlüssel wieder festgehalten wird, sobald die mittlere Rolle abwärts sinkt und deren oberer Knopf sich von dem Bügel des linken Sperrhaken entfernt; dann treiben die zusammenklappenden oberen Enden der Sperrhaken den Schlüssel nach oben gegen den ihn festhaltenden Hemmungsblock.

Diese selbstthätige Aus- und Einrückungsvorrichtung des Heuläufers heißt nach ihrem Erfinder: Strickler's malleable dead lock (geschmiedetes Blindschloß). Die abgebildeten Bestandteile sind aus der Fabrik von Georg Tyler u. Co. in Boston, Massachusetts; sie werden übrigens von zahlreichen

Fabriken hergestellt und kostet der Heuläufer gewöhnlich Doll. 10 (M. 41,70).

Ich habe auf fast allen größeren Farmen diese Heuhebungs-Vorrichtungen angetroffen.

Im Anhange zu den Erntemaschinen will ich auch die Dreschmaschinen erwähnen. Die großen, durch Dampf betriebenen Dampfmaschinen sind meistens von englischer Abkunft oder englischer Bauart. Die kleineren, welche durch Pferdekraft betrieben werden, sind sog. Separatoren, welche die Körner von Stroh und Kaff trennen und die Körner durch mehrere übereinander liegende Siebe reinigen, so daß sie gleich markt- oder mahlfähig unter den Sieben herauskommen. Eine solche Dresch- und Reinigungs-Maschine aus der Fabrik von A. W. Gray Söhne zu Middletown Springs, Vermont, ist in Fig. 21 abgebildet.

Fig. 21.

Zur Vermittlung der Pferdekraft dienen selten Göpel, meistens Tretmaschinen (Tread powers oder Horse powers, Tretkräfte oder Pferdekräfte). Dieselben werden in sehr verschiedener Ausführung gemacht, für 1, 2 und 3 Pferde mit und ohne Regulatoren, wie sie auch in Europa bekannt sind.

7. Düngerverteilungsmaschinen.

Von diesen Maschinen, welche den Stalldünger auf das Feld fahren und verteilen, habe ich auf der landwirtschaftlichen Ausstellung zu Albany, Staat New-York, zwei verschiedene Arten gesehen.

Die eine ist der Merrell Spreader aus der Fabrik von G. B. Olin u. Co. zu Canandaigua, Staat New-York, die an jedem beliebigen Wagen angebracht werden kann und Doll. 50 (M. 208,50) kostet. Der Verteilungsapparat dieser Art besteht aus zwei rollbaren Cylindern, welche so weit übereinander liegen, daß deren eiserne Stifte sich nicht berühren. Der Boden des Wagens ist beweglich und er wird durch Zahnräder, welche die

Naben der hinteren Wagenräder umgeben, in schüttelnde Bewegung gesetzt, so daß der darauf lagernde Dünger zwischen die am hinteren Wagenende befestigten und durch Zahnräder an den Naben der hinteren Wagenräder bewegten Cylinder geschüttelt und durch deren Stifte herausgetrieben und verteilt wird. Ich habe diese Düngerverteilungsmaschine nur stehen, aber nicht arbeiten sehen.

Die andere, in Fig. 22 abgebildete Düngerverteilungsmaschine heißt Kemp Manure Spreader und ist aus der Fabrik von Kemp & Burpee Manufacturing Co. zu Syracuse, Staat New-York. Sie besteht aus einem Wagen mit niedrigen Vorder- und hohen, breitfelgigen Hinterrädern. Der bewegliche Boden des Wagens besteht aus schmalen, durch je 3 Charniere mit einander verbundenen Holzlatten, welche sich auf vielen kleinen Rollen bewegen. Die vorderen Holzlatten sind an die Vorderwand des Wagens befestigt. Am hinteren Ende des Wagens befindet sich ein rollbarer Cylinder mit eiserner Axe und einer aus Holzlatten bestehenden Trommel, welche

Fig. 22.

mit kurzen eisernen Stiften besetzt sind. Ueber diesen Cylinder ist quer über dem hinteren Wagenende eine Art Rechen befestigt mit langen eisernen Stiften. Wenn die Düngerverteilungsmaschine in Gang gesetzt wird, was durch einen, die Zahnräder an der Nabe der Hinterräder einrückenden Hebel zur Seite des Treibersitzes geschieht, dann rollt der Lattenboden mit der daran befestigten Vorderwand des Wagens und dem darauf befindlichen Dünger nach hinten; der Dünger gerät zwischen die Stifte des festen Rechens und des beweglichen Cylinders und wird durch sie hinausgeschleudert und gebreitet. Der Boden des Düngerwagens stellt eine endlose Fläche dar, welche sich unter dem Cylinder nach unten umrollt. Sobald aller Dünger hinausgeschoben ist und die Vorderwand des Wagens die Hinterwand erreicht hat, wird durch eine Kurbel zur linken Seite des Treibersitzes der Boden des Wagens mit seiner Vorderwand wieder zurückgerollt und aufs Neue mit Dünger beladen.

Der Kemp'sche Düngerverteiler kostet als vierrädriger Wagen in verschiedener Größe Doll. 110—130 (M. 458,70—542,10), als zweirädriger Karren Doll. 85 (M. 354,45).

Die Arbeit dieses Düngerverteilers auf dem Ausstellungsplatze in Albany hat mich sehr befriedigt, da der Dünger sehr gleichmäßig verteilt wurde. Später aber sah ich einen Kemp'schen Düngerverteiler auf der Versuchsfarm zu New=Brunswick im Staate New=Jersey und fand, daß er für europäische Düngungsansprüche zu wenig leiste. Er überdüngte dort an einem Herbsttage 8 Acker (3,24 ha) und zwar sehr dünn. Aber der Wagen war einer der kleinsten Sorte. Die größten Kemp'schen Düngerwagen sind etwa halb mal größer als ein gewöhnlicher Dünger= oder Wirtschaftswagen.

Das ist gewiß, daß ein solcher Kemp'scher Düngerwagen der größten Sorte mehr leistet als ein gewöhnlicher Düngerwagen, und daß er den Dünger viel gleichmäßiger ausstreut, als dies mit der menschlichen Hand möglich ist. Aber man müßte fast ebenso viele Kemp'sche wie gewöhnliche Düngerwagen in Gang bringen, um die gleiche Feldfläche zu bedüngen. Das ist denn natürlich eine große Ausgabe. Uebrigens sind die Kemp'schen Düngerwagen in den Oststaaten der Union schon vielfach verbreitet und sie werden wegen ihrer gleichmäßigen Arbeit allgemein gelobt.

8. Wagen und Karren.

Die auf den nordamerikanischen Farmen gebräuchlichen Wagen und Karren sind sehr dauerhaft gearbeitet und praktisch eingerichtet. Die gewöhnlichen Wirtschaftswagen sind viereckige Kasten mit hohen Rädern, für 1 und 2 Pferde. Auf dem Vorderteile des Kastens wird ein federnder Sitz

Fig. 23.

für den **Treiber** aufgesetzt. Ebenso gibt es Karren mit zwei hohen Rädern und hohem **Kasten**, die nach hinten umgeschlagen und so entleert werden können. Ein eigentümlicher, sehr stark gebauter Wagen (mit und ohne Federn), mit niedrigen, unter den Vorderwagen drehbaren Vorderrädern zeigt Fig. 23. Dieser **Wagen** ist beiderseits mit je 5 hohen hölzernen Pfosten besetzt, auf welche oben ein viereckiger Rahmen mit seitlichen Flügeln aufgesetzt werden kann, im Falle der **Wagen** zum Getreide- oder Heu-Einfahren dienen soll. Ohne diesen Rahmen kann der Wagen zu allem Möglichen verwendet werden, mit Einsetzung von Seitenbrettern auch zum Düngerfahren, zur Rüben- und Kartoffelernte u. s. w. Dieser Wagen hat vorn für den Treiber einen federnden Sitz, der im Falle des Nichtgebrauches umgeschlagen werden kann.

Schließlich will ich auch der auf dem Lande und in kleineren Städten allgemein in Verwendung stehenden Buggies gedenken, d. h. leichter, meistens einspänniger Spazier- und Geschäftswagen. Der in Fig. 24 ab-

Fig. 24.

gebildete Buggy mit zurückgeschlagenem Verdeck, (das aber nur von oben und rückwärts Schutz bietet) ist einer der gewöhnlichen Landwagen, auf dessen gepolstertem Sitz kaum 2 Personen Platz haben. Die Felgen, Speichen und Naben der sehr hohen Räder sind meistens aus Hickoryholz, die Axen aus Stahl. Da die Vorder- und Hinterräder so nahe zusammen stehen (sie sind bisweilen nur 10 cm von einander entfernt), so kann man in den Buggy von der Seite nur dann einsteigen, wenn die Vorderräder seitwärts gedreht werden. Diese Buggies fahren sich sehr leicht und sicher; man kann auf schrägen Wegen, über Erdhaufen u. dgl. fahren, ohne daß der Wagen umschlägt, woran er durch seine hohen Räder gehindert wird. Im Falle eines Unglückes aber, z. B. beim Scheuen oder Durchgehen des Pferdes, kann man nicht rasch aus dem Wagen herauskommen, es sei denn, daß man über die Räder wegspringt. Unter regelmäßigen Verhältnissen aber sind die Buggies vortreffliche Fahrzeuge.

VIII. Obst- und Gemüsebau.

Der Obstbau wird in Nordamerika in dreierlei Weise betrieben: 1. im Familien-Obstgarten (Family Orchard) als Teil einer Farm, zum Anbau widerstandsfähiger und gewöhnlicher Obstsorten, hauptsächlich Aepfel, zum Gebrauch für die Familie und den Viehstand; 2. im Markt- oder Handels-Obstgarten (Market or Commercial Orchard) zum Anbau verschiedener Arten von Fruchtbäumen im Großen, um Obst als Handelsware zu erzeugen; 3. im Fruchtgarten (Fruit Garden) als Teil eines Gartens nahe dem Wohnhause, um feinere Früchte für die Familie zu erzeugen, wie Birnen, Pfirsiche, Pflaumen, Kirschen, Aprikosen u. s. w. und alle Beerenfrüchte (Small fruits). In den meisten Fällen ist ein solcher Fruchtgarten ein Teil des Küchen- oder Gemüsegartens. Fruchtgärten findet man sowohl auf Farmen, wie in der Umgebung städtischer Villen und vorstädtischer Wohnhäuser, wenn auch hier oft nur im kleinen Umfange.

Mit einem berechtigten Stolze sagt bezüglich der Vereinigten Staaten P. Barry*) (einer der besten Obstzüchter zu Rochester, Staat New-York, dessen ausgezeichnete Obstanlagen ich später beschreiben werde):

„In einem Lande, gleich dem unserigen, so wohl geeignet zum Obstbau, wo beinahe jeder Bürger einen Garten nicht bloß besitzt, sondern auch zu eigen hat, und, wie im allgemeinen, ausreichende Mittel hat, welche ihn in Stand setzen, seinen Garten der Kultur der edleren und besseren Klasse von Gartenerzeugnissen zu widmen, ist der Fruchtgarten bestimmt, wenn er es nicht schon ist, ein Gegenstand von großer Wichtigkeit zu werden. In den alten Ländern Europas ist es allein dem Reichen gestattet, sich dieses Luxus zu erfreuen; denn das Land ist dort so teuer, daß das arbeitende Volk nicht im Stande ist es zu kaufen, und wenn es der Fall ist, dann sind sie entweder unfähig, es mit Bäumen zu bepflanzen, oder die Notwendigkeit treibt sie dazu, es zur Erzeugung der gröbsten Ware vegetabilischer Nahrung zu bestimmen, die in der größten Masse erzeugt werden kann. Das ist nicht so in Amerika. Hier kann jeder betriebsame Mann im Alter von 25 Jahren, was übrigens seine Geschäfte sein mögen, wenn es ihm beliebt, der Eigentümer eines Gartens von ziemlicher Ausdehnung sein und er besitzt ausreichende Mittel, ihn mit den feinsten Früchten des Landes zu versehen. Der gegenwärtige thatsächliche Stand der Bevölkerung gibt reichlichen Beweis für diesen glücklichen und gedeihlichen Zustand. Laßt uns schauen auf unsere Großstädte und Dörfer (Villages). In Rochester, ausgenommen ein enger Kreis in seiner wahren Mitte, hat jedes Haus seinen Garten, an Ausdehnung wechselnd von fünfundzwanzig bei einhundert Fuß**)

*) Fruit Garden, New-York 1888, Seite 195.

**) Eine Breite von 25 Fuß bei 100 Fuß Länge ist das kleinste Maß eines vorstädtischen Baugrundes mit Garten in den Vereinigten Staaten.

bis zu einem Acker Grund und jeder ist nahezu voll von Fruchtbäumen, und so ist es, aber in einem größeren Maße, in allen Dörfern des westlichen New-York — eines Landesteiles, indem die Ansiedlung des ersten weißen Mannes kaum über sechzig Jahre zurückverlegt werden kann. Abgesehen von den wohlthätigen Ergebnissen für die individuelle und öffentliche Gesundheit und Wohlfahrt hat diese allgemeine Vereinigung des Fruchtgartens und des Wohnhauses einen besänftigenden und veredelnden Einfluß auf den Geschmack, die Gewohnheiten und Sitten des Volkes, und sie kräftigt in einem hohen Grade die Liebe zur Heimat und zum Lande."

Ich kann diesen Aussprüchen des Herrn P. Barry nach meinen Erfahrungen in Nordamerika mit voller Ueberzeugung Beifall und Zustimmung geben und nur bedauern, daß die Wohlthat eines eigenen Hauses und eines eigenen Gartens in Europa so wenig Glücklichen zu Teil wird. Nichts vermag den Menschen mehr an die Heimat zu binden, als das Eigentum an Grund und Boden, und nichts vermag ihn mehr seiner geschäftlichen Sorgen zu entledigen, als die Beschäftigung im eigenen Garten, die Pflege der Pflanzen, welche seiner Tafel Gemüse und Obst geben. Aber in Europa ist die Arbeit des Eigentümers in seinem Garten bei weitem nicht so gang und gäbe wie in Nordamerika. Der Amerikaner ist gewohnt mit der Hand zu arbeiten, auch wenn die Handarbeit nicht zu seiner alltäglichen Beschäftigung gehört; in Nordamerika steht die Handarbeit nicht um eine Stufe niedriger als die Geistesarbeit. In Europa dagegen gilt die Handarbeit als etwas untergeordnetes, ein Geistesarbeiter hält sich für vornehmer als ein Handarbeiter, und einer der gar nicht arbeitet, weder mit der Hand, noch mit dem Geist, hält sich für weit erhaben über jeden arbeitenden und schaffenden Menschen. Solche unsinnige Anschauungen in der europäischen Gesellschaft lassen die Lust am Garten, die Freude am Obstbau nicht in weitere Kreise dringen. Mit verhältnismäßig wenigen Ausnahmen, namentlich in England, Frankreich, Holland und Norddeutschland (hier vorwiegend in Hamburg, Bremen und Berlin) zieht die wohlhabende städtische Bevölkerung es vor, in geschlossenen Häuserreihen zu wohnen und die grüne Natur bestenfalls nur auf Sonntagsausflügen, oder in Sommerfrischen mit ihrer Gegenwart zu beehren. Denn von einer Bewunderung, von einer Freude an der Natur kann da wohl nicht die Rede sein, wenn ein Schwarm von Menschen, der heißen und dunstigen Luft der Großstadt entfliehend, sich zerstörend über Feld und Wiesen ergießt und in die Wälder dringt.

In den Vereinigten Staaten ist der zentrale Geschäftsteil jeder Stadt — wenn sie die ersten Stufen der Gründung überschritten hat — strahlenförmig von Vorstädten (Suburbs) umgeben, wo jede Familie für sich allein im eigenen, oder gemieteten Hause wohnt, und wo jedes Haus von einem Garten umgeben ist, der mindestens einige Obstbäume und Beerensträucher enthält, jedenfalls aber mit wohlgepflegten Rasen und Blumenbeeten versehen ist. Ich habe die Vorstädte mehrerer großer Städte, wie z. B. Cleveland in Ohio, Chicago in Illinois, Milwaukee und Madison in Wisconsin, St. Paul und Minneapolis in Minnesota, New-Haven in Connecticut u. a. gesehen, wo die Gärten der Villen gar nicht von der Straße und nicht von einander abgeschlossen sind. Ganze große Straßen mit ihren Villenreihen bilden einen einzigen großen Garten, durch den die Fahrstraße und daneben zwei Gehwege hindurch führen. Es fällt dort Niemandem ein, unberechtigt in einen fremden ungeschützten Garten einzudringen. Jedermann schont das Eigentum des Andern, weil Jedermann sich sagt, du selbst besitzst ein solches Eigentum oder wirst es besitzen, wenn du fleißig und ausdauernd arbeitest, und dann wäre es dir nicht angenehm, wenn Vorübergehende deinen ungeschützten Garten beschädigen würden. Die Banden wilder und lärmender Knaben, welche sich in den Vororten europäischer Großstädte umhertreiben, habe ich in Nordamerika niemals gesehen.

Wer bei uns in einem Vorort ein Haus mit Garten besitzt, der muß diesen Garten festungsmäßig absperren, er muß alle möglichen kostspieligen Vorrichtungen treffen, um Vorübergehende und die lärmenden Haufen von Buben, welche sich — trotz der allgemeinen Schulpflicht — zu allen Tageszeiten auf den Straßen und zwischen den Gärten herumtreiben, vom Uebersteigen in die Gärten abzuhalten, wo sie Blumen und Früchte entwenden. Jeder Zweig eines Baumes oder Strauches, der die Garten-Umfriedung überragt, wird von Vorübergehenden geschädigt oder abgerissen. Unter solchen Verhältnissen, unter einer städtischen Bevölkerung, die jeder Pflanzenkultur feindlich zu sein scheint, ist es in Europa sehr schwer, edles und feines Obst in vorstädtischen Gärten zu ziehen.

Die nordamerikanischen Gartenbesitzer haben vor den europäischen den großen Vorteil voraus, daß sie mit einer durchschnittlich besser gebildeten und gesitteten Volksmasse rechnen können, welche ihnen die Freude an ihren Pfleglingen im Obst- und Gemüsegarten nicht stört und welche selbst Teil nimmt an der Lust, die ein grüner Rasen und ein farbenprächtiges Blumenbeet gewährt.

Ich müßte fast jede größere und kleinere Stadt Nordamerikas nennen, deren vorstädtische Gärten ich besucht und besichtigt habe, wenn ich der sorgsamen Gartenpflege, der eifrigen Bewässerung der schönen grünen Rasenflächen, der geschmackvollen Zusammenstellung der Blumenanlagen, des wohlgepflegten Obststandes gerecht werden wollte. Man trifft in diesen vorstädtischen Fruchtgärten die edelsten und besten Sorten von Baum- und Beerenobst. Meistens bevorzugt man die Pyramiden- und Zwergform und nur Aepfel werden vorwiegend als Kronenbäume (Standards) gezogen. Birnen, Pfirsich, Pflaumen und Kirschen wachsen in der Regel an Pyramidenbäumen, mitunter auch Aepfel in feineren Sorten, oder in Form von Zwergbäumen auf Paradiesäpfel gepfropft. Quitten und alles Beerenobst, mit Ausnahme von Erdbeeren, kommt nur in Strauchform vor, auch die Stachelbeeren, die in Europa häufig als niedrige Bäumchen gezogen werden. Selten habe ich in Fruchtgärten Obst an Spalieren gesehen und dann nur Wein (den ich nie anders als an Spalieren sah) und Aprikosen. Cordonformen sind mir in Nordamerika niemals vorgekommen.

Der nordamerikanische Obstzüchter bevorzugt vor allen anderen die Pyramidenform mit kurzem Stamm, weil er diese niedrigen Bäume besser überwachen kann; er kann den Schnitt gleichmäßiger ausführen, leichter Erkrankungen, oder Insektenschäden erkennen, bequemer die Früchte abernten und dabei den niedrigen Baum mehr schonen, als dies bei großen Bäumen möglich ist, an denen schwere Leitern die Aeste und Zweige schädigen. Diese Ansicht ist ganz allgemein in Nordamerika verbreitet. Nur in Farm-Obstgärten, welche beweidet werden sollen, pflanzt man hochstämmige Fruchtbäume, meistens Aepfel und Birnen.

Die besten Obstgärten auf Farmen sah ich in Neu-England, insbesondere im Staate Massachusetts, ferner im Staate New-York, insbesondere in dessen nördlichem und westlichem Teile, dann in den Staaten New-Jersey, Pennsylvanien, Ohio, Michigan und Wisconsin. Je weiter nach Westen nimmt die Pflege der Farm-Obstgärten ab, bis sie dann wieder in den Küstenstaaten des Stillen Ozeans, in Washington, Oregon und Kalifornien einen hohen Grad erreicht. Die Obstkultur in Kalifornien ist bekannt genug, weshalb ich darauf nicht eingehen will. Der Obstgärten in den Staaten Oregon und Washington werde ich eingehend gedenken, mich dabei aber hauptsächlich an die von mir besuchten Markt-Obstgärten halten.

In der Mehrzahl der Fälle dienen sowohl die Fruchtgärten in den Vorstädten, wie auf Farmen nur für den Familienbedarf. Das Gleiche gilt von den gewöhnlichen Obstgärten der Farmen, nur daß diese in größerer Ausdehnung, außer für Tafel- oder Nachtischobst, Aepfel auch zum Einmachen (Sauce), zum Trocknen, Backen und zum Most (Cider), ja selbst zur Fütterung der Schweine verwenden. Wie schon erwähnt, ist der Apfelbaum der vorherrschende Obstbaum der Farmen; man kann den Apfel geradezu als die Nationalfrucht der nördlichen Staaten der Union bezeichnen. Neben Aepfeln werden in den Obstgärten der Farmer in der Regel alle Beerenfrüchte gezogen, hauptsächlich Erdbeeren, Himbeeren und Brombeeren.

Unter den von mir besuchten Markt-Obstgärten war die Fruchtfarm des Herrn N. Ohmer bei Dayton, Ohio, die erste. Ich lernte sie kennen am 14. April, bevor noch die Bäume und Sträucher grün waren. Die Farm umfaßt 104 Acker (42,12 ha), welche in 20 verschieden großen länglich viereckigen Abteilungen ausgelegt sind. Außer einer zur Weide bestimmten Abteilung von 4 Acker (1,62 ha) und einer mit einem kleinen Ahornhain besetzten, tragen die übrigen 18 Abteilungen Baum- und Beerenfrüchte. Zwei Acker sind mit Wein, 10 Acker (4,05 ha) mit Brombeeren, 20 Acker (8,10 ha) mit Himbeeren bestanden, eine Abteilung mit Erdbeeren, je zwei mit Pfirsich und Quitten, mehrere mit Aepfeln und Birnen; von letzteren sind über 400 Bäume vorhanden in Pyramiden- und

Zwergform. Nur Aprikosen, Johannis- und Stachelbeeren fehlen. Wein und Pfirsich werden nur für den Familienbedarf gezogen. Spalierformen kommen nicht vor. Das Hauptgeschäft ist in Birnen, von denen im Jahre 1886 12404 Bsh. (4366 hl) verkauft wurden. Herr Ohmer zieht hauptsächlich Bartlettbirnen, eine große hellgelbe Sommerbirne mit weißem, sehr saftigen Fleisch und etwas Moschusgeruch. Außerdem besaß die Farm an Birnen: Duchesse d'Angouleme, Beurré d'Anjou und Lawrence. Die Birnenbäume standen im Quadrat von 20 Fuß (6,10 m), die Zwischenräume waren mit Rotklee und Blaugras bestanden, die bis an die Baumstämme heranwuchsen; diese hatten also keine gegrabenen Scheiben und wurden auch nicht gedüngt. Herr Ohmer meint, daß wenn der Boden (ein sandiger Lehm) um die Birnbäume gedüngt würde, die Bäume zu rasch wüchsen und vom Rost (Blight) ergriffen würden, welche die Blüten töten. Die Rinde der Birnbäume war ziemlich stark mit Flechten besetzt, welche aber, des Arbeitsaufwandes wegen, nicht abgekratzt wurden.

Der auf der Farm von 4 Pferden und 2 Kühen gewonnene Dünger wird aufs Feld gefahren und zum Teil für die Beerenfrüchte verwendet.

Von Himbeeren waren meistens Greggs angebaut, eine große, spät reife schwarze Sorte mit festem Fleisch, nicht übermäßig saftig, aber süß, eine der besten Markt-Himbeeren, welche ich im Sommer überall in den Vereinigten Staaten gegessen habe. Die Himbeersträucher wachsen frei in Reihen von 6 Fuß (1,83 m), in der Reihe 3 Fuß von einander; dazwischen stehen einzelne Quittensträucher. Bei dieser Reihen-Entfernung ist es leicht die Zwischenreihen mit Pferde-Kultivatoren zu bearbeiten, was auch in größeren Obstgärten allgemein geschieht. Die Himbeersträucher bleiben 8—10 Jahre auf ihrem Platz, etwa eben so lange die Brombeeren.

Von Brombeeren, deren Sträucher in Reihen von 4⅔ Fuß (1,42 m) stehen, wurden drei Sorten angebaut: Taylor's Prolific, Snyder und Lawton (auch New-Rochelle genannt). Die bessere Sorte ist die erstgenannte mit gelbem Stamm, aus Indiana stammend; es ist eine spät reife, große und ziemlich harte Sorte, wie alle Brombeeren von schwarzer Farbe. Snyder zeichnet sich aus durch Frühreife, Lawton durch sehr zarten und süßen Geschmack.

Die Brombeeren gehören im Sommer, nachdem die Himbeeren vorüber sind, zu den beliebtesten Beerenfrüchten. Ich wundere mich, daß sie in europäischen Gärten nicht gezogen werden. Wir haben zwar in deutschen und österreichischen Wäldern wilde Brombeeren mit süßen Früchten, wenn sie zur Reife kommen, aber die amerikanische Garten-Brombeere ist beinahe noch einmal so groß als unsere Wald-Brombeere.

In den Brombeerenreihen hatte Herr Ohmer auf 30 Fuß (9,15 m) Entfernung Zwergäpfelbäume gesetzt, wahrscheinlich um die noch junge Brombeeren-Anlage besser auszunutzen. Wo die Aepfelbäume allein stehen, sind es Kronenbäume (Standards).

Die Erdbeeren der verschiedenen Sorten bleiben in den Markt-Obstgärten nur 1—2 Jahre am Platz. Die beliebtesten Sorten sind die frühe Bidwell, aus Michigan stammend, die mittlere bis späte Sharpless aus Pennsylvanien und Wilson's Albany, von New-Yorker Abstammung, mit großen, kegelförmigen, tief karmoisinroten Früchten, welche während der ganzen Tragzeit der Erdbeeren reifen.

Man ißt in den vereinigten Staaten Erdbeeren von März bis zum Juli; zuerst kommen sie aus dem Süden, dann aus den nördlichen Staaten. In der eigentlichen Erdbeerenzeit der Mittelstaaten, im Mai und Juni, stehen auf jeder Gasthaustafel Erdbeeren zum unbeschränkten Genuß der Gäste.

In jedem Markt-Obstgarten, den ich besucht habe, fand ich Erdbeeren. Herr Ohmer erntete im Jahr 1886 (was in der Union ein sehr gutes Frühjahr gewesen sein muß, weil er mir nur die Ernteerträge dieses Jahres angegeben hat) von 7 Acker 1110 Bsh. Erdbeeren (139 hl v. ha). Die Erdbeeren werden von Kindern in Holzkörbe gepflückt, 1 Quart (1,136 l) enthaltend, wofür 1¼ cts (4,59 Pf. d. l) Lohn gezahlt wird, bezw. 5 cts für die Gallone von 4 Quart. Die kleinen Quartkörbe mit Erdbeeren werden zu 32 Stück in eine hölzerne Lattenkiste (Crate), welche einen engl. Bsh. (36,35 l) hält, in mehreren Schichten über einander gepackt und so zu Markt gesendet.

Herr Ohmer beschäftigt 4 Arbeiter auf seiner Fruchtfarm; er besitzt letztere schon 31 Jahre und sagte mir, daß sie ihm einen jährlichen Reinertrag von Doll. 3000—7000 (M. 12510—29190) abwerfe. Demnach würde sich der durchschnittliche Reinertrag von einem Acker Obstland auf etwa Doll. 50 (M. 515 d. ha) berechnen. Herr Ohmer hat auf seiner Farm nur fruchttragende Bäume und Sträucher, mit deren Aufzucht er sich nicht abgiebt. Das ist in Nordamerika die Regel. Das Geschäft der Aufzucht in Baumschulen (Nurseries) und der Fruchtnutzung in Obstgärten ist bis auf wenige Ausnahmen vollständig getrennt.

Auf der Versuchsfarm der Universität Columbus in Ohio wird vorwiegend die schwarze Ohio-Himbeere (Ohio-Everbearing) gezogen, welche erst im Herbst reift und sehr reichlich tragen soll, auch zum Trocknen verwendet wird. Als ich am 15. April den dortigen, 6 Acker (2,43 ha) umfassenden Obstgarten besuchte, wurden gerade Erdbeeren gepflanzt, was in den Vereinigten Staaten meistens im Frühjahr geschieht; die Erdbeerenpflanzen werden über Winter in Töpfen aufbewahrt und sie sollen in dem Jahre ihrer Pflanzung noch tragen. Die einzige Kirsche, welche im Staate Ohio im großen kultiviert wird, ist die Early Richmond, die gegen Anfang Juni reift; die Frucht ist kaum von mittlerer Größe, hellrot und säuerlich.

Der Süden von Illinois ist eine an Obstbäumen sehr reiche Gegend, ich habe jedoch nur wenig Gelegenheit gehabt, mit der Obstkultur des Prairiegebietes nähere Bekanntschaft zu machen, außer im Staate Ohio, deren

Kleinfruchtkultur bei Cleveland ich später erwähnen werde, und in dem Versuchs-Obstgarten der landwirtschaftlichen Schule zu Ames in Iowa. Hier hat Professor J. L. Budd eine Abteilung geschaffen, welche — hauptsächlich aus Aepfelbäumen bestehend — der Russische Obstgarten genannt wird. Herr Budd hat im Herbst 1882 in den Mais, Melonen und Tomatoes züchtenden Provinzen von Süd-Zentralrußland mehrere Sorten Aepfel persönlich ausgewählt, welche sich in Iowa als hart und widerstandsfähig gegen Brand erwiesen haben. Weder die strengen Winter, noch die heißen und trocknen Sommer von 1886 und 1887 haben den russischen, aus Samen gezogenen Aepfelbäumen dort geschadet. Auf den Schulgründen in Ames hat sich ihr Holz durch den Winter in der Regel weniger gefärbt und sie haben in den trocknen Sommern stärkere Triebe aus den Endknospen gemacht als die Duchess of Oldenburgh — eine ebenfalls aus Rußland stammende Sorte. Einige der von Professor Budd eingeführten russischen Sorten haben, auf Duchess gepfropft, schon Früchte gebracht, welche ebenso früh reif waren, wie in ihrer ursprünglichen Heimat. Von Ames aus sind russische Aepfel mehrfach im Staate verbreitet worden. Dann sind dort auch Versuche angestellt worden mit der Einbürgerung von Aepfeln aus Polen, Schlesien und Siebenbürgen, welche besonders für die südliche Hälfte von Iowa von Wert sind.

In Minnesota hat schon vor 25 Jahren Pater M. Gideon zu Excelsior sibirische Holzäpfel zur Grundlage seiner Apfelkulturen gemacht. Im Januar 1887 berichtete er der Gartenbau-Gesellschaft des Staates Minnesota:

„Vor 23 Jahren pflanzte ich einige Samen von Kirsch-Holzäpfeln aus Bangor in Maine und von diesem Samen zog ich den Wealthy-Apfel; in sieben Jahren trug er Frucht und diese Frucht überzeugte mich, daß die Kreuzung des sibirischen Holzapfels mit dem gemeinen Apfel der wahre Weg zum Erfolge war, und auf dieser Linie habe ich seitdem gearbeitet mit Ergebnissen, welche selbst meine gespanntesten Erwartungen übertroffen haben. Ich habe nicht geglaubt, daß in dem kurzen Zeitraum von 16 Jahren, seitdem der erste Wealthy gereift ist, ich mehr als 20 Aepfelsorten erster Klasse haben würde, so gut wie sie die Welt erzeugen kann, reifend vom 1. August bis März, und in Betreff der Hartheit der Bäume alle bekannten Sorten des gemeinen großen Apfels übertreffend.“ Herr Gideon meinte damals, daß in nicht ferner Zukunft der kalte Nordwest einer der leitenden Apfelbau-Bezirke von Nordamerika sein wird.

Diese russischen Aepfelbäume, nebst russischen Wladimirkirschen habe ich auch in der Baumschule auf der Farm des Herrn Karl Luedloff im Township Dalgreen bei Carver, Minnesota, gesehen. Ich habe schon früher erwähnt, daß in dortiger Gegend der jährliche Regenfall 29 Zoll (736,6 mm) beträgt und die Winterkälte bis —40° C. erreicht. In dem kurzen Sommer wird das Holz der Apfelbäume nicht reif genug und es erfriert im Winter, während die russischen, oder die mit ihnen gekreuzten einheimischen Aepfel den harten Winter aushalten.

Eine mit einem Obstgarten verbundene Baumschule auf einer Farm ist immer eine Seltenheit und eine Ausnahme von der Regel: daß Aufzucht der jungen Obstbäume und Nutzung derselben durch ihre Früchte in Nordamerika vollständig getrennte Geschäfte sind. Aus diesem Grunde und weil die Baumschule des Herrn Luedloff die nördlichste und in klimatischer Beziehung die ungünstigst gelegene war, welche ich in den Vereinigten Staaten besuchte, habe ich sie mir genau angesehen und zur Kenntnis genommen, wie dort die jungen Obstbäume behandelt und veredelt werden. Das Verfahren der Veredelung, welches Herr Luedloff befolgt, ist übrigens das in Nordamerika allgemein übliche der Pfropfung auf den Wurzelhals (Root-Grafting). Zu diesem Zweck wird der einjährige Sämling im Herbst aus der Erde genommen, mit Sägemehl und Sand umhüllt in Körbe gelegt und in einem kalten Raum aufbewahrt. Die Pfropfung des Sämlings geschieht im Hause des Farmers vom Februar bis Mitte März. Der Stamm des Sämlings wird bis auf den Wurzelhals abgeschnitten, dann dieser schräg nach aufwärts abgeschnitten und etwa auf der Mitte der schiefen Ebene eine Einkerbung gemacht, wodurch das untere Ende der schiefen Ebene zungenförmig abgeteilt wird. Das 4—5 Zoll (10—12,7 cm) lange Pfropfreis (Coin) wird ebenso behandelt: schräger Schnitt nach abwärts, Einkerbung der schiefen Ebene und Bildung einer oberen Zunge. Dann werden die schiefen Ebenen von beiden auf einander gesetzt, die Zunge des Pfropfreises zwischen die Zunge des Sämlings geschoben, die Rinde vom Pfropfreis und Sämling genau auf einander gepaßt und die Pfropfstelle mit Baumwollenstreifen verbunden, welche mit Harz und Wachs bestrichen sind. Man nennt dies Pfropfverfahren auch die Ruthenpfropfung (Whip-Grafting) und den angegebenen Schnitt, bezw. die Abkerbung einer Zunge — den Zungenschnitt.

Die gepfropften Sämlinge werden dann zu 25 Stück zusammengebunden, wieder in Sägemehl und Sand eingelegt und sobald der Boden im Frühjahr offen ist, eingepflanzt, wobei das Pfropfreis bis auf ein Auge verkürzt wird, das eben aus dem Boden herausschaut. Die Pflanzung geschieht in der Weise, daß in die abgeschnürte Reihe der Spaten eingestochen, etwas nach vorn geneigt und der Sämling in den Spalt zwischen Spaten und Erde eingesetzt wird; dann wird der Spaten herausgezogen, die auf seiner Vorderfläche befindlich gewesene Erde fällt auf die Wurzel des Sämlings und wird mit dem Spaten festgedrückt.

Wenn der einjährige Sämling nicht stark genug ist zum Pfropfen, dann wird er im nächsten Frühjahr noch auf ein Jahr in die Baumschule versetzt. Regel ist, und es geschieht dies in den besseren Baumschulen, daß alle einjährigen Sämlinge im Herbst aus der Erde und — gepfropft oder nicht — im nächsten Frühjahr wieder eingesetzt werden.

Im Gegensatz zu dem schwierigen Obstbau in dem rauhen Klima Minnesotas habe ich bald darauf den Obstbau kennen gelernt auf den gesegneten Fluren und in dem milden Klima des Küstenlandes am Stillen Ocean.

Ich habe an einem Tage (am 22. Juni) vier Obstfarmen in der Umgegend von Portland in Oregon besucht und an diesem Tage fast ausschließlich von Kirschen gelebt, die gerade den Höhepunkt ihrer Entwicklung erreicht hatten. Wir haben in Deutschland und Oesterreich gewiß gute Kirschen, und ich habe auf meinem früheren Gute Pogarth in Preußisch-Schlesien große Kirschbaumanlagen besessen, mit allen für jene Gegend möglichen und besten Sorten. Aber den Kirschen des Willamettethales kommen unsere nicht gleich. Es werden hauptsächlich zwei Markt-Kirschsorten im Willamettethale gezogen: Royal Ann (in den Oststaaten Napoleon Bigarreau genannt) und Republican. Die Royal Ann ist eine sehr große (ich habe solche gegessen von 8—9 cm Umfang), herzförmige, blaßgelbe und etwas karminrotbackige Kirsche mit sehr festem Fleisch, süß und wohlschmeckend. Die Republican ist eine ebenfalls große und braunschwarze Knorpelkirsche. Eine besondere und, wie mir scheint, seltene Sorte, die ich nur in Woodburn, südlich von Portland gesehen habe, ist die White Heart (weiße Herzkirsche) von rein blaßgelber, nicht mit Rot gesprenkelter Farbe, von mittlerer Größe und von ungewöhnlich süßem Geschmack, gleich einer Zuckerlösung. Diese schöne Kirsche wird hauptsächlich zum Einmachen (als Sauce, wie in Nordamerika unser „Kompott" genannt wird) verwendet. Nie in meinem Leben habe ich so in Kirschen geschwelgt, wie im Willamettethale Oregons, selbst nicht unter den von mir selbst gepflanzten Bäumen in Preußisch-Schlesien.

Die größte und beste Obstfarm bei Portland ist die des Zahnarztes Dr. J. R. Cardwell, Präsidenten der staatlichen Gartenbaugesellschaft. Seine Farm besteht aus etwa 100 Acker (40,5 ha), die vorwiegend mit Zwetschen-, Pflaumen- und Kirschbäumen besetzt sind. Außerdem enthält die Farm Birnen- und Aepfelbäume, insgesamt etwa 17000 Fruchtbäume.

Die eigentlichen Handelsfrüchte der oregonischen Obstfarmen sind die Zwetschen und Pflaumen. Von Zwetschen werden drei Sorten angebaut: sog. deutsche, französische und italienische. Jede dieser drei Sorten hat größere Früchte als die in Europa vorkommenden, aber die größten Früchte hat die italienische Sorte. Auch die Blätter der sog. italienischen Zwetsche sind größer, bezw. länger und spitzer als die der deutschen und französischen. Die ertragreichste ist die französische Sorte. Die Zwetschenbäume der von mir am 22. Juni besuchten Obstfarmen waren schon damals so voll, daß deren Aeste schwer niederhingen. Von Pflaumen wird meistens die aus New-York stammende sehr große Washingtonpflaume gebaut, von eirunder Form, mattgelber Farbe, grün marmoriert, festem gelbem Fleisch und sehr süßem Geschmack. Das ist eine der köstlichsten, spätreifen Pflaumen, welche ich später im Staate New-York gegessen habe. Außerdem wird die mittelgroße rundliche, spätreife Reine Claude von grüngelber Farbe und mehrere Sorten von gelben, roten und blauen „Mirabellen“ angebaut, wie dort alle kleinfrüchtigen Pflaumen genannt werden.

Die Mehrzahl der in der Umgegend von Portland geernteten Zwetschen und Pflaumen werden in Trockenhäusern, deren jede Obstfarm eines oder mehrere besitzt, getrocknet. Man rechnet von französischen und deutschen frischen Zwetschen 35—40 % trockne, von italienischen 25—30 % und von Reine Claude 40 % trockne. Die Trocknung geschieht in großen, mit heißer Luft erwärmten Holzkasten, in denen die zu trocknenden Früchte auf Schiebladen liegen, aus Draht geflochten, zu fünf übereinander. Nach der Trocknung kommen die Früchte in einen mit Leinwand überdeckten Raum zum Schwitzen.

Die Zwetschen und Pflaumen werden in Holzkisten zu 25 und 50 Pfd. (11,4 und 22,8 kg) versendet und in diese Kisten mit einer besonderen Stopfmaschine hineingepreßt. Die Kirschen werden in Schachteln zu 10 Pfd. (4,5 kg) verpackt; sie wurden während meiner Anwesenheit in Portland (vom 20. bis 23. Juni) zu 4 1/2 cts das Pfund (41,4 Pf. d. kg) verkauft. Zu diesem Preise waren aber nur Royal Ann und Republican verkäuflich; die gewöhnlichen Sorten verdorren an den Bäumen, weil der Arbeitslohn (Doll. 2 den Tag) zu hoch war, sie zu pflücken. Weichselkirschen wurden zu 6 cts das Pfund (55,2 Pf. d. kg) verkauft, aber sie waren selten und werden nur von Deutschen gegessen. Der Amerikaner ißt in der Regel keine sauren Kirschen. Der Preis der Erdbeeren, die in großer Menge und in zahlreichen Sorten gezogen werden, ist zuerst 25 cts das Pfund (M. 2,30 d. kg), dann 3 cts (27,6 Pf. d. kg).

Außer den genannten Obstbäumen werden auch Quitten (birnen- und orangenförmige), Pfirsiche, selten Aprikosen gezogen. Die Quitten sind sehr ertragreich, namentlich wenn sie mit Futtersalz gedüngt werden, das auch bei Birnbäumen angewendet wird. Im übrigen ist jede andere Düngung unnötig.

Von der Fruchtbarkeit des Landes im Willamettethale kann man sich schwer einen Begriff machen. Niemals habe ich irgendwo in Europa so volle Obstbäume mit so großen Früchten gesehen wie dort. Die Zwetschen und Pflaumen werden zu 15—16 Fuß im Geviert, die Birnen zu 20 Fuß, die Aepfel zu 30—35 Fuß gepflanzt, aber es gibt Fruchtfarmen, welche alle Obstbäume 18 Fuß (5 1/2 m) im Geviert setzen. In diesem Falle pflanzt man bei der Anlage zwischen Birn- und Aepfelbäumen Pfirsichbäume, die im Willamettethal meistens nach sieben bis acht Jahren absterben. Zwischen den Obstbäumen ist das Land entweder leer, oder — in jungen Anlagen — mit Rotklee und Timothygras besäet. Man hält den Zwischenanbau, etwa mit Gemüsepflanzen, den Obstbäumen nachteilig und pflügt das Land zwischen den Bäumen kreuz und quer; nur auf kleinen Farmen wird das Land unmittelbar um die Obstbäume mit der Hand gehackt, wozu gewöhnlich chinesische Arbeiter verwendet werden.

Außer den Baumanlagen bestehen auf größeren Obstfarmen besondere Abteilungen für Beerenfrüchte: für Erdbeeren, Himbeeren, Brombeeren, selten für Stachelbeeren. Im Gegensatz zu den zahlreichen Sorten großfrüchtiger Erdbeeren zieht man im Willamettethal nur die gemeine rote Himbeere, dagegen sehr große Brombeeren und Johannisbeeren. Die beste Johannisbeere ist Fay's Prolific mit roten süßen Früchten, so groß wie unsere gemeinen Kirschen.

Die Kultur der Obstfarmen ist sehr erschwert durch mächtig wuchernde Unkräuter. In älteren Obstanlagen wuchern namentlich Farrenkräuter, die man — bis zu einer gewissen Grenze — nicht für schädlich hält, weil sie den Boden beschatten. Die Farrenkräuter wachsen übrigens ungestört im Walde über Manneshöhe.

Auf der Obstfarm des Herrn Dosch bei Portland war die Ackerkrume nur 8 Zoll tief, dann kam ein eisenhaltiger Untergrund. Trotzdem fand ich auf seiner Farm, wo namentlich die Pflaumen- und Zwetschenbäume brechend voll Früchte waren, eine wild wachsende Timothypflanze von 3 1/8 Fuß Höhe mit 1 Fuß langer Aehre. Herr Dosch hat seine Obstfarm kürzlich für Doll. 225 den Acker (M. 2417,50 d. ha) gekauft. Für leeres Land bezahlt man Doll. 125 den Acker (M. 1287,50 d. ha). Einem Nachbarn wurde für seine Obstfarm Doll. 600 für den Acker (M. 6180 d. ha) vergeblich geboten.

Alle Birnen- und Aepfelanlagen im Willamettethal leiden sehr unter dem sog. Brand (Blight), einem schwarzbraunen Pilzbelage, welcher Blätter und Früchte der Birnen und Aepfel angreift. Man bekämpft diese Krankheit mit einer Lösung von Kupfersulphat (blauem Vitriol) und Ammoniak, 1 Pfd. auf 1 Gallone (1 kg auf 8 1/8 l) heißen Wassers, dazu etwas Ammoniaklösung bis alles Kupfer niedergeschlagen ist. Dann wird mit 2 oder 3 Gallonen (7—11 l) Wasser verdünnt. Die klar gewordene blaue Flüssigkeit, welche Ammoniumsulphat enthält, wird abgezogen, für den Gebrauch mit 22 Gallonen (83 l) Wasser verdünnt und mit einer Pumpenspritze über die Aepfel- und Birnbäume gesprüht. Das ist die vom Ackerbau-Amte in Washington gegebene Vorschrift.

Die Aepfelbäume leiden außerdem von der Codling Moth (Tortrix pomonella), gegen die man London Purple (Abfall der Anilinfabrikation) anwendet. Zu diesem Zwecke wird 1 Pfd. des braunroten Pulvers in 150 Gallonen Wasser (1 kg auf 1250 l) gelöst und mittelst einer Spritze mit sehr feinen Oeffnungen über die Bäume gesprüht. Das Oeffnungsstück dieser Spritze heißt Cyclone Nozzle (Wirbelsturm-Mundstück) und ist eine Erfindung von Prof. Riley in Washington, die er sich hat patentieren lassen.

Wie überall in den Vereinigten Staaten, hat der Betrieb der oregonischen Obstfarmen gar nichts zu thun mit der Veredlung der Obstbäume. Die letztere ist Sache der Baumschulen.

Eine der größten Baumschulen im Willamettethal ist die des Herrn Settelmeyer in Woodburn, etwa 35 engl. Meilen (56 km) südlich von Portland. Seine Baumschule umfaßt etwa 100 Acker (40 ha), sie war sehr ordentlich und reinlich gehalten und er sagte mir mit Stolz, er halte sein Land so rein wie ein Deutscher. Er ist von pennsylvanischer Abstammung, spricht aber kein Deutsch mehr. Diese Baumschule enthält alle möglichen Zierbäume und Sträucher, aber hauptsächlich junge Obstbäume, die, wie überall in Nordamerika, auf den Wurzelhals gepfropft werden. Bemerkenswert ist, daß alle Zwetschen, Pflaumen, Pfirsiche, Aprikosen und Mandeln auf Pfirsichwildlinge gepfropft werden. Der schwarze Boden der Baumschule ist sehr fruchtbar; er hatte auf 2—3 Zoll Tiefe noch natürliche Feuchtigkeit, trotzdem es seit etwa 4 Monaten nicht geregnet hatte. Die zweijährigen veredelten Kirschen-, Birnen- und Aepfelbäume hatten eine Höhe von 2—3 Fuß, die dreijährigen waren über Mannshöhe. Die jungen Bäume standen in Reihen von 3²/₈ Fuß, in der Reihe dicht aneinander. Die einjährig gepfropften Sämlinge werden bei der Wiedereinsetzung in den Boden in eine tiefe Pflugfurche gelegt und von beiden Seiten mit dem Pflug zugedeckt. Das erspart die teure Arbeit des Pflanzens. Zwischen den Reihen wird das Land mit Pferde-Kultivatoren bearbeitet.

Von dem Ertrage der fruchttragenden Bäume kann man sich einen Begriff machen, wenn ich mitteile, daß vor dem Farmhause des Herrn Settelmeyer ein 20jähriger amerikanischer Wallnußbaum stand, der 2 Fuß im Umfange hatte und im Jahre 1888 30 Bsh. (10,56 hl) Frucht gab. Eine Eigentümlichkeit dieser Baumschule ist die Zucht zahlreicher amerikanischer Kastanienbäume mit etwas kleineren Früchten als die italienischen oder spanischen, die außerdem gezogen werden.

Auf den zahlreichen Farmen, welche ich im Nordwesten und in den Prairiestaaten besucht habe, sah ich viele gute Apfelgärten, die aber im Jahre 1889 meistens keine Früchte trugen. Blätter und Früchte waren vom Apfelgrind (Apple-Scab) befallen, einen schwarzbraunen Schwammbelag (Fusicladium), gegen den man Kupfersulphat mit Ammoniak und Natriumkarbonat anwendet; diese Mischung führt den Namen Eau celeste. Außerdem haben die Aepfelbäume in den Prairiestaaten auch noch die früher erwähnten Feinde und sie leiden sehr unter Frost.

Am 24. Juli besuchte ich die Marktobst-Farm des Herrn M. T. Thompson bei Cleveland, Ohio. Dieselbe umfaßt 60 Acker (24,3 ha), welche, mit Ausnahme weniger Aepfel-, Birnen-, Kirschen- und Pfirsichbäume, deren Früchte den Familienbedarf des Farmers decken, nur Beerenfrüchte und Zwiebeln enthält. Der Bestand an Beerenfrüchten war: 20 Acker (8,10 ha) mit Erdbeeren, 20 Acker mit Himbeeren, 4—5 Acker (1,62 bis 2 ha) mit Brombeeren, 3 Acker (1,21 ha) mit Stachelbeeren und 7 Acker (2,83 ha) mit Weinstöcken.

Der Wein (schwarze Concord- und Ivestrauben, beide einheimische, fuchsig riechende Sorten) wird an 4—5 Fuß hohen Spalieren mit drei Drähten gezogen; in der Reihe stehen die Weinstöcke etwa 5 Fuß (1,52 m) und weiter von einander entfernt. Die Weinspaliere stehen in Abständen von 9 Fuß (2,75 m), dazwischen werden Erdbeeren gezogen.

Von Erdbeeren, welche 3 Jahre auf dem Platz stehen und in Reihen von 4½ Fuß (1,37 m) gezogen werden, waren etwa 60 Sorten vorhanden, da Herr Thompson mit Erdbeerpflanzen Handel treibt. Die zu verkaufenden Erdbeerpflanzen haben ihren Platz zwischen den jungen Himbeerenanlagen. Die Erdbeeren werden in Cleveland zu 3—15 cts das Quart (11—55 Pf. d. l) verkauft. Der Pflückerlohn beträgt 1 cts das Quart (3⅔ Pf. d. l).

Die Himbeerensträucher standen einzeln in den Reihen, so daß sie kreuz und quer mit Pferde-Kultivatoren bearbeitet werden können. Die beste Sorte Himbeeren, welche dort gezogen wurde und zur Zeit meines Besuches gerade reif war und zum Versandt verpackt wurde, ist die Cuthbert, auch Queen of the Market (Königin des Marktes) genannt; sie hat große, rundlich kegelförmige Beeren von glänzend roter Farbe, festes Fleisch und einen mäßig süßen Geschmack. Eine kleinere dort gezogene Sorte ist die Brandywine, von scharlachroter Farbe. Uebrigens wurden 15—20 Sorten Himbeeren gezogen. Für das Pflücken durch Kinder wurde 2 cts das Quart (7⅓ Pf. d. l) bezahlt. Die ein Quart haltenden Holzkörbchen wurden in 4 Reihen zu je 15 Quart über einander in Lattenkasten (Crates) verpackt. Ein solcher Crate mit 60 Quart Himbeeren brachte auf dem Markt in Buffalo Doll. 4—5 (24½—30½ Pf. d. l), die besten bis Doll. 6 (36,7 Pf. d. l). Sowohl in der Beerenobst-Farm des Herrn Thompson, wie in anderen Obstgärten, habe ich häufig Himbeeren vom Strauche gepflückt, aber niemals Würmer darin gefunden.

Von Brombeeren zog Herr Thompson die von ihm aus Samen gezüchtete Thompson early prolific (frühe tragbare), von welcher Sorte er das Dutzend Pflanzen zu Doll. 3 (M. 12½) verkauft. Uebrigens werden von Brombeeren und Himbeeren meistens die Wurzelausläufer gepflanzt. Die Brombeersträucher bleiben 5—6 Jahre auf einem Platz, die Himbeersträucher bis 10 Jahre. Zur Zeit meines Besuches waren die Brombeeren noch nicht völlig reif. Die Reifezeit ist August und September. Alsdann kosten sie 12—15 cts das Quart (44—55 Pf. d. l).

Die Stachelbeeren sind klein, aber süß, können sich jedoch mit den europäischen, insbesondere den englischen nicht messen. Die Kultur der Stachelbeeren ist neben den übrigen eine ganz untergeordnete in den Vereinigten Staaten.

Herr Thompson verkauft auf seiner Farm jährlich Beeren für Doll. 3000 bis 4000 (M. 12,510—16,680), Beerenpflanzen für Doll. 2000 (M. 8340). Zur Zeit meines Besuches wurden Erdbeerpflanzen zu Doll. 60 (M. 250) das Tausend verkauft.

Die Zwiebelzucht wird bloß über Winter betrieben. Die Knollen einer kleinen ägyptischen Sorte von bläulicher Farbe werden im August 4—5 Zoll tief gepflanzt und im nächsten April geerntet.

In der Stadt Cleveland hatte ich Gelegenheit mehrere Ohioweine zu probieren. Norton's Virginia ist ein schwerer, dunkelroter, fast schwarzer Wein von reinem Weingeschmack. Ives-Wein ist rotschwarz, etwas leichter und gewürzig. Catawba eine in Nordamerika sehr verbreitete, aus Maryland stammende rote Traube, gibt einen weißen Wein, der fast geruchlos ist und etwas Erdgeschmack hat; er ähnelt sehr den weißen österreichischen Landweinen. Delaware von orangegelber Farbe (die Traube ist klein und rot), geruchlos, hat einen kräftigen vollen Geschmack. Concord ist ein dunkelroter Wein mit etwas fauligem, bezw. fuchsigem Geschmack. Viel kräftiger noch als die Ohioweine sind die Kalifornier-Weine.

Obgleich mir während meiner Herbstreise die schönsten Weintrauben massenhaft zu Gebote standen, so konnte ich doch nur die kleine rote Delawaretraube in mäßiger Menge genießen. Alle übrigen Trauben widerstanden mir wegen ihres stark fuchsigen Geruches.

In der Nähe der Hauptstadt Harrisburg in Pennsylvanien besuchte ich am 26. Juli die Fruchtfarm der Herrn G. Hiester, 110 Acker (44,55 ha) umfassend, von denen 60—65 Acker (24,30—26,32 ha) mit Fruchtbäumen und Beerensträuchern bestanden waren; zu den ersteren gehörten hauptsächlich Aepfel, Birnen und Pfirsich. Die hübsche, am breiten Susquehannaflusse gelegene Farm ist seit dem Jahre 1706 in der Hiester'schen Familie.

Die Beerensträucher stehen dort in einer gewissen regelmäßigen Fruchtfolge mit Mais, Kohl und Kartoffeln. Die Erdbeeren stehen abwechselnd mit Kartoffeln zwischen den 18 Fuß (7,49 m) weiten Reihen der Birnbaum-Pyramiden. Die Reihen der Erdbeerpflanzen sind 4 Fuß (1,22 m) und die Pflanzen stehen 2 Fuß von einander. Im April werden die Erdbeeren gepflanzt, sie tragen 2 Jahre und werden nach der Ernte des 2. Jahres umgepflügt und die Beete mit Kohl, oder anderem Gemüse bepflanzt. Die beliebteste Erdbeerensorte ist dort die schon früher erwähnte Sharpless; außerdem wurden Perry, Longfellow und Triumph of Cumberland gezogen. Herr Hiester zahlt an Pflückerlohn für Erdbeeren und Himbeeren 2 cts das Quart (7 1/3 Pf. d. l) und verkauft sie durchschnittlich zu 10 cts das Quart (36,7 Pf. d. l).

Die Himbeeren, von denen hauptsächlich die rundlich kegelförmigen Turner von glänzend scharlachroter Farbe gezogen werden, bleiben 6—8 Jahre auf dem Platze.

Die Weinstöcke standen an vierdrähtigen 6 Fuß (1,83 m) hohen Spalieren von 8 Fuß (2,44 m) Reihenentfernung und 8 Fuß weit in der Reihe. Die Sorten waren Concord mit dunkelblauen Trauben und sehr großen Blättern, Delaware mit lichtroten Trauben und kleinen Blättern und Worden mit sehr großen schwarzblauen, frühreifen Trauben, angeblich eine Abart von Concord.

Die Pfirsichkultur wird auf etwa 10 Acker (4 ha) betrieben, welche vor 4 Jahren 1500 Bsh. (528 hl) gebracht haben sollen.

Brombeeren und Pflaumen werden auf der Farm nicht gezogen.

Mit Birnensorten war Herr Hiester sehr reichlich versehen. Zu den frühesten und frühen Sommerbirnen seiner Farm gehören Clapp's Favorite und Sheldon, letztere von mittelgroßer rundlicher Form und grüngelber Farbe, aus New-York stammend, eine der besten Tafelbirnen in den Vereinigten Staaten. Ferner waren am Platze die nie fehlende Bartlettbirne, eine sehr zeitliche Belle Lenosa von sehr süßem Geschmack, die aber schwer verschiffbar sein soll, Duchesse d'Angouleme, Beurré d'Anjou, Maiden Blush und Howell, letztere eine ziemlich große hellgelbe Birne von rundlicher Pyramidenform, auf Quittenwildling gepfropft, in welchem Falle die Birnbäume niedriger bleiben, während die hohen Birnpyramiden auf Birnwildling gepfropft sind. Unter den frühen Birnensorten nenne ich noch Brandywine, eine mittelgroße pyramidenförmige Birne von matt gelbgrüner Farbe mit weinigem aromatischen Geschmack, aus Pennsylvanien stammend.

Die Mehrzahl der Aepfelbäume befindet sich in einem besonderen Obstgarten, der schon 20 Jahre alt war. Die Bäume stehen im Geviert von 36 Fuß (11 m), darunter war eine aus Klee und Timothygras bestehende Weide, die mit Schafen und Rindvieh beweidet wird. Außer 3 Milchkühen für den Familienbedarf kauft sich Herr Hiester jährlich 15—25 Stück Jung-Rindvieh von 1—3 Jahren, welche er vom August bis Mai im Aepfel-Obstgarten weidet und zum Teil im Stalle füttert, hauptsächlich des Düngers wegen. Zu demselben Zweck hat Herr Hiester im Spätsommer auch junge Pferde angekauft, das Stück zu Doll. 75—100 (M. 312,75—417) und im nächsten Frühjahre mit Doll. 40 (M. 166,80) durchschnittlichem Nutzen wieder verkauft. Diese Pferde werden im September in den Aepfel-Obstgarten getrieben. Dieser Obstgarten ist groß genug, um 30 Stück Rindvieh oder 100 Schafen im Herbst und Frühjahr Weide zu gewähren.

Alle Baumfrüchte werden auf der Farm des Herrn Hiester frisch verkauft, so daß kein Fruchtkeller zur Aufbewahrung notwendig ist.

Am 30. September besuchte ich eine der berühmtesten Obstfarmen im Staate New-York, welche zugleich Baumschule und Marktobstgarten ist, den Herren Ellwanger und Barry zu Rochester gehörig. Dieser Obstgarten umfaßt 600 Acker (243 ha) und 20 Acker (8,10 ha) Weingarten.

In dem Obstgarten der Herren Ellwanger und Barry werden alle Beeren- und Baumfrüchte in einer großen Auswahl von Sorten gezogen, aber die Hauptfrucht, die Besonderheit des berühmten Baumschulengeschäftes bilden die Birnen, welche in etwa 250 verschiedenen Sorten auf prachtvollen Pyramidenbäumen wachsen. Nur selten werden Birnbäume als Hochstämme gezogen und dann nur mit 3—4 Fuß hohen Stämmen. Wie ich früher in Portland, Oregon, in Kirschen, so habe ich in Rochester in Birnen und zum Teil in Pflaumen geschwelgt, welche in 75—80 der besten Sorten dort gezogen werden.

Ich müßte einen förmlichen Katalog von Birnen hier mitteilen, wenn ich allen Früchten gerecht werden wollte. Aber ich habe nicht nötig, von den allen europäischen Birnenfreunden bekannten Sorten zu sprechen, wie von der Duchesse d'Angouleme, der Beurré d'Anjou, der Beurré Diel und anderen von französisch-belgischer Abstammung. Von den einheimischen Sorten (eigentlich von englischer Abstammung) stehen die Bartletts als späte Sommerbirnen in bestem Ruf und ich war gerade zu ihrer Reifezeit in Rochester; aber obgleich diese große, stumpf pyramidenförmige Birne von schöner gelber Farbe sehr saftig ist, so war mir ihr Moschusgeruch doch nicht angenehm. Aber die Amerikaner lieben die stark riechenden Früchte, wie namentlich die Weintrauben mit dem mir unausstehlichen Fuchsgeruch, und die Tomatoes. Auch die Bartlettbirne ist wohl hauptsächlich ihres Moschusgeruches wegen eine Lieblingsbirne aller Amerikaner. Eine vortreffliche kleine Birne von rundlich ovaler Form und matt gelbbrauner Farbe ist die Seckel, aus Pennsylvanien stammend; sie ist sehr saftig, etwas gewürzig und schwach aromatisch und reift im zeitigen Herbst. Zu den frühen Herbstbirnen gehört auch die ausgezeichnete Flemish Beauthy (Belle de Flandres) von großer, rund pyramidenförmiger Gestalt, saftig und süß, aber auch mit etwas Moschusgeruch. Auch die Reeder, eine neueste Sorte, frühe, mittelgroße, rundlich eiförmige Winterbirne mit gelber, braunrot punktierter Haut ist sehr saftig und wohlschmeckend.

Von Aepfeln habe ich in Ellwanger und Barry's Garten leider sehr wenig kennen gelernt, da sie — wie überall in Ost-Nordamerika — nicht geraten waren. Am besten waren noch die Baldwins, die verbreitetsten Markt-Winteräpfel in Nordamerika. Zur Zeit meines Besuches waren die Baldwins noch nicht reif, aber ich habe sie noch im Frühjahr in den Vereinigten Staaten kennen gelernt und sie bis zum Juni dort gegessen und als saftige, etwas säuerliche Aepfel kennen gelernt. Zu den besten Winteräpfeln gehört der einheimische New-Yorker Northern Spy, ein großer, rundlich kegelförmiger Apfel von blaßgelber Farbe mit rötlichen Streifen.

Die Aepfelbäume von Ellwanger und Barry sind meistens Hochstämme oder Kronenbäume (Standards), welche im dreieckigen Verbande 30 Fuß (9,15 m) von einander entfernt stehen, auf schwerem und tiefgründigem Boden sogar bis 40 Fuß (12,20 m). Im ersten Jahrzehnt werden die Zwischenreihen der hochstämmigen Aepfelbäume mit Zwergäpfelbäumen besetzt, bis jene den vollen Platz einnehmen. Auch werden zwischen den hochstämmigen Aepfelbäumen Pfirsichpyramiden gesetzt, welche bis höchstens 15 Jahre tragbar sind.

Außerdem standen herrliche Quittensträucher, vollbeladen mit

Früchten, in dem Garten. Die besten Quitten sind die birnenförmigen, insbesondere die **Yankees**. Von 16 Quittensträuchern sind mal Doll. 240 (M. 1000) für deren Früchte eingenommen worden. Der Preis für Quitten war zur Zeit meines Besuches Doll. 2 der **Bsh.** (M. 23,60 d. **hl**). Die Quittensträucher stehen in Entfernungen von 12 Fuß (3,66 m) nach jeder Richtung.

Reine Bestände von Pfirsich-, Aprikosen- und Pflaumenbäumen werden 15 Fuß (4,57 m) von einander gepflanzt. Die Pyramiden der Pfirsiche haben gewöhnlich eine Stammhöhe von etwa 1 Fuß (30,5 cm), Pflaumenbäume als kurze Kronenbäume von etwa 3 Fuß (91 cm). Die hochstämmigen Kirschen, auf Mazzard (eine Art Vogelkirsche mit schwarzen Früchten) bekommen eine Stammhöhe von 3—4 Fuß. Kirschbäume, welche als Pyramiden- oder Zwergbäume wachsen sollen, werden auf Mahaleb (**Cerasus mahaleb**) gepfropft, mit einer Stammhöhe von etwa 1 Fuß, und in Reihen-Entfernungen gepflanzt von 12 Fuß (3,66 m) nach jeder Seite. Von den Früchten der östlichen Kirschbäume habe ich jedoch nichts zu sehen und zu schmecken bekommen, daher mir darüber ein eigenes Urteil fehlt.

Alle Steinfrüchte werden in den Vereinigten Staaten auf niedrigen Stämmen gezogen, weil man auf hohen Stämmen den Harzfluß fürchtet.

An der Hand der Erfahrungen in der Baumschule von Ellwanger und Barry möchte ich hier anschließend mitteilen, auf welcher wilden Unterlage die übrigen Obstarten gepfropft und auf offenem Land gepflanzt werden.

Aepfelbäume werden als Hochstämme und Pyramiden auf Apfelwildling (**Free stock**), als Zwergbäume auf Doucin, als Zwergbüsche auf Paradiesapfel gepropft; Pyramiden und Zwergbäume auf 10 Fuß, Zwergbüsche auf 5—6 Fuß Weite gepflanzt.

Birnenbäume werden als Hochstämme und Pyramiden auf Birnenwildling, als Pyramiden- und Zwergbäume auf Quitten gepfropft. Die Birnenbäume auf Quitten erhalten Entfernungen von nur 8—10 Fuß (2,44—3 m).

Pflaumenbäume werden gewöhnlich auf dem wilden kanadischen Pflaumenbaum gepfropft und als Pyramiden und Zwergbäume auf 8—10 Fuß Weite gepflanzt.

Pfirsichbäume werden als Pyramiden auf Pfirsichwildling gepfropft und 10—12 Fuß weit gepflanzt, auf Pflaumenwildling 8—10 Fuß weit.

Aprikosenbäume werden auf Pflaumenwildling gepfropft und als Zwergbäume 8—10 Fuß weit, als Pyramiden 6—8 Fuß weit gepflanzt.

In der Baumschule von Ellwanger und Barry werden die Pfropfreiser mit dem Wildling durch Papier (**Grafting paper**) verbunden. Dieses Papier wird mit einer Mischung von 2 Pfd. Harz, 1/4 Pfd. Bienenwachs und 3/4 Pfd. Talg oder rohem Leinöl bestrichen.

Außer der Wurzelpfropfung an Jährlings-Sämlingen wird in der genannten Baumschule auch die Spalt-Pfropfung an älteren Bäumen und während der Wachstumsperiode an jungen Bäumen auch die Okulierung (Budding) vorgenommen. Die Baumschulen in den Vereinigten Staaten beschränken sich nur auf diese drei Arten der Veredlung. Die allgemein verbreitetste und am häufigsten geübte ist die Wurzelpfropfung der einjährigen bis höchstens zweijährigen Sämlinge, die auch bei Ellwanger und Barry im Herbst aus der Erde genommen, unter Dach gepfropft und im nächsten Frühjahr wieder eingesetzt werden.

Der in der Baumschule von Ellwanger und Barry verwendete Dünger wird meistens aus den Stallungen der Stadt Rochester mit eigener zweispänniger Fuhre abgeholt und für die Ladung Doll. 2 (M. 8,34) bezahlt.

Die Arbeiter bekommen für Pflügen täglich Doll. 1—1½ ohne Verpflegung, der Vormann Doll. 2. Das Pflücken der Beerenfrüchte geschieht durch Weiber für einen Tagelohn von 75 cts (M. 3,13).

Aus der Baumschule werden verkauft 3—4 Jahr alte Aepfelbäume und 2—3 Jahr alte Birnenbäume. Der Obstgarten mit Mustersorten hat einen Umfang von 8—10 Acker (3,24—4 ha).

Eine Besonderheit des in Rede stehenden Obstgartens ist, daß die Erdbeeren im Juli und August in Reihen von 3 Fuß, in der Reihe 1 Fuß gepflanzt werden und 2 Ernten tragen.

Im Weingarten stehen die Stöcke (meistens Concords) in Reihen von 10—12 Fuß, in der Reihe 8 Fuß. Die Pfosten des vierdrähtigen Spaliers sind 6 Fuß hoch.

Am Ende meiner Wanderung durch den Obstgarten von Ellwanger und Barry hatte ich den großen Genuß in dem Privat-Glashause des Herrn Barry die schönsten europäischen Trauben zu essen, einen Genuß, den ich um so höher schätzte, als es mir unmöglich war, mich an die stark riechenden nordamerikanischen Weintrauben zu gewöhnen. Nur die wilden amerikanischen Weintrauben habe ich an den Niagarafällen auf der kanadischen Seite mit Genuß gegessen.

Der beste Markt für das in Rochester und Umgegend gezogene Obst ist die Stadt New-York. Man zahlte dort im Herbst 1889 für 1 Faß (Barrel) Aepfel Doll. 1—1½ (M. 30—45 d. hl), für 1 Bsh. Birnen Doll. 3—3½ (M. 35,40—41,30 d. hl), im Winter Doll. 5—6 (M. 59 bis 70,80 d. hl) für feine Ware. Der jährliche Durchschnittspreis für Birnen ist Doll. 2—4 der Bsh. (M. 23,60—47,20 d. hl). Im Kleinverkaufe kostet eine feine Winterbirne durchschnittlich 10 cts (41,7 Pf.), eine Schachtel mit 40 Birnen Doll. 3 (M. 12,51). Erdbeeren kosten von 3—12 cts das Quart (11—44 Pf. d. l), Himbeeren von 8—10 cts das Quart (29—37 Pf. d. l), schwarze Himbeeren nur 4—5 cts das Quart (14½—18⅓ Pf. d. l).

Verschifft nach Europa werden hauptsächlich Aepfel, insbesondere Baldwin, Northern Spy, Roxbury und Golden Russet, sämtlich späte Winteräpfel.

Von Rochester reiste ich nach Geneva, der landwirtschaftlichen Versuchs-

Station des Staates New-York. Auch hier habe ich unter der Führung von Prof. George W. Churchill hauptsächlich deren Obstbau kennen gelernt.

Die Erdbeeren werden in dem Versuchs-Obstgarten zu Geneva in eigentümlicher Weise gezogen, nämlich auf jedem Beet eine breite Reihe von vielen dicht stehenden Pflanzen; dieses Verfahren heißt **Matted** (wie eine Matte verflochten). Herr Churchill sagte mir, daß die so gezogenen Erdbeeren mehr Frucht tragen als die in Einzelreihen oder Hügeln gepflanzten, dagegen seien die Früchte der letzteren größer. Die Erdbeeren auf diesen Beeten tragen nur ein Jahr Frucht. Im Winter werden die Erdbeerenbeete mit Stroh, oder Pferdedünger belegt, so daß die Blätter ganz bedeckt sind; der Dünger bleibt bis nach dem Frost, d. h. bis etwa Mitte April liegen.

Der Versuchs-Obstgarten hatte eine große Auswahl von Weinstöcken einheimischer Sorten, insbesondere auch Stöcke von wildem Wein, welche mit kultivierten Sorten veredelt wurden. Die im Staate New-York wild wachsenden Weinstöcke (mit getrennten Geschlechtern) sind **Vitis Labrusca, Riparia** und **Aestivalis**, alle drei mit kleinen blauschwarzen Beeren.

Von den dort gezogenen und von mir probierten Trauben erwähne ich **Jefferson**, eine Kreuzung von **Concord** und **Jona** mit großen Trauben und mittelgroßen hellroten Beeren ohne fuchsigen Geschmack; Moore's **Early** mit großen Trauben und großen runden Beeren von blauschwarzer Farbe und andere. Die Kreuzung kultivierter mit wilden Arten hat den Zweck: die ersteren vor den Angriffen der Phylloxera zu schützen, bezw. widerstandsfähiger zu machen. Gerade durch diese Kreuzung hat sich die Versuchsstation zu Geneva großes Verdienst erworben.

Pfirsich werden im August auf Pfirsichwildlingen okuliert und im Herbst des nächsten Jahres (1 Jahr alt) verpflanzt. Von frühen Sorten wurden gezogen: **Early Beatrice, Amsden June, Waterloo.** Die frühen Sorten haben meistens weißes Fleisch mit roter Haut, nur Crawford's **Early** hat gelbes Fleisch.

Man unterscheidet in den Vereinigten Staaten 90—100 edle Pfirsichsorten, die entweder **Clingstone** (Klingstein), oder **Freestone** (Freistein) sind. Unter **Clingstone** versteht man die Pfirsiche mit im Fleisch, nahe der Steingrube festsitzendem Kern, während in den **Freestones** die Kerne sich vom Fleisch leicht trennen lassen. Auf die Pfirsichkultur wird in den Vereinigten Staaten viel Sorgfalt verwendet und man zählt Pfirsiche dort zu den besten und vornehmsten Früchten; sie werden in einigen Staaten — wie in Delaware und Maryland — in großen Obstgärten gezogen, welche nur mit Pfirsichbäumen bestanden sind. Gewöhnlich werden die Pfirsichbäume zwischen hochstämmigen Birn- oder Aepfelbäumen gezogen und nach etwa 15 Jahren entfernt, wenn diese den ganzen Platz einnehmen.

Die Pfirsiche werden gewöhnlich verschifft in Holzkörben (**Baskets**) zu

$^1/_4$ und $^1/_2$ Bsh. (zu 9 und 18 l); jene sind länglich mit Handgriff, diese rund und hoch ohne Handgriff. Die Holzkörbe werden aus dem Holz der großblättrigen amerikanischen Linde (Base wood), oder aus Pappelholz gemacht. Diese Holzkörbe dienen auch zur Verschiffung von Birnen, Pflaumen, Kirschen und Weintrauben, während alle Beerenfrüchte in Quart-Holzkörben (zu 1,14 l), Aepfel in Fässern aus Ulmenholz (Barrels zu 163,6 l) verschifft werden. Birnen kommen auch in Crates, d. h. in Gitterkisten mit Pfosten und Latten aus Eichenholz, einen engl. Bsh. (36,35 l) haltend, zur Versendung; die Crates werden auch für Tomatoes, Kartoffeln u. s. w. verwendet.

Für die Versendung auf Eisenbahnen, wo das Obst in besonderen, im Sommer und Herbst durch Eis gekühlte Fruchtwagen (Fruit cars) verfrachtet wird, werden die genannten Holzkörbe meistens nur mit Kanevas (dort Mosquito-bar, Moskitonetz genannt) zugedeckt und verbunden, was namentlich bei Weintrauben geschieht; außerdem verwendet man zum Zudecken der Früchte Segeltuch (dort Canvas genannt), Sackleinwand (Burlaps), selten Holzdeckel (aus Linden- oder Pappelholz), die dann mit Draht an den Holzkorb befestigt werden. An diese auf der Eisenbahn verschifften Holzkörbe wird ein viereckiges Stück steifes Papier oder Pappe (Level) gehängt, worauf die Firma des Versenders gedruckt und die Adresse des Empfängers geschrieben ist, oft nur mit Bleistift. Dieses Versendungsverfahren auf den Eisenbahnen ist sehr einfach und mühelos; Begleitadressen, Frachtbriefe und dergleichen europäische Umständlichkeiten sind in den Vereinigten Staaten nicht üblich.

Das Verfrachtungsverfahren der Beerenfrüchte in Quart-Holzkörben, welche zu 32 und 64 Stück in Crates von einem oder zwei engl. Bsh. Inhalt eingesetzt werden, habe ich früher schon beschrieben. In dieser Weise werden die Beerenfrüchte verschifft nach nahen Märkten, bezw. solchen, die in einem Tage, oder über Nacht zu erreichen sind. Haben die Beerenfrüchte, sowie auch Kirschen, Pflaumen und andere Kleinfrüchte aber eine weitere Versendung durchzumachen, dann werden sie in verschlossenen Holzkistchen von verschiedener Größe verpackt und zwar in der Art, daß die Kiste auf die vernagelte Deckelfläche gestellt und dann die Kiste, nach abgenommenem Bodenbrett, vollgepackt wird. Dies geschieht so, daß zuerst auf der Innenseite des Deckels alle Früchte gleichmäßig neben einander, mit nach einwärts gekehrten Stielen (bei Erdbeeren, Kirschen, Pflaumen) gelegt werden; dann werden die übrigen Früchte haufenweise darauf gelegt. Wenn ein solches Fruchtkistchen dann in einem Fruchtladen mit abgenommenem Deckel ausgestellt wird, sieht man die Früchte ohne Stiele gleichmäßig neben einander liegen; das macht einen guten Eindruck und lockt die Käufer an. Gewöhnlich befindet sich an solchen Fruchtkistchen auch die hübsch mit Bildern und bunter Schrift ausgestattete Firma des Verkäufers, bezw. des Farmers und Obstgartenbesitzers, sowie der Sortenname der Frucht.

Der Amerikaner gibt sehr viel auf die hübsche und gleichmäßige Ausstattung der Ware und jeder Landwirt, jeder Obstzüchter hält es für selbstverständlich, sich in der Art und Weise der Obstverpackung und äußeren Ausstattung den Ansprüchen und Gewohnheiten der Käufer zu unterwerfen. Darüber und über die gewünschten Obstsorten wird er von dem Fruchthändler unterrichtet, durch den er seine Ware verkauft. Große Obstzüchter haben häufig ihre eigenen Läden in den Hauptstädten, in den sie auch Gemüse, Eier, Milch oder Butter von ihrer Farm verkaufen. Der amerikanische Farmer, welchen Zweig der Landwirtschaft er auch betreiben mag, ist unter allen Umständen Geschäftsmann und Kaufmann und er hält es nicht unter seiner Würde, mit seinen eigenen Bodenerzeugnissen Kleinhandel zu treiben und sich den höheren Verdienst des Kleinhändlers anzueignen.

Durch die Güte des Prof. Churchill erhielt ich eine Auswahl der in den Vereinigten Staaten gebräuchlichen Fruchtkörbe aus T. Smith & Co. Bending and Spoke Works zu Geneva, Staat New-York, geschenkt, welche ich mit nach Wien gebracht habe*). Diese Fruchtkörbe von amerikanischem Lindenholz haben folgende Preise die 1000 Stück:

1/2 Bushelkörbe	Doll. 90 =	M. 375,30
15 Pfd.-Körbe	„ 60 =	„ 250,20
10 „	„ 50 =	„ 208,50
4 „ und kleinere	„ 40 =	„ 166,80

Die kleinen Quartkörbe für Beerenfrüchte werden gewöhnlich von den Farmern oder Obstgartenbesitzern aus käuflichen Lindenholzplatten selbst gemacht. Nachdem die in ihnen versandten Früchte entleert sind, kehren sie mit den Crates aus Eichenholzpfosten und Latten wieder zum Absendungsorte zurück, während die größeren Holzkörbe meistens mit den Früchten zugleich verkauft werden.

Nach dieser Abschweifung über die Verpackung und Verfrachtung des Obstes, womit ich mich gerade in Geneva näher bekannt gemacht habe, kehre ich wieder zu dem dortigen Versuchs-Obstgarten zurück.

Die Birnbäume, meistens Pyramiden, standen in Reihen von 15 Fuß (4,57 m), in der Reihe zu 16 Fuß (4,88 m). Die Aepfelbäume, meistens Hochstämme, standen in Reihen von 30×30 Fuß bis 40×40 Fuß (9,15—12,20 m). Die Zwischenreihen der Aepfelbäume waren mit Gras bestanden; unter den Birnen-, Pfirsich- und Pflaumenbäumen wurde Gemüse gezogen.

Von Aepfeln wurden hauptsächlich Hubbardston Nonsuch gezogen, ein großer, länglich runder, früher Winterapfel (November bis Januar) von gelber, rot gesprenkelter Farbe und gelblichem Fleisch. Von Birnen:

---

*) Um dieselben dem Unterrichte im Obst- und Weinbau zugänglich zu machen, habe ich die Fruchtkörbe in verschiedener Größe und einen Crate der k. k. önologisch-pomologischen Staatslehranstalt zu Klosterneuburg bei Wien überlassen.

Mount Vernon, eine frühe Winterbirne von mittlerer Größe, stumpf pyramidenförmig von gelber Farbe mit braunrotem Belag und gelblichem Fleisch; ferner Kieffer, eine mittelgroße, eirund-pyramidenförmige Birne von goldgelber, rot punktierter Farbe und ziemlich grobem Fleisch mit Quittengeruch, hauptsächlich zum Einmachen (Canning) geeignet; sie wird in der Umgegend von Geneva häufig gezogen, da sich hier eine Fabrik für eingemachte Früchte befindet.

Die großen Früchte werden zu Geneva im Tagelohn zu Doll. 1¼ ohne Verpflegung, die Beerenfrüchte zu 1½—2 cts das Quart (5,5—7,3 Pf. d. l) gepflückt. Der Monatslohn für Farmhände beträgt Doll. 18—20 (M. 75—83,40) mit Verpflegung.

Für Land, zur Obstzucht geeignet, zahlt man in der Umgegend von Geneva Doll. 100—150 den Acker (M. 1030—1545 d. ha) ohne Bäume, Doll. 200—400 (M. 2060—4120 d. ha) mit Bäumen. Einen Acker zu drainieren kostet dort Doll. 30—40 (M. 309—412 d. ha).

Die Umgegend von Geneva ist sehr reich an Obstfarmen von 10—100 Acker (4—40 ha) und Beerenfruchtfarmen von 10—12 Acker. Es gibt dort Farmen, welche nur Aepfel ziehen, einige haben einen Teil ihres Bodens in Grasland zur Viehhaltung und Düngergewinnung für den Obstgarten, andere kaufen ihren Dünger aus der Stadt.

Am 7. Oktober besuchte ich die Fruchtfarm des Dr. J. Ward bei Elizabeth, New-Jersey. Auf dieser Farm von 60 Acker (24,30 ha) werden hauptsächlich Birnen gezogen, welche als Pyramiden mit 3 Fuß (91 cm) hohem Stamm in Reihen von 22 Fuß (6,71 m), in der Reihe zu 10 Fuß (3 m) standen. Die Hauptbirnen waren **Bartletts** und **Beurré d'Anjou**. Zwischen den Reihen der jüngeren Bäume wurden Beerenfrüchte gezogen, während der Boden unter den älteren Bäumen im Frühjahr und Herbst mit Pferdekultivatoren bearbeitet wird. Um die älteren Bäume wird im Herbst eine Scheibe gegraben. Die Zwischenräume der älteren Bäume werden mit Kuh- und Pferdedünger gedüngt, der 3 Zoll tief untergepflügt wird. Die Flechten werden von den Bäumen nicht abgekratzt.

Die Birnenbäume tragen von ihrem 10.—30. Jahre; älter läßt man sie im Allgemeinen nicht werden.

Außerdem besitzt die Farm einen Kirschengarten. Die Kirschbäume (meistens Sauerkirschen) stehen in Reihen von 21 Fuß (6,40 m), in der Reihe zu 12 Fuß auf Grasboden, jeder mit einer gegrabenen Scheibe von 2 Fuß Halbmesser. Dann wurden auch Weinstöcke (meistens Concords) an Spalieren gezogen.

Dr. Ward besitzt sein eigenes Kühlhaus zur Aufbewahrung der im Winter zu verkaufenden Früchte. Dasselbe liegt halb unter der Erde, besteht aus doppelten, eine Schicht von Sägemehl einschließenden Bretterwänden. Darüber befindet sich ein geräumiger Eisraum mit fünf Fuß hoher Eisschicht. Die Decke zwischen Eisraum und Fruchtraum ist aus galvanisiertem Eisen. Die Birnen liegen in dem Fruchtraum in über einander gestellten Lattenkästen (Crates), einen Bushel haltend. Die Temperatur wird beständig auf 32—40° F. (0—4,4° C.) gehalten. Die Birnen halten sich in dem Kühlhause zum Teil bis Weihnachten, zum Teil bis März, wo sie in dem nahen New-York natürlich höhere Preise erzielen als zur Zeit der Ernte.

Die Obstbäume waren zur Zeit meines Besuches bereits völlig laubfrei, ein Beweis für die zeitige Reife des Holzes.

Hauptsächlich des Düngers wegen werden auf der Farm 8—9 Kühe von Guernseykreuzung gehalten.

Am 9. Oktober besuchte ich die Baumschulen von Georg Achelis bei West-Chester, Pennsylvanien. Dieselben umfaßen 200 Acker (81 ha), worauf von Obstbäumen hauptsächlich Pfirsich- und Aepfelbäume aufgezogen werden; außerdem sind dort auch Birnen-, Pflaumen- und Kirschbäume, von denen aber die letzteren merkwürdigerweise nicht mehr recht gedeihen wollen.

Pfirsiche werden aus Kernen von wilden Pfirsichen gezogen, die im Herbst gelegt und deren Sämlinge im nächsten April in Reihen verpflanzt werden, um dann im August mit Edelknospen okuliert zu werden; im Herbst des nächsten Jahres sind die veredelten Bäumchen zu Doll. 20 bis 60 (M. 83,40—250,20) das Tausend, oder 15—25 cts (62½ bis 104¼ Pf.) das Stück im Kleinhandel verkaufsfähig. Die Pfirsichbäume werden in Pennsylvanien nur 11—12 Jahre alt, dann werden sie durch Yellows getötet, eine Krankheit, welche nur die Pfirsichbäume ergreift und sich durch gelbe kränkliche Blätter, schwache Jahrestriebe und kleine, vorzeitig reifende Früchte kund gibt.

Aepfel werden auf französische Wildlinge (die Herr Achelis aus Frankreich kommen läßt) gepfropft und die veredelten einjährigen Sämlinge in Reihen von 3½ Fuß verpflanzt.

Pflaumen wurden auf Pfirsich-Wildlinge, Birnen auf Birnen-Wildlinge gepfropft; von letzteren zieht Herr Achelis mehrere japanische Sorten.

In seiner Baumschule lernte ich den in Fig. 25 abgebildeten Baum-Grabepflug (Tree-digging plow) kennen, der aus zwei Pflugbäumen mit je 2 Sterzen besteht; vor den letzteren sind beide Pflugbäume durch eine schräg abwärts gehende Eisenplatte verbunden, welche sich beide in einem wagrecht verlaufenden, am Vorderrande zugeschärften Schar vereinigen. Das Schar wird unter die Reihen der auszuhebenden Bäumchen gesetzt und je ein Pferd und ein Mann am Sterz gehen in den Zwischenreihen. Der Pflug schneidet die untersten Wurzeln ab und ein nachfolgender Arbeiter zieht die losen Bäumchen aus der Erde. Nach den Erfahrungen des Herrn Achelis können mit Hülfe dieses Pfluges täglich 5000 Bäumchen herausgenommen werden. Die von Bäumen entleerten Abteilungen werden zur Abwechselung mit Mais als Pferdefutter bestellt.

Herr Achelis kauft den Dünger für seine Baumschule meistens in der

Stadt West-Chester zu Doll. 1 1/2 die zweispännige Wagenladung. An Tagelohn zahlt er seinen Arbeitern Doll. 1 1/4 ohne Verpflegung. Der Landpreis für Obstland in der Umgegend von West-Chester ist Doll. 250 der Acker (M. 2575 d. ha).

Bei Hammanton in New-Jersey besuchte ich am 11. Oktober die West-Mill Cranberry-Farm des Herrn A. J. Rider, Professor einer Handelsschule in Trenton, der Hauptstadt New-Jerseys. Die Farm umfaßt etwa

Fig. 25.

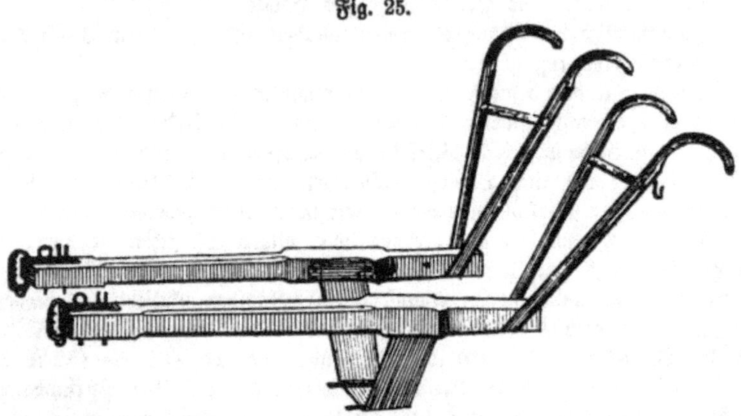

50 Acker (20,25 ha) und sie dient ausschließlich zur Zucht der amerikanischen Moosbeere (Vaccinium macrocarpum), eine etwas harte, säuerlich schmeckende hellrote runde Beere von der Größe unserer Weichselkirschen. Diese Beeren (Cranberries) geben gekocht und stark gezuckert ein sehr beliebtes Kompott (Sauce), oder einen zu Mehlspeisen oder Pies verwendeten Saft. Die amerikanische Moosbeere, welche zur selben Gattung gehört wie unsere Preiselbeere, wächst bloß auf Sumpfland (Bog).

Wenn man die amerikanische Moosbeere bloß aus Samen ziehen wollte, so würde es 5 Jahre dauern, bis die Pflanzen tragbar würden. Man erzieht die Moosbeerenpflanzen daher durch Reben (Vines), d. h. durch Teilung alter Stöcke. Die jungen Pflanzen werden im April und Mai im Geviert zu 18 Zoll gesetzt und nach der Pflanzung feucht gehalten. Das zur Moosbeerenpflanzung bestimmte Land wird durch Gräben in verschieden große Abteilungen getrennt und durch Zuleitung von Wasser in diese Gräben unter Wasser gesetzt. Die Bewässerung der Moosbeeren-Pflanzungen geschieht vom 1. November bis 10. März. Auf der Farm des Herrn Rider dient der kleine Nascochejne-Bach, der sich durch die Moosbeeren Bogs hindurchschlängelt, zur Bewässerung, welche durch Schleusen geregelt wird.

Irgendwelche Kultur der Moosbeeren-Pflanzungen findet nicht statt. Zwischen den Moosbeerenpflanzen wachsen saure Gräser. Die Ernte der Beeren geschieht in der zweiten Hälfte September und Anfang Oktober durch

Abstreifung der niedrigen Büsche mit beiden Händen, oder durch den in Fig. 26 (in offener Stellung mit aufgerichteten Handgriffen) abgebildeten Moosbeeren-Pflücker (Chew's Cranberry Picker), der die mit den Stahlzähnen abgepflückten Moosbeeren in einen seitlich angehängten Sack schiebt. Diese Maschine, welche wir auch für unsere Preisel- und Heidelbeeren verwenden könnten, kostet bei dem Erfinder M. M. Chew zu Williamstown in New-Jersey Doll. 10 (M. 41,70).

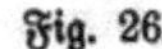
Fig. 26.

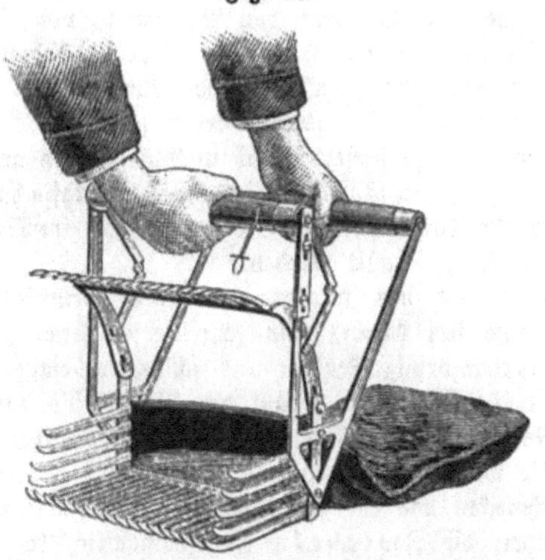

Die neugeflanzten Moosbeerenreben tragen vom dritten Jahr an und viele Jahre, aber sie gedeihen nur auf sandigem, bewässerbarem Moorboden. Eine Bewässerung im Sommer ist jedoch nicht zuträglich; sie würde die angesetzten Beeren töten. Die Moosbeerenreben kosten Doll. 3—5 das Faß (8,8—14,6 Pf. d. l). Die besten Sorten sind Early Blacks aus Massachusetts, New-Jerseys, Early Cubes und Riders Fancys.

Eine gute Moosbeerenernte erreicht angeblich bis 100 Bsh. der Acker (87 hl v. ha) und der Bsh. wird im Großhandel bis zu Doll. 3 (M. 35,40 d. hl) verkauft. Der Lohn für Pflücken beträgt 40—50 cts der Bsh. (M. 4,72—4,90 d. hl). Die Farm des Herrn Rider wird von einem verheirateten Vormann bewirtschaftet, der neben freier Wohnung Doll. 350 (M. 1459,50) Jahreslohn bekommt.

Herr Rider hat sein eigenes Fruchthaus, wo die Moosbeeren in Lattenkasten zu 1 und 2½ Bsh. über einander gestellt sind.

Der Gemüsebau in den Vereinigten Staaten steht im geraden Gegensatz zum Obstbau. So großartig dieser betrieben wird, so kleinlich ist jener. Während man überall und zu allen Jahreszeiten vortreffliches Obst zu verhältnismäßig billigen Preisen kaufen kann, auf der Straße und in Fruchtläden, in Eisenbahnwagen und auf Dampfschiffen während der Fahrt, so sind die Gemüsemärkte und Verkaufsläden sehr spärlich ausgestattet.

Zu jeder Mahlzeit kann man freilich Kartoffeln bekommen und im Sommer und Herbst auch frische Liebesäpfel (Tomatoes), welche sozusagen das Nationalgemüse der Amerikaner bilden. Tomatoes werden in verschiedenartigen Zubereitungen gegessen: roh in Scheiben geschnitten, mit Essig behandelt, gekocht, eingemacht als Kompott, als Brühe und Suppe. Außer dem gemeinen, etwa apfelgroßen hell- oder orangenroten Liebesapfel, kommen auch solche vor in Form von Pflaumen, von Stachelbeeren mit Hülsen, und kleine in Form von Kirschen. Aber sie haben in allen Formen den starken aromatischen Geschmack, der den Amerikanern bei allen ihren Früchten willkommen ist. Tomatoes werden selbst im Winter und Frühjahr frisch gegessen und zu diesem Zweck in Glashäusern gezogen. Auf der Millwood-Farm des Herrn Bowditsch im östlichen Massachusetts sah ich ein solches Glashaus für Tomatoepflanzen, deren Früchte im Winter nach Boston versandt und dort hoch bezahlt werden.

Eine Besonderheit des nordamerikanischen Gemüsemarktes sind die Squashes, eine Art Kürbis von sehr verschiedener Form: kugelrund, plattrund oder turbanförmig, keulen- und schlangenförmig. Die Squashes werden entweder für sich allein gebaut wie die Kürbis und Gurken, oder zwischen den Reihen anderer Gemüse, oder auch zwischen Maisreihen auf dem Felde. Sie werden gewöhnlich in Form eines groben Breies gekocht genossen und schmecken wie ein Gemenge von Erbsenbrei und Spinat.

Ferner bilden die Zwiebeln ein, namentlich im Osten und Neu-England, sehr verbreitetes Gemüse. Man ißt gebratene Zwiebeln als Zuthat zum Fleisch und in Essig eingemacht, wie in Europa, aber man ißt sie in Nordamerika auch gekocht als Gemüse für sich allein.

Ein sehr beliebtes Gemüse bilden die gebleichten Selleriestengel, die fast zu jeder Jahreszeit in hohen Gläsern zusammengestellt, den meisten Mittagstafeln zum Aufputz dienen. Man ißt diese Selleriestengel zwischen, oder zu den einzelnen Gerichten, gleichsam zum Zeitvertreib. Der amerikanische Sellerie dient mehr zur Erzeugung gebleichter Stengel als zur Erzeugung von Knollen, die nur selten als Salat verwendet werden. Zum Zweck der Herstellung gebleichter Selleriestengel werden die Selleriepflanzen in Furchen gesetzt, welche mit einem Häufelpflug gezogen werden. Zu beiden Seiten der Furchen liegen die Erdhaufen, mit denen die Selleriepflanzen bei fortschreitendem Wachstum behäufelt werden. Gegen Herbstende stehen die Selleriepflanzen in Haufen von 1 ½—2 Fuß Höhe. Vor Winter werden die Selleriepflanzen aus der Erde genommen, die kleinen Knollen abgepflückt und die gebleichten Stengel im Keller aufbewahrt.

Im Sommer wird viel Salad gegessen und im Herbst viel Turnips, d. h. kleine weiße Rüben, die nur für Speisezwecke gezogen werden.

Eben vor der Zeit der Maisreife, d. h. im August und September, bilden die Maiskolben mit den unreifen noch weichen Körnern im gekochten Zustande ein überall verbreitetes Essen. Man nennt solchen Mais Sweet-Corn und nimmt die Kolben auch von den gewöhnlichen Maispflanzen, wenn man nicht eine kleinkörnige und kurzkolbige Maisart nur für die Sweet-Corn-Gewinnung anbaut. In der That findet man in allen größeren und selbst kleinen Stadtgärten Beete mit Sweet-Corn, die zu verschiedenen Zeiten angelegt werden, damit man vom Juli bis zum September Sweet-Corn essen kann. Die gekochten Kolben werden vor dem Abbeißen der Körner mit Butter beschmiert und entweder längs des Kolbens abgeknappert, oder die Körner werden vor dem Buttern reihenweise mitten durchschnitten, dann mit Butter beschmiert und vom Kolben losgelöst gegessen. Dies ist das feinere, gewöhnlich von Damen geübte Verfahren, während der weniger feine Mann den beschmierten Kolben mit beiden Händen durch den Mund schiebt und die Körner abknappert. Schön sieht das nicht aus, namentlich nicht, wenn eine größere Tischgesellschaft mit großen Maiskolben im Munde dasitzt.

Damit habe ich die gangbarsten nordamerikanischen Gemüsearten beschrieben. Die übrigen, mit Ausnahme der im Winter üblichen Kohlarten, auch Sauerkraut, bilden nur einen ausnahmsweisen und seltenen Bestand der öffentlichen und privaten Mittagstafel. Spargel hat man allerdings überall, aber meistens dünne Sprossen mit langen grünen, aufgeblätterten Köpfen. Aber grüne Hülsenfrüchte sind sehr selten zu haben und noch seltener zu genießen. Alle Gemüse werden ohne Salz gekocht, gewöhnlich stark gebuttert, oder in einer fetten Rahmbrühe, so daß die darin gekochten Erbsen und Bohnen kaum zu finden sind. Zudem sind die Gemüsegerichte selbst in den besten Gasthäusern so klein, daß sie eigentlich nur als Proben betrachtet werden können. Spaßeshalber habe ich in einer kleinen Stadt Massachusetts, in einem übrigens guten Gasthause, die mir vorgesetzten Bohnen- und Erbsengerichte gezählt: es waren einmal 10 einzelne Bohnen und ein andermal 24 einzelne Erbsen, beide in einer Rahmbrühe.

Die Gemüseauswahl ist sowohl in Gasthäusern wie in Privathäusern sehr spärlich. Ein einziges Mal habe ich während eines über siebenmonatlichen Aufenthaltes in Nordamerika Schwarzwurzeln bekommen, dort Austernpflanzen (Oyster plants) genannt. Das einzige, beinahe immer genießbare Gemüse sind die großen Kartoffeln, die meistens in der Asche gebacken werden, dann Sweet-Corn und Tomatoes, wenn man sich an deren Geruch gewöhnt hat, was mir bezüglich frischer Tomatoes niemals gelungen ist.

In einigen Privathäusern habe ich freilich sehr feines Gemüse gegessen und auch in reichlicher Menge, so daß das Gemüse sich wirklich als Nebengericht der Fleischspeisen zeigte. Zu den feinsten Gemüsen zähle ich die Limabohnen, eine große platte Bohne (in der Art unserer großen oder Saubohnen), welche ohne Schale gegessen wird.

Aus Vorstehendem ergibt sich, daß der Gemüsebau in den Vereinigten

Staaten nicht sehr ausgedehnt ist. Größere Gemüsegärten bestehen nur auf der New-Yorker Insel Long-Island und im Staate New-Jersey. An diesen Orten werden folgende Gemüse im Großen gezogen: in erster Tracht Kohl, dazwischen Salad; nach beiden, gewöhnlich am 1. Juli ausgepflanzt, Sellerie, oder russische Turnips. Auf Long-Island trifft man viel Sweet-Corn, Zwiebeln, Limabohnen, rote Rüben und verschiedene Kohlarten. Die genannten Gemüseländereien beziehen große Massen von Dünger aus New-York und Philadelphia. Auch in der Umgegend von Boston finden sich derartige Gemüsekulturen, aber überall handelt es sich nur um gemeine, grobe Sorten. Feines Gemüse findet man nur in größeren Privatgärten.

Die in diesem Abschnitte mitgeteilten Erfahrungen über Obst- und Gemüsebau beziehen sich nur auf den von mir bereisten Gürtel, dagegen nicht auf Kalifornien und den nordamerikanischen Süden.

IX. Viehzucht und Viehhaltung.

Von den gegenwärtigen landwirtschaftlichen Haustieren Nordamerikas ist nur das Truthuhn und die Cayugaente aus der Zähmung einheimischer Wildtiere hervorgegangen; alle übrigen landwirtschaftlichen Haustiere sind aus Europa eingeführt. Dies könnte nur bezüglich des Indianerpferdes zweifelhaft erscheinen, doch werde ich diesen Gegenstand, sowie überhaupt die Pferdezucht Nordamerikas im nächsten Abschnitte behandeln.

Das Rindvieh der Vereinigten Staaten ist nach Lewis F. Allen*) zuerst von den Spaniern nach Mexiko, von den Engländern nach Virginia und von den Holländern nach New-York eingeführt worden.

Es ist behauptet worden, daß Rindvieh nach dem Festlande von Amerika durch die Northmen eingeführt sei, von denen man vermutet, daß sie von Nordwest-Europa aus eine Landung an die amerikanische Küste gemacht haben, einige Jahrhunderte vor der Entdeckung des Weltteiles durch Columbus. Dieses ist jedoch, wie Allen richtig bemerkt, eine einfache Mutmaßung, weil kein Vieh bekannt war, bevor es durch die spanischen und portugiesischen Einwanderer wenige Jahre nach Columbus' Reisen eingeführt wurde. Im Jahre 1519 entdeckte der Spanier Cortez Mexiko. Er landete zuerst zu Vera Cruz und nicht lange nachher drang er vor bis zur Hauptstadt Mexiko, wo damals Montezuma regierte. Die Absicht von Cortez und seines Anhanges war Eroberung. Sie waren begleitet von einem Trupp Pferde für militärische Zwecke; aber es verlautet nichts von irgend

*) American Cattle: their history, breeding and management. New-York 1887.

welchem Rindvieh in seinem Zuge. Mexiko wurde bald eine Kolonie Spaniens und es ist durch Einwanderer dieses Landes rasch besiedelt worden. Ihr erster Zweck war Gold und Handel mit den Eingeborenen und ihrem Vordringen folgte der Ackerbau, womit Vieh aus Spanien kam.

Allen vermutet, daß Rindvieh um das Jahr 1525 von dort eingeführt wurde und das milde Klima und die reichliche Weide des Landes es rasch anwachsen ließ. Als sich Mexiko bevölkerte und seine Bevölkerung sich längs der Küste und im Innern ausbreitete, wurde natürlich auch Texas erreicht und dort der Grund gelegt zu den zahlreichen Herden Mexiko's, welche jetzt als Texasvieh bezeichnet werden. Später wurde Kalifornien durch die spanischen Mexikaner besiedelt, welche ihr Vieh dorthin trieben und es damals in zahlreichen Herden verbreiteten.

In den heutigen Vereinigten Staaten wurde die erste englische Kolonial-Ansiedlung im Jahre 1607 in Virginien, am Jamesflusse, von einer Kolonie von 100 Mann gemacht, welche durch Leiden, Krankheit und Mangel an Nahrung binnen einem Jahre auf 38 zusammenschmolz. Im Jahre 1609 vermehrte sich die Kolonie durch neue Einwanderung auf 500 Personen; aber in einigen Monaten wurde sie durch Tod auf 60 verringert. Im Jahre 1610 und 1611 wurden viele Kühe von den westindischen Inseln nach Virginien gebracht. In den folgenden Jahren kamen mehr Abenteurer an, aber 1622 wurden 347 Männer, Weiber und Kinder von den Indianern ermordet und die Kolonie ist thatsächlich aufgehoben worden. Ob auch deren Vieh zerstört wurde, ist nicht bekannt geworden; aber die Ansiedlung wurde bald darauf erneuert unter besseren Aussichten und Schutz, und Rindvieh ist ferner eingeführt und vermehrt worden.

New-York wurde zuerst durch die Holländer im Jahre 1614 besiedelt. Diese Kolonie blühte nach einigen Unterbrechungen. Die erste Einfuhr von Rindvieh soll dorthin im Jahre 1625 vom Mutterlande Holland gemacht worden sein; sie wuchs rasch sowohl durch Züchtung, wie durch fernere Einfuhr.

Im Jahre 1620 landete die englische Kolonie von Plymouth in Massachusetts. Im Jahre 1623 kamen wieder englische Kolonien und siedelten sich in Boston und New-Hampshire an. Im Jahre 1624 geschah die erste Einfuhr von Rindvieh in die Massachusetts-Bay, welcher bald andere Einfuhren folgten. New-Jersey wurde 1624 von Holländern besiedelt, Delaware 1627 von Schweden, welche ihr Vieh mit sich brachten. Alte Urkunden von New-Hampshire stellen fest, daß in den Jahren 1631—33 Kapitain John Mason mehrere Einfuhren von Rindvieh in jenen Staat aus Dänemark machte, um die dänischen Einwanderer, die sich am Piscataquaflusse angesiedelt hatten, zu versorgen. Dieses dänische Vieh war grob, groß und von gelblicher Farbe. Ansiedlungen in Maryland geschahen 1633, in Nord- und Süd-Karolina 1660 und 1670, in Pennsylvanien 1682, alle durch Engländer, welche entweder mit den ersten Ansiedlern, oder bald nachher Rindvieh mit herüber brachten, hauptsächlich aus Grafschaften den Häfen zunächst, von denen sie absegelten.

Es ist beurkundet, daß im Jahre 1636 eine Gesellschaft von Einwanderern auszog, um die Stadt Northboro in Massachusetts zu gründen; die Gesellschaft von 100 Männern, Weibern und Kindern führte 160 Stück Rindvieh mit sich — 12 Jahre nach der ersten Einfuhr in die Kolonie.

Aus diesen verschiedenen und gemischten Grundlagen ist nach Allen das eingeborene (Native) Rindvieh der Vereinigten Staaten entstanden. Von welchen unterscheidbaren Zuchten sie ausgewählt wurden, wenn dies bezüglich der Zucht überhaupt geschehen ist, darüber bestehen keine Nachrichten und kann, bei der Länge der Zeit, auch keine Gewißheit erlangt werden. Verschiedene Zuchten haben damals bestanden, wohl unterscheidbar in ihren Eigentümlichkeiten, sowohl in England, wie in Schottland. Allen vermutet, daß die Einwanderer, arm und dürftig wie sie meistens waren — viele von ihnen wanderten aus ihres Gewissens wegen und um ihr Schicksal zu verbessern — sie wenig Rücksicht nahmen auf die Zucht oder Rasse ihres Viehes und zufrieden waren, wenn dieses Milch gab, Arbeit verrichtete und seine Art fortpflanzte.

Als die Kolonisten an Zahl wuchsen und ihr Wohlstand stieg, wurde ihr Rindvieh dann ein Hauptzweig der Landwirtschaft, welches viel zu ihrem Unterhalt beitrug.

Nach Allen haben reiche und unternehmende Kaufleute der Seeküstenstädte ausgewählte Zuchten aus England eingeführt, welche auf das benachbarte Land verbreitet wurden und viel dazu beitrugen, den gemeinen Rindviehstand zu verbessern.

Im Jahre 1608 wurde Quebec in Unterkanada von Franzosen gegründet; bald darauf kamen Kolonisten in beträchtlicher Anzahl von der Westküste Frankreichs und brachten mit sich das kleine normannische oder brittische Vieh, nahe verwandt in Blut, Erscheinung und Eigenschaft den Alderney-Kühen der Kanalinseln. Diese haben sich jetzt in ganz Unterkanada und den alten französischen Herrschaften in großer Zahl vermehrt, ihren Haupt-Rindviehstand bildend. Sie bewiesen sich als ausgezeichnete Milcher, abgehärtet, leicht zu halten und sehr vorteilhaft für die Molkerei; sie sind auch leidlich für das Joch und für Fleisch. Mit Rücksicht auf ihren entlegenen Wohnplatz und ihren beschränkten Verkehr mit der Bevölkerung der englischen Kolonien, ist es nicht wahrscheinlich, daß ihre Herden vermischt wurden. Es gibt keine Nachrichten über die Art und die besonderen Eigenschaften des dortigen Rindviehes; nach nahezu 200 Jahren der Anpassung und Zucht zeigen sie keine Verwandtschaft mit dem neuenglischen Rindviehstand.

Wenn wir absehen von dem Kanalinsel-Rindvieh der französischen Einwanderer in Unterkanada und von der beschränkten Einfuhr holländischen, schwedischen und dänischen Rindviehes, welches die Einwanderer aus Holland,

Schweden und Dänemark mit sich brachten, so ist die überwiegende Mehrzahl des sog. eingeborenen (**Native**) Rindviehes der Vereinigten Staaten von englischer Abstammung. Das von den Spaniern in Mexiko eingeführte Rindvieh ist die Stammform des Texasviehes, das nicht zu den **Natives** gezählt wird. Dieses von der ältesten nordamerikanischen Vieheinfuhr abstammende Texasvieh ist gegenwärtig nur noch reinblutig in Texas und den benachbarten Staaten zu finden. Aber das Texasvieh ist gegenwärtig schon stark gekreuzt worden mit nordamerikanischen **Natives** und englischen Shorthorns, so daß es mir nicht gelungen ist, reinblütiges Texasvieh zu Gesicht zu bekommen. Ich habe unter vielen Tausenden von Rindern, welche ich auf den Prairien und Steppen des Westens weiden sah, niemals ein Stück Texasvieh gesehen, auch nicht auf dem großen Schlachtviehmarkt von Kansas City. Als ich den Viehmarkt in Chicago besuchte, wurde mir im Geschäftszimmer desselben gesagt, daß einige Hundert Stück Texasvieh am Platze seien. Ein Beamter des Marktes führte mich an einen abgelegenen Ort desselben, wo das angebliche Texasvieh — des Texasfiebers wegen — sich in Quarantäne befand. Der ganze Bestand dieses Viehes wurde in einem engen Gange an mir vorübergetrieben, aber ich sah nicht ein Stück reinblütiges Texasvieh; alle Tiere waren mit **Natives** und selbst mit Shorthorns gekreuzt. Nur die langen Hörner, die hohen Beine und der aufgezogene Leib ließen noch Texasblut erkennen.

Was man gegenwärtig in Nordamerika **Natives** nennt, stammt größtenteils von den ersten englischen Einfuhren, die aber dann mit später eingeführten Shorthorns gekreuzt sind. An den Kreuzungen der ursprünglichen **Natives** ist zum Teil auch das Blut anderer englischer Zuchten beteiligt, so namentlich der Devons und Herefords. Aber in überwiegender Zahl sind Shorthorns zur Kreuzung ursprünglicher **Natives** verwendet worden, so daß man die gegenwärtigen **Natives** in den Vereinigten Staaten geradezu als Shorthorn-Kreuzungen, wenn auch niederen Grades (¹/₄ Blut und darunter) bezeichnen kann.

Diese Blutmischung, welche ich nach meiner umfassenden Beobachtung in den Vereinigten Staaten für die **Natives** im Allgemeinen in Anspruch nehme, gilt auch für das sog. Steppenvieh im Besonderen. Alles Steppenvieh, welches ich in Kansas, Colorado, Wyoming, Nebraska, Dakota, Montana, Washington gesehen habe, gehört den **Natives** an, bezw. es sind Shorthornkreuzungen niederen Grades.

Außer diesen **Natives** kommen in den Vereinigten Staaten zahlreiche rein englische Zuchten vor. Am weitesten verbreitet sind die Jerseys für Molkereizwecke, insbesondere in den Molkereien, welche Butter erzeugen. Man beansprucht von einer guten Jerseykuh, daß sie 5—6 % Butter von ihrer Milch gibt. Die den Jerseys nahe verwandten und gleichgeformten Alderneys habe ich in Nordamerika niemals gesehen, dagegen häufig Guernseys, welche sich ebenfalls durch großen Butterreichtum ihrer

Milch auszeichnen. Jerseys und Guernseys sind den europäischen Landwirten so bekannt, daß ich nicht nötig habe, deren Beschreibung hier vorzubringen. Ich will nur bemerken, daß beide Zuchten, obgleich die englischen Kanalinseln ihre gemeinschaftliche Heimat sind, ganz verschiedene Abstammung haben. Die Jerseys stammen nach meiner Meinung von der kurzhornigen Alpenrasse und sie sind den Graubündnern ähnlich; die Guernseys stammen von der breitstirnigen Alpenrasse und sie sind dem bernerischen Juravieh ähnlich.

Vielfach verbreitet für Molkereizwecke, insbesondere für Käseerzeugung, sind die Friesen-Holländer, welche in den Vereinigten Staaten Holsteins genannt werden, und die schottischen Ayrshires.

Für Fleischzwecke (beef) bilden die Shorthorns die verbreitetste Zucht in ganz Nordamerika. Ihnen zunächst kommen die Herefords, die hornlosen Zuchten (Aberdeen-Angus und Galloways) und die Devons, welche zugleich gute Zugochsen liefern. Nur ganz vereinzelt, nämlich allein im Stalle der landwirtschaftlichen Versuchswirtschaft zu Geneva im Staate New-York, habe ich Holderneß gesehen, eine in England selten vorkommende Zucht. Es befanden sich dort mehrere Kalbinnen und zwei Arbeitsochsen der Holderneßzucht. Der Kopf der Kalbinnen war ähnlich dem der Jerseys: kurz, mit etwas eingesenkter Stirn und seitwärts stehenden Hörnern; das Flozmaul ist dunkel-bleifarbig, die Hornspitzen sind schwarz. Aber die Haarfarbe der Holderneß ist ganz anders als die der Jerseys. Jene gleichen in ihrer Farbenzeichnung ganz den Pinzgauern: Kopf und Flanken sind dunkelbraun, vom Kamm oder Widerrist zieht sich ein weißer Streifen über den Rücken, der an den Hinterbacken auf den Bauch übergeht und bis zur ebenfalls weißen Wamme reicht; unter dem Ellenbogenhöcker zieht sich ein weißer Haarstreifen über den Unterarm, gerade so, wie die „Faschen“ der Pinzgauer. Wenn nicht der den Jerseys ähnliche Kopf, das dunkle Flozmaul und die schwarzen Hornspitzen wären, so würde ich die Holderneß für Pinzgauer halten. So aber bilden sie eine gekreuzte Zucht von mir unbekannter Abstammung. Mir sind die Holderneß in England nie vorgekommen; ich sah sie nur in Geneva und nirgends sonst in Nordamerika.

Die Aufzucht des Rindviehes geschieht in den Weststaaten, insbesondere auf den Steppengebieten, in der einfachsten Weise. Das sog. Steppenvieh kommt niemals in einen Stall, mit Ausnahme der Bullen, welche von reinblutigen englischen Zuchten zur Veredlung der Kühe gehalten werden.

Auf den weiten Ebenen im Westen von Kansas und Nebraska und im Osten von Colorado, in den Gebirgen von Montana, Idaho und Wyoming weidet das Rindvieh auf meilenweiten Entfernungen von den Farmen oder Ranches ihrer Besitzer, unbeschränkt durch irgend welche Grenzen oder Umfriedungen, nur überwacht von den berittenen Kuhburschen (Cowboys), welche sie einmal im Jahre zum Round up (der gewöhnlich im April oder Mai stattfindet) zusammentreiben, damit die Marken nachgesehen und den zugetretenen Kälbern neu aufgeprägt werden können. Dann zählt der Herdenbesitzer seinen Rindviehbestand und er erfährt, was ihm über Winter verloren und an Kälbern zugewachsen ist.

Die Verluste, welche die Steppenherden über Winter erleiden, sind sehr groß. Auf der Ranch des Herrn Konrad Kohrs zu Deer Lodge in Montana rechnet man auf einen regelmäßigen Jahresverlust von 10 %. Aber in harten Wintern geht oft die Hälfte der Herde verloren und im Jahre 1887 hatte Herr Kohrs einen Verlust von 10 000 Stück in seinen Herden von Pferden, Rindern und Schafen.

Die Rinder und Schafe schieben im Winter den Schnee mit der Nase fort und fressen die darunter verborgenen Gräser. In der Regel sorgen die Stürme dafür, daß im Winter die höher gelegenen Plätze frei von Schnee bleiben und die Tiere Nahrung finden. Aber die größte Gefahr ist vorhanden, wenn der Schnee friert. Die Eiskruste verwundet alsdann die Füße der weidenden Tiere; sie können nicht mehr laufen und verhungern. Häufig auch stürzen sie in mit Schnee bedeckte Abgründe. Auf allen Steppenweiden, selbst nahe den Ortschaften, sieht man die Kadaver und Knochen verendeter Weidetiere; auf manchen Eisenbahnhöfen liegen große Haufen gebleichter Knochen, welche auf den Steppen gesammelt und für Knochenmühlen bestimmt sind.

Die Kälber werden auf den Weiden geboren, meistens im Frühjahr, wo sich dann Mutter und Kind von der großen Herde etwas absondern. Sollte das Kalb die Milch seiner Mutter nicht bezwingen können, dann fängt der Cowboy die Kuh mit dem langen Strick (Lasso), der zusammengeknotet immer an dem Sattel seines Pferdes hängt; er befestigt die eingefangene Kuh an diesen Sattel und melkt ihre Milch auf die Erde, damit sie nicht im Euter stockt. Gewöhnt sich aber das Kalb die Milch ab, dann wird auch die Kuh in der Regel nicht mehr gemolken: die Milch verliert sich von selbst.

Auf der genannten Ranch des Herrn Kohrs werden die über Sommer (vom 1. Mai an) im Felsengebirge frei weidenden Kühe im Oktober mit ihren Kälbern auf die Thalweide getrieben, wo sie den Winter über im Freien bleiben. Nur bei hohem Schnee wird ihnen Heu auf die Weide gebracht. Die noch saugenden Kälber, welche im Herbst zu Thal kommen, werden alsdann abgesetzt und gebrannt, d. h. mit der Herdenmarke des Eigentümers versehen. Wenn die Kühe nach dem Absetzen ihrer Kälber noch ein volles Euter haben, dann werden sie durch einige Tage gemolken, bis sie trocken sind. Nur 10 Kühe werden für den Milchbedarf der Ranch im Hofe gehalten. Mitunter sollen in dieser Herde halbjährige Kälber im Herbst zu Thal gekommen sein, welche 300 Pfd. (136 kg) Lebendgewicht hatten. Die Bullenkälber werden im Alter von 1—2 Jahren zu Doll. 100

bis 200 (M. 417—834) das Stück verkauft, die Kuh- und Ochsenkälber der Herde einverleibt.

Auf dieser Ranch sah ich 12 gut geformte reinblütige Shorthorn- und einen Hereford-Bullen, 3—4 Jahre alt. Die Bullen werden im letzten Drittel des Juni zu den Kühen auf die Bergweide gelassen, für je 30 Kühe 1 Bulle. Mit den Kühen kommen im Herbst auch die Bullen zu Thal, welche auf einer besonderen, mit Buschwerk bestandenen Flußmarschweide durch den ganzen Winter bis zum nächsten Juni verbleiben.

Außer seinen selbstgezogenen Ochsen mästet Herr Kohrs auf den Bergweiden des Felsengebirges auch angekaufte Jährlingsochsen, deren Preis Doll. 11—17 (M. 45,87—70,89) beträgt. Das ist ein mäßiger Preis für einen Jährlingsochsen, aber die Aufzuchtskosten bestehen auch nur in der Bullenhaltung und in dem Lohn und der Verpflegung der Cowboys. Diese bekommen einen Monatslohn von Doll. 40 (M. 166,80) neben freier Wohnung und Kost; im Sommer wohnen sie auf ihrem Weidegebiet im Blockhause. Die Weide ist kostenlos, da sie auf dem herrenlosen Lande der Bundes-Regierung betrieben wird. Das Gleiche ist der Fall auf den Ebenen der südlicher gelegenen Steppenstaaten und auf der großen Columbia-ebene im Staate Washington.

Das auf Steppen gehaltene Rindvieh muß vor Allem lange Beine haben und gut laufen können, denn es muß viele Schritte machen, ehe es Nahrung genug zur Sättigung findet. Selbstverständlich hat dieses Vieh eine derbe Haut und rauhes Haar. Es entwickelt sich sehr langsam, da es sehr viel Kraft verausgaben muß für seine Ortsbewegung und dabei Hunger und Durst, Hitze und Kälte, Sturm und Regen erleidet ohne jede Pflege und Fürsorge seitens des Menschen. Milchvieh geht aus dem Steppenvieh ganz und gar nicht hervor, da die Milcheigenschaften einer Kuh in keiner Weise begünstigt werden. Auch liefert das Steppenvieh nur Masttiere geringer Güte. Die Native steers (wie die geschnittenen Ochsen genannt werden) der Steppengebiete gehören meistens zur dritten und letzten Sorte des Chicagoer Viehmarktes, selten zur zweiten und niemals zur ersten Sorte.

Nur für das Joch, d. h. zur Zugleistung eignen sich die Steppenochsen vortrefflich.

Unter allen in Frage kommenden Magerochsen sind aber die Native steers die wohlfeilsten. Der durchschnittliche Ankaufspreis beträgt 2,75 cts das Pfd. (25,3 Pf. d. kg) Lebendgewicht.

Ganz anders ist die Aufzucht des Rindviehes in den nordwestlichen und östlichen Staaten, sowie in Kentucky und der kanadischen Provinz Ontario. Hier findet das Vieh im Winter immer Obdach; es bestehen geschlossene Stallungen und an vielen Orten völlige Stallfütterung durch das ganze Jahr.

Einer der besten Shorthornzuchten in Kentucky befindet sich auf der

Grasmere-Farm unweit Lexington, Herrn William Warfield gehörig. Die Farm umfaßt 260 Acker (105,30 ha) und einen Bestand von 70 Shorthorns von Booth- und Batesblut. Ich sah dort zwei 7monatliche sehr gut entwickelte Bullen und 40 Kühe mit breiten Formen, feiner Haut, feinen Knochen, im Allgemeinen gut gebaut, aber etwas zu hoch auf den Beinen; auch die mächtigen Fettklumpen an ihrer Schwanzwurzel gehören nicht gerade zu ihren Vorzügen. Die besten Shorthorns, welche ich in den Vereinigten Staaten gesehen habe, waren durchschnittlich hochbeiniger, als wir sie in guten europäischen Zuchten haben. Ich fand nirgendwo in Nordamerika schönere Shorthorn-Formen, als wir sie in Europa besitzen.

Eine gut geformte Zucht von Shorthorns und Angus-Aberdeen traf ich auf der North-Oak-Farm bei St. Paul in Minnesota, Herrn J. J. Hill, Präsidenten der St. Paul-Manitobabahn gehörig. Die Farm umfaßt 4000 Acker (1620 ha) und sie hält etwa 400 Stück Rindvieh, von dem die meisten der Angus-Aberdeen-Zucht angehören, mittelgroße Tiere von gedrungener, tief gestellter Figur. Die Shorthorns waren von Bates- und Boothblut, darunter neun aus der Duchess-Familie. Für die mit einer de Laval'schen Milchschleuder versehene Butterei wurden auch einige Jerseys gehalten, im Ganzen 50 Milchkühe. Außerdem waren 74 Pferde, 175 Schafe der Shropshire- und Blackface-Zucht und 100 Schweine vorhanden. Die ganze Farm, deren Acker zu Doll. 14 (M. 144,20 d. ha) erkauft war, sowie die Stallungen machten einen sehr netten und ordentlichen Eindruck. Der Besitzer, ein mehrfacher Millionär, betreibt die Landwirtschaft zu seinem Vergnügen, aber er hat Freude daran; da er mir alles selbst zeigte und erklärte, so kann ich sagen, daß er auch Verständnis dafür hat, wobei ich freilich absehen muß von der, fast allen Amerikanern eigentümlichen Sucht, ihre Erträge zu überschätzen.

In der Nähe von Lafayette in Indiana besuchte ich die Shadeland-Farm des Herrn Adams Earl. Diese, 1600 Acker (648 ha) umfassende Farm ist berühmt durch ihre Herefordzucht, welche in der That die beste ist, die ich gesehen habe. Insgesamt werden 300 Stück Rindvieh gehalten, darunter 125 Herefordkühe und 20 Jerseykühe, letztere nur für Milchzwecke. Ein alter, gut geformter Herefordbulle war als Zweijähriger für Doll. 5000 (M. 20,250) in England gekauft. Ein selbstgezogener dreijähriger Herefordbulle von 1800 Pfd. Lebendgewicht zeigte sehr schöne volle Formen, gut entwickelten Rumpf und niedrige Beine. Die Herefordkühe haben sehr breite, tief gestellte und dabei sehr gleichmäßige Formen, fast eine wie die andere; bei einigen fiel mir der etwas stiermäßige Kopf auf; bei anderen die starken Fettpolster an der Schwanzwurzel und um die Scham. Die Kälber gehen sechs Monate, die Stierkälber wohl auch sieben Monate mit den Kühen und saugen so lange. Alles Rindvieh dieser Farm, auch zahlreiche Jungochsen waren im besten Ernährungszustande. Die Zuchteinrichtungen: Stallungen, offene Schuppen mit zahlreichen Auslaufhöfen, von alten Laubbäumen beschattet, waren durchaus musterhaft. Die Weiden grünten zur Zeit meines Besuches am 15. Juli mit gut bestandenem Rotklee und Timothygras; sie lagen zwischen prächtigen Hainen von alten Eichen- und Eschenbäumen. Die Ochsen gehen Sommer und Winter auf die Weiden; zur Zeit meines Besuches teilten sie die Weide mit Polandchina-Schweinen.

Derartige gute Rindviehzuchten habe ich in den Vereinigten Staaten nur selten gesehen, dagegen viel Mittelmäßiges. Die durchschnittlich besten Zuchten sind die Jerseys. Ich habe in den Wirtschaften, welche ich schon früher beschrieben habe, immer auch den Viehstand erwähnt, und will daher hier Wiederholungen vermeiden.

Durch aufmerksame Beobachtung der nordamerikanischen Haustierformen bin ich zu der Ueberzeugung gekommen, daß die amerikanischen Tierzüchter im Allgemeinen noch zu wenig Erfahrung in der Formbeurteilung besitzen. Die Beurteilung der Haustierformen erfordert lange Uebung; das Auge des Züchters muß sich erst an die in Frage kommenden Körperverhältnisse gewöhnen und dazu gehört Zeit. Die Zucht verbesserter Haustiere ist in den Vereinigten Staaten noch zu kurze Zeit betrieben, als daß eine größere Summe von Erfahrungen gewonnen werden konnte, um hervorragende Haustiere zu züchten. Die besten Rinder in den Vereinigten Staaten sind aus England eingeführt. Wohlhabende amerikanische Züchter scheuen keine Mittel, um sich die teuersten Zuchttiere von dort zu beziehen; in den meisten Fällen haben sie dieselben gar nicht selbst ausgewählt, sondern sie kauften in berühmten englischen Herden nach dem Stammbaum. In dem Geschäftsbetriebe der amerikanischen Rindviehzüchter spielt der Stammbaum (Pedigree) die größte Rolle bei der Beurteilung ihrer Zuchttiere.

Wenn aber auch die nordamerikanische Viehzucht (mit Ausnahme der Traberzucht) die westeuropäische durchschnittlich noch nicht erreicht hat, so besitzt doch der Amerikaner alle Anlagen, ein guter Tierzüchter zu werden: er ist ein Tierfreund, er behandelt die Tiere wohlwollend und menschlich und knausert nicht mit dem Futter. Nirgendwo habe ich die Haustiere besser und liebreicher behandeln sehen als in den Vereinigten Staaten.

Bis jetzt ergänzt sich die nordamerikanische Viehzucht hauptsächlich aus englischen Quellen. Mit Ausnahme des Texasviehes, das seinem Untergange entgegengeht, stammt alles Rindvieh, alle Schafe, Schweine und sogar die Grundlage der berühmten amerikanischen Traberzucht aus England. Auf dem Gebiete der nordamerikanischen Hühnerzucht, spricht man von den eingeborenen Zuchten der Plymouth-Rocks und der Wyandottes; aber auch diese sind durch Kreuzung mit Zuchten entstanden, welche aus England bezogen wurden. Die Vereinigten Staaten im Allgemeinen, viele amerikanische Farmer, oder landwirtschaftliche Liebhaber sind reich genug, sich die besten Zuchten in England zu kaufen und auf amerikanischen Boden zu verpflanzen. Ueberall in den Vereinigten Staaten, wo ich hervorragende Zuchttiere gesehen, oder von ihnen gehört habe, hieß es: „eingeführt“

(imported). Nur die besten Traber sind nicht eingeführt, aber über diese werde ich im nächsten Abschnitte sprechen.

Ich will aber doch nicht unterlassen zu sagen, welche Anschauung man an wissenschaftlicher Stätte über die Körperform und die Eigenschaften einer Milchkuh hat, bezw. wie man diese beurteilt.

Im Kuhstall der New-Yorker Staatsuniversität zu Ithaca, hat mich Professor J. P. Roberts darüber belehrt.

Die Form einer guten Milchkuh muß doppelt keilförmig sein: vorn schmäler als hinten, hinten höher als vorn, demnach hinten breiter als vorn, vorn niedriger als hinten, d. h. eine gute Milchkuh ist hinten um 6 Zoll (15 1/4 cm) höher als vorn, was aber meines Erachtens nicht für alle Zuchten paßt. Der Amerikaner verlangt an einer Milchkuh hinten mehr Masse als vorn; er will auch kein nach hinten abfallendes Kreuz und wenn es vorkommt, züchtet er es höher.

Dann legt man auch Wert auf die sog. Milchadern, weniger auf den „Milchspiegel" (Escutcheon, wörtlich Wappenschild).

Großen Wert legen die Amerikaner auf die Löcher des Rückgrates (sie sagen kurz Backbone), d. h. auf die Vertiefungen zwischen den Dornfortsätzen der Brust- und Lendenwirbel, welche bei guten Milchkühen deutlich unter der Rückenhaut wahrzunehmen sind. Mit diesem wichtigen Milchzeichen verhält es sich so wie mit der von mir wissenschaftlich begründeten Weite der Rippen-Zwischenräume. Je besser nämlich die Lunge entwickelt ist, desto länger ist der Brustkorb, damit auch die Entfernung der Rippen von einander, desto länger sind die Wirbelkörper und damit stehen auch deren Dornfortsätze weiter auseinander.

Alsdann legt man auch in den Vereinigten Staaten Wert auf eine lose dünne Haut (Paper skin, Papierhaut) bei Milchkühen, im Gegensatze zu einer dicken Haut (Leather skin, Lederhaut) bei Mastvieh.

So viel über die Aufzucht des Rindviehes und die dazu gehörige Beurteilung ihrer Körperform.

Bezüglich der Fütterung des Rindviehes bestehen im Westen der Vereinigten Staaten sehr einfache Grundsätze: man gibt was man hat, und möglichst reichlich. So sehr ich diese Grundsätze bei der Viehfütterung billige und sie für richtiger halte als das knauserige Fütterungsverfahren der gelehrten Landwirte in Europa, so muß ich doch ganz entschieden die vorwiegende Fütterung des westlichen Rindviehes mit Mais, und gar mit ganzen Körnern verurteilen. Maiskörner sind gewiß ein gutes Nahrungsmittel für Rindvieh und Schafe, wie für alle landwirtschaftlichen Haustiere. Aber wiederkäuende Haustiere bedürfen zum vollständigen Kauen und zur vollständigen Verdauung ein langes oder rauhes Futter, d. h. Heu oder Stroh, um das kurze Futter damit einzuhüllen, bezw. einen gewissen Widerstand bietende Bissen bilden zu können, welche durch den Schlund zum Wiederkauen zurückkehren. Kurzes Futter wird von den Wiederkäuern unzerkaut verschlungen und es kehrt auch nicht zum Wiederkauen durch den Schlund zurück, wenn es sich nicht durch Beihülfe von Rauhfutter zu Bissen formen kann.

So erklärt es sich, daß die dem Rindvieh in Westen gefütterten Maiskörner etwa zur Hälfte wieder unverdaut abgehen. Wenn nun auch dies unter den obwaltenden Verhältnissen kein Verlust ist, weil die Schweine die im Darmkanale des Rindviehes erweichten, aber unverdauten Maiskörner fressen und verdauen, so leidet doch die Fütterung, bezw. die Mästung des Rindviehes darunter, die viel zu lange (6—7 Monate) dauert, um vorteilhaft sein zu können. Die lange Dauer der Mästung des Steppenviehes in offenen Höfen ist freilich auch mit auf Rechnung der Schutzlosigkeit gegen die Witterung zu schreiben; die Masttiere müssen einen größeren Teil ihres Futters zur Erwärmung ihres Körpers verwenden, als wenn sie in einem warmen Stall stehen würden.

Welche Wirkung schon das Zermahlen der Maiskörner ausübt, das habe ich bei meinem Besuche des Schlachtviehmarktes in Chicago gesehen. Hier sah ich in einer Stallung mit gut gemästeten Ochsen eine Tafel an der Wand mit der Aufschrift: These cattle are fed exclusively on Steam Cooked Feed, Manufactured by Empire Steam Cooked Feed Co. (Dieses Vieh ist ausschließlich mit Dampfkochfutter gefüttert, hergestellt durch die kaiserliche*) Dampfkochfutter-Gesellschaft.) Ich suchte diese Gesellschaft in Chicago auf; man zeigte mir dort als Dampfkochfutter ein Gemenge von zerquetschtem Hafer und grob geschrotetem Mais, die jede für sich mit Dampf erhitzt und dann vermischt wurden, im Winter zu gleichen Teilen, im Sommer zu zwei Teilen Hafer und drei Teilen Mais. Dieses Gemenge wurde zu Doll. 21 die Tonne (M. 9³/₈ d. q) verkauft in ganzen Wagenladungen, einzeln um 1 Doll. teurer.

Unzweifelhaft hatte diese Futtermischung eine gute Mastwirkung und jedenfalls eine bessere als ganze Maiskörner. Aber jeder Farmer kann sich dieses Gemenge von Hafer und Mais selbst herstellen, wenn er eine Schrotmühle besitzt. Es ist gar nicht notwendig, die beiden Futterbestandteile zu dämpfen, weil die Verdaulichkeit derselben nicht erhöht wird, was schon wiederholt durch wissenschaftliche Versuche nachgewiesen ist. Die genannte Gesellschaft würde für ihr Dampfkochfutter gewiß nicht so hohe Preise nehmen, wenn sie nicht darauf rechnete, den Unverstand der Farmer ausnutzen zu können. Diese ersparen sich die Kosten einer Schrotmühle und bezahlen dafür das einfache Schrotfutter in jenem Dampfkochfutter weit über den Wert.

Einsichtsvollere Farmer füttern ihre Mastochsen mit Heu neben den Maiskörnern, oder auch mit Heu allein, wie ich dies von der Luzernheu-Mästung auf der Sheldon-Ranch im 4. Abschnitte S. 50 angeführt habe.

---

*) Empire ist der Beiname des Staates New-York, woher wahrscheinlich die Gesellschaft stammt.

Auf den Prairiegebieten und in den östlichen Staaten, wo Mästung stattfindet, wird der Mais entweder als **Gluten meal** oder als **Cob meal** gefüttert. Das erstere ist grobes Maismehl nach Wegnahme des Feinmehles. **Cob meal** ist Mehl von den Maiskörnern und den Maiskolben, welche, nachdem sie zuerst durch eine Maschine von einander getrennt sind, zusammen vermahlen werden. Ferner wird in den meisten Fällen Mais-Preßfutter (**Ensilage**) dazu gegeben und zwar von 25 bis zu 50 Pfd. (11,36—22,72 kg) das Stück Vieh. Vereinzelt werden auch Wurzelfrüchte, insbesondere Runkelrüben (sog. Mangoldwurzeln) und Turnips, und von käuflichen Futtermitteln Kleie und Mehl von Baumwollsamenkuchen gegeben. Die Fütterung anderer Oelkuchen, oder des Mehles davon, ist mir in den Vereinigten Staaten nicht vorgekommen, was sich wohl zum Teil daraus erklärt, daß ich die Viehfütterung nur im Sommer beobachtet habe. Wo ich aber nach der Fütterung von Oelkuchen im Winter gefragt habe, erhielt ich eine verneinende Antwort.

Von Mastungsversuchen mit Ochsen ist mir in den Vereinigten Staaten derjenige bekannt geworden, den die landwirtschaftliche Versuchs-Station zu Lansing in Michigan vom Jahre 1885/86 bis zum 1. November 1888 angestellt und im Januar 1889 veröffentlicht hat*).

Der Versuch wurde mit 10 Ochsen ausgeführt, welche am 1. November zusammen 15,967 Pfd. Lebendgewicht hatten, also im Durchschnitt ein Ochse 1596,7 Pfd. (725,8 kg). Die dreijährigen Futterkosten betrugen Doll. 875,24, also das Pfund Lebendgewicht 5,48 cts (50,4 Pf. d. kg). Von diesen 10 Ochsen wurden 6 geschlachtet, nämlich

Zucht	Alter Tage	Lebendgewicht vor dem Schlachten Pfd.	Fleischgewicht nach 36 St. Hängen Pfd.	Prozent des Fleischgewichtes	Futterkosten Doll.
Devon . .	965	1240	777	63	68,00
Hereford .	1112	1430	927	65	76,73
Jersey . .	1173	1460	868	59	86,61
Galloway .	1000	1570	971	62	80,41
Shorthorn .	1083	1810	1210	67	100,36
Holländer .	991	1620	1014	63	89,06
Durchschnitt .	1054	1522	961	63	83,53

Die Kosten dieser Mastung betrugen demnach 5,5 cts das Pfd. (50,6 Pf. d. kg) Lebendgewicht, bezw. 8,69 cts das Pfd. (80 Pf. d. kg) Fleischgewicht.

Die Tabelle zeigt, daß der Jersey-Ochse sehr unvorteilhaft gemästet

*) „Feeding steers of different breeds". Bulletin No. 44 of the Experiment Station of the Agricultural College of Michigan.

war, denn er hatte nur 59% Fleischgewicht und 1 Pfd. Fleischgewicht kostete 9,98 cts (91,82 Pf. d. kg). In der That werden die Jerseys in den Vereinigten Staaten nicht zur Mast, sondern nur zur Milchproduktion verwendet.

Die übrigen Mastochsen reihen sich nach den Kosten ihres Fleischgewichtes in folgender Weise aneinander:

Hereford . .	1 Pfd. Fleischgewicht	8,27 cts	(76,15 Pf. d. kg)
Galloway . .	„ „	8,28 „	(76,18 „ „ „)
Shorthorn . .	„ „	8,29 „	(76,27 „ „ „)
Devon . . .	„ „	8,75 „	(80,50 „ „ „)
Holländer . .	„ „	8,78 „	(80,78 „ „ „).

Demnach stehen bezüglich des Mästungserfolges bezw. Vorteiles: Hereford, Galloway und Shorthorn fast gleich, und ebenso Devon und Holländer, deren Mästungskosten aber den Durchschnitt überschreiten.

Wenn wir aus der obigen Tabelle den unvorteilhaft gemästeten Jersey-Ochsen auslassen, so ergeben sich für die übrigen 5 Ochsen folgende Durchschnitte:

Alter 1030 Tage oder 2 Jahre 10 Monate.

Lebendgewicht 1534 Pfd. = 697 kg.

Fleischgewicht nach 36stündigem Hängen 980 Pfd. = 445 kg, oder 64% vom Lebendgewicht.

Futterkosten Doll. 82,91 = M. 345,73.

Kosten für 1 Pfd. Lebendgewicht 5,4 cts = 49,7 Pf. für das kg.

Kosten für 1 Pfd. Fleischgewicht 8,46 cts = 77,8 Pf. für das kg.

Aus diesem Versuch würde ich — im Gegensatz zu dem Urteil eines dreigliedrigen Preisgerichtes in dem obengenannten Bulletin — nicht schließen, daß der Shorthorn der beste Mastochse war; dies war vom landwirtschaftlichen Standpunkt entschieden der Hereford-Ochse. Der Devon-Ochse war nicht viel besser als der Friesen-Holländer. Dagegen haben sich die Devons in den Vereinigten Staaten als gute Zugochsen bewährt.

Das Milchvieh wird in den Vereinigten Staaten im Sommer meistens auf der Weide ernährt, die mit Rotklee und Timothygras und — in den Oststaaten — überdies häufig mit gemeinem Straußgras (Red top, Agrostis vulgaris) angesäet ist; sie enthält hier auch mehr oder weniger Blaugras (Poa pratensis), das sich von selbst einfindet. In Kentucky bestehen viele Weiden nur aus Blaugras. In den westlichen Prairiestaaten tritt Knauelgras (Orchard-grass, Dactylis glomerata) an die Stelle von Timothygras und gemeinem Straußgras.

Das Hauptfutter der Milchkühe bei Winterstallfütterung (also mit Ausnahme des Steppengebietes) ist Maispreßfutter (Ensilage) und Timothyheu, entweder rein, oder gemischt mit Heu von Rotklee und gemeinem Straußgras. Dort, wo nur Blaugrasweiden bestehen, gibt es besondere

Grasfelder mit Timothy, oder mit diesem und Rotklee. Auch füttert man Heu von grünem Hafer und grüner Hirse.

Von einem Futterversuch mit 16 Michkühen habe ich Kenntnis erhalten auf der Versuchs-Station zu Hanover im Staate New-Hampshire, welche unter Leitung von Direktor G. H. Whitcher steht. Der zu dem Versuch benutzte Viehstand umfaßte 4 Jerseys, 4 Friesen-Holländer, 4 Shorthorns und 4 Ayrshires. Die Tiere gingen vom 20. Mai bis 20. Oktober 1888 auf der Weide, welche für das Stück auf Doll. 8 (M. 33,36) berechnet wurde; außerdem bekamen sie während dieser Zeit für Doll. 8,50 Grains, d. i. Körner, Mehl und Schrot von Mais. In der Zeit vom 20. Oktober bis 12. November geschah die Fütterung teils auf der Weide, teils im Stall mit einem Kostenaufwand von Doll. 2,42 (M. 10,09) das Stück. Die alleinige Stallfütterung vom 13. November bis 13. Mai hat gekostet Doll. 29,15 (M. 121,56). Vom 13.—20. Mai wurde teils im Stall, teils auf der Weide gefüttert zu Doll. 1 (M. 4,17) das Stück. Die Fütterungskosten für jede Kuh betrugen demnach durchschnittlich Doll. 49,07 (M. 204,62); die Friesen-Holländer erforderten jedoch durchschnittlich für Doll. 50 (M. 208,50) Futter.

Die Winterfütterung war für 1000 Pfd. Lebendgewicht Vieh:

Weizenkleie	1	Pfd.
Mehl von Baumwollensamenkuchen	2	"
Maismehl (fein)	3	"
Timothyheu (lang)	20	"

Diese Fütterung kostete 17 cts (70,89 Pf.) das Stück.

Wenn an Stelle des Timothyheues 50 Pfd. Maispreßfutter (Ensilage) gesetzt wurde, so ermäßigten sich die Futterkosten auf 13 cts (54,21 Pf.) das Stück. Wurden an Stelle von 20 Pfd. Timothyheu gesetzt:

Haferheu	10	Pfd.
Maispreßfutter	30	"

so kostete das Futter 14 cts (58,38 Pf.) das Stück.

Die zu Hanover verwendeten Futtermittel hatten folgende Preise die Tonne (9,1 Meterzentner):

Middlings*)	Doll.	26	(M. 11,96	d. Meterzentner)
Weizenkleie (Shorts)	"	21	(" 9,66	" ")
Mehl von Baumwollsamenkuchen	"	27	(" 12,42	" ")
Maismehl	"	25	(" 11,50	" ")
Glutenmehl	"	25	(" 11,50	" ")
Timothyheu	"	10	(" 4,60	" ")
Haferheu	"	8	(" 3,68	" ")
Hirseheu	"	6	(" 2,76	" ")
Maispreßfutter	"	2	(" 0,92	" ")

---

*) Middling ist ein Mittelprodukt zwischen Mehl und Kleie.

Bei der Berechnung des auf dem eigenen Acker gezogenen Futters wurden in Rechnung gesetzt: die Rente des Ackers im Werte von Doll. 100 (M. 1030 d. ha) zu 5 %, sämtliche Bewirtschaftungskosten, vom Dünger ⅓ für die Futtererzeugung, jedoch nicht die Gebäudekosten.

Die 4 Jerseykühe gaben vom 1. Juli 1888 bis 30. Juni 1889 durchschnittlich jede an Milch 4842 Pfd. (2201 kg), an Butter 269 Pfd. (118 kg). Die Erzeugungskosten von 100 Pfd. Milch betrugen 99 cts (9,11 Pf. d. kg).

Die 4 Friesen-Holländer-Kühe gaben in derselben Zeit im Durchschnitt an Milch 5970 Pfd. (2714 kg), an Butter 194 Pfd. (88 kg). Die Erzeugungskosten von 100 Pfd. Milch betrugen 85 cts (7,82 Pf. d. kg).

Die 4 Ayrshirekühe gaben in derselben Zeit im Durchschnitt an Milch 5845 Pfd. (2657 kg), an Butter 267 Pfd. (121,4 kg). Die Erzeugungskosten von 100 Pfd. Milch betrugen 77 cts (7,08 Pf. d. kg).

Die 4 Shorthornkühe sind nicht durch das ganze Jahr gehalten worden, ihre Jahreserträge sind daher zum Teil nach dem Jahresdurchschnitt berechnet worden auf etwa 6500 Pfd. Milch und 275 Pfd. Butter.

Aus diesem Versuch ergiebt sich, daß die Jerseykühe die meiste Butter lieferten, die Ayrshirekühe aber die billigste Milch (nach den Kosten der Haltung berechnet) und auch die billigste Butter.

Die Fettprozente der Milch betrugen:

bei den 4 Jerseykühen:	5,20.	4,34.	5,08.	6,06.
„ „ 4 Friesen-Holländer:	2,85.	3,54.	3,29.	2,84.
„ „ 4 Shorthorns:	4,05.	3,50.	3,68.	3,67.
„ „ 4 Ayrshires:	4,55.	4,28.	4,48.	3,81.

Es gaben also durchschnittlich:

die Jerseys	5,17	Fettprozente
„ Friesen-Holländer	3,13	„
„ Shorthorns	3,72	„
„ Ayrshires	4,28	„

Daraus ergiebt sich die Bevorzugung der Jerseys für Butterproduktion; mit ihnen stehen auf gleicher Stufe die Guernseys, die von manchen Buttererzeugern sogar noch den Jerseys vorgezogen werden, dann folgen die Ayrshires bezüglich des Fettreichtums ihrer Milch, dann die Shorthorns und auf der untersten Stufe des Fettreichtumes in ihrer Milch stehen die Friesen-Holländer, die sich aber auch in den Vereinigten Staaten als die milchreichste Zucht bewährt hat, deren Milch jedoch vorwiegend zur Käseerzeugung verwendet wird.

Eine große Rolle spielt für die Futterung der Milchkühe der Preßmais oder wie er kurz genannt wird: Ensilage, und deshalb halte ich es für geboten, dabei einige Zeit zu verweilen.

Nach den Versuchen von Direktor G. H. Whitcher auf der Station zu Hanover, New-Hampshire, hatte in dem dortigen rauhen Klima der südliche Mais (Southern corn) die meiste Trockensubstanz gegeben auf den Acker, dann der nördliche (Northern field corn), dann der Pride of the North, ein Pferdezahnmais aus Minnesota, und zuletzt der Sanford-Mais; aber dieser ergab die besten Futterwirkungen, dann der nördliche und der südliche; der Pride of the North wurde nicht zum Futterversuch verwendet.

Herr Whitcher meint, daß in Erwägung aller Versuche, es am besten sei, solche Maissorten zu pflanzen, welche an einem gegebenen Orte Pflanzen erzeugen mit gut gefüllten Aehren, milchigen oder noch besser teigigen (doughy) Körnern und den Schnitt aufzuschieben bis die Pflanzen augenscheinliche Zeichen von Reife zeigen, wie das Herabhängen der unteren Blätter, das Glänzen der Flintkörner, oder das Zusammenschrumpfen der Pferdezahnsorten. Damit gewinnt man an Trockensubstanz und verliert an Wasser, wodurch das Preßfutter verbessert und die Arbeit verringert wird.

Nach L. H. Adams*) haben wiederholte Versuche gezeigt, daß, um den höchsten Betrag von Nahrungsstoff zu bekommen, der Mais einen gewissen Grad von Reife erreichen muß. Die passende Beschaffenheit wird offenbar erlangt, wenn der Mais gerade den glänzenden Zustand in der Schale passiert hat und er gut gezähnt ist im Pferdezahnmais.

Herr Adams gibt auch die Bauart der Silos an. Wenn derselbe außerhalb des Stalles oder als Anbau desselben aufgeführt werden soll, so ist eine 18zöllige Grundmauer von Stein zu legen, welche 6 Zoll über der Oberfläche vorragt. Auf dieser Steingrundlage wird eine Schwelle von drei 2×10 Zoll Planken in Mörtel gebettet und Eckpfosten errichtet. Auf die oberste Planke werden in Entfernungen von 16 Zoll 2×10 Zoll Planken, 18 Fuß lang aufgestellt und mit der Deckplatte gedeckt, worauf das Dach kommt. Dann werden die senkrechten Platten außen und innen mit Brettern benagelt, die innere Bretterlage mit Dachpappe überzogen und darauf nochmals eine Bretterlage befestigt, welche, den Innenraum des Silos begrenzend, mit Steinkohlentheer bestrichen wird. Die Außenwand des Silos kann auch mit dachziegelförmig sich deckenden Brettern oder mit Schindeln versehen werden. Ist der Silo — wie es meistens der Fall ist — unmittelbar mit dem Stall verbunden, so kann die Steingrundlage und ein besonderes Dach erspart werden. Die Thür zu dem ausseitigen Silo ist ebenfalls doppelwandig mit Luftraum dazwischen und ebenerdig angebracht. Die Thür zum Scheunen- oder Stallsilo befindet sich ungefähr im mittleren Verlauf desselben, da ein solcher Silo durch zwei Stockwerke der Scheune geht, d. h. die doppelwandige Thür führt aus dem oberen Stockwerk in den Silo, der gewöhnlich eine Tiefe von 18—20 Fuß hat.

Auf der Versuchsstation zu Madison in Wisconsin hat J. G. Short im Jahre 1888 Ensilage-Versuche mit 9 Maissorten angestellt, nämlich mit

*) „Notes on Ensilage". Bulletin No. 19 of the Agric. Exp. Stat. of the University of Wisconsin 1889.

Southern Horse Tooth (Pferdezahn), Southern Ensilage, Smedley Dent (Pferdezahn), Normandy White Giant, Fargo Bros. Ensilage (aus dem Süden stammend), B. & W. Ensilage, Sibley's Sheep Tooth (südlicher Schafzahn), King Philip und Evergreen Sweet. Sämtliche Sorten sind am 5. September geschnitten worden. Das größte Gewicht auf dem Acker gab Southern Ensilage, die größte Masse Trockensubstanz Southern Horse Tooth, der auch den meisten Zucker und die meisten Eiweißstoffe enthielt.

Regel ist den Ensilage-Mais im frischen grünen Zustand, nicht abgewelkt in den Silo zu schneiden. Die empfohlene Schnittlänge des Mais schwankt zwischen 1 und 2 ½ Zoll. Die kürzer geschnittenen Maisstücke legen sich natürlich dichter zusammen, aber es sind auch mehr innere Stengelteile der Luft ausgesetzt. Aus diesem Grunde dürfte sich eine Schnittlänge von 1 ½—2 Zoll als die beste empfehlen.

Man baut den Ensilage-Mais gewöhnlich in Reihen von 3 ½—4 Fuß Weite, in der Reihe 6—8 Zoll weit. In der Versuchswirtschaft zu Madison wurden einige Jahre zuvor 33000 Pfd. Maisfutter vom Acker (36,960 kg v. ha) geerntet, auf dem in jedem Hügel, der nach jeder Richtung zwei Fuß von dem andern war, zwei Körner gelegt waren.

Von chemischen Analysen der Mais-Ensilage will ich eine ältere mitteilen von C. A. Goeßmann, Direktor der Versuchsstation zu Amherst, Massachusetts. Die Probe dazu wurde vom Silo Nr. 2 am 25. April 1886 genommen.

Feuchtigkeit bei 100° C.	76,90 %
Trockensubstanz	23,10 „
Analyse der Trockensubstanz:	
Roh-Asche	5,22
„ Faser	17,67
„ Fett	3,15
„ Eiweiß	8,27
Stickstofffreie Extraktstoffe	65,69
	100,00

Der Silo, von dem diese Probe genommen, war 7 Monate nach seiner Füllung geöffnet. Eine Lage von etwa 6 Zoll Dicke mußte von oben und von den Seiten entfernt werden, um ein annehmbares Futter für Kühe zu erreichen. Die höchste Temperatur, welche durch ein Thermometer angezeigt wurde, das zur Zeit des Abschlusses 2 Fuß tief in den Silo eingeführt worden, war 97,8° F. (36,6° C.). Die Hauptmasse der Ensilage war in einer guten Beschaffenheit, von einer gelblich-grünen Farbe. Sie hatte einen leicht sauren Geruch und Geschmack. Um die freien organischen Säuren zu neutralisieren, welche in 100 Gewichtsteilen frischer Ensilage enthalten waren, gesammelt beim Oeffnen des Silos, bedurfte es 1,130 Teile von Natriumhydroxyd, gleichwertig 1,95 % Essigsäure.

Nach der Untersuchung von Thomas J. Hunt auf der Versuchsstation zu Champaigne, Illinois, enthielt frische Ensilage 0,1 % organische Säuren, von denen 0,065 % flüchtig und 0,035 % nicht flüchtig waren. Die erstere wurde als Essigsäure, die letztere als Milchsäure angesehen.

Der Direktor der letztgenannten Versuchsstation, Selim H. Peabody, faßt das Ergebnis der dort mit Mais-Ensilage ausgeführten Versuche wie folgt zusammen*):

1. Die Ernte war nicht mehr als 7 Tonnen v. Acker (156,8 q v. ha) Grünmais oder 2 1/6 Tonnen Futtermais (trocken).

2. Es erforderten 3 Tage 7 Mann und 3 Pferdezüge, um den Silo mit 27 Tonnen (604,8 q) Grünmais zu füllen.

3. Schwierigkeit wurde gefunden, um die Gleichheit der Verteilung und folglich die Gleichheit des Setzens zu erlangen.

4. Einundzwanzig Pfund Grünmais beanspruchen einen Kubikfuß Raum beim Einsetzen in den Silo und sie schrumpften um 1/4 des Volumens ein, wenn sie mit 50 Pfd. auf dem Quadratfuß belastet wurden.

5. Die wünschbare Größe des Silos mag annähernd 2 Kubikfuß täglich für jedes Tier sein.

6. Mit einem Silo von Stein, Ziegel und Cäment faulte die Ensilage an den Seiten und oben in einer Ausdehnung von 1/8 der ganzen Masse.

7. Daher ist offenbar zu glauben, daß diesem Verluste beträchtlich vorgebeugt werden könnte durch Bau eines Silos von Holz.

8. Sieben und dreißig Stück Vieh, 45 Tage mit einer mäßigen Zuteilung von Mais-Ensilage gefüttert, fraßen letztere etwas besser als Futtermais (getrocknet) und gediehen sehr zufriedenstellend.

9. Fünf Shorthorn Jährlings-Kalbinnen, durchschnittlich jede 895 Pfund, denen täglich jede 48 Pfund Mais-Ensilage gegeben wurde, fraßen davon etwa 7/8 und während 15 Tagen machte jede einen durchschnittlichen Zuwachs von 49 Pfd. (1,49 kg den Tag).

10. Analysen von Mais-Ensilage und Mais-Futter vom gleichen Mais gemacht, zeigen im Ensilage einen Verlust an Gesamt-Stickstoff, Eiweiß-Stickstoff und löslichen Kohlehydraten, einen prozentischen Gewinn an Nicht-eiweiß-Stickstoff, Aether-Extrakt, Rohfaser und Asche.

11. Die frische Ensilage enthält 0,1 % organische Säuren, davon 0,065 flüchtig, 0,035 nicht flüchtig.

12. Ensilage enthält Hefe (Saccharomyces) und Bakterien-Fermente. Weder vom chemischen, noch vom biologischen Standpunkte ist ein Grund zu glauben, daß die Ensilage durch deren Wirkung verdaulicher wird.

Nach der Anschauung von Herrn Hunt, der die Saccharomyceszellen im Ensilage-Mais nachgewiesen hat, entziehen jene dem Schleimzucker (Glucose) des Mais Sauerstoff, wodurch Alkohol entsteht. Das ist Gährung. Wenn

*) Bulletin No. 2 of the Agric. Exp. Stat. of the University of Illinois. Champaigne, Aug. 1888, p. 23.

die Gährung hiemit beendet wäre, so würde die Ensilage süß bleiben; aber auf diesem Punkt nehmen die Bakterien das unvollendete Werk wieder auf und wandeln nach und nach den Alkohol um in Essigsäure, Milchsäure und vielleicht in andere organische Säuren. Das ist der saure Zustand, in dem beinah allgemein Ensilage gefunden wird. Zur selben Zeit brauchen diese Organismen Stickstoff zu ihrer Entwicklung und zu ihrem Wachstum, folglich zersetzen sie stickstoffhaltige Verbindungen und so sinkt der prozentige Anteil des Eiweiß-Stickstoffes, wie die chemische Analyse nachweist.

Die umfassendsten, seit dem Jahre 1888 gemachten Erfahrungen mit Silos und Ensilage besitzt die Versuchsstation der landwirtschaftlichen Schule zu Lansing in Michigan. Aus dem vom Professor Samuel Johnson verfaßten Bericht *) entnehme ich folgendes.

Er empfiehlt die Siloanlage, wenn möglich, im Futterraum oder im Stall, auf gleicher Ebene. Das beste Baumaterial ist Holz. Große Sorge ist darauf zu verwenden, daß die Wände des Silos glatt und senkrecht sind, damit sich die Ensilage gleichmäßig setzen kann.

Zur Bestimmung der Größe des Silos ist eine tägliche Ration für jedes zu fütternde Tier auf etwa 6 % seines Lebendgewichtes zu schätzen. Dieser Betrag von guter Mais-Ensilage mit einigen Pfund Weizenkleie, Hafer, Oelmehl (wahrscheinlich Leinsamenmehl) oder Kleeheu wird die Tiere in gutem wachsenden Zustand erhalten und auch als gute Milchration befunden werden. Als Beispiel führt Herr Johnson an: 10 Kühe von je 1000 Pfund werden verzehren 600 Pfund Ensilage täglich oder 18000 Pfund monatlich oder 108000 Pfund in 6 Monaten.

Herr Johnson fand, daß 1 Kubikfuß Ensilage, 2 Fuß unter der Oberfläche des Silos, unter mäßigem Druck, 36 Pfd. wog; 8 Fuß darunter 48 Pfd., 10 Fuß darunter 50 Pfd. Als Durchschnitt rechnet er 40 Pfd. auf 1 Kubikfuß (643 kg der m^3).

Für das Setzen der gut gepackten Ensilage rechnet er $1/6$—$1/8$ der Gesamttiefe. Demnach würden 108000 Pfd. erfordern 2700 Kubikfuß Raum, einschließlich $1/6$ für Setzen 3150 Kubikfuß. Diesen Raum gibt ein Silo 22 Fuß tief, 10 Fuß breit und 14 Fuß lang. Der Silo der Lansinger Versuchswirtschaft hat 18×30×22, mit einer mittleren Teilung, so daß 2 Silos entstehen, jeder 15×18 außen und 22 Fuß hoch mit einem gesamten Fassungsraume von nahezu 200 Tonnen (1814 q).

Für Ensilage wird überall in den Vereinigten Staaten in erster Linie Mais, in zweiter Linie Klee genommen. Die Frage: „Welche Maissorte ist die beste für Ensilage?" beantwortet Prof. Johnson dahin, daß das dazu empfohlene Sweet corn (Süßmais als Gemüse gebräuchlich) nicht so wertvoll ist wie die Pferdezahnsorten; jener gibt weniger Ertrag und mehr

*) Silos and Ensilage. Bull. No. 47. April 1889.

Säure in der Ensilage, so daß diese gewöhnlich nicht so schmackhaft ist. Es ist jetzt allgemein angenommen, daß je mehr die Körner reifen während die Stengel grün bleiben, desto besser die Ensilage sein wird. Deshalb werden jetzt die frühreifen Sorten für die wertvollsten gehalten. Um frühreifen Mais zu erhalten, muß mehr Raum sein für jede Pflanze, weshalb dünnere Saat jetzt üblich ist.

In Lansing wird mit dem Vandiver Maispflanzer gedrillt in Vierecken von 3¾ Fuß (114,4 cm), ungefähr 12 Quart Samen auf den Acker (33,6 l d. ha). Die beste Saatzeit ist dort vom 10.—20. Mai. Die höchste Ernte war bisher 20 Tonnen vom Acker (4489 v. ha). Die passendste Schnittzeit ist, wenn die Maiskörner anfangen zu glänzen.

Professor Goeßmann von der Massachusetts Versuchsstation sagt darüber in seinem Bericht für 1887: „Es wurde gefunden, daß dieselbe Sorte von Mais, gezogen unter völlig entsprechenden Umständen, insofern sie den allgemeinen Charakter des Bodens und das Kulturverfahren betrifft, zur Zeit des ersten Erscheinens der Quaste (Griffel, Tassel) in 100 Gewichtsteilen enthielt: 12—15 Gewichtsteile Trockensubstanz, zur Zeit des Beginnens des Körnerglanzes: 23—28 Gewichtsteile".

Daß Regenwasser dem Mais schadet, leugnen alle erfahrenen Silomänner. Einige sagen, daß ihre beste Ensilage die war, welche ganz naß in den Silo kam. In Lansing werden die Maisstengel zu Stücken von ½—¾ Zoll Länge geschnitten und zwar von einem Maisschneider mit Heber (Carrier), durch eine 10 Pferdekraft-Dampfmaschine getrieben.

Früher war man der Meinung, daß die langsame Füllung des Silo, wobei sich die Masse auf 120—130° F. (49—54° C.) erwärme, vorteilhafter sei zur Erzeugung süßer Ensilage, weil durch jene Erwärmung die gährungserzeugenden Bakterien getötet würden. Da aber zur Tötung der Bakterien eine Temperatur von mindestens 185° F. (85° C.) erforderlich ist, so kann die Erwärmung der Ensilage, welche nicht oft 140° F. (60° C.) überschreitet, jene Wirkung nicht haben. Prof. Johnson sagt: „Ich bin noch niemals so glücklich gewesen, irgend eine Ensilage zu sehen, welche ich süß nennen konnte. Ich sehe keinen Beweis, daß irgend eine Beziehung besteht zwischen dem Verfahren den Silo zu füllen — das langsame Verfahren oder das rasche Verfahren — und dem Säurezustand des Produktes".

„In Betreff der Herstellung der sog. süßen Ensilage scheint die Hauptsache zu sein, daß der Mais gut reift und geeignet ist früh geschnitten und gemandelt zu werden. Mais, der so gereift ist, daß das Korn beginnt sich zu kerben, wird süße Ensilage machen, sogar wenn der Silo in einem einzigen Tage gefüllt ist" — sagt Prof. Henry von Wisconsin.

Im Gegensatz zu der früher bestehenden Ansicht, daß die Güte der Ensilage abhängig sei von der Pressung derselben mittelst schwerer Gewichte, sagt Prof. Johnson, daß jetzt viele erfahrene Silomänner denken, daß kein

Gewicht nötig ist und daß die Bedeckung mit einem Fuß geschnittenem Stroh oder Heu alles ist, was notwendig erscheint. Eine Kruste von 6—12 Zoll Höhe wird sich auf der Oberfläche der Ensilage bilden und die unterliegende Masse gewöhnlich schützen, ohne Gewicht oder Bedeckung.

Bezüglich des Futterwertes der Ensilage sagt Prof. Johnson: „Im Herbst 1881 füllten wir unsern Silo zum erstenmal und seitdem, mit Ausnahme eines einzigen Jahres, haben wir jeden Winter mehr oder weniger Ensilage gefüttert. Die Erfahrung jeden Jahres bestätigt und bekräftigt nur unser Vertrauen zu seinem Wert als einen sehr ausgezeichneten und billigen Futterbestandteil für den Viehstand, so daß unser Urteil, nach siebenjährigen unparteiischen und praktischen Versuchen, entschieden zu ihrem Gunsten spricht. Ich würde nicht wissen, wie ich ohne Ensilage unseren Viehstand durch den Winter bringen sollte.“

Während der ersten Begeisterung über Ensilage wurde sie als ein allein ausreichendes Futter ausgerufen. Aber es ist jetzt erwiesen, daß zur Erzielung der besten Erfolge immer Kleeheu, Hafer, Weizenkleie, Oelsaatmehl und andere stickstoffhaltige Futtermittel in Verbindung mit Mais-Ensilage sollten gefüttert werden.

Ensilage ist ein ausgezeichnetes Futter für Milchkühe; es erzeugt Milch der besten Güte. Prof. Alvord fand in einem auf der Hughton-Farm angestellten Versuch, daß ein größerer prozentischer Anteil des Milchfettes in Butter umgewandelt wurde, wenn die Kühe mit Körnern und Mais-Ensilage als mit Heu und Körnern gefüttert wurden. Prof. F. W. A. Woll von der Wisconsin-Versuchsstation fand, daß 12,6 % mehr Fett aus der vermischten Milch zweier Kühe ausgebuttert wurden, wenn sie Ensilage, als wenn sie trockenes Maisfutter bekamen.

Prof. Johnson versichert, daß gute Ensilage mehr ist, als ein Ersatz für Wurzelfutter. Jene hat einen viel höheren Wert. Er sagt: Ich denke nicht, daß ein gelegentlicher Beobachter würde unterlassen zur Kenntnis zu nehmen, wie rasch unser Vieh sich verbesserte an Fleisch und im Gedeihen, kennbar am Haar und der allgemeinen Erscheinung, wenn wir Ensilage futterten an Stelle von trockenem Futtermais und Wurzeln, welche sie im Dezember bekommen hatten. Ich würde sagen, das Körnerfutter war leichter verdaulich mit Ensilage als mit Wurzeln und Trockenmais.

Außer Mais und zuweilen Rotklee haben einige Versuchsstationen auch die kaukasische Prickly Comfrey zur Ensilage verwendet. Aber Prof. Brown zu Guelph in der kanadischen Provinz Ontario, hat nach einem gründlichen Versuch entschieden, daß diese Pflanze dafür nur einen geringen Wert hat.

Ich habe die Ansichten von Prof. Johnson hier so ausführlich vorgetragen, erstens weil er von allen nordamerikanischen Landwirten die umfassendsten Erfahrungen über Ensilage besitzt, und zweitens weil ich ihn als einen ernsten und gewissenhaften Mann kennen gelernt habe, von dem ich weiß, daß er nichts sagen und veröffentlichen wird, wovon er nicht vollkommen überzeugt ist.

Obgleich wir in Europa auch Ensilage bereiten, so geschieht dies doch nur selten mit Mais, aus dem Grunde, weil im nördlichen Teile von Oesterreich und dem größten Teile von Deutschland der Mais nicht zur Reife gelangt. Wo dies aber der Fall ist, würde ich entschieden raten, Ensilage-Versuche mit Mais nach amerikanischem Vorbilde zu machen, d. h. in Silos von doppelten Bretterwänden, nicht aber in gemauerten Gruben. Wo aber die europäischen Maissorten bisher nicht zur Reife gelangt sind, würde ich raten, frühreife Maissorten aus Nordamerika kommen zu lassen und diese dünn, bezw. in gleichen Abständen von 1,15 m auszusäen. Der in den nördlichen Staaten der Union zur Ensilage verwendete Mais steht dort von Mitte Mai bis zum ersten Drittel des September, d. h. 115—120 Tage auf dem Felde. Ich glaube, daß man selbst in Norddeutschland und insbesondere in Nordwestdeutschland den Mais Anfang Mai legen und Ende September schneiden könnte; das wäre eine Wachstumszeit von 5 Monaten, wahrscheinlich genügend, um eine frühreife Maissorte wenigstens zur Milchreife zu bringen.

Während meiner Anwesenheit in den Vereinigten Staaten machte sich in weiteren Kreisen die Meinung geltend, daß es im Winter vorteilhafter sei, die Milchkühe mit warmem Wasser zu tränken. Der erste darauf bezügliche Versuch wurde meines Wissens von Prof. Samuel Johnson auf der Michigan-Versuchsstation mit einer Friesen-Holländer-Kuh angestellt; er führte zu dem Ergebnis, daß die Kuh bei Warmwasser (von 60° F. = 15,6° C.) etwas mehr Milch und Butter gab, als bei Kaltwasser-Tränkung.

Einen umfassenderen Versuch hat später Prof. F. H. King auf der Versuchsstation zu Madison in Wisconsin mit folgendem Ergebnis angestellt.

In der Nacht vom 21. Januar 1889 wurden 6 Kühe in 2 Gruppen von je 3 Stück bei Seite gestellt und auf ein tägliches Futter gesetzt von 5 Pfd. gemischter Kleie mit 2 Pfd. Haferschrot und 6 Pfd. Heu, zusammen mit trocken geschnittenem Maisfutter, so viel sie rein auffressen wollten; dieses Futter wurde nicht gewechselt bis zum Schluß des Versuches am 25. März. Während dieser Zeit wurden die Kühe täglich zweimal gefüttert und einmal getränkt; sie konnten sich während der Mitte jedes schönen Tages im Viehhofe frei ergehen und wurden in jeder Weise gleich behandelt, ausgenommen: wenn die eine Gruppe der Kühe Wasser von 32° F. (0° C.) bekam, die andere es zu 70° F. (21° C.) nahm. Die Zeit des Versuches war in drei Abschnitten von je 16 Tagen geteilt, mit Zwischenräumen dazwischen. Am Schlusse der ersten und zweiten Periode wurden die Temperaturen des Wassers für jede Kuh umgekehrt, um so viel wie möglich die individuellen Unterschiede der Gruppen auszuscheiden.

Der Versuch ergab:

1. Bei Warmwasser gaben die Kühe durchschnittlich 1,002 Pfd. Milch das Stück und den Tag mehr als bei Kaltwasser oder 6,23 % des durchschnittlichen täglichen Ertrages von 16,06 Pfd.

2. Sie tranken durchschnittlich täglich 63 Pfd. kaltes, aber 73 Pfd. warmes Wasser, oder 10 Pfd. die Kuh mehr davon.

3. Sie fraßen mehr bei Warmwasser als bei Kaltwasser, in dem Verhältnis von 0,74 Pfd. Maisfutter die Kuh den Tag.

4. Ein Zuwachs in dem Betrage von Tränkwasser fiel zusammen mit einem Zuwachs in der Menge der gegebenen Milch und es war ganz gleichgültig, ob das Wasser warm oder kalt war; ein Zuwachs von 10 Pfd. auf je 100 Pfd. Tränkwasser war begleitet von einem Zuwachs von nahezu 1 Pfd. auf je 100 Pfd. Milch.

5. Sie fraßen festes Futter bei Warmwasser in dem Verhältnis von 1,44 Pfd. für jedes Pfd. gegebener Milch und 1,54 Pfd. bei Kaltwasser im Verhältnis zu 1 Pfd. Milchgabe.

6. Ein Zuwachs an Tränkwasser, wenn die Temperatur des Wassers gleich blieb, war begleitet von einem Zuwachs von Wasser in der Milch, ohne einen bemerkbaren Zuwachs ihrer Gesamt-Trockensubstanz.

7. Ein Zuwachs in der Temperatur des Tränkwassers war, eher als ein Zuwachs seiner Menge, begleitet von einem Zuwachs in dem Gesamtbetrage der erzeugten Milch-Trockensustbanz.

8. Es bestand eine tägliche Schwankung in dem Prozentgehalte des Milchwassers, begleitet von einer Schwankung im Betrage des Tränkwassers.

9. Fünf Kühe zeigten eine entschiedene Vorliebe für Wasser von 70° F. vor dem von 32° F.; aber eine Kuh zeigte eine sogar stärkere Vorliebe für Eiswasser.

10. Mit nur einer Ausnahme, wogen die Kühe, als sie während der Kaltwasser-Perioden weniger fraßen und soffen, mehr am Schlusse und mit drei Ausnahmen wogen sie weniger am Schlusse der Warmwasser Perioden.

Schließlich erklärt der Versuchsansteller, daß die Kosten der Wassererwärmung für 40 Kühe durch 120 Tage Doll. 15 (M. 62,55) betragen und daß bei den gegebenen Milch- und Butterpreisen und der festgestellten durchschnittlichen Milchgabe noch ein Reingewinn von Doll. 21,36 (M. 89,07) bei Warmwasser-Tränkung bleibe, bezw. von Doll. 12,48 (M. 52,04), wenn das Maisfutter zu Doll. 10 die Tonne (M. 4,60 d. q) berechnet wurde.

Auch Prof. Roberts auf der Versuchsstation der Universität Ithaca, New-York, tränkt seinen gesamten Viehstand im Winter mit Warmwasser von 90° F. (32,2° C.) und rühmte mir gegenüber den Erfolg. Ebenso war er ein warmer Lobredner der Mais-Ensilage. Auf der dortigen Versuchswirtschaft bestand ein Silo von 21 Fuß Tiefe. Der Mais dafür wurde in Stücke von 1 Zoll Länge geschnitten.

Auf dem Gebiete der Rindviehfütterung wird gegenwärtig in den

Vereinigten Staaten viel gethan, insbesondere auf den zahlreichen Versuchsstationen. Wenn wir absehen von der verschwenderischen Fütterung auf den Prairie- und Steppen-Farmen des Westens — die aber zum Teil wirtschaftlich berechtigt ist, insofern eine sparsamere Fütterung mehr Arbeit erfordern würde, die gerade im Westen höher im Preise steht als im Osten — so habe ich die Ueberzeugung gewonnen, daß die Fütterung des Rindviehes in einer einsichtsvollen und gewissermaßen sparsamen Weise ausgeführt wird. Die Sparsamkeit der Fütterung bezieht sich aber mehr auf die Ersparung von Arbeitern und möglichst vollständiger Ausnutzung des Futters, als auf ängstliche und knauserige Zuteilung desselben. Die Fütterung nach europäischen Futternormen, die tägliche Abwägung des Futters ist meines Wissens noch nicht in die Praxis des nordamerikanischen Farmers eingeführt. Das entspricht nicht dem großartig angelegten Charakter des Amerikaners. Alle Nahrungsmittel sind in Nordamerika im reichlichen Maße vorhanden für Menschen und Vieh; weder für jene noch für dieses wird die Nahrung abgemessen, oder abgewogen. Menschen und Vieh nehmen so viel Nahrung zu sich, bis sie gesättigt sind. Man knausert nirgends mit der Nahrung und das kommt auch dem Vieh zugute. Der amerikanische Landwirt maßt sich nicht an, mit Maaß und Waage die Futtermenge zu bestimmen, welche ein Haustier zum Wachstum und zur Erzeugung von Stoffen und Kräften notwendig hat. Er futtert was er hat, aber von dem was er hat gibt er reichlich, so daß sich seine Tiere ohne Futternormen ernähren können.

Ebenso, wie die Fütterung, ist auch die Stallpflege des Rindviehes im allgemeinen lobenswert. Wenn man überhaupt Ställe findet, so sind diese groß und luftig, meistens von Holz. Gewöhnlich bildet der Stall einen Teil der Scheune. Nur mit der häufig angewendeten Befestigung des Rindviehes durch Stanchions (Holzgitter), welche ich schon früher (siehe S. 68) beschrieben habe, bin ich gar nicht einverstanden, weil die mit dem Halse eingezwängten Tiere sich nur in sehr beschränkter Weise bewegen können.

Eine bessere Art der Befestigung der Kühe habe ich in dem Versuchsstall der Universität zu Ithaca kennen gelernt. Die Kühe sind an einem gekrümmten Bügel von Eschenholz mittelst eines Seiles befestigt, der den Nacken umschlingt. Der Holzbügel ist so breit wie der Kuhstand, nämlich 3 1/6 Fuß; die beiden Enden des Bügels sind durch Gelenke derart befestigt, daß sich der Bügel durch die Nackenbewegung der Kuh auf und ab bewegen kann. Der Apparat führt den Namen Cattle Tie und ist von Newton zu Batavia in Illinois gemacht. Die Länge des Kuhstandes beträgt 5 Fuß.

Die Holzdecke dieses Kuhstalles ist von 22 Fuß langen, 2 1/2 Fuß dicken und 12 Fuß breiten, auf die hohe Kante gestellten Bohlen getragen, die auf einem durch Träger gestützten starken Holzbalken aufliegen. Die Bohlen sind etwa 16 Zoll von einander entfernt. Zwischen denselben befinden sich, wie bei allen derartigen Deckenbauten in Nordamerika, Doppelspreitzen (Bridges) in Abständen von je 6 Fuß.

Der Kuhstall der Versuchs-Station zu Ithaca liegt in einem Kellerraum; gleich daneben ist der mit Cäment gepflasterte Düngerraum, wo der Dünger des Gesamt-Viehstandes gesammelt wurde. Der Dünger wird im Herbst und zeitigen Winter auf die Grasfelder gefahren für den nächstjährigen Mais, im Februar für die Weiden und dann bis zum Mai und Juni auf einem Düngerplatz mitten auf der Farm gesammelt, wo er mit Jauche getränkt wird. Dieser gut behandelte und abgelagerte Dünger kommt im September auf die Weizenfelder, was so spät geschieht, weil dadurch die Unkräuter getötet werden sollen. Man rechnet, daß im Winter 1 Kuh täglich $^1/_{10}$ Tonne (91 kg) Dünger macht. Im Sommer gehen die Kühe Tag und Nacht auf die Weide, nur in stürmischen Nächten kommen sie in den Stall.

Ueber die Schafzucht der Vereinigten Staaten habe ich nur wenig Erfahrungen gesammelt. Auf dem Steppengebiet des Westens sah ich wohl große Schafherden, welche auf den dortigen spärlichen Weiden nach Futter umherliefen. Es waren kleine bis mittelgroße Tiere mit mittellanger Wolle von dem Charakter grober Merinowolle, wahrscheinlich Kreuzungen von Merinoschafen. In den östlichen Prairiestaaten und im ganzen Osten werden vorwiegend Schafe von englischer Abstammung gehalten, namentlich Shropshires, Hampshires und gehörnte Dorsets. Aber auf keiner Farm, welche ich besucht habe, wurde die Schafzucht als Hauptbetriebszweig betrieben.

Nach dem Jahresbericht des Ackerbau-Ministers für 1888/89 ist der großartige Zuwachs und der Verzehr von Schaffleisch bekundet durch die Zunahme der Schafzufuhr in Chicago und St. Louis von 544,627 im Jahre 1875 auf 1,971,683 Stück in 1888. Die Zunahme in New-York betrug in derselben Periode 750,000 Stück.

Eine Feststellung in den Großstädten des Landes würde unstreitig erweisen, daß der Verzehr von Schaffleisch sich verdoppelt hat, und daß er sich zweimal so rasch vermehrte wie die Zunahme der Bevölkerung.

Nach jenem Jahresbericht stellt die Wollindustrie einen jährlichen Wert von 300 Mill. Doll. (1251 Mill. M.) dar, und das einheimische Wollprodukt war im Jahre 1888/89 viermal so groß wie im Jahre 1860, während das Durchschnittsgewicht der Vließe zweimal so groß war. Infolge der Verminderung des Zolltarifes im Jahre 1883 hat sich die Zahl der Schafe in den Vereinigten Staaten um etwa 7 Mill. vermindert und die Wolleinfuhr hat sich von 78,350,651 Pfd. im Jahre 1884 auf 126,487,729 Pfd. im Jahre 1888/89 gehoben.

Wenn wir absehen von Texas, welcher Staat etwa $4^1/_2$ Mill. Schafe zählt, so ist zunächst Ohio mit über 4 Mill., der an Schafen reichste Staat. Unter den kleineren Staaten ist relativ am schafreichsten Vermont. Alle Staaten der Union zusammen besitzen etwa $42^1/_2$ Mill. Schafe.

Die Schweinezucht ist in den Vereinigten Staaten weit bedeutender als die Schafzucht. Der Bestand an Schweinen in der gesamten Union beträgt über 50 Mill. Die schweinereichsten Staaten sind Iowa mit 6¾ Mill., Illinois mit über 5¼ Mill., Missouri mit 5⅛ Mill., ihnen zunächst kommen Ohio, Kansas, Indiana und Nebraska mit je 2¼—2¾ Mill. Die Schweinezucht hat also die größte Ausdehnung auf dem Prairiegebiet, und zwar als Ergänzung der Ochsenmastung, um die von den Ochsen nicht verdauten und im Kot ausgeschiedenen Maiskörner aufzufressen. In den Staaten Illinois, Missouri und Ohio bilden die Schweine aber auch einen wesentlichen Bestand der Molkereien, zur Verwertung ihrer Abfälle. Das gleiche ist der Fall in den Staaten Pennsylvanien und New-York.

Die zahlreichsten und am weitesten verbreiteten Schweinezuchten sind die schwarzen Berkshires und Polandchinas, welche hauptsächlich in den obengenannten Prairiestaaten vorkommen. In Pennsylvanien wird häufig eine einheimische, **White Chester** genannte Zucht gehalten, welche wahrscheinlich durch Kreuzung englischer Yorkshires entstanden ist. Seltener sind die roten Jerseys. In den Neu-England-Staaten werden vorwiegend die weißen großen und mittleren englischen Zuchten gehalten, sog. Yorkshires und Suffolks. Ueber eine Einfuhr rostfarbiger englischer Tamsworth-Schweine nach Massachusetts habe ich schon im 6. Abschnitte (Seite 85) berichtet.

Fütterungsversuche mit Schweinen sind auf einigen landwirtschaftlichen Versuchs-Stationen ausgeführt worden, hauptsächlich um den Futterwert abgerahmter Milch festzustellen, so u. a. von Herrn T. F. Hunt*) auf der Station der Universität von Illinois zu Champaign. Zu diesem Zweck wurden dort 6 etwa 7monatliche Polandchina-Schnittlinge von 160—204 Pfd. Lebendgewicht in 3 Abteilungen gefüttert: die erste mit geschältem Mais (Maiskörner ohne Kolben) die zweite mit Maisschrot, die dritte mit Maisschrot und abgerahmter Milch; alle hatten Wasser.

Das Ergebnis dieses Versuches war:

1. Es erfordert 13,8 Pfd. abgerahmter Milch, um 1 Pfd. Schweinefleisch zu erzeugen, wenn mit Maisschrot gefüttert wurde im Verhältnis von 1 : 1,7, um Schweine zu mästen.

2. Abgerahmte Milch konnte zur Schweinemast nicht vorteilhaft gefüttert werden, es sei denn, daß es ein wertloses Produkt wäre, welches in keiner anderen Weise benutzt werden kann.

3. Es erfordert durchschnittlich 4,12 Pfd. geschälten Mais, um 1 Pfd. Schweinefleisch zu erzeugen während einer Durchschnittsperiode von 4 Wochen.

4. Es erfordert 4,37 Pfd. Maisschrot, um 1 Pfd. Schweinefleisch zu erzeugen.

5. Trockner geschälter Mais ist zur Schweinemästung vorteilhafter als Maisschrot.

---

*) Bulletin Nr. 4. December 1887.

6. Es erfordert 7,35 Pfd. Haferschrot, um 1 Pfd. Schweinefleisch zu erzeugen, wenn er mit gleichen Gewichtsteilen Maisschrot gefüttert wird.

7. Ein Bsh. Mais ist zur Schweinemästung nahezu 3 Bsh. Hafer wert.

8. Mit Mais gefütterte Schweine nehmen wöchentlich etwa 4,5 Pfd. zu und sie fressen etwa 21 Pfd. Mais auf 100 Pfd. Lebendgewicht.

9. Die Zunahme nimmt ab im Verhältnis zum verzehrten Futter während der Mästung.

10. Schweinefleisch wurde während kalten Wetters mit weniger als 3 cts das Pfd. (27,6 Pf. d. kg) erzeugt mit Mais zu 28 cts d. Bsh. (M. 3 d. hl).

11. Ein für zwei Wochen unzureichender Futtervorrat macht einen sehr beträchtlichen Verlust in der folgenden Fütterung.

12. Wir halten Mais für das vorteilhafteste Futter zur Erzeugung von Schweinefleisch während der Wintermonate in Gegenden, wo er massenhaft wächst.

Auch die Versuchs-Station des Staates Massachusetts zu Amherst hat unter Leitung von Direktor C. A. Goeßmann ähnliche Mästungsversuche mit Schweinen ausgeführt, welche in ihren Jahresberichten vom Jahre 1887 und 1888 enthalten sind. Es würde mich zu weit führen, auf diese umfassenden, auch auf den Düngerwert ausgedehnten, sehr sorgfältigen Versuche einzugehen.

Die Schweinezucht leidet im Westen stark unter der Schweineseuche, was ich schon im 5. Abschnitte (Seite 60) erwähnt habe.

Eine große Rolle spielt in den Vereinigten Staaten die Hühnerzucht.

Nach Fancier's Review vom November 1888 berichtet der 7. Jahresbericht der Aufsichtsbehörde (Board of Control) der New-Yorker Versuchs-Station zu Geneva für das Jahr 1888: die Eiereinfuhr in die Vereinigten Staaten stieg von 4,903,771 Dutzend, im Werte von Doll. 630,393 (M. 2,628,739) im Jahre 1876 auf 16,098,450 Dutzend im Werte von Doll. 2,476,672 (M. 10,327,722) im Jahre 1885. Es ist festgestellt, daß in den Vereinigten Staaten jährlich für 200 Mill. Doll. (834 Mill. M.) Eier verzehrt werden. Diese Zahlen der oben angeführten Review stammen aus der statistischen Abteilung des Schatz-Amtes.

Der bezeichnete Jahresbericht bringt ferner eine Zusammenstellung des Wertes der Geflügelzucht-Produkte in Vergleich mit den Erntewerten von Weizen, Heu, Baumwolle und der Molkerei-Produkte der Vereinigten Staaten im Jahre 1882 wie folgt:

Geflügelzucht-Produkte	Doll.	560	Mill.
Weizen	„	488	„
Heu	„	436	„
Baumwolle	„	410	„
Molkerei-Produkte	„	254	„

Daraus ergibt sich die große Bedeutung der Geflügelzucht, in der die Hühnerzucht den ersten Rang einnimmt.

Die in den Vereinigten Staaten vorherrschenden Hühnerzuchten sind **Plymouth-Rocks** und **Wyandottes**. Diese beiden Zuchten, welche gewöhnlich als echt amerikanische angesehen werden (der Name Wyandot bezeichnet einen Stamm der Huronen-Indianer, der sich in Ohio niedergelassen hatte), sind durch Kreuzung mit Cochins und irgendwelchen Landhühnern entstanden. Die Plymouth-Rocks gleichen in ihrem Gefieder ganz den gesperberten Cochins, nur haben jene unbefiederte Beine von wachsgelber Farbe. Die Grundlage der Wyandottes bilden Italiener (Leghorns) und Hamburger Silberlack; sie haben eine ähnliche, aber etwas kleinere Figur als die Brahmas, ihr Gefieder ist ähnlich dem der Hamburger Silberlack, auch haben sie wie diese einen Rosenkamm; ihre Beine sind gelb und unbefiedert; außerdem gibt es ganz weiße Wyandottes. Die nächst häufigsten Zuchten sind braune Italiener und lichte Brahmas. Reinblütige Cochins sieht man auf Farmen sehr selten, und dann nur gelbe, rauhfüßige. Selten sind in den Vereinigten Staaten auch die Langshans und reinblütige Hamburger.

Als Eierleger sind die braunen Italiener, die Wyandottes und lichten Brahmas die beliebtesten, als Masttiere die Plymouth-Rocks und Langshans.

Die großartigste Markt-Hühnerzucht besteht meines Wissens im Staate New-Jersey in der Umgegend von Hammonton. Es werden dort Hennen nur zum Eierlegen gehalten, das Ausbrüten und Aufziehen geschieht künstlich. Die Hühnchen werden bis zum Alter von zehn Wochen aufgezogen und dann werden sie als **Broilers** (Rosthühnchen, weil sie auf dem Rost gebraten werden) verkauft. Die Anstalten zur Erzeugung dieser **Broilers** heißen **Broiler farms**. In der Umgebung von Hammonton bestehen 40 bis 50 solche **Broiler farms**, von denen einzelne alle zehn Wochen bis zu 5000 Hühnchen züchten. Alle zusammen erzeugen alle zehn Wochen über 100,000 Hühnchen. Die zum Eierlegen gehaltenen Hennen sind meistens braune Italiener, oder Kreuzungen von Plymouth-Rocks und Brahmas, oder Kreuzungen von Wyandottes und Brahmas. Reine Brahmas sind nicht beliebt, weil sie zu kurze Flügel haben. Je stärker die Flügel eines Huhnes sind, desto stärker sind auch dessen Brustmuskeln, welche das beste Fleisch geben. Einige **Broiler-Farmer** kaufen aber ihre Eier.

Ich habe am 11. Oktober mehrere **Broiler farms** in der Umgegend von Hammonton besucht. Es sind vorwiegend kleine Farmen, z. B. Herr P. H. Jacobs, Sekretär der **South Jersey Poultry Association** und Herausgeber des **Poultry Keeper**, besitzt nur 2 Acker. Die Farm des Herrn Seeley, welche ich besucht habe, umfaßt 7 Acker (2,83 ha). Die **Broiler**-Anstalt des letzteren besteht aus einem Raum für 4 Brutmaschinen; jede derselben hat 4 Abteilungen zu je 75 Eiern, eine Maschine faßt also 300 Eier. Unter jeder Maschine brennt eine Petroleumlampe. Jede Abteilung der Brutmaschine (aus der **Prairie State Incubator Co., Homer**

City, Pennsylvania) enthält eine Schieblade von Holz und Draht, und ein Zinngefäß mit Wasser, alle vier Abteilungen zusammen einen Ventilator zur Regelung der Temperatur (103° F. = 39,4° C.). Die Eier werden in der Brutmaschine zweimal täglich umgedreht.

Neben dem Brutmaschinen-Raum ist der Aufzuchts-Raum (Broiler-room). Er besteht aus Holz und gleicht einem Treibhause mit schrägen, nach Südost gerichteten Fenstern. Dieser Raum umfaßt 14 Abteilungen für je 100—125 Hühnchen, insgesamt für etwa 1500 Hühnchen. Jede Abteilung steht mit einem auswendigen Hof in Verbindung; beide zusammen haben 100 Geviertfuß Raum. In jeder Abteilung befindet sich die „Mutter" (the mother) zur Aufnahme der ausgebrüteten Hühnchen; sie ist ein viereckiges, auf 4 kurzen Pfosten stehendes, unten gepolstertes Brett von 3 Fuß (91,5 cm) Seite und von etwa 3 Zoll Höhe. Da aber die Pfosten auf Schrauben stehen, so kann die „Mutter" höher oder niedriger gestellt werden. Die Seiten derselben sind mit Tuchstreifen verhängt und unter derselben liegen 2 Zinnröhren, welche die Luft erwärmen. Der ganze Aufzuchtsraum wird mit Warmwasserröhren bis zu 75° F. (23,3° C.) erwärmt; unter der „Mutter" ist die Temperatur 90° F. (32,2° C.). Diese Röhren verlaufen unter den einzelnen Abteilungen und enden unter der „Mutter".

Neben diesem, die Brutmaschinen und Hühnchen beherbergenden Raum, befindet sich das Hühnerhaus mit 4 Abteilungen, zur Hälfte ganz gedeckt, zur Hälfte offen und mit einem langen 13 × 75 Fuß großen Hof verbunden. Gehalten werden Plymouth-Rocks, Cochins, Brahmas, braune und weiße Italiener, etwa 100 Hennen und 7 Hähne. Die Plymouth-Rocks und die braunen Italiener gelten für die härtesten Zuchten. Der Boden in der Umgegend von Hammonton besteht aus Sand, ist also sehr günstig für Hühnerzucht.

Die Aufzucht der Hühnchen kostet nur 5 cts an Futter (Schrot von Hafer und Mais mit Weizenkleie gekocht). Die Arbeiten verrichtet der Broiler-Farmer mit seiner Familie. Derselbe züchtet jährlich etwa 5000 Hühnchen, welche er im Alter von 8—10 Wochen und im Gewicht von 1½—2 Pfd. selbst schlachtet und im April und Mai zu 60 cts das Pfd. (M. 5,52 d. kg), im Sommer zu 16—20 cts (M. 1,47—1,84 d. kg) verkauft. Der jährliche Reingewinn beträgt Doll. 900—1000 (M. 3753 bis 4170). Diejenigen Broiler-Farmer, welche die Eier kaufen, zahlen im Winter 3 cts (12½ Pf.) das Stück, im Durchschnitt des Jahres 20 cts (83,4 Pf.) das Dutzend. Die Hühnchen, welche 2 Pfd. und darüber erreichen, werden als Roasters (Brathühnchen) teuer verkauft.

Auch auf der Mountain Side Farm des Herrn Havemeyer traf ich eine kleine Broiler-Anstalt. In 2 Brütmaschinen wurden dort etwa 1000 Küken ausgebrütet, mit Mehl und Küchenabfällen durch acht Wochen gefüttert und dann zu Doll. 2 das Paar in New-York verkauft.

Außer den Hühnern sind die Truthühner sehr verbreitet; es gibt besondere Truthühnerfarmen, welche zu Weihnachten ihr Hauptgeschäft machen.

Gänse und Enten sind auf Farmen nicht häufig. Von letzteren ist die schwarze, grünglänzende Cayuga-Ente im Osten die verbreitetste.

X. Pferdezucht.

Die Meinung ist sehr verbreitet, daß die einheimische Bevölkerung Nordamerikas keine Pferde besessen habe, als die Spanier in Mexiko landeten. Das mag für die mexikanische Urbevölkerung wahr sein, aber wir können daraus nicht schließen, daß überhaupt keine Pferde in Nordamerika gelebt haben, bevor sie von europäischen Ansiedlern eingeführt wurden. Nach R. Wilhelmis („Island, Hyctramannaland, Grönland und Vinland", Heidelberg 1842, S. 102) sind die Isländer, welche mit Gutleif im Jahre 1027 über Irland an die nordamerikanische Ostküste kamen, dort von Männern angegriffen worden, welche zu Pferde saßen und G. Klemm*) meint, daß das Pferd doch vor der Eroberung der Spanier einheimisch gewesen sei.

Ich bin derselben Meinung und stütze mich auf die Thatsache, daß Prof. O. C. Marsh in Newhaven, Connecticut, in den Tertiärlagern des nordamerikanischen Festlandes die Knochenreste von etwa 30 Arten des Pferdes aufgefunden hat, von denen einige noch in den jüngsten Pliocänschichten lagerten. Wir kennen gar keine Ursache, welche die jüngsten paläontologischen Formen des nordamerikanischen Pferdes vernichtet haben sollten. Die indianische Urbevölkerung wird das gewiß nicht gethan haben, denn sie bedient sich des Pferdes als Jagdgenosse und nicht als Jagdtier. Auch kann ich mir nicht vorstellen, daß die nördlichen Indianerstämme, wie z. B. die Sioux, die Dakotas, die Schwarzfuß-Indianer u. a., welche recht eigentlich Reitervölker sind, ihre Pferde aus Mexiko geholt haben, oder daß spanische Pferdehändler nach Norden gezogen seien, um dort den wilden Indianerstämmen ihre Pferde zu verkaufen.

Ich bin geneigt anzunehmen, daß das Pferd dieser Stämme, welche ich häufig in Dakota, Montana und Washington gesehen habe, das ursprüngliche nordamerikanische Pferd ist, von kaum Mittelgröße, schwerem, etwas ramsnasigen Kopf, im übrigen aber sehr gleichmäßig gebaut und gewandt in seinen Bewegungen. Dieser Indianerpony hat einige Aehnlichkeit mit den sog. Mustangs von mexikanischer, bezw. spanischer Abstammung, aber jener ist doch leicht von diesem zu unterscheiden, wenn man die Köpfe ver-

*) Allg. Kulturgeschichte, Leipzig 1843, II, 14.

gleicht; auch sind die Mustangs hochbeiniger und etwas größer als die Indianerponys.

Mit Ausnahme des eingeborenen Indianerponys und des mexikanischen Pferdes von spanischer Abstammung sind alle übrigen Pferde Nordamerikas entweder aus England, aus Frankreich oder Norddeutschland eingeführt. Zu den Pferden von englischer Abstammung gehören die Rennpferde, die Clydesdales, die Shires, die Suffolks und die Clevelander Braunen; zu den Pferden von französischer Abstammung: die Percherons und die Normänner; zu den von deutscher Abstammung: die Hannoveraner und die Oldenburger, die jetzt sehr in Mode gekommen sind.

Trotzdem aber die Pferdezucht in den Vereinigten Staaten sich nur auf europäisches Zuchtmaterial stützt, so hat sich dort doch eine ganz eigenartige Zucht entwickelt, auf welche die Amerikaner mit Recht stolz sein können; ich meine die Zucht des amerikanischen Trabers. Wenn auch dieser von englischer Abstammung ist, so hat er sich in den Vereinigten Staaten doch selbständig und zu hohen Leistungen entwickelt, welche meines Wissens von Traberpferden anderer Länder bisher nicht übertroffen wurden.

An der Hand einer Veröffentlichung von Charles Arnold Mc. Cully (in einer Beilage von Harper's Weekly vom 24. August 1889) will ich zunächst einige geschichtliche Mitteilungen machen über die Entstehung des amerikanischen Traberpferdes.

Im Jahre 1768 wurde bei Leeds in der englischen Grafschaft York ein nachher „Mambrino" genanntes Hengstfohlen geboren; es stammte von dem Vollbluthengst Engineer und der Vollblutstute Dulcinea vom Cada, einem Sohn von Godolphin's Araber. Mambrino wurde trainiert und gewann mehrere Rennen, ehe er noch völlig ausgewachsen war. Während er für die Newmarket-Bahn im Jahre 1779 trainiert wurde, brach Mambrino nieder, wonach er für Zuchtzwecke benutzt wurde. Die beste Eigenschaft von Mambrino war, daß er auf weite Entfernungen rasch laufen konnte; sein natürlicher Gang war der Trab und sein Besitzer, Lord Grosvenor, war immer bereit zu wetten, daß sein Schimmelhengst 14 Meilen (32,5 km) in einer Stunde traben konnte — eine damals unerhörte Leistung.

Whyte's „History of the British Turf" sagt von Mambrino, daß „er ebenfalls der Vater vieler ausgezeichneter Jagdpferde und kräftiger, nützlicher Straßenpferde war und von ihm gesagt wurde: durch sein Blut sei die Zucht der Kutschpferde nahezu zu dem gegenwärtigen Zustande der Vervollkommnung gebracht".

Von den zahlreichen Nachkommen Mambrino's fanden einige ihren Weg nach den Vereinigten Staaten. Im Jahre 1787 wurde eine zweijährige Fuchsstute Namens Mambrina nach Süd-Karolina eingeführt. Diese Tochter Mambrino's erzeugte mehrere rasche Fohlen und eines, Namens Fairy, war im Besitze von General Washington. Aber ein viel bemerkenswerteres Ereignis war die Einfuhr eines Sohnes von Mambrino, des jetzt berühmten

Messenger, welcher am 27. Mai 1788 in Philadelphia gelandet wurde. **Imported Messenger**, wie er genannt wird, war damals acht Jahr alt und rein Vollblut. Bald nachdem er ankam, wurde er angezeigt zum Decken für drei Guineen (etwa 63 M.) und einen Dollar für den Wärter. Niemand konnte damals voraussehen, daß aus diesem starken englischen Vollbluthengst eine Pferderasse entstehen sollte, welche alle anderen im Traben übertreffen würde. Gleich seinem Vater hatte Messenger das was man die Naturanlage zum Traben nennen kann, und was von größerer Wichtigkeit ist: er besaß die Fähigkeit dies auf seine Nachkommenschaft zu übertragen. Im Jahre 1784 wurde Messenger von Henry Astor gekauft und nach New-York gebracht. Von da an bis zu seinem Tode blieb er in und in der Umgebung von New-York; er wurde immer wertvoller als seine Hengstfohlen fortfuhren, ihre Ueberlegenheit über alle anderen zu zeigen. Er wurde in der That so berühmt, daß als er am 28. Januar 1808 starb, Pferdeliebhaber von überall herkamen, um den Leichnam dieses großen Hengstes zu sehen.

In seiner Erscheinung war Messenger ein Pferd von großer Kraft, 15,3 Hand (161,2 cm) hoch und gleich seinem Vater ein Schimmel; er wurde im höheren Alter Fliegenschimmel, bezw. mit braunen Flecken bedeckt. Mähne und Schweif waren dünn; seine Ohren lang aber immer aufgerichtet, große Lebhaftigkeit anzeigend; sein Kopf war groß und lang wie der eines Durchschnittspferdes. Eine auffallendere Eigentümlichkeit war sein sehr niedriges Widerrist, so daß er hinten höher stand, als an den Schultern. Diese Eigentümlichkeit ist auf viele Nachkommen übertragen worden und bekannt als **Messenger pitch** (Wuchs). Die meisten Haupttraber haben diese Abdachung von der Kruppe zum Widerrist geerbt; es ist kein Zweifel, daß dies eine wichtige Rolle spielt bei der Arbeit zur größten Schnelligkeit. Ein erfahrener Pferdemann sagt „der Messenger-Wuchs macht Bergab-Traber", d. h. die erhöhten Hinterteile treiben das Pferd vorwärts, beinahe wider Willen.

Dieser Messenger legte den Grund zu dem heutigen amerikanischen Traber. Von seinen Söhnen war Mambrino bestimmt, die Züchtungsinteressen am meisten zu beeinflussen. Mambrino, ein Vollbluthengst, dessen Mutter vom eingeführten Sour Crout abstammte, war ein roh gebautes Pferd, das nichts von der schönen Vollblut-Vollendung in seinem Aeußeren hatte. Er wurde trainiert und rannte mehrmals, aber er brach endlich nieder und wurde in ein Gestüt gestellt. Es wurde von ihm gesagt, daß er die Anlage zum Traben, die so ausgesprochen war in seinem englischen Großvater, vererbte; eine Anzahl seiner Hengstfohlen erwarben Auszeichnungen auf der Trabrennbahn. Eine Stute von ihm, Bethsy Baker, schlug den berühmten Toppy Gallant; sie ist bekannt durch ihre Fähigkeit, 20 Meilen (32,88 **km**) in einer Stunde zu traben. Unter den von Mambrino belegten Stuten war ein, John Treadwell in Brooklyn, New-York, gehöriges

Paar, Namens Amazonia und Sophonisba. Das Ergebnis der Paarung mit Amazonia war ein braunes Hengstfohlen, geboren 1823, genannt Abdallah, von dem die schnellsten und beliebtesten Geschlechter von Trabern abstammten, die jemals im Lande erzeugt wurden. Er war außerdem ein inzüchtlicher Messenger, denn Amazonia war von einem Sohn des großen Hengstes und von unbekannter Mutter. Abdallah lebte bis 1854, wo er im November an der Long Islandküste verunglückte. Drei seiner Nachkommen bekamen Urkunden *) von 2.30 oder besser und er zeugte auch einen Paßgänger mit einem Record von 2.27. Aber das bemerkenswerteste Ereignis in seiner Gestütslaufbahn war, als er die Charles Kent Stute am 5. Juni 1848 deckte und ein am 5. Mai 1849 geborenes braunes Hengstfohlen erzeugte, welches berufen war der Gründer der größten Traberfamilie zu werden, welche die Welt jemals gesehen hat. Diese Charles-Kent-Stute gehörte Jonas Seely zu Chester, Orange County, New-York; sie selbst war ganz gut gezüchtet, ihr Vater war der eingeführte Ballfounder und ihre Mutter, One Eye, war von Bishops Hambletonian, ein Sohn des eingeführten Messenger. Die Stute One Eye, ebenfalls im Besitz von Herrn Seely, war, obwohl nicht trainiert, einer der bemerkenswertesten Traber in Orange County. Sie war 1815 geboren und sie hatte außer dem Messengerblut durch ihren Vater, noch einen anderen Blutanteil durch ihre Mutter, Silver Tail, auch vom Messenger. Als das kräftig gewachsene Hengstfohlen von Abdallah noch zur Seite seiner Mutter lief, wurden beide für Doll. 125 (M. 521,25) von William M. Rysdyk, einem Farmer in Chester, gekauft. Dieses Hengstfohlen bekam den Namen H a m b l e t o n i a n.

Hambletonian war ein großes Pferd, etwa 15 1/2 Faust (163,3 cm) hoch, dunkelbraun mit zwei weißen Hinterfüßen und einem kleinen Stern an der Stirn. Sein Kopf war groß und schwer, dabei rein und lang mit großen mächtigen Kinnbacken (Ganaschen), die vielen seiner Nachkommen eigen sind. Einen bemerkenswerten Anblick boten seine Augen, die ungewöhnlich hervorstehend, seinen scharfen Verstand bekundeten. Außerdem hatte er eine ausgezeichnete Gemütsart, er war sanft und fromm und blieb so bis in sein hohes Alter. Er starb am 27. März 1876, nahezu 27 Jahr alt. Er wurde niemals trainiert und besaß keinen Record. Aber auf einem Versuchstraben lief er die Meile in 3.3 (etwa 2 Minuten d. km).

Erst als ein brauner Hengst vom Hambletonian, Namens Robert Fillingham, den Ethan Allen 1862 in einem Wettstreit um Doll. 10000 auf Long Island schlug, bekam Herrn Rysdyks Pferd einen nationalen Ruf als Vater von Trabern. Während er früher für Doll. 35 deckte, wurde darnach sein Deckgeld auf Doll. 100 erhöht, dann auf Doll. 300 und in den

*) Unter Urkunden (Records) bei Traberpferden versteht man die Zahl der Minuten und Sekunden, welche ein Pferd auf 1 engl. Meile zurückgelegt hat. Also der Record 2,30 bedeutet: 2 Minuten 30 Sekunden auf 1 engl. Meile.

letzten zehn Jahren seiner Gestütslaufbahn auf Doll. 500 (M. 2085). Vom Jahre 1851 bis 1875 hat Hambletonian 1330 Fohlen erzeugt und sein Brutto-Verdienst belief sich auf Doll. 205 750 (M. 857 978).

Am Schluß des Jahres 1888 lebten 107 Söhne von Hambletonian, welche 567 Traber erzeugt hatten mit Records von 2.8³/₄ bis 2.30, und 44 Stuten von ihm, welche 49 Fohlen hervorgebracht hatten, deren Records von 2.14 bis 2.30 waren.

Unter den Söhnen Hambletonians hat Harold, geboren 1864, aus der Enchantreß, einer Tochter Abdallahs, die Maud S. erzeugt, die gegenwärtige Königin der Traberbahn; sie hat einen Record von 2.8³/₄ (1 Min. 20 Sek. d. km), die größte bisher erreichte Schnelligkeit eines Trabers. Mit Lady Patriot, einer Stute von vorwiegend Vollblut-Abstammung, hatte Hambletonian ein braunes Hengstfohlen erzeugt, das erst Young Hambletonian, dann Volunteer genannt wurde; er zeugte mit einer Stute von Harry Clay den St. Julien, geboren 1869, der 1880 zu Hartford, Connecticut, die Meile in 2.11¹/₄ (1 Min. 21¹/₂ Sek. d. km) trabte und Volunteers Ruhm begründete. Volunteer starb am 12. Dezember 1888 im Alter von 35 Jahren. Der schon genannte Hambletonian-Sohn Robert Fillingham bekam später den Namen George Wilkes und einen Record von 2.22; er galt als der schneidigste Traber seiner Zeit. Er deckte in der Blaugrasgegend um Lexington in Kentucky und zeugte 59 Traber und 6 Paßgänger mit Records von 2.30 oder besser. Der schnellste seiner Nachkommen, Harry Wilkes, trabte die Meile in 2.13¹/₂ (fast 1 Min. 22 Sek. d. km). Ein anderer Sohn, Prince Wilkes, wurde 1889 für Doll. 30 000 (M. 125 100) nach Buenos Ayres verkauft. Seine Söhne Red Wilkes mit einem Record von 2.40 und Onward mit einem Record von 2.25¹/₄ sind ebenfalls berühmte Deckhengste.

Die Wilkes Traberfamilie gilt heute als die wertvollste auf der Traberbahn.

Ein anderer Nachkomme des amerikanischen Mambrino, des Großvaters von Rysdyk's Hambletonian, war der braune Hengst Mambrino Chief, ein Sohn von Mambrino Paymaster und einer Stute von unbekannter Abstammung, die aus dem Westen nach Dutcheß County, New-York, gebracht wurde. Mambrino Chief wurde der Begründer einer Traberfamilie, welche aber nicht die Bedeutung hat, wie die von Hambletonian. Sein bester Nachkomme war Lady Thorn mit einem Record von 2.18¹/₄. Ein Enkel von ihm ist der Wallach Guy mit einem Record von 2.10³/₄ (1 Min. 21¹/₄ Sek. d. km).

Ich habe die amerikanischen Trabergestüte zuerst in der Umgegend von Lexington, Kentucky, kennen gelernt, in der durch ihre Fruchtbarkeit und Lieblichkeit berühmten Blaugrasgegend.

Am 6. April besuchte ich das Gestüt des Dr. L. Herr auf Forest Park, eine Farm von 215 Acker (87 ha), welche seit dem Jahre 1863 im Besitz des Dr. Herr ist. Derselbe wanderte 1843 aus Pennsylvanien in Kentucky ein und gehört mit zu den Begründern der dortigen Traberzucht, welche jünger ist, als die im Staat New-York. Von dem Farmland von Forest Park sind nur 6—10 Acker zu Obst- und Gemüsebau verwendet, das übrige liegt in Blaugrasweide für 10 Stuten, 15 Fohlen und 20 Jerseykühe; 3 Hengste standen zur Zeit meines Besuches im Stall. Der Haupthengst Allandorf, der bisher im Stall des Dr. Herr gedeckt hatte, wurde kürzlich für Doll. 25 000 (M. 104 250) verkauft; er ist ein Sohn von Onward, des Sohnes von George Wilkes. Anwesend waren von Deckhengsten: der 5jährige braune Turner, ein Sohn von Mambrino Patchen,

Fig. 27: Stute Pattin Patchen.

des Sohnes von Mambrino Chief, der 5jährige braune Emory Boy, ebenfalls aus der Familie von Mambrino Chief, und ein 2½jähriger Sohn von Allandorf, Namens Countdorf. Unter den Fohlen befanden sich mehrere Kinder von Allandorf, gedrungen gebaut, mit starken Knochen, kräftigen Sehnen, gut geformten langen Schultern, etwas überbautem Kreuz und etwas schwerem und geramstem Kopf. Ich habe Allandorf nur in einer Abbildung gesehen; sein Kopf ist leichter als der seiner Kinder und mehr von arabischer Form.

Auf Herrn Mc. Dowell's Ashland Farm lernte ich den berühmten

Deckhengst Dictator kennen, ein Sohn von Rysdyk's Hambletonian und der Stute Clara, der Tochter von Seeley's American Star. Sein Ruf wurde begründet durch seine mit der Midnight erzeugte Tochter Jay-Eye-See mit einem Record von 2.10 (1 Min. 20¾ Sek. d. km). Dictator wurde im Alter von 21 Jahren für Doll. 25 000 (M. 104 250) von Herrn Mc. Dowell angekauft; als ich ihn sah, war er 26 Jahre alt, aber mit Ausnahme seiner etwas vorbiegigen Stellung erinnerte nichts an sein hohes Alter. Er ist von dunkelbrauner Farbe mit weißem linken Hinterfuß, von eleganter Form, mit breiter Brust, runder, etwas überbauter Kruppe und

Fig. 28: Hengst Aberdeen.

lebhaftem Temperament. Er deckt fremde Stuten mit Versicherung eines Fohlens (Service by insurance) für Doll. 500 (M. 2085).

Der größte Teil der Ashland-Farm, 800 Acker (324 ha) umfassend, ist unter dem Namen „Ashland Park Stock Farm" verpachtet an Herrn J. Treacy, der darauf eine große Traberzucht betreibt. Die Haupthengste des Herrn Treacy sind Fayette Wilkes, ein Sohn von George Wilkes, sehr schön und ebenmäßig gebaut, mit eleganten Formen; Woodford Abdallah, ein Sohn von Woodford Mambrino, dem Sohn von Mambrino Chief, mit sehr muskelkräftigen, eleganten Formen und feinem Kopf; Maceys Hambletonian, ein Sohn von Edward Everett, dem Sohn von Rysdyk's Hambletonian, ein feines Pferd mit etwas starken Ganaschen und großen lebhaften Augen, wie sein Großvater hatte; Bermuda, ein Rappe mit feinen Formen und breitem Kopf, ist ein Sohn von Banker, dem Sohn von Rysdyk's Hambletonian und der Pattin Patchen (Fig. 27), einer sehr schönen Rappstute von Mambrino Patchen, dem Sohn von Mambrino Chief; eines ihrer Fohlen von Fayette Wilkes wurde im Alter von 6 Monaten zu Doll. 3000 (M. 12,510) verkauft.

Das Gestüt des Herrn Treacy umfaßt die obengenannten 4 Traberhengste, 37 Traberzuchtstuten, 90 Traberfohlen bis zum Alter von 4 Jahren, 13 englische Vollblutstuten und 27 Vollblutfohlen bis zum Alter von 3 Jahren. Sämtliche Pferde befanden sich im guten Zustande und die überwiegende Mehrzahl derselben hatte bewunderungswürdige Formen.

Dann besuchte ich nahe bei Lexington die Fairlawn Stock Farm von General Wm. T. Withers, welche 150 Acker umfaßt, größtenteils aus Blaugrasweiden bestehend. Der Hauptthengst dieses Gestütes ist der 1866 geborene dunkelbraune Aberdeen 27 (Fig. 28) ein sehr gedrungen gebauter Hengst mit kräftigen Knochen; sein Kopf mit den von seinem Vater Hambletonian ererbten starken Ganaschen ist etwas schwer; seine Mutter, Widow Machree, war eine Tochter von Seeley's American Star. Aberdeen ist von Capt. Isaiah Rynders zu Passaic, New-Jersey, gezüchtet; er deckt, beschränkt auf 10 Stuten, für Doll. 250 (M. 1042) mit Versicherung eines Fohlens. Unter seinen Nachkommen ist eine große Zahl von Siegern. Die anderen Deckhengste zu Fairlawn sind Alecto vom Almont, Sohn von Alexanders Abdallah; Almont Wilkes und Maximus von derselben Abstammung. Auch Almont ist der Vater zahlreicher Sieger. Der 5. Deckhengst ist Noble Medium, Sohn von Happy Medium, dem Sohn von Rysdyk's Hambletonian; seine Mutter ist die berühmte Traberstute Prinzeß mit einem Record von 2.30 (1 Min. 33 Sek. d. km). Die Zahl der Stuten auf dem Fairlawn-Gestüt betrug 115, die der Fohlen 160, darunter 15 junge Hengste. Der Trainer des Gestüts ist Herr Fields, der mich in zuvorkommender Weise herumgeführt hat.

Acht Meilen von Lexington entfernt besuchte ich die Wallnut Grove-Farm des Herrn R. P. Todhunter. Die Farm, sehr schön auf Walnut Hill gelegen, umfaßt etwa 970 Acker (392.85 ha), wovon 600 Acker in Blaugrasweide liegen. Herr Todhunter verwaltet das Gestüt, welches der Fashion Stud Farm zu Trenton, New-Jersey, gehört; er besitzt seine Farm schon seit 1856, hält aber nur 30 Jerseykühe als eigenen Viehstand. Herrn Todhunter's Hauptthätigkeit besteht in der Leitung des Gestütes.

Der Hauptthengst zu Wallnut Grove ist Jay Gould 197, geboren 1864, braun, gedrungen gebaut, mit starken Knochen, kräftigen Sehnen, guten festen Hufen, fleischigen Schultern, etwas überbauter Kruppe, infolge von Alter etwas vorbiegig, mit langen Vorder- und Hinterröhren. Er ist der Sohn von Rysdyk's Hambletonian und Lady Sanford von Seely's American Star; sein Record ist 2.20½. Jay Gould deckt für Doll. 250 mit Versicherung eines Fohlens. Ein zweiter Hengst, Stranger 3030, 1880 geboren, Sommerrapp, ist schlank, aber kräftig und gedrungen gebaut, mit sehr eleganten Bewegungen und viel Temperament; er hat eine sehr feine Haut, unter der die Venen deutlich zu sehen sind. Stranger ist ein Sohn von Gen. Washington, dem Sohn von Gen. Knox und Lady Thorn, der Tochter von Mambrino Chief. Die Mutter von Stranger ist Goldsmith Maid (Record 2.14) von Abdallah 15, dem Sohn von Rysdyk's Hambletonian. Die väterlichen Vorfahren von Gen. Washington sind als Traber nicht hervorragend; der Abstammungswert von Stranger ist allein begründet durch seine Mutter und seine väterliche Großmutter Lady Thorn, eine der besten Töchter von Mambrino Chief, mit einem Record von 2.18¼.

Die übrigen Deckhengste zu Wallnut Grove sind nicht besonders hervorragend. Das Gestüt hat 9 Deckhengste, 74 Stuten und 54 Fohlen.

Ich erwähne dann noch die Lexington-Stock-Farm des Herrn O. P. Alford mit 2 Deckhengsten, 7 jungen Hengsten, 24 Zuchtstuten, 12 jungen Stuten. Die Hengste sind Judge Salisbury 5872, geboren 1881, Dunkelfuchs von Nutwood, Sohn von Belmont, dem Sohn von Alexanders Abdallah; seine Mutter ist Kate von Volonteer, dem Sohn von Hambletonian. Der andere Deckhengst ist Barney Wilkes 7433, geboren 1875, dunkelbraun, Sohn von George Wilkes.

In Lexington hatte ich Gelegenheit, am 8. April einer Hengstschau beizuwohnen, wo die Traberhengste vorgeführt wurden, welche im Jahre 1889 zum Decken fremder Stuten ausgeboten wurden. Alle vorgeführten oder vorgerittenen Hengste waren hübsch angeschirrt und sie trugen am Sattelgurt entweder ihren eigenen Record, oder den ihrer Eltern. Die Deckzeit für Traberhengste ist in Kentucky von April bis Juli. Gewöhnlich ist die Zahl der von einem Hengst zu deckenden Stuten beschränkt auf 40 während einer Deckperiode. Der durchschnittliche Betrag des Deckgeldes (Service fee) ist Doll. 50 falls ein Fohlen erzeugt wird (to insure a mare in foal); minder bekannte Hengste decken zu Doll. 10 ohne Versicherung, zu Doll. 15 mit Versicherung; für die berühmtesten Hengste wird ein Deckgeld mit Versicherung bezahlt bis zu Doll. 500. Für die Unterhaltung einer fremden Stute im Gestüt wird Doll. 1.50 wöchentlich, oder Doll. 60 jährlich gezahlt. Für Brechen und Treiben eines Fohlens Doll. 25 monatlich, für Fütterung von Oktober bis Juni Doll. 10 monatlich, für Grasweide Doll. 2.50 monatlich, für Aufnahme eines Hengstfohlens über 1 Jahr Alter in den Hengsthaufen des Gestüts Doll. 15 monatlich. Das sind die von der Fair Lawn Stock Farm veröffentlichten Preise, die mir mäßige zu sein scheinen.

Am 10. April besuchte ich die Woodburn-Farm des Herrn A. J. Alexander, bei Spring Station im Woodford County im westlichen Kentucky. Auf dieser Farm von 3000 Acker (1215 ha) befindet sich das gegenwärtig berühmteste Trabergestüt in den Vereinigten Staaten. Nach Angabe des Verwalters Broadhead (Schwiegersohn des Besitzers, der zur Zeit meines Besuches nicht anwesend war) enthält das unter seiner Leitung stehende Trabergestüt 150 Pferde, das Vollblutgestüt 200 Pferde. Ich habe mich jedoch nur mit dem Trabergestüt näher bekannt gemacht und die Vollblutpferde nur flüchtig gesehen.

Der Traberstock von Woodburn wurde im Jahre 1857 begründet und er hat seitdem die berühmtesten Pferde gehalten. Zu seinem älteren Bestand gehören Alexanders Abdallah, der erste Sohn von Rysdyk's Hambletonian, Vater von Goldsmith Maid; Pilot jr. von eigentlich unbekannter Abstammung. Der Vater von Pilot jr. war Pilot, wahrscheinlich von kanadischer Herkunft, seine Mutter Nancy Pope von unbekannter Abstammung. Pilot jr. zeugte mit der Sally Russell die Miß Russell, Mutter der berühmtesten Maud S. mit dem Record 2.8¾ und des Fuchshengstes Nutwood mit dem Record 2.18¾. Ferner war Pilot jr. der Vater der Stute Midnight, welche mit Dictator die Jay-Eye-See erzeugt hat mit einem Record von 2.10, dem besten nach der Maud S. Pilot jr. war also der Großvater der beiden raschesten Traberstuten, welche in Nordamerika über eine Bahn gegangen sind. Beide sind in Woodburn geboren und aufgezogen worden.

Von den gegenwärtigen Hengsten sah ich Belmont, Sohn von Alexanders Abdallah, Vater von Nutwood, geboren 1864, und den ebenso alten Harold, Sohn von Rysdyk's Hambletonian und der Stute Enchantreß, Tochter vom alten Abdallah, dem Vater jenes Hambletonian. Dieser Harold, ein brauner, gedrungen gebauter Hengst mit feinem, breitstirnigen Kopf, ist der Vater des raschesten Trabers Maud S.*) und durch diese Tochter berühmt geworden; alle seine übrigen Nachkommen haben aber keinen besseren Record erreicht als 2.20¼.

Der dritte Deckhengst ist der braune, 1881 geborene Lord Russell, ein Sohn von Harold und Miß Russell, also ein rechter Bruder von Maud S. Lord Russell ist ein sehr elegantes strammes Pferd mit feinen Formen und kleinem, edlen Kopf; wie bei allen Trabern ist sein Widerrist etwas niedrig und seine übrigens sehr schöne Kruppe etwas überbaut; er deckt zu Doll. 300 mit Versicherung.

Der vierte Deckhengst ist King Wilkes, ein Sohn von George Wilkes und der Missie, Tochter von Brignoli, Sohn von Mambrino Chief. King

*) Dieser Name, Magdalena S., ist einer schönen Kentuckierin zu Ehren gegeben, deren Familienname mit dem Buchstaben S. beginnt

Wilkes ist ein brauner, 1876 geborener Hengst von schönen, aber etwas zu feinen Formen; er deckt zu Doll. 200 mit Versicherung.

Unter den jüngeren, viel versprechenden Hengsten, nenne ich den 1886 geborenen Fuchs Pistachio, Sohn von Belmont und der Miß Russell, ein sehr gedrungen gebautes kräftiges Pferd.

Unter den vielen schönen Stuten, welche ich in Woodburn bewundert habe, nenne ich nur zwei: die 1865 geborene Schimmelstute Miß Russell (Tochter von Pilot jr., Mutter von Maud S. und Nutwood) ein tief gebautes, sehr schönes Pferd; dann Primrose, 1865 geboren, braun, eine Tochter von Alexanders Abdallah; zu ihren Nachkommen zählt Princeps, der Vater von Trinket mit einem Record von 2.14; von ihren übrigen Nachkommen wurde im Jahre 1886 Redwald als Jährling für Doll. 3000, im Jahre 1888 Rubra als 3 jährige für Doll. 5000 verkauft; im Ganzen sind 18 Fohlen von der Primrose aufgezogen und verkauft worden, mit dem 19. Fohlen ging sie trächtig zur Zeit meines Besuches.

Die engl. Vollbluthengste, welche mir auf Woodburn vorgeführt wurden, waren: Lisbon, braun, von schöner kräftiger Figur, 13 Jahre alt, als 2jähriger zu Doll. 9000 angekauft; King Alfonso, 17 Jahr, braun, etwas schmal gebaut; Fallsetter, 9 Jahr alt; Pedmerloy, 24 Jahr alt, etwas klein, übrigens von schöner Form; Forhedden, 8 Jahr, dunkelbraun, hoch; Glenafull, 20 Jahr, Fuchs, klein und fein, auf beiden Augen blind.

Woodburn ist eine der schönst gelegenen Farmen, welche ich in den Vereinigten Staaten besucht habe. Das Land ist hügelig, fruchtbare Felder wechseln ab mit üppigen Blaugrasweiden, die meistens mit mächtigen Waldbäumen dünn bestanden sind, so daß den darauf weidenden Pferden Schutz und Schirm geboten ist vor Sonne und Unwetter. Prächtige Eichen, Ulmen, Eschen, Hickory und schwarze Wallnußbäume bilden den Bestand der eingezäunten Weidenhaine, auf denen die Stuten und älteren Fohlen Sommer und Winter sich ergehen, im Winter freilich mehr der Bewegung wegen, als um sich zu sättigen. Die jüngeren Fohlen weiden auf offenen Blaugrasweiden, wo das Gras süßer ist als unter den Bäumen der Haine, und auch kürzer gehalten wird. Außer den Pferden hält Herr Alexander auch 80—90 Stück Shorthorns und einige Jerseys.

Eine Fahrt in der Blaugrasgegend Kentuckys, im leichten Buggy mit einem flotten Kentuckytraber, gehört zu den schönsten und reizvollsten Fahrten, die man in den Vereinigten Staaten machen kann. Die ganze Gegend ist wie ein Park; überall mit Pferden und Rindern besetzte Weiden unter mächtigen alten Bäumen, hübsche Villen, schön gelegene Farmen, gut gepflegte Obstgärten, kurz, ein Bild des Wohlstandes und alter Kultur, wie man es in Amerika nicht häufig sieht. Auch die Bevölkerung machte auf mich einen ruhigen und behäbigen Eindruck. Der Kentuckier der Blaugrasgegend ist meistens von schottischer Abstammung, groß und kräftig gebaut, die Frauen von lieblicher Schönheit und sehr geschickt in der Lenkung der raschen Traber.

In anderen Staaten habe ich zunächst das Trabergestüt der Brüder Uihlein zu Truesdell in Wisconsin besichtigt. Die Besitzer dieser 700 Acker (283,5 ha) umfassenden Farm betreiben eine großartige Brauerei in Milwaukee, sind reiche Leute und halten Farm und Gestüt zu ihrem Vergnügen, wie ich glaube nicht ohne Opfer. Die Weiden der noch wenig kultivierten Farm eignen sich ganz und gar nicht zur Haltung von Pferden. Die Besitzer scheuen keine Kosten, um sich einen guten Pferdestamm anzuschaffen, aber sie sind wahrscheinlich darüber in Unkenntnis, daß sie zunächst aus ihrem stark vernachlässigten Boden gute Weiden herstellen müssen, bevor sie die Pferdezucht mit Erfolg betreiben können.

Der Hauptengst dieser Farm ist der 1884 geborene Fuchshengst Alencon von Lord Russell aus der Alice West, Tochter von Almont 33. Alencon ist auf Woodburn-Farm geboren und von Uihleins als Saugfohlen zu Doll. 5000 (M. 20,850) gekauft; er hat sehr feine, elegante Formen, aber er ist etwas zu hoch gestellt. Der zweite Deckhengst ist Gogebig, 1883 geboren, braun, Sohn von Red Wilkes, dem Sohn von George Wilkes. Es ist ein schönes, schweres Pferd, mit starken Knochen und kräftigen Muskeln; zur Zeit meines Besuches wog er 1275 Pfd. (580 kg). Der dritte Deckhengst ist der braune, 1886 geborene Manipulator von Nutwood, dem Sohn von Belmont und Miß Russell, mit gut entwickeltem Rumpf und tief gestellt. Der vierte Deckhengst ist der 1883 geborene Schweißfuchs Notwood von Pendennis aus der Victoria, Tochter von Dictator; dieser Hengst hat sehr elegante feine Formen und er macht einen sehr edlen Eindruck. Die Brüder Uihlein lassen Hengste und Stuten sich paaren, wenn sie 3 Jahre alt sind, wie mir der Verwalter H. Laughlin sagte. Wahrscheinlich sind die Herren Uihlein auch in dieser Beziehung nicht gut beraten worden.

Am Alencon sah ich eine recht brauchbare Einrichtung, um ihn am Onanieren zu hindern; er trug vor dem Schlauch einen vor der Brust und über dem Rücken befestigten ledernen Beutel, der ihn am Ausschachten, nicht aber am Harnlassen hindert.

Bei einer vor meinen Augen stattfindenden Paarung sah ich, wie die brünstige Stute in einfacher und zweckmäßiger Weise dadurch gefesselt wurde, daß ein Strick, der um beide Hinterfessel geschlungen war, zwischen den Vorderbeinen durchgezogen und um die Schultern befestigt wurde.

Von den auf der landw. Ausstellung in Worcester, Massachusetts, gesehenen Traberhengsten erwähne ich noch als einen der besten den Haldane der Silver City Stock Farm des Herrn George L. Clark zu Meriden, Connecticut. Der Hengst ist ein Sohn von Mambrino Russell, dem Sohn von Woodford Mambrino und der Miß Russell.

Wenn wir für die amerikanische Traberzucht eine Schulbezeichnung haben wollen, dann können wir sagen: sie ist nichts anderes als eine englische Halbblutzucht. Aber der Wert und die Bedeutung der amerikanischen Traber liegt nicht in ihrem Blutanteil von englischen Vollblutpferden (thorough breds). Wenn dadurch ihr Wert bedingt sein würde, dann hätte Pilot jr. gar keine Bedeutung. Pilot jr. stammte von dem Old pacing Pilot (alten Paßgänger), einem Pferde von ganz unbekannter Zucht, von dem man nur vermutet, daß es aus Kanada stammt; seine Mutter, Nancy Pope, war von ganz unbekannter Herkunft. Und doch zeugte Pilot jr., der selbst keinen Schnelligkeits-Record hatte, die Miß Russell, die Mutter der Maud S., und die Midnight, die Mutter der Jay Eye See, die beiden raschesten Traber der Welt.

Die Bedeutung der amerikanischen Traberzucht liegt hauptsächlich in der persönlichen Leistungsfähigkeit der Pferde und nur insofern in deren Stammbaum, als dieser leistungsfähige Eltern nachweist. Wir können eigentlich kaum von einer übereinstimmenden oder einheitlichen Körperform der amerikanischen Traber sprechen, so daß sich diese als einheitliche „Rasse" kennzeichnen ließe. Es gibt wenig körperliche Eigenschaften, welche allen Trabern gemeinsam sind; fast alle haben eine überbaute Kruppe und ein niedriges Widerrist, häufig auch, insbesondere die Nachkommen von Rysdyk's Hambletonian, etwas Ramsnase, sowie starke und breite Ganaschen und infolge dessen auch einen etwas schweren Kopf. Man findet unter den Trabern Ramsköpfe und arabische Köpfe — die beiden größten Gegensätze in der Kopfform — feine und edle Köpfe einerseits, und geradezu gemeine und plumpe Köpfe andererseits; und gerade Rysdyk's Hambletonian nähert sich in der Form den letzteren. Aber was mir bei den meisten Nachkommen dieses Hambletonian aufgefallen ist, das ist das große kluge Auge selbst in Köpfen, welche eher plump als edel genannt werden können.

Dann gibt es noch zwei körperliche Eigenschaften, welche fast allen Trabern gemeinsam sind: das sind die schräg- und festliegenden, muskelkräftigen Schultern und die festen breiten Hufe.

Von geistigen oder seelischen Eigenschaften muß ich hervorheben: die Klugheit und die Gutmütigkeit, bezw. Lenksamkeit der Traber. Diese Eigenschaft ist ohne Zweifel die Folge ihrer milden und sanften Behandlung, worin der Nordamerikaner seinen Haustieren gegenüber einzig dasteht.

Kurz, der amerikanische Traber hat gerade diejenigen körperlichen und geistigen Eigenschaften, welche ihn zu einem leichten und raschen Wagenpferde ersten Ranges machen. Ich habe den amerikanischen Traber im eigenen Gebrauche kennen gelernt und weiß seine guten Eigenschaften: sein lebhaftes Temperament, seine Abhärtung, seine Lenksamkeit, seine Ausdauer und Genügsamkeit in vollem Maße zu würdigen. Diese Eigenschaften sind die Ursache, warum der amerikanische Traber überall in den Vereinigten Staaten und in Kanada so beliebt und so verbreitet ist. Es ist das eigentliche Pferd für den einspännigen Buggy und als Einspänner entwickelt der Traber seine besten Eigenschaften. Bei den weiten Entfernungen, selbst in den nordamerikanischen Städten, wo die Wohnhäuser mehrere Meilen weit von den Geschäftshäusern entfernt sind, ist ein schnelles Pferd vor einem leichten Wagen notwendig, um die weiten Strecken rasch zurückzulegen. In den kleinen und mittleren Städten hält fast jeder, einigermaßen wohlhabende Geschäftsmann einen Buggy mit einem Traber, den er meistens selbst versorgt und unter allen Umständen selbst führt, wenn es nicht seine Frau thut. In Städten wie Milwaukee in Wisconsin, Cleveland in Ohio, St. Paul in Minnesota und vielen anderen gleichgroßen und kleineren, machen die Frauen ihre häuslichen Einkäufe immer im Buggy, allein mit ihrem Traber, zuweilen mal zwei Damen zusammen, immer ohne Kutscher und der Traber geht immer ohne Peitsche, gewöhnlich nur auf den Zuruf „oh boy“ oder „oh lady“, oder mit irgend einem zärtlichen weiblichen Namen, wenn es eine Stute ist. Wenn die Amerikanerin in ihrem Buggy vor einem Laden halten will, um ihre Einkäufe zu machen, dann treibt sie ihr Pferd längs des Bürgersteiges, dreht es etwas, damit sie aus dem hochrädrigen Buggy bequem aussteigen kann, ergreift das zu ihren Füßen liegende runde platte Eisengewicht (Weight) mit langem Lederriemen daran, läßt das Eisengewicht auf den Bürgersteig fallen und befestigt den Lederriemen mittelst eines Schnappers in den Zügelring des Pferdes; dann geht sie ihren Geschäften nach und läßt Pferd und Wagen ruhig stehen. Wenn sie dann weiterfahren will, macht sie zuerst das Eisengewicht los, hebt es in den Wagen und steigt dann selbst ein. Daß das ruhig stehende Pferd mit einer Decke zugedeckt wird, habe ich während meines Aufenthaltes in Nordamerika (von Mitte März bis gegen Ende Oktober) nie gesehen. Wenn es nötig wäre, würde der Herr oder die Frau den stehenden Traber zudecken, denn dieses Tier wird wie ein Kind des Hauses behandelt.

Aber ich habe in dieser Weise nicht bloß Frauen und erwachsene Mädchen mit ihren Trabern beobachtet, sondern auch kleine Mädchen von 10 bis 12 Jahren, die ganz allein, ohne jede Begleitung mit ihren Pferden fertig wurden.

Wer die Stellung und Bedeutung der Frau in Nordamerika kennt, der begreift, daß das Pferd der Frau so gezogen sein muß, daß sie leicht damit fertig wird und es vollständig in ihrer Gewalt hat.

Die Traberzucht ist in Nordamerika keine Liebhaberei, kein Sport, sondern ein Geschäft, das eine große Zahl von Geschäftsmännern und Frauen mit dem notwendigsten Haustier versorgt. Das Trabrennen ist die notwendige Probe für die Leistungsfähigkeit der Traber. Es giebt wohl einzelne Millionäre, welche zu ihrem Vergnügen Traber ziehen und rennen lassen; aber das sind nur Ausnahmen.

In den Trabergestüten werden die Fohlen meistens im zweiten Lebensjahre (wenn sie kräftig genug sind schon mit 1½ Jahren) eingespannt und „gebrochen“, zuerst vor den Breaking, einen einsitzigen, zweirädrigen Karren mit einem eigentümlichen Geschirr (Kicking strap), welches das Hintenausschlagen verhindert. Wenn die Fohlen sich ruhig bewegen können, kommen sie vor den Sulky, einen einsitzigen Karren mit hohen Rädern, in Deutschland und Oesterreich als „Spinne" bekannt. Jedes Gestüt hat seine Fahrbahn (Track), welche in eirunder Form entweder eine halbe, oder ganze englische Meile umfaßt und gewöhnlich auf einer Weide nahe dem Gehöft angelegt ist. Auf dieser Fahrbahn werden die Fohlen von dem Besitzer, oder dem Trainer täglich, gewöhnlich Nachmittags, 2 ½—3 englische Meilen (bis 4,8 km) getrieben, bezw. im Traben geübt. Die erste Meile laufen sie gewöhnlich in 5 Minuten, die letzte Meile in 3 Minuten oder kürzer, wenn sie für ein Rennen trainiert werden. Meistens kommen die Fohlen nach dieser Uebung naß und schaumbedeckt in den Stall, wo sie sehr sorgfältig abgerieben und getrocknet werden.

Neben der amerikanischen Traberzucht hat die Zucht schwerer Arbeitspferde in den Vereinigten Staaten eine große Bedeutung, namentlich für die Landwirtschaft des Ostens. Aber diese Zucht hat noch bei Weitem nicht die Höhe erreicht wie die Traberzucht. Von schweren Pferden wird bisher nur noch wenig selbst gezüchtet, die meisten Hengste und auch viele Stuten werden fortwährend aus England, Frankreich und neuerdings aus Oldenburg und Hannover eingeführt. Ein großer Teil der Pferdehändler nennt sich Pferdezüchter. Doch habe ich mehrere wirkliche Züchter schwerer Arbeitspferde im Verlaufe meiner Reise besucht.

Die erste Pferdezuchtfarm dieser Art war die Marble Cliff Farm bei Columbus, Ohio, etwa 1000 Acker umfassend, Herrn Miller gehörig. Derselbe hält 1 Clydesdale- und 2 Percheron-Normänner-Hengste, außerdem 1 Roadster zur Erzeugung leichter Wagenpferde und 45 Stuten. Der Clydesdalehengst General, 14 Jahr, dunkelbraun, ist gedrungen gebaut, breit, tief gestellt, mit verhältnismäßig feinem Kopf, aber er ist nicht ganz rein gezüchtet, sondern hat einen Anteil von Normännerblut.

Der 5jährige Percheron-Normänner-Rapp, Brilliant, ist ein sehr schönes, tief gestelltes Pferd mit sehr breiter Brust, starkem Nacken und gespaltener Kruppe; sein Gewicht wurde mir mit 2032 Pfd. (924 kg) angegeben, ein Umstand, auf den die Züchter schwerer Pferde in Nordamerika großen Wert legen. Auf mich hat immerhin die Prahlerei mit hohen Gewichten der Pferde einen etwas kindlichen Eindruck gemacht. Das todte Gewicht des Lastpferdes bildet ja allerdings einen Faktor bei der Zugleistung neben vielen anderen Faktoren, wie die Muskelentwicklung, Beschaffenheit und Stellung der Knochen, Form der Gelenke, Temperament u. s. w., die durch Feststellung des Lebendgewichtes eines Pferdes gar nicht zur Geltung kommen. Aber es gibt Leute in den Vereinigten Staaten, welche ein Pferd nach Lebendgewicht kaufen, gerade wie ein Schwein und für solche mögen denn wohl hohe Gewichtsangaben notwendig sein.

Der dritte Percheron-Normänner-Hengst, Molardo, war 6 Jahr und hatte zu wenig Körper. Der 4jährige lichtbraune Roadsterhengst Prince Albert war ein gefälliges Pferd. Die Decktaxe für den Clydesdale betrug Doll. 15, für Brilliant Doll. 25.

Die Stuten waren meistens Percheron-Schimmel. Die Fohlen werden im Alter von 3 Jahren zu Doll. 150—160 (M. 625,50—667,20) verkauft.

In der Nähe von Milwaukee, Wiskonsin, hat der reiche Brauereibesitzer Friedr. Pabst in Milwaukee eine Farm von 200 Acker, auf der er recht gute Percherons hält, die er zu Zuchtzwecken aus Frankreich eingeführt hat.

Mehrere gute Percheronhengste traf ich auf der Farm des Herrn Konrad Kohrs zu Deer Lodge, Montana, der außerdem Clydesdales, englisches Vollblut und Halbblut hält und die Pferdezucht im Großen betreibt. Die wertvolleren Hengste und Vollblutstuten werden im Gehöft und auf Thalweiden gehalten, alle übrigen Pferde gehen frei auf Gebirgsweiden. Nur die Stuten, welche von Vollblut-, Clydesdale- oder Percheronhengsten gedeckt werden sollen, werden von einem berittenen Mann beaufsichtigt, der die rossigen unter ihnen abfängt und zum Hengst ins Gehöft bringt. Den übrigen Halbblutstuten aber wird zu je 25 ein Hengst zugeteilt, der seine Stutenheerde auf der Bergweide zusammenhält und gegen andere Hengste verteidigt. Im Herbst kommen alle Hengste, alle Fohlen unter einem Jahr und die Clydesdalestuten auf die Thalweide. Alle übrigen Stuten und die überjährigen Fohlen bleiben beständig auf den Bergweiden. Die im Herbst zu Thal gekommenen jungen Fohlen werden gemarkt und die zuchtuntauglichen Hengstfohlen zu Wallachen gemacht. Für die Hengste und die wertvollsten englischen Vollblutstuten bestehen Stallungen im Gehöft. Die übrigen englischen Vollblut- und Clydesdalestuten, sowie deren Fohlen, sind auch im Winter beständig auf der Thalweide und nur bei hohem Schnee wird ihnen Heu hinausgefahren. Die übrigen ein Jahr alten Fohlen auf den Bergweiden des Felsengebirges bekommt der Besitzer oft in 3—4 Jahren nicht zu sehen. Liegt Schnee auf den Weiden, so scharren sie ihn mit den Hufen fort, um zu den darunter stehenden Gräsern zu gelangen. Aber es gehen durch Frost und Stürme viele Pferde auf den Bergweiden zu Grunde. Man rechnet auf einen regelmäßigen Verlust von 10 %.

Die englischen Vollblutpferde werden von Herrn Kohrs als Jährlinge zu Doll. 500—2000, die Halbblutpferde als 3—5jährige zu Doll. 75—200 das Stück verkauft. Herr Kohrs hat unter seinen Vollblutpferden schon mehrere Sieger auf der Rennbahn erzogen.

Bei Lansing in Michigan besuchte ich die Springdale-Farm von Herrn James M. Turner, 1400 Acker umfassend, mit guter Zucht von Clydesdales und Percherons, zusammen 125 Stück.

Mehrere gute Percheronhengste sah ich im Herbst auf der landwirtschaftlichen Neu-England-Ausstellung in Worcester, Massachusetts.

Auf der Graslandfarm des Herrn Frank Hutchinson bei Hanover

in New-Hampshire, 400 Acker umfassend, wurde neben der Zucht von Trabern mit dem Rapphengst Prince Almont, auch die Zucht schwerer Arbeitspferde betrieben, wozu ein Percheron-Halbbluthengst aus einer schweren kanadischen Stute diente.

Es würde mich zu weit führen, wenn ich die zahlreichen kleinen Zuchten schwerer Arbeitspferde, zumeist mit Clydesdales und Percherons, hier erwähnen wollte. Die Pferdezuchten, die ich in Kanada gesehen habe, finden im 16. Abschnitte ihre Stelle.

Aber ich möchte diesen Abschnitt nicht schließen, ohne die vortreffliche Art der Pferdeversendung auf Eisenbahnen zu erwähnen. Auf der Nordpacificbahn in Helena, Montana, sah ich Pferdefrachtwagen mit je 3 Abteilungen, jederseits mit 8 Futtertrögen und Heuraufen an nach Außen ausspreitzbaren Seitenwänden, welche an den Boden des Wagens mit Charnieren befestigt sind. Jeder Wagen hat bequemen Raum für 18 Pferde. Der Futtertrog wird auf den Stationen mit Tränkwasser gefüllt. Ein solcher Wagen, welcher der Street's Stable Car Line gehört, kostet mit Pferden beladen auf eine Entfernung von etwa 1400—1500 engl. Meilen (2240—2400 km) Doll. 218 Miete, oder etwa 40 Pf. d. km.

XI. Viehhandel und Schlachtindustrie.

Die Vereinigten Staaten hatten im Jahre 1888 laut der letzterschienenen amtlichen Statistik:

Ausgeführt	an landw. Tieren u. Tierstoffen im Wert v. Doll.	109,882,948
Eingeführt	„ „ „ „ „ „ „ „	55,757,254
Mehr ausgeführt	„ „ „ „ „ „ „ „ Doll.	54,125,694

oder M. 226,104,144. An dieser Mehrausfuhr haben den größten Antheil:

Speckseiten (Bacon)	im Wert von Doll.	27,187,175
Schweineschmalz (Lard)	„ „ „ „	22,751,105
Lebendes Rindvieh	„ „ „ „	10,701,580
Frisches Rindfleisch	„ „ „ „	8,231,281
Käse	„ „ „ „	7,521,368
Schinken	„ „ „ „	4,988,458
Gesalzenes Schweinefleisch	„ „ „ „	4,368,691
Rindstalg	„ „ „ „	4,252,653

Die Mehrausfuhr von lebenden Schweinen, Schweinefleisch und Speck hatte einen Wert von Doll. 59,492,869 (M. 248,085,264), die Mehrausfuhr von lebenden Rindern, Rindfleisch, Talg und Oleomargarin einen

Wert von Doll. 32,584,406 (M. 135,876,963). Dagegen wurden mehr eingeführt: Pferde, Schafe, Häute, Wolle, Haare, Borsten, Eier und Milch (präserviert oder kondensiert).

Den größten Anteil an der Mehreinfuhr haben:

Häute	mit einem Wert von Doll.	23,266,017
Schafwolle	" " " " "	15,881,945
Pferde	" " " " "	4,993,089
Eier	" " " " "	2,245,754

Der Auftrieb von Rindvieh betrug im Jahre 1888 auf den 4 größten westlichen Märkten zu Chicago, St. Louis, Kansas City und Peoria (Illinois) 4,284,952 Stück gegen 1,700,735 Stück im Jahre 1878; demnach ist der Auftrieb in 10 Jahren um 2,584,217 Stück gewachsen. Der Auftrieb von Rindvieh auf den größten östlichen Märkten zu New-York, Boston, Philadelphia und Baltimore betrug 1887 805,095 Stück gegen 1,038,247 Stück im Jahre 1878.

Der Auftrieb von Schafen wuchs von 521,592 Stück im Jahre 1878 auf 2,336,377 Stück im Jahre 1888.

Der Auftrieb von Schweinen betrug im Jahre 1878 auf den 4 westlichen Hauptmärkten 8,454,565 Stück, im Jahre 1888 8,104,121 Stück; er hat im Westen also etwas abgenommen. Auf den 4 östlichen Hauptmärkten war der Auftrieb im Jahre 1878 2,847,545 Stück, im Jahre 1887 3,665,403 Stück; er hat also hier beträchtlich zugenommen. Im Westen hat die Ausfuhr von Schweinen abgenommen, der inländische Verzehr jedoch zugenommen.

Ich habe die beiden größten Viehmärkte in den Vereinigten Staaten besucht, nämlich am 24. April den zu Kansas City im Staate Missouri, und am 17. Mai den zu Chicago im Staate Illinois.

Der etwa 200 Acker (81 ha) umfassende Viehmarkt von Kansas City liegt mehrere Meilen außerhalb der Stadt und seine Hürden nehmen einen Raum ein von 75 Acker (30 ha). Im Jahre 1888 betrug die

	Zufuhr Stück	Verladung Stück
von Rindvieh	1,056,086	1,055,547
" Schweinen	2,008,984	2,009,250
" Schafen	351,050	351,796

Die Verladung (Shipment) von Schweinen und Schafen ist also größer als die Zufuhr derselben und für Rinder ist jene nur wenig kleiner. Den Hauptanteil an der Verladung haben die großen Schlächtereien (Packing houses), welche in der Nähe des Viehmarktes gelegen sind.

Im Jahre 1871 hatte Kansas City nur einen Auftrieb von 120,827 Stück Rindvieh, 41,036 Schweinen und 4527 Schafen. Der größte Auftrieb von Rindern und Schafen war im Jahre 1888 (wie oben angegeben), der größte Auftrieb von Schweinen im Jahre 1887 mit 2,423,262 Stück.

Der größte Tagesauftrieb von Rindern war am 23. Oktober 1888 mit 11,233 Stück, von Schweinen am 15. November 1887 mit 21,765 Stück, von Schafen am 26. Mai 1888 mit 6033 Stück, die größte Tageszufuhr von Eisenbahnwagen am 13. November 1888 mit 616 Stück.

An Gebühren sind zu zahlen: 50 cts für Ein- und Ausladung eines Eisenbahnwagens, 20 cts Marktgebühr (Yardish) für 1 Rind, 10 cts für 1 Schwein, 8 cts für 1 Schaf.

Das Rindvieh ist eingestellt in hohen Hürden (Pens), welche von 1—7 Eisenbahnwagen-Ladungen enthalten, je zu 19—21 Ochsen. Schweine und Schafe stehen in niedrigen Hürden, welche ebenfalls 1—7 Wagen-Ladungen umfassen, je bis 30 Stück.

Das eingestellte Rindvieh wird von den Käufern besichtigt, indem sie zu Pferde in die Hürden hineinreiten. Wer die Besichtigung zu Fuß machen will, muß auf drei schmalen Gangbrettern gehen, die auf der Umfriedigung der Hürden aufgelegt sind. Ich habe auf diesen Brettern sämtliche Rindviehhürden abgelaufen; schwindelig darf man nicht dabei werden, sonst fällt man in die Hürden zwischen die meistens unruhigen Tiere, welche vorwiegend dem halbwilden Steppenvieh angehören. Die Mehrzahl der in Kansas City aufgetriebenen Rinder sind Natives, d. h. Shorthornkreuzungen, wie ich im 9. Abschnitte erklärt habe. Ueber Sommer, von Mai an, soll auch Texasvieh aufgetrieben werden.

Alle Hürden sind von Holz, die für Rindvieh offen, für Schweine und Schafe zum Teil gedeckt sind.

Von Schweinen sind meistens schwarze Berkshires und Polandchinas im durchschnittlichen Lebendgewicht von 217 Pfd. (99 kg), von Schafen Merinos und englische Kreuzungen aufgetrieben. Was auf dem Viehmarkt in Kansas City nicht verkauft ist, wird nach Chicago verladen.

Der Viehmarkt (Union Stock Yard) Chicagos liegt gegen 10 Meilen (16 km) vom Mittelpunkt der Stadt; die Passagierzüge der Lake-Shore-Bahn machen den Weg dahin in etwa 1/2 Stunde. Er wurde im Jahre 1865 errichtet mit einem Fassungsraum für 25,000 Stück Rindvieh, 160,000 Schweine, 12,000 Schafe und 2000 Pferde auf etwa 400 Acker (162 ha).

Im Jahre 1888 betrug die

	Zufuhr Stück	Verladung Stück
von Rindvieh	2,611,543	968,385
„ Kälbern	96,086	23,663
„ Schweinen	4,921,712	1,751,829
„ Schafen	1,515,014	601,241
„ Eisenbahnwagen	210,807	78,174

Die größte Tages-Zufuhr von Rindvieh war am 19. November 1888 mit 20,068 Stück, von Kälbern am 1. September 1885 mit 1,773

Stück, von Schweinen am 5. Dezember 1884 mit 66,597 Stück, von Schafen am 4. Oktober 1888 mit 12,129 Stück. Der bei der Anlage des Viehmarktes berechnete Fassungsraum ist also bisher nur von Schafen einmal überschritten worden.

Im Jahre 1888 wurde auf dem Viehmarkt insgesamt für Doll. 182,202,789 (M. 759,785,630) Vieh verkauft, seit dem 23jährigen Bestehen (von 1866 bis 1888) desselben für Doll. 2,773,314,645 (M. 11,564,722,070). Das ist in Wahrheit der größte Viehmarkt der Welt!

Außer dem Thoreingang aus Quadersteinen und der ganz neu, aus Ziegeln errichteten Viehbörse mit den Amtsräumen, sind die Einrichtungen des Viehmarktes ebenso einfach wie in Kansas City. Auch die Käufer machen auf dem Chicagoer-Markt ihre Geschäfte zu Pferde ab, welche die Viehmarkt-Gesellschaft vermietet; es sind meistens Indianerpferde. Verkäufer für alles Schlachtvieh ist die genannte Gesellschaft, welche das von ihren Auftraggebern gelieferte Vieh nach Pfund Lebendgewicht verkauft. Es werden folgende Qualitäten unterschieden, denen ich die von mir für das Jahr 1889 berechneten Durchschnittspreise hinzufüge:

	cts d. engl. Pfd.	Pf. d. kg
Rindvieh:		
Stiere (Ochsen)	3,00—5,50	27,6—50,6
Stockers und Feeders*)	2,50—3,25	23,0—29,9
Kühe und Bullen	1,20—2,90	11,0—26,7
Texas-Vieh	1,75—3,50	16,1—32,2
Schweine:		
Gemischte	3,60—3,90	33,1—35,9
Schwere	3,50—4,00	32,2—36,8
Leichte	3,60—3,80	33,1—35,0
Schafe:		
Einheimische	3,50—5,50	32,2—50,6
Westliche	4,50—5,70	41,4—52,4
Texas	3,50—4,00	32,2—36,8
Lämmer	5,00—6,50	46,0—59,8

Selten erreichen die gemästeten Ochsen einen Preis von 6 cts das Pfd. (55,2 Pf. d. kg) Lebendgewicht. Das durchschnittliche Schlachtgewicht der Mastochsen kann man auf 750—800 Pfd. (341—364 kg) rechnen. Mastochsen mit einem Lebendgewicht von 1500 Pfd. (682 kg), bezw. einem Schlachtgewicht von 950 Pfd. (432 kg) kommen selten zu Markt, obgleich sie auf Ausstellungen noch schwerer vorkommen, doch aber niemals die hohen Gewichtszahlen erreichen wie auf westeuropäischen Ausstellungen. Die Mehrzahl der Chicagoer Mastochsen gehört den Natives an. Selten sind Vollblut-Shorthorns und Friesen-Holländer. Texasvieh war während meines Besuches nicht anwesend, wohl aber Texaskreuzungen.

*) Stockers und Feeders bilden das Weidevieh.

Das durchschnittliche Lebendgewicht der Schweine war im Jahre 1888 229 Pfd. (104 kg), etwas schwerer als das auf dem Viehmarkt in Kansas City. Die meisten Schweine waren Polandchinas und Berkshires, selten waren weiße von englischer Abkunft.

Die Schafe sind vorwiegend Merinokreuzungen mit englischen Zuchten, namentlich mit Shropshires. Lämmer erzielen von allem Schlachtvieh die höchsten Preise und die Lamb-chops (Lämmerkarbonaden oder Rippchen) bilden den beliebtesten und teuersten Braten.

Die Beschicker des Chicagoer Viehmarktes sind die Mäster der westlichen und nordwestlichen Staaten, insbesondere Illinois, Iowa, Kansas, Nebraska und Texas.

Die Hauptkäufer sind die großen Schlacht- oder Packhäuser (Packing houses), welche eine kleine Stadt in der Umgebung des Viehmarktes bilden; in nächster Nähe desselben liegen 16 große Schlachthäuser, denen das Vieh vom Markt auf erhöhten und gedeckten Laufbrücken unmittelbar zugetrieben wird.

In unmittelbarer Nähe des Viehmarktes hat das The Drovers Journal seine Druckerei, welche nach Schluß des Marktes, etwa um ½3 Uhr nachmittags die Viehmarktberichte herausgibt.

Die Verfrachtung lebenden Schlachtviehes geschieht in besonderen Vieh-Expreßzügen, welche allen anderen Frachtzügen vorgehen. Die Vieh-Expreßzüge fahren mit einer durchschnittlichen Geschwindigkeit von 18 bis 20 Meilen (28,8—32 km) die Stunde. Einmal täglich machen sie auf bestimmten Stationen einen längeren Aufenthalt, um die Tiere zu füttern und zu tränken.

Die Frachtkosten von Chicago nach New-York und anderen Seeküstenstädten sind im Jahre 1888 für ganze Wagenladungen sehr ermäßigt worden, was wahrscheinlich der Konkurrenz der zahlreichen Bahnen zu danken ist. Von Chicago nach New-York verlaufen sechs verschiedene Bahnlinien in Entfernungen von 913—980 engl. Meilen; die Durchschnittslänge dieser Bahnen beträgt 966 Meilen (1554 km).

Noch im Jahre 1887 kosteten 100 Pfd. lebendes Rindvieh in Wagenladungen von Chicago nach New-York 35 cts; dieser Satz blieb bis zum Mai 1888, dann sank er im Juni auf 25 cts, im Juli auf 16½ cts, im August auf 5½ cts, stieg dann im September auf 10 cts und blieb von Oktober bis Dezember 15 cts. Im Durchschnitt des Jahres 1888 betrug die Fracht für 100 Pfd. Rindvieh in Wagenladungen 23 cts (M. 2,12 d. q), für Schafe 31,25 cts (M. 2,92 d. q), für Schweine 26,6 cts (M. 2,45 d. q).

Die Versendung von zugerichtetem Fleisch (Dressed beef oder Dressed pork) geschieht in Kühlwagen (Refrigerator cars), welche an den Schmalseiten, oder auch an der Decke Eisräume haben. Die Fracht für 100 Pfd. Rindfleisch betrug im Durchschnitt des Jahres 1888 in Wagenladungen von Chicago nach New-York 46,7 cts (M. 4,30 d. q), für 100 Pfd. Schweinefleisch und Speck 26,5 cts (M. 2,44 d. q). Die Frachtkosten schwanken übrigens außerordentlich von Monat zu Monat, je nachdem die Tarifkämpfe der Eisenbahnen ausfallen; so wurden z. B. 100 Pfd. Rindfleisch in den ersten 6 Monaten des Jahres 1888 für 65 cts (M. 5,98 d. q) von Chicago nach New-York verfrachtet, im August desselben Jahres nur für 7 cts (64,4 Pf. d. q). Ein Einfluß der Staatsregierungen, oder der Bundesregierung auf die Frachtsätze der Eisenbahnen findet ganz und gar nicht statt, sondern diese werden allein durch die Konkurrenz geregelt.

Der Betrieb der großen Schlachthäuser in New-York, Cincinnati, Kansas City, Chicago und anderen Orten ist überall gleich. Ich habe das Schlachthaus von Swift & Co. in Kansas City und das von Armour & Co. in Chicago besucht, will mich aber darauf beschränken, die Vorgänge in dem letzteren zu beschreiben, das ich am 16. Mai besichtigt habe.

Das Schlachthaus von Armour & Co. liegt in unmittelbarer Nähe des Viehmarktes, von wo die Schweine, Rinder, Kälber und Schafe auf den früher erwähnten Laufbrücken unmittelbar in die Hürden des Schlachthauses getrieben werden. Das Hauptgeschäft ist die Schweineschlächterei. Nach Angabe eines Beamten des Hauses, der mich durch die Räume desselben führte (was über drei Stunden in Anspruch nahm), werden durchschnittlich täglich geschlachtet: 5000 Schweine, 1800 Rinder, 700—800 Schafe, 30—40 Kälber.

Ich habe meine Wanderung in der Schweineschlächterei begonnen. Die zu schlachtenden Schweine werden in einen engen Raum der Schlachthalle zusammengetrieben, hier mit einer Kette am linken Hinterfuß befestigt und aufgewunden, dann auf einer Eisenbahnschiene in den Raum geführt, wo der Schlächter den mit den Köpfen abwärts hängenden Tieren die Gurgel durchsticht. Während einer viertelstündigen Beobachtung habe ich einen Mann bei fortwährender Arbeit 50 Schweine stechen sehen, das macht in einer Stunde 200, in einem Arbeitstage von 10 Stunden 2000. Nachdem die gestochenen Schweine kurze Zeit ausgeblutet haben (das Blut fließt unterirdisch zur Blutfabrik ab, wo daraus Blutfarbstoff, Gelatine u. a. hergestellt wird), fallen die noch zuckenden Tiere in eine große Wanne mit kochendem Wasser, worin sie etwa zwei Minuten verbleiben. Hierauf werden sie in einen Raum gehoben, in dem sie unter die Scheermaschine kommen, welche mit neun verschieden gerichteten Rädern ihnen die Borsten wegnimmt. Aus der Scheermaschine werden sie auf lange Tische geführt, wo sie mit der Hand nachgeschoren, bezw. geschabt werden. Nach diesem Verfahren gelangen sie am Ende des Tisches unter die Hände zweier Männer, von denen der eine den Kopf etwa zur Hälfte löst, der andere gleichzeitig in jedes Hinterbein Schlitze macht zum Aufhängen der Tiere an ein Querholz. Zunächst passieren die hängenden Tiere einen langen Tisch, an dem die Männer stehen, welche ihnen den Bauch aufschneiden und die Eingeweide herausnehmen. An dem folgenden Tisch wird ihnen der Kopf ganz abgeschnitten und sodann der Rumpf bis auf ein kleines Verbindungsstück zwischen den Schultern in zwei Hälften geteilt. Endlich gelangen sie in den Kühlraum, wo sie drei Stunden hängen bleiben.

Vom Töten des Schweines bis zur Ankunft in den Kühlraum vergehen 8—10 Minuten. Keines der geschlachteten Tiere, seien es Schweine, Rinder, Schafe oder Kälber, wird jemals von einem Arbeiter gehoben oder getragen. Die Tiere, oder ihre Teilstücke rollen, durch ihre eigene Schwere getrieben, auf schräg liegenden Eisenbahnschienen von dem Augenblick an wo sie vor, oder nach dem Schlachten mittelst Dampfkraft auf die Schienen gehoben werden, bis sie schließlich in die Verarbeitungsräume (Wurst- oder Verpackungsräume), oder in die Kühlwagen der Eisenbahnen gelangen.

Aus dem Kühlraum rollen die hängenden Schweinestücke nach 3 Stunden weiter in den Kälteraum (Chill-room), wo sie bei einer Temperatur von 34—38° F. (1,1—3,3° C.), 48 Stunden bleiben. Beinahe hart gefroren, rollen sie dann in den Schneideraum (Cutting-room), wo jede Hälfte auf einem Tisch in drei Teile (Schulter, Seite und Hinterschinken) geschnitten und der Vorderfuß abgehackt wird. Von diesen Hauptstücken wird ein Teil des Fettes und von den Seitenstücken der Lenden- oder Mürbebraten (Tenderloin) losgelöst und frisch verkauft. Das feste Fett der Bauchhöhle wird als Blattspeck (Leaf-lard) zu Butterin verwendet.

Ein Teil der geschlachteten Schweine (denen der Kopf nicht abgeschnitten wird) kommt aus dem Kühlraum als Dressed Pork unmittelbar in die Kühlwagen der Eisenbahnen.

Die zu schlachtenden Rinder werden einzeln in eine enge Hürde getrieben, über der auf einem Gang ein Mann steht, der sie mittelst Hammerschläge betäubt. Die zu Boden gestürzten Tiere werden aus der Hürde in die Schlachthalle gezogen, ihnen die Gurgel durchstochen und an den Hinterbeinen mittelst Ketten aufgezogen. An den mit den Köpfen nach unten hängenden Tieren geschieht das Abziehen der Haut, die Enthauptung und die Teilung in zwei Hälften in derselben Weise und mit derselben Schnelligkeit wie an den geschlachteten Schweinen.

Aus den Kühlräumen gelangt das Dressed beef unmittelbar in die Kühlwagen der Eisenbahn, nachdem zuvor jede Hälfte hinter den letzten Rippen in zwei Viertel geteilt ist, die aber noch durch ein kleines Muskelstück zusammenhalten, damit die ganzen Hälften bis zum Kühlwagen rollen können. Erst unmittelbar vor der Verladung werden die Hälften in Vorder- und Hinterviertel vollständig getrennt und einzeln verladen.

Die zu schlachtenden Schafe werden neben einander auf eine Bank gelegt und der herabhängende Hals durchstochen, wonach sie kurze Zeit ausbluten. Kälber habe ich nicht schlachten sehen.

Alle in Armour's Schlachthause geräucherten Fleischstücke werden im Sommer mit Segeltuch (Canvas) umhüllt und mit einer gelben Farbe (Yellow wash) angestrichen, um die Fliegen abzuhalten.

Im Wurstraum wird Schweine- und Rindfleisch in mehreren großen Fleischhackmaschinen zerhackt, gesalzen und gepfeffert und durch Wurststopfmaschinen in kleine und große Därme gestopft.

Im Einbüchsungsraum (Canning-room) werden Fleisch, Zungen u. s. w. durch Maschinen in größere oder kleinere Stücke geschnitten, gekocht oder gepöckelt und durch fünf Stopfmaschinen in Zinnbüchsen gestopft, die dann verlötet werden. Täglich werden in zehnstündiger Arbeit 45,000 Büchsen fertig gemacht, zu denen etwa 26,000 Pfd. (118 q) Rindfleisch verwendet werden.

Das Büchsenfleisch wird durchaus reinlich behandelt, ebenso wie auch in der Wursterei Reinlichkeit herrscht.

Eine tierärztliche Untersuchung des Fleisches, insbesondere des Schweinefleisches auf Trichinen findet weder in Armour's noch in anderen Schlachthäusern statt. Nach der mir gemachten Mitteilung von Dr. Billings sollen etwa 4 % der amerikanischen Schweine an Trichinen leiden. Weiteres darüber habe ich nicht gehört; Fälle von Trichinenerkrankung bei Menschen sind mir während meines Aufenthaltes in den Vereinigten Staaten nicht bekannt geworden. Wenn solche Fälle vorkommen betreffen sie Deutsche, welche allein rohes Schweinefleisch, insbesondere rohen Schinken essen; der Amerikaner genießt alles Schweinefleisch nur gekocht.

Von den übrigen Unternehmungen des Armour'schen Schlachthauses — Blutfabrik, Fabrik künstlicher Düngemittel, Butterinfabrik — habe ich nur die letztere besucht. Die Firma nennt ihre künstliche Butter Butterin, doch trägt jede ihrer Kisten, worin die künstliche Butter verschickt wird, die Aufschrift Oleomargarin.

Die Erzeugung künstlicher Butter hat in Amerika und Europa viel Staub aufgewirbelt. Aber ich habe mich überzeugt, daß das Butterin — wenigstens von Armour & Co. — nur unschädliche, gut genießbare Bestandteile enthält und in durchaus reinlicher Weise hergestellt wird. Zum Butterin wird verwendet: flüssiges und festes Fett, letzteres von dem schon erwähnten Blattspeck (Leaf-lard) etwa in dem Verhältnis von 2 : 3 (im Winter wird mehr festes Fett genommen) und 20—30 % reinste und beste Butter. Die echte Butter, welche der Fettmischung zugesetzt und in einem Butterfaß mit ihr vermengt wird, hat den Zweck, der künstlichen Butter den Geruch von natürlicher zu geben. Das beste Butterin enthält 30 % natürliche Butter; es schmeckt und riecht — wie ich mich überzeugt habe — ganz wie natürliche Butter. Da das Pfund natürliche Butter in Chicago 25 cts (M. 2,30 d. kg), das Butterin 19 cts (M. 1,75) d. kg) im Kleinverkauf kostet, so spart man bei letzterem etwa 25 %. Die großen Schlachthäuser verkaufen ihre künstliche Butter als solche, die Kleinhändler aber häufig als natürliche Butter, und das ist auch nach amerikanischer Auffassung Betrug, der aber nicht selten geübt wird. Namentlich die Gasthäuser setzen ihren Gästen nicht selten Butterin als Butter vor, und zwar von der geringeren Sorte, welche nur 20 % echte Butter enthält.

Das Butterin wird im Armour'schen Schlachthause ganz so verpackt wie echte Butter, in halbe und ganze Pfundstücke, glatt und gerollt, ja sogar in Pergamentpapier, in Kübeln und Fässern, so daß man leicht zu dem Glauben kommt, man habe es mit natürlicher Butter zu thun.

Die Frage, ob die Butterinerzeugung die Landwirte, insbesondere deren Milchwirtschaft schädigt, ist nicht ohne Weiteres zu bejahen. Jedenfalls gewährt die Butterinerzeugung die höchste Ausnutzung des Fettes, das dem Landwirt in seinen Mastochsen ja mitbezahlt wird. Der Buttererzeuger wird freilich dadurch geschädigt, nicht aber die gesamte Landwirtschaft. Wenn das Fett nicht durch Butterin verwertet werden könnte, dann ließe es sich nur zu viel niedrigeren Preisen zu Fabrikzweigen verwenden, die ohnehin hinreichendes Material haben, wie z. B. zur Seifenerzeugung. Zur Kerzenerzeugung wird in den Vereinigten Staaten wenig Fett verwendet, weil erstens wenig Kerzen gebrannt werden und dann meistens Wachskerzen. Die letzteren habe ich mitunter in Privathäusern getroffen, in Gasthäusern aber habe ich niemals eine Kerze gesehen, auch nicht in Straßenläden.

Ich will schließlich bemerken, daß das Packing-House Armour & Co. in seinem Stadtgeschäft 200 junge Leute und in seinem Schlachthaus 50 Beamte und 4200 Arbeiter beschäftigt.

XII. Das Molkereiwesen.

Nach dem Bericht des Sekretärs für Ackerbau, Herrn J. M. Rusk, über das Jahr endend am 30. Juni 1889, überschritt die Zahl der Milchkühe in den Vereinigten Staaten nach der letzten Schätzung 15 Millionen. Im Jahre 1880 betrug die Buttererzeugung 806,682,071 Pfund, einschließlich von Nicht-Farmkühen 900 Millionen Pfund (409 Millionen kg). Wenn der Zuwachs an Butter mit dem Zuwachs der Bevölkerung Schritt gehalten hätte, dann müßte er im letzten Jahre 1300 Millionen Pfund (591 Mill. kg) betragen. Die Käseerzeugung ist annähernd 400 Mill. Pfund (182 Mill. kg), wovon ein gut Teil ausgeführt wird, während die Butter-Ausfuhr klein und von geringer Güte ist.

Im Jahre 1888 (der letzten mir vorliegenden Statistik) betrug die Butterausfuhr nur 10,455,651 Pfund (4,752,569 kg) im Wert von Doll. 1,884,908. Dagegen wurde für Doll. 26,429 Butter eingeführt. Die Mehrausfuhr für Butter beträgt also Doll. 1,858,479. An Käse wurde ausgeführt 88,008,458 Pfund (40,003,845 kg) im Wert von

Doll. 8,736,304 (M. 36,430,388 oder 91 Pf. d. kg). Dagegen wurde Käse eingeführt im Wert von Doll. 1,214,936, so daß die Mehrausfuhr nur Doll. 7,521,368 beträgt.

Bisher hat die Ausfuhr von Butter und Käse aus den Vereinigten Staaten keine Bedeutung gehabt, so daß sich die europäischen Landwirte dadurch nicht beunruhigt zu fühlen brauchen. Aber man thut in den Vereinigten Staaten alles mögliche, um die inländische Butter- und Käseerzeugung zu heben.

Herr Rusk, der außerordentlich rührige Minister des Ackerbaues hat in seinem Ministerium eine besondere Abteilung für Molkereiwesen gegründet. „Molkerei — sagt er in seinem letzten Jahresberichte S. 36 — wenn sie richtig betrieben wird, ist unfraglich eines der vorteilhaftesten Zweige der Landwirtschaft. Die Thatsache auch, daß sie unser Volk mit einem der vollständigsten und gesundesten aller Nahrungsmittel versorgt, gibt ihr einen anderen Anspruch auf unsere Würdigung. Solche Produkte wie Butter und Käse sind bewunderungswürdig geeignet für die Versendung auf entlegene Märkte, indem sie eine bemerkenswerte Verringerung der Masse im Verhältnis zu ihrem Wert gestatten und nichts von der Fruchtbarkeit des Bodens wegnehmen, der zu ihrer Erzeugung benutzt wurde. Eine Wagenladung Butter kann mit verhältnismäßig wenig mehr Kosten versendet werden als eine Wagenladung Ochsen, obgleich die erstere den fünf- oder sechsfachen Wert der letzteren darstellt. Fremde Molkereiwirte finden vorteilhafte Märkte für ihr überschüssiges Produkt in Großbritannien und Süd-Amerika und diese Thatsache bietet eine gleiche Gelegenheit unsern amerikanischen Molkereiwirten, gestützt auf die kürzlich stattgefundene Bepreisung amerikanischer Butter mit einer goldenen Medaille zu Paris.

In der Bemühung jedoch, unseren Butter- und Käsehandel auf fremde Märkte auszudehnen, wünsche ich in der That darauf zu bestehen, daß unbedingte Reinheit gewahrt sein muß und daß die Ansprüche der fremden Käufer in Erwägung gezogen werden, nicht nur in Bezug auf Güte und Wohlgeschmack, sondern auch bezüglich der Form oder Verpackung und der Farbe. Um unsere Molkereiwirtschaft zu befähigen darin Erfolg zu haben, müssen sie über diese Besonderheiten fremder Ansprüche belehrt werden; solche Belehrung zu erteilen, soll das Ackerbauamt in Stand gesetzt werden mit Beistand unseres Konsulardienstes. Das Bestehen einer ständigen inländischen Nachfrage für die besseren Sorten von Butter zeigt an, daß in dieser Industrie keine Gefahr, den Markt zu überführen, vorhanden ist. Die außerordentlichen Verbesserungen, welche in den letzten Jahren in das Verfahren des Buttermachens eingeführt sind, verdienen eine genauere Untersuchung und Beobachtung als sie der Farmer und Molkereiwirt aufbringen kann; es wird zu dem Bereich des Ackerbauamtes gehören, sie zu ihrem Vorteil darin zu unterrichten. Die Pläne, welche ich gemacht habe zur Aufmunterung unserer Butter-Interessen fordern bestimmt die Errichtung einer solchen besonderen Abteilung, bestimmt für diesen Gegenstand".

Daß sich der Ackerbauminister der Vereinigten Staaten an die Spitze der Bewegung zur Verbesserung der Buttererzeugung stellt, ist sehr anerkennenswert, aber auch sehr notwendig, denn in der That hat die große Masse der in den Vereinigten Staaten erzeugten Butter einen sehr geringen Wert, so daß ich auf meiner Reise nur ausnahmsweise amerikanische Butter mit Genuß essen konnte. Ich glaube, daß in keinem Lande der Welt so viel Butter gegessen wird, wie in den Vereinigten Staaten. Nicht nur wird meistens sehr fett gekocht, sondern bei jeder Mahlzeit nimmt der Amerikaner Butter zu Fleisch, Eiern, Gemüsen und Brot, nur merkwürdigerweise nicht zum Käse; diesen ißt er trocken zu kleinen runden, harten Zwiebacks von Weizenmehl (Crackers), meistens nur zum Nachtisch in geringer Menge, so daß der inländische Käseverzehr sehr unbedeutend ist. Wenn ich in Gasthäusern morgens und abends Käse zu meiner Mahlzeit verlangt habe, bin ich von der Bedienung immer sehr erstaunt angesehen worden und ich habe ihn häufig nicht bekommen. Wenn aber Käse zu Mittag auf den Tisch kam, dann geschah das meistens in kleinen würfelförmigen Stücken, die in der Küche zugeschnitten wurden und zwar nur in geringer Menge. Selten wurde mir in großen Gasthäusern Edamer Käse im Ganzen vorgesetzt, amerikanischer Käse immer nur in Brocken. Dagegen habe ich zu keiner Mahlzeit Butter vermißt, ja es ist dies stets das erste Gericht, das vorgesetzt wird. Butter, Brot und im Sommer Eiswasser ist der Anfang jeder Mahlzeit. Um so mehr ist es zu verwundern, daß der Amerikaner im großen Durchschnitt mit so geringer und häufig schlechter Butter vorlieb nimmt.

Die unmittelbare Verwertung von Milch und Rahm ist natürlich überall in der Umgebung größerer Wohnplätze vorherrschend und je nach der Größe des Bedarfes sind die Preise dafür verschieden. So z. B. verkauft die Echo-Farm zu Litchfield in Connecticut ihre frische Milch in Quartflaschen zu 10 cts (36,7 Pf. d. l), ihren Rahm in Halbpintflaschen ebenfalls zu 10 cts (147 Pf. d. l) in New-York und Brooklyn. Aber das sind sehr hohe Preise, welche dem guten Ruf jener Farm und dafür gezahlt werden, daß Milch und Rahm in geschlossenen Flaschen unmittelbar in die Hände der Abnehmer gelangen. Jede Flasche dieser Farm trägt ein blaues Papierblättchen in Form eines Maltheserkreuzes mit einem weißen Querstreifen in der Mitte, worauf das Datum der Absendung verzeichnet ist; außerdem steht auf dem Papier: This bottle shipped by the Echo-Farm Co. Litchfield Conn. and should be delivered the following morning (diese Flasche versandt von der Echofarm Co. L. C. und soll überliefert werden den folgenden Morgen), dann die Marke der Farm. Diese Flaschen kommen in verschlossene Kisten, die über Nacht in Milch-Eisenbahnwagen versendet werden, die in der warmen Jahreszeit mit Eis versehen sind.

Ueberall wo Milch in größerer Menge verfrachtet wird, haben die Eisenbahnen ihre besonderen Milchwagen, die zu gar nichts anderem benützt werden. Gewöhnlich wird die Milch in hohen cylinderförmigen Kannen von verzinntem Eisenblech versendet, welche 20 Gallonen (90,87 l) halten. Diese Kannen tragen auf einer Blechmarke die Firma des Absenders und auf einem angehängten Papierstreifen den Namen des Empfängers. Ein Frachtbrief oder irgend ein Begleitschein ist nicht notwendig. Die entleerten Kannen werden ohne weitere Adresse an den Absendungsort zurückgeschickt. Bei kleinen Sendungen ist jede Milchkanne verschlossen, bei großen Sendungen, d. h. ganzen Wagenladungen wird der Deckel der Kannen nicht verschlossen, sondern der ganze Wagen wird geschlossen, oder ein Mann der Molkerei begleitet die Milchsendung. In gleicher Weise wird auch Milch und Rahm behandelt, welche mittelst Eisenbahn an Buttereien oder Käsereien geliefert werden. So geschah es z. B. in der großen Crescent Creamery Marwin & Carmack in St. Paul, Minnesota, wo die Milch in Wagenladungen in unverschlossenen Kannen ankam, begleitet von einem Manne ihrer eigenen Farm. Diese Butterei macht Butter und Käse und betreibt außerdem einen Eierhandel; die beste Butter kostete nur 18 cts das Pfd. (M. 1,66 d. kg), kleine amerikanische Käse (Young Americans) 12 cts das Pfd. (M. 1,10 d. kg).

In kleineren Städten und bei gewöhnlichem Kannenversandt ist die Milch natürlich viel billiger. So kostet z. B. 1 Quart frische Milch in Lancaster, Pennsylvanien, 3 1/2 cts (12,8 Pf. d. l). Der allgemeine Durchschnittspreis an kleineren Orten ist nur 3 cts das Quart (11 Pf. d. l) und darunter.

Ich will jetzt zunächst die Buttereien in den Vereinigten Staaten in Betracht ziehen und zwar hauptsächlich diejenigen, deren Butter mir nach meinem Urteile*) als gutes und für amerikanische Verhältnisse empfehlenswertes Produkt erschien.

Die erste Butterei, welche ich am 29. März besucht habe, war die auf der Mountain Side Farm in New-Jersey, dem österr.-ungar. Generalkonsul Herrn Theod. A. Havemeyer gehörig, von seinem Schwiegersohn Herrn Meyer verwaltet. Diese Farm war, was ihre Stallungen und Molkerei-Einrichtungen betrifft, musterhaft, aber es war eine Fancy-Farm, die hauptsächlich dem Vergnügen des sehr reichen Eigenthümers diente und keinen Reinertrag brachte. Ich habe in Bezug auf Molkerei-Einrichtung nie etwas schöneres und zweckmäßigeres in Nordamerika gesehen. Man wird solche Einrichtungen nicht leicht nachmachen können, wenn man nicht die reichen Mittel und die Opferwilligkeit des Eigenthümers besitzt. Aber es ist sehr anerkennenswert, daß es in den Vereinigten Staaten so viele

*) Ich halte mich in der Buttererzeugung für einigermaßen sachverständig, da ich früher selbst auf meinem Gute Pogarth in preuß. Schlesien Butter gemacht habe, die stets zum höchsten Preise in Breslau verkauft wurde.

reiche Bürger (auch Herr Havemeyer ist Bürger der Vereinigten Staaten, nicht Oesterreicher) gibt, welche bereit sind, der Förderung der Landwirtschaft und ihrer Betriebszweige große Kapitalien zuzuwenden, auf deren Zinsertrag sie verzichten.

Der Rindviehstand der Mountain Side Farm besteht aus sehr schönen Jerseys, von denen 124 Kühe zur Zeit meines Besuches täglich 2106 Pfd. (957 kg) Milch lieferten, von der 15 Pfd. ein Pfd. Butter gab = $6^{2}/_{3}$ %. Die Kühe hatten ein Durchschnittsgewicht von 800 Pfd. (364 kg) und den hohen Durchschnittspreis von Doll. 200 (M. 834). Gefüttert wurden die Kühe mit Maispreßfutter, Mais- und Haferschrot, Weizenkleie und Heu. Die Ensilage bekamen sie morgens und abends zu je 10 Pfd., mittags 5 Pfd. Heu und das übrige auf die drei Mahlzeiten verteilt. Nach Angabe des Herrn Meyer haben 2 Tonnen Ensilage so viel Futterwert wie 1 Tonne Heu und jene gibt um 2 % mehr Milch als Heu. Das im Winter zur Tränke verwendete Wasser wird auf 65° F. (18,3° C.) erwärmt und in beweglichen, bezw. auf- und niederzulassenden Wasserrinnen jedem Kuhstande vorgesetzt. Auch hat jede Kuh ein Stück Steinsalz zum Lecken.

Der sehr geräumige Kuhstall hat einen Fußboden von Fichtenholz und das Vieh frißt von der hölzernen Tonne. Hinter den Kuhständen befindet sich eine tiefe hölzerne Rinne mit Löchern am Boden, durch die Kot und Harn abwärts fließen zu der im Kellerraum befindlichen Dungstätte. Gestreut wird Torf, der zu Doll. 11,60 die Tonne (M. 5,34 d. q) gekauft wird. Die Abendbeleuchtung des Kuhstalles geschieht durch Gas. Gemolken werden die Kühe $4^{1}/_{4}$ Uhr morgens und abends, vor der Fütterung.

Zur Gewinnung der Mais-Ensilage bestehen in der Scheune 24 Silos, je 23 Fuß (7 m) tief zu je 2000 Tonnen (18,200 q). Die mir angegebene Durchschnittsernte von Ensilage-Mais soll 30 Tonnen auf dem Acker (672 q v. ha) betragen. Das von mir am 29. März untersuchte Maispreßfutter hatte einen milden und schwach sauren (Milchsäure) Geruch.

Der Molkereibetrieb ist auf Verkauf frischer Milch nach New-York und Butterei eingerichtet. Das Molkereihaus umfaßt folgende Räume: einen Waschraum, in welchem die Milchgefäße mit Dampf gereinigt werden; einen Geräteraum, enthaltend zwei de Laval's Milchschleudern, cylindrische Buttermaschinen, Butterkneter, Milchseiher, Milchversendungskannen, Versendungskisten für je 40 Pfd. Butter mit Eisvorrichtung, auch eine Kälbersäugungsmaschine, bestehend aus einer halbrunden Kanne von verzinntem Eisenblech mit Guttapercha-Pfropfen daran, u. s. w.; einen Arbeitsraum, worin die Butter gemacht, mit Möhrensaft gelb gefärbt und zu einhalb Pfundstücken in Oelpapier verpackt wird; einen Kühlraum zum Aufbewahren der Milch, von dem Arbeitsraum durch eine Doppelthür abgeschlossen. Dieser Kühlraum ist eben so schön wie zweckmäßig eingerichtet; Wände und Fußboden sind von bunten Kacheln, die Decke trägt den Eisbehälter für 600 Tonnen (5460 q) Eis. Das schmelzende Eis fließt in die Wasser-

13*

behälter, in welche die Milch eingestellt ist. Wasser und Luft im Kühlraum haben eine Temperatur von 40—45° F. (4,4—7,2° C.). Die Fenster des Kühlraumes sind dreifach. Die Sauberkeit des ganzen Raumes und die Reinheit seiner Luft ließ nicht das Mindeste zu wünschen übrig. Das einzige Neue was ich übrigens in dieser Molkerei gesehen habe, war eine hohe Milchkanne, welche zugleich für Milch-, Rahm- und Butterversendung und mit Eisraum eingerichtet ist; sie stammt aus der Fabrik von Hatch & Co. in New-York, 495 Greenwich Street; als ich sie mir aber dort kaufen wollte, wurde mir gesagt, daß sie nicht mehr gemacht würde; demnach scheint sie sich nicht bewährt zu haben.

Eine Dampfmaschine von fünf Pferdekraft treibt die Buttermaschinen und die Milchschleudern, eine von dreißig Pferdekraft die übrigen Werkmaschinen, als Maisschneider, Mühlen, Schrotmaschinen, Häckselmaschinen u. s. w.

An Arbeitslohn bekommt monatlich der Vormann Doll. 50, die gewöhnlichen Arbeiter Doll. 38, freie Wohnung, aber keine Kost.

Ich will noch erwähnen, daß die Viehhöfe von Zuckerahornbäumen umgeben sind, welche dem Vieh Schatten und dem Besitzer Ahornsyrup gewähren.

Im fernen Westen hatte ich keine Gelegenheit, eine Butter- oder Käsefabrik zu besichtigen. In Reinbeck, Iowa, besuchte ich die Käsefabrik der Brüder Fowler. Ich lasse mich aber jetzt nicht auf eine Beschreibung des Käsereiverfahrens ein, weil dies überall in Nordamerika dasselbe ist, das ich dann später ausführlich im Zusammenhange beschreiben werde.

In Elgin, Illinois, besuchte ich die Molkerei der berühmten Elgin Butter Co., deren Präsident ein Pommer ist. Von dieser Molkerei wird in den Vereinigten Staaten sehr viel Rühmens gemacht und die Elgin-Butter erfreut sich eines großen Rufes. Ich bin durch den Besuch derselben am 19. Mai sehr enttäuscht worden. Wenn der Herr Präsident H., der auf Grund meiner sehr guten Empfehlung nicht umhin konnte mich herumzuführen, mir seine Butterpreise mit 15—16 cts das Pfd. (M. 1,38 bis 1,47 d. kg), im Einzelverkaufe mit 20 cts das Pfd. (M. 1,84 d. kg) richtig angegeben hat, dann muß in Elgin in der That nur eine minderwertige Butter gemacht werden. Die ganze Einrichtung der Molkerei, die Behandlung der Butter hat mich durchaus nicht befriedigt, wenn sie auch vielleicht landesüblich sein mag. Die Milch wurde entrahmt mit zwei Milchschleudern von Burmeister & Wain in Kopenhagen. Die Farmer, welche die Milch liefern, bekommen dafür den Butterpreis, bezw. ihre Butter nach der Pfundzahl der gelieferten Milch bezahlt, abzüglich 4 cts das Pfd. (36,8 Pf. d. kg) für die Herstellung der Butter; außerdem sollen sie etwa 75 % an abgerahmter und Buttermilch zurückbekommen. Die Butter wird in Kübeln zu 30 Pfd. und in Steinguttöpfen mit geraden Wänden zu 7 Pfd. verpackt. Neben Butter wird auch Magerkäse gemacht aus abgerahmter Milch, zu der bei 140° F. (60° C.) 1 % Schmalz zugesetzt wird. Der Magerkäse hat die runde platte Form der Holländer und des holsteinischen Lederkäses; er hat seinen Hauptmarkt in New-Orleans.

Die genannte Gesellschaft besitzt 2 Fabriken für kondensierte Milch, welche die meiste Milch aufnimmt und nur das, was sie nicht verarbeiten kann, der Butterei überläßt. Ich habe diese Fabriken jedoch nicht besucht, da ich Grund zur Annahme hatte, daß mein Besuch nicht gern gesehen sei.

Unfern von Sheboygan in Wisconsin besuchte ich am 24. Mai eine kleine Genossenschafts-Käserei, welche täglich 1100 Pfd. (500 kg) Milch zu kleinen cylinderförmigen Young American-Käsen verarbeitet, welche durchschnittlich 9 Pfd. (4,1 kg) wiegen und zu 8 1/2 cts das Pfd. (78,2 Pf. d. kg) im Großhandel verkauft werden. Die Farmer, welche die Milch liefern, bezahlen dem Inhaber der Käserei 1 1/2 cts das Pfd. (13,8 Pf. d. kg) für das Käsemachen und sie bekommen die Molke zurück. Die Käserei rechnet durchschnittlich von 10 Pfd. Milch 1 Pfd. Käse. Demnach bekommen die Farmer von dieser Käserei für 1 Pfd. Milch 0,7 cts (6,44 Pf. d. kg), oder 1 Quart Milch zu 2 1/2 Pfd. würde sich durch Käserei verwerten zu 1,75 cts (6,42 Pf. d. l), ein sehr geringer Preis, wenn — wie mir angegeben wurde — 1 Quart Milch in Sheboygan mit 5 cts (18,35 Pf. d. l) bezahlt wird.

In Sheboygan-Falls besichtigte ich die große Käsefabrik von Widder & Dassow, welche täglich etwa 9000 Pfd. (4100 kg) Milch verarbeitet. Auf das Käsereiverfahren werde ich später zurückkommen.

Am 28. Mai besuchte ich Herrn Mannsfield's Butterfabrik zu Johnson Creek in Wisconsin. Derselbe verarbeitet täglich etwa 16000 Pfd. (7273 kg) Milch mit zwei kleinen Milchschleudern von Burmeister & Wain in Kopenhagen. Aus 22 Pfd. Milch gewinnt er 1 Pfd. Butter. Im Sommer wird der Rahm auf 62° F. (16,7° C.), im Winter auf 65° F. (18,3° C.) zum Buttern erwärmt. Die Farmer, welche die Milch zu dieser Butterfabrik liefern, bekommen für dieselbe den Preis der daraus gewonnenen Butter abzüglich 4 cts Macherlohn für 1 Pfd. Butter (36,8 Pf. d. kg) und außerdem die ganze Buttermilch. Einige Farmer liefern auch Rahm in diese Butterfabrik. Durch 3 Monate wird auch Magerkäse von abgerahmter Milch gemacht, wozu auf 100 Pfd. Milch 1 1/2 Pfd. Butter zugesetzt werden.

Am 27. August besuchte ich die Echo-Farm in Connecticut, welche eine der berühmtesten Milch-Farmen in den Vereinigten Staaten ist. Ihren Milch- und Rahmverkauf in New-York und Brooklyn habe ich schon oben (S. 193) erwähnt. Die Farm umfaßt 600 Acker (243 ha) und sie hält 80—90 sehr schöne Jerseykühe. Außer der eigenen Milch wird auch fremde verarbeitet, welche von den umliegenden Farmen zu 2 1/2—4 cts das Quart (9,2—14,7 Pf. d. l) angekauft wird.

Die Abrahmung geschieht in hohen Milchkannen nach schwedischem System; das Wasser zum Kühlen wird auf 36° F. (2,2° C.) gehalten.

Gebuttert wird in einem stehenden Butterfaß mit beweglichen Flügeln, das 275 Quart (312,4 l) Rahm faßt. Verarbeitet wird die Butter mit dem bekannten amerikanischen Butterkneter. Die Butter wird in Halbpfundstücken zu 40 cts (M. 7,36 d. kg) in New-York und Brooklyn verkauft.

Die frisch zu versendende Milch wird zu 1100 und 1300 Quart (1250 und 1477 l) in zwei Kühlern aus verzinntem Kupfer gekühlt. Daraus werden die Milchflaschen mit einer Füllmaschine gefüllt und mit Papier und einer Zinnplatte geschlossen, welche durch Drahtbügel am Flaschenhalse befestigt ist, ganz so wie bei unseren neuartigen Bierflaschen. Die Milch wird zu 20 Quartflaschen, der Rahm zu 48 Viertelquartflaschen in Holzkisten versendet, der letztere aber auch in 40 und 20 Quart haltenden Blechkannen, welche ebenfalls in Holzkisten verpackt werden, von Eisstücken umgeben.

Alle Flaschen und Molkereigeräte werden mit Dampf gereinigt. Eine Dampfmaschine von 5 Pferdekraft pumpt Wasser in den Waschraum und bewegt die Buttermaschine. Die ganze Molkerei der Echo-Farm Co. ist sehr zweckmäßig eingerichtet und sie wird sehr sauber gehalten.

Eine sehr gut geführte Butterfabrik besuchte ich am 14. September auf der Millwood-Farm des Herrn Frank Bowditsch bei South-Framingham im östlichen Massachusetts. Von der Milch seiner 20 Guernseykühe gewinnt Herr Bowditsch durchschnittlich jährlich 300 Pfd. (136 kg) Butter von jeder, oder 1 Unze Butter aus 1 Pfd. Milch (6 1/4 %). Die Butter wird zu 80 cts das Pfd. (M. 7,36 d. kg) in Boston verkauft. Die Butter der Echo-Farm und der Millwood-Farm ist die beste, welche ich in Nordamerika, und die teuerste, welche ich überhaupt gegessen habe.

Beide Buttersorten sind sehr fest und selbstverständlich sehr reinlich ausgearbeitet, schön gepreßt, die Millwood-Butter auffallend gelb (ohne gefärbt zu sein). Und doch habe ich an dieser besten nordamerikanischen Butter den feinen Nußgeschmack und Geruch vermißt, welche der besten deutschen Butter eigentümlich ist und der mit Wasserbehandlung verloren geht. Beste Butter soll trocken bearbeitet werden, was leicht ausführbar ist, wenn sie vor der Bearbeitung gekühlt und der Butterkneter selbst kalt gehalten wird. Daß feine Butter nicht mit der Hand verarbeitet werden darf, ist wohl selbstverständlich; doch habe ich das in einer berühmten Butterfabrik der Vereinigten Staaten gesehen, welche ich später erwähnen werde.

Nicht weit von der Millwood-Farm wird eine großartig eingerichtete Butterfabrik betrieben auf der Deerfoot-Farm zu Southboro, Herrn Edward Burnett gehörig. Hier werden täglich 10,000 Pfd. (4545 kg) Milch verarbeitet. Herr Burnett verwendet zwei von ihm und Herrn B. M. Western erfundene Milchschleudern, welche übrigens ähnlich den dänischen sind. Die Eigentümlichkeit der Milchschleuder von Burnett und Western besteht — soweit ich darüber unterrichtet worden bin — darin, daß durch eine Hebelvorrichtung das Abflußrohr für Rahm, während die Schleuder arbeitet, der Rahmschicht in derselben mehr oder weniger genähert und im ersteren Falle dickerer Rahm abgelassen werden kann. Auffallend war mir der sehr dicke Rahm, der aus der Schleuder abfloß. Man braucht zu 1 Pfd. Butter 1 1/2 Quart (zu 1 kg 3,76 l) Rahm,

Die Milch wird in hohen Kannen von verzinntem Eisenblech, 10 Gallonen (45 l) fassend, in versenkten Eisbehältern gekühlt. Wie meistens überall in Nordamerika sind die runden Milchkannen (Cylinder) mit überstehendem Deckel versehen, der das Eindringen von Eiswasser ausschließt.

Während die bisher von mir besuchten Butterfabriken private waren, häufig aber als genossenschaftliche (cooperativ) bezeichnet werden, wenn sich die Farmer zu regelmäßigen Milch- oder Rahmlieferungen verpflichtet hatten, so lernte ich zu Hanover in New-Hampshire eine wirklich genossenschaftliche Butterfabrik kennen. Zu derselben liefern 80 Farmer die Milch, etwa 6000 Pfd. (2727 kg) täglich zwischen 7 und 9 Uhr des Morgens. Abgerahmt wird mit zwei de Laval'schen Milchschleudern, von denen jede 1400 Pfd. Milch in 1 Stunde verarbeitet. Der Rahm steht 18 Stunden in einem Raum von 62° F. (16,6° C.) bevor er gebuttert wird. Aus 22 Pfd. Milch wird 1 Pfd. Butter gewonnen. Bearbeitet wird die Butter durch einen Butterkneter, der aus zwei großen Holzrollen besteht, welche 3/8 Zoll von einander entfernt und jeder 3 Fuß lang sind. Die Butter wird in 5 Pfd. hältigen Holzschachteln, oder in 20—30 Pfd. fassenden hohen Holzgefässen (Tops) zu durchschnittlich 25 cts das Pfd. (M. 2,30 d. kg) verkauft. Die Genossenschafter bekommen ihren Butteranteil am 20. jeden Monats für den vorhergehenden Monat ausbezahlt und außerdem täglich die abgerahmte und Buttermilch. Jeden Monat wird die Milch geprüft.

Schließlich will ich noch die berühmte Butterfabrik der Brüder Darlington zu Darlington in Pennsylvanien erwähnen, welche jedoch meinen Erwartungen keineswegs entsprochen hat. Die Darlington-Farm, welche ich am 9. Oktober besucht habe, umfaßt 700 Acker (283,5 ha), worauf angeblich 300 Natives-Kühe gehalten werden. Die Molkerei enthält drei de Laval'sche Milchschleudern, 2 Butterungsfässer ohne innere Einrichtung, welche beim Buttern um ihre Längsachse gedreht werden, ein Kühlbecken für Rahm und Butter mit laufendem Wasser zu 52° F. (11° C.), eine Dampfmaschine von 8 bis 10 Pferdekräfte, welche die Milchschleudern und die Butterfässer treibt, auch Wasser pumpt, endlich eine Milchpumpe für saure Milch. Ein Pfund Butter wird aus 9 Quart Milch (1 kg aus 22,5 l) gewonnen und zu 60—65 cts (M. 5,42—5,98 d. kg) im Sommer und durch 9 Wintermonate zu 75 cts (M. 6,90 d. kg) in Philadelphia, New-York und Boston verkauft. Die Butter wurde mit der Hand gemacht, mit Annattopulver Sommer und Winter gefärbt und in hölzernen Buttertonnen zu 5 und 15 Pfd. versendet.

Die Molkerei zu Darlington hat durchweg Cäment-Fußboden, sie braucht viel Wasser und reinigt die Molkerei- und Transportgefässe mit Dampf, aber doch machte sie keinen so sauberen Eindruck auf mich, wie die zu Litchfield und South-Framingham. Butter, welche mit der Hand von einem nicht sehr sauberen Manne gemacht und mit dem ekelhaften Annattopulver (das ich später besprechen werde) gefärbt wird, läßt sich meines Erachtens nur dann zu so hohen Preisen verkaufen, wenn sie durch eine sehr geschickte Reklame in den Handel eingeführt wird. Ich habe diese Butter gegessen und kann nur sagen, sie war nicht schlecht, aber es war durchaus keine feine Butter und bei Weitem nicht so viel wert wie die von der Echo- und Millwood-Farm.

Im Osten der Vereinigten Staaten nehmen die Milchschleudern, insbesondere die von de Laval, immer mehr an Verbreitung zu, so daß fast jede größere Butterfabrik eine oder mehrere Milchschleudern besitzt. In

Fig. 29.

kleineren Molkereien ist das fast allgemein angenommene Abrahmungsverfahren das durch Eiskühlung, welches aus dem schwedischen System hervorgegangen, aber in den Vereinigten Staaten in zweckmäßiger Weise abgeändert ist. Die kleinen, im eigenen Betriebe stehenden Molkereien des Ostens verwenden meistens Cooley's Abrahmer (Cooley Creamer) aus der Vermont Farm Machine Co. zu Bellows Falls in Vermont. Dies ist ein mit verzinntem Eisenblech ausgeschlagener Holzkasten mit Deckel zu 2 bis 16 hohen cylinderförmigen Milchkannen, 19×8½ Zoll groß, 18 Quart (20,4 l) haltend. Die Milchkannen stehen auf einem verzinnten Eisengestell, das in der verbesserten Form dieser Kühler durch drei Zahnräder aufgewunden werden kann und sehr leicht zu handhaben ist. Ein solcher Kühler mit Elevator ist in Fig. 29 abgebildet; er kostet mit 4 Milchkannen für die Milch von 9—12 Kühen Doll. 45 (M. 187,65). Die größeren Kühler haben 2 Aufzüge. Sehr zweckmäßig sind die Milchkannen eingerichtet, von denen Fig. 30 eine im Längsschnitt zeigt. Jede Milchkanne hat unten und oben einen mit Zolleinteilung versehenen Glasstreifen, jenen zur Beobachtung der Rahmhöhe, diesen zur Beobachtung der abgerahmten Milch, bezw. nach Ablassung derselben zur Beobachtung der Rahmschicht. Der Boden der Kanne ist schräg, damit ein gewisser Druck auf die Abflußöffnung ausgeübt werden und der Rahm leicht abfließen kann. Die Abflußrohre der Kannen stehen über einer, dem Kühler aufliegenden Rinne, welche Milch und Rahm sammelt, wie dies Fig. 29 zeigt. Jede Milchkanne ist mit einem selbstschließenden Deckel versehen, d. h. der vorstehende Rand, der an zwei Seiten einen kleinen Einschnitt hat, wird in die beiden, an der Außenwand der Milchkanne befestigten Falze eingedreht oder eingeschoben (Fig. 30), so daß das die Milchkannen im Kühler umgebende Eiswasser — durch die innere Luftschicht abgehalten — nicht eindringen kann. Der größte Kühler mit 16 Milchkannen und 2 Aufzügen, für die Milch von 42—48 Kühen, kostet Doll. 117 (M. 517,89). Die Preise erhöhen sich etwas, wenn zur Ausfütterung des Kastens und der Milchkannen verzinntes Kupfer verwendet wird *).

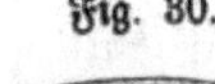
Fig. 30.

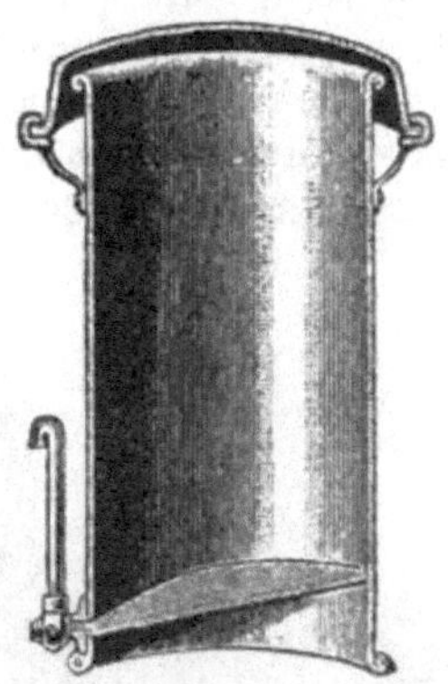

Außerdem gibt es verschiedenartige Kühler, bei denen Milch oder Rahm in einen unter dem Eisbehälter befindlichen Raum abgelassen werden kann. Die Fabrik zu Bellows Falls liefert sie unter dem Namen Cooley Cabinet Creamers, aber sie sind entschieden nicht so zweckmäßig und handlich als die anderen, welche überall im Osten der Vereinigten Staaten verbreitet sind.

Die verbreitetsten und besten Buttermaschinen sind die Fässer aus Weißeichenholz mit Reifen und Deckel aus galvanisiertem Eisen. Diese Fässer ohne innere Einrichtung werden um ihre Querachse — also über Kopf — gedreht, entweder durch Hand- oder Maschinenkraft; sie fassen von 10—120 Gallonen (45,4—544,8 l) und kosten von Doll. 8—40 (M. 33,36—166,80); der letztere Preis gilt für ein Faß, in welchem 60 Gallonen (272,4 l) Rahm gebuttert werden kann, einschließlich des Holzgestelles, wie es in Fig. 31 abgebildet ist. In großen Butterfabriken

*) Falls einer oder der andere Leser sich solche Kühler in Bellows-Falls kaufen sollte, bemerke ich, daß auswärtigen Käufern bei Barzahlung bis 25 % Rabatt gewährt wird. Die kleinste Kühlernummer zu 2 Milchkannen und Aufzug zu Doll. 32 (M. 133,44) ist bei mir in der k. k. Hochschule für Bodenkultur in Wien zu sehen.

sieht man häufig die in Fig. 32 dargestellte viereckige Buttermaschine, welche in sechs Größen mit 100—500 Gallonen Fassungsraum, zur Butterung von 50—250 Gallonen (227—1135 l) Rahm zu Doll. 24—60 (M. 100—250) angefertigt wird. Diese Buttermaschine ist nur für Dampfbetrieb eingerichtet; sie macht etwa 50 Umdrehungen in der Minute.

Außerdem verwendet man bisweilen sog. Schwingbuttermaschinen, bestehend aus einem platten Faß, das an vier Stricken oder Ketten hängt und durch Hand-, Tier- oder Dampfkraft bewegt bezw. geschwungen wird.

Fig. 31.

Die amerikanischen Butterkneter sind auch in Europa verbreitet. Ich will nur zwei in neuester Zeit verbesserte hier erwähnen. Der eine ist der in Fig. 33 abgebildete Massons verbesserte Butterkneter mit 2 Rollen auf dem beweglichen Tisch, für Dampfbetrieb in großen Buttereien; die Rollen von 3×12 Zoll machen 45—50 Umdrehungen in der Minute; der Preis dieses Butterkneters mit erhöhtem Tischrand (table guard) und galvanisierten Gußteilen ist Doll. 60 (M. 250). Der andere ist der für Handbetrieb eingerichtete in Fig. 34 abgebildete Philadelphia Butterkneter; die Axe des Zahnrades trägt außer der Handkurbel noch ein dreiflügliges Eisenstück, an dessen beiden unteren Flügeln sich Rollen befinden (wie die kleine Figur zur Linken zeigt), welche unter der Zahnleiste des Tisches verlaufen und die Bewegung wesentlich erleichtern. Dieser Butterkneter kostet für 10—50 Pfd. Butter Doll. 6—10 (M. 25—41,70).

Fig. 32.

Fig. 33.

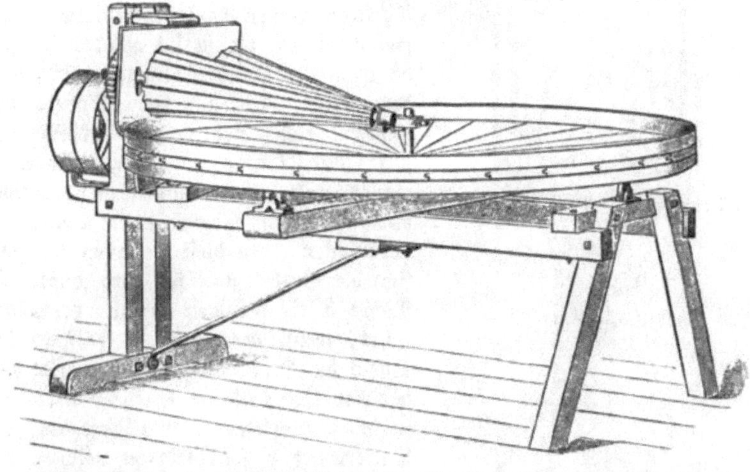

Das neueste amerikanische Molkereigerät ist der Butter-Extraktor der United States Butter Extractor Co. zu New-York. Dieser Apparat ist in Fig. 35 im Längsdurchschnitt abgebildet. Die Milch mit einer zweckentsprechenden Temperatur von etwa 62° F. (17° C.) fließt bei L in das Sammelbecken und durch die Rinnen a a in die sich umdrehende Trommel A. Bei deren Umdrehung (5500—6000mal in der

Fig. 34.

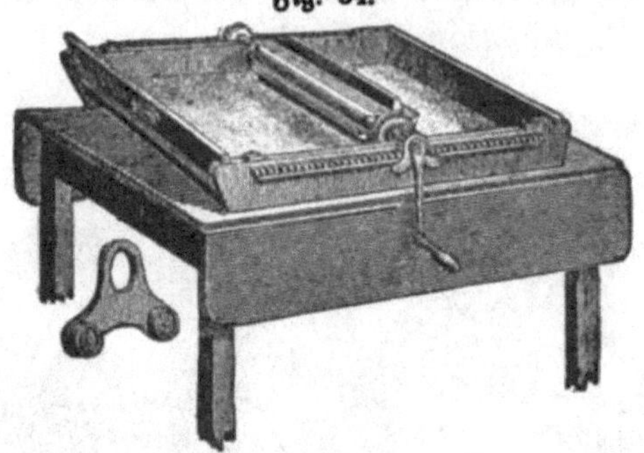

Minute) werden die leichteren Butterkügelchen durch Zentrifugalkraft gegen die Wand B der inneren Trommel geschleudert. Diese Trommel ist so eingerichtet, daß nur die fettesten Milchteile über ihren Rand eindringen und mit dem kleinen Rollrad C in Berührung kommen können, wenn dieses durch den Hebel D in Bewegung gesetzt wird. Durch die Umdrehungen des kleinen Rollrades wird die Milchhülle von den Butterkügelchen an den Rand der inneren Trommel getrieben, wo sie sich mit der übrigen abgerahmten Milch vereinigt, welche aus dem Rohr H h abfließt. Sobald die Butterkügelchen von ihrer Milchhülle befreit sind, fangen sie an, zusammen zu rinnen und bilden Butterkörner, welche durch ihr eigenes Gewicht in die Kammer E herabsinken. In dieser Kammer sammelt sich die Butter und sie wird durch die Röhre F im körnigen Zustand herausgeführt, wenn der Hebel G geöffnet ist. Durch die keinen Röhrchen e e tritt aus der Haupttrommel etwas abgelassene Milch in die Butterkammer, um diese und die Butterröhre F schlüpfrig zu machen, damit die Butter leichter herauskommen kann.

Fig. 35.

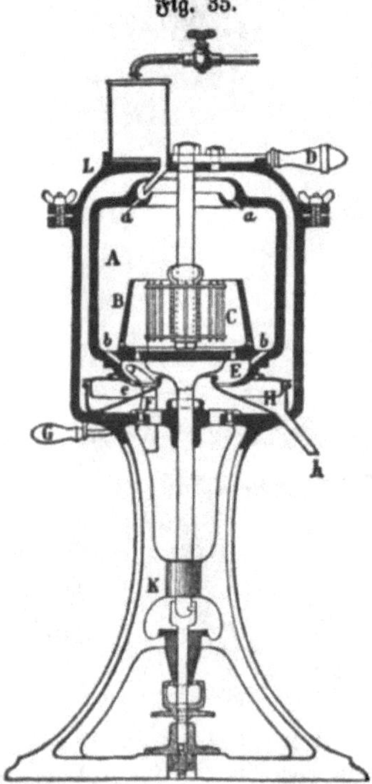

Dieser von einem Schweden erfundene Butter-Extractor verarbeitet in einer Stunde etwa 1500 Pfd. (700 kg) Milch und macht etwa 1 Pfd. Butter die Minute. Der Preis der Maschine ist in der Fabrik zu Newark in New-Jersey Doll. 450 (M. 1876,50).

Ich habe diesen Butter-Extraktor auf der landwirtschaftlichen Ausstellung zu Albany, Staat New-York, arbeiten sehen; acht Minuten nach Einfüllung der Milch kam die Butter in groben Körnchen heraus. Der Geschmack und Geruch dieser Butter ist wie Rahm und soweit ich sie beobachtet habe, konnte sie nicht zu einem festen Klumpen vereinigt werden. Aber das kann an Zufälligkeiten liegen. Jedenfalls wurde in acht Minuten aus Milch Butter gewonnen. Ich halte diesen Butter-Extraktor für den Bahnbrecher einer großen Umwälzung im Molkereiwesen. Die Maschine wird ohne Zweifel bald in der Richtung verbessert werden, daß die Butter sich mehr zusammmenklumpt; dann wird sie eine wesentliche Arbeitsersparung darstellen.

Zur Versendung der Butter in Stücken (gewöhnlich zu 1/2 Pfund) ist ein mit Zinnauskleidung und mittelständiger Eisbüchse versehener Butterkasten sehr verbreitet und beliebt. Ein solcher Butterkasten mit Eisbüchse und zwei Zinnplatten für die Butterstücke kostet für 12—32 Pfd. Butter Doll. 4,50—6,25 (M. 18,80—26), mit Eisbüchse und 4 Zinnplatten zu 64—116 Pfd. Butter Doll. 7,75—10 (M. 32,32—41,70).

Die Käsereien, welche in den Vereinigten Staaten betrieben werden, sind meistens selbständige Unternehmungen eines Käsers, dem sich eine Anzahl von Farmern verpflichten, regelmäßig ihre Milch zu senden. Meines Wissens nur selten kommt es vor, daß sich mehrere Farmer zur Gründung einer Käserei vereinigen und auf ihre Kosten einen Käser anstellen. Man nennt sowohl diese wie jene: Cooperative Cheese Factories (genossenschaftliche Käsefabriken), in der That sind es aber nur die letzteren. Ich habe wiederholt nach Satzungen von sog. genossenschaftlichen Butter- und Käsefabriken gefragt, solche aber nie zu sehen bekommen und meistens erfahren, daß sie nicht bestehen, wenigstens nicht in schriftlicher Form. In einigen Fällen, z. B. in Hanover, New-Hampshire, habe ich gehört, daß den Genossenschaftern einer Butterfabrik verboten sei, ihren Milchkühen zu füttern: Mehl von Baumwollensamenkuchen, Turnips, Kohl und früher auch Maispreßfutter. In den meisten Fällen aber bestehen solche Vorschriften nicht. Dagegen wird in allen Butter- und Käsefabriken die eingelieferte Milch auf ihren Fett- und Wassergehalt untersucht.

Was nun die Käsefabriken betrifft, so wird — mit wenigen Ausnahmen solcher, welche ausländische Käse machen, wie z. B. Emmenthaler, Limburger, Brie u. a. — in ganz Nordamerika ein und derselbe Käse gemacht, der aber je nach seiner Form verschiedene Namen hat. Die gewöhnliche Form des für den Weltmarkt (hauptsächlich für England) gemachten Käses heißt Cheddarkäse; er ist cylinderförmig, 10—12 Zoll hoch mit 14 1/2—15 Zoll Durchmesser und 60—70 Pfd. (27,3—32 kg) schwer, von ähnlichem Geschmack und Aussehen wie der englische Chesterkäse. Die zweite Form des Käses heißt Flachkäse (**Flat cheese**); er hat denselben

Durchmesser, aber etwa nur die halbe Höhe und das halbe Gewicht des Cheddarkäses; diese Form ist ähnlich dem holländischen Rahmkäse. Die dritte Form, kleine Cylinder von 7 Zoll Höhe und 5 Zoll Durchmesser, durchschnittlich 9 Pfd. (4,1 kg) schwer, heißen Haushaltskäse oder Jung-Amerikaner (Young Americans). Nur selten werden noch andere Formen amerikanischer Käse gemacht, wie Ananaskäse (Pineapple cheese) in Form einer Ananas zu 2—6 Pfd. Gewicht; Ziegelkäse (Brick cheese), 10 Zoll lang, 5 Zoll breit, 3 Zoll hoch; Salbeikäse (Sage cheese) ein mit Salbeipulver versetzter Jung-Amerikaner, der in Vermont gemacht wird. Aber bei allen diesen verschiedenen Käseformen ist das Käsereiverfahren und die Behandlung der Käsemasse die gleiche.

Sämtliche Käse werden in Holzschachteln (gewöhnlich von Linden- und Ulmenholz zu 10 cts das Stück) versendet, und zwar je ein Cheddarkäse, je zwei Flachkäse — weshalb diese auch Zwillingskäse, Twin cheese, heißen — und vier Jung-Amerikaner. Die Durchschnittspreise waren zur Zeit meines Besuches in Nordamerika, im Großhandel: für Cheddarkäse 10½ bis 11 cts das Pfd. (96,6—101,2 Pf. d. kg), alle übrigen amerikanischen Käse 8—8½ cts das Pfd. (73,6—78,2 Pf. d. kg); im Kleinhandel kosten Jung-Amerikaner bis 12 cts das Pfd. (110,4 Pf. d. kg).

Ich will nun zunächst das Verfahren zur Anfertigung von Cheddarkäse in einer gewöhnlichen Käserei beschreiben. Den ganzen Vorgang habe ich verfolgt in der Käsefabrik des Herrn L. G. Rankins bei Little-Falls im Staate New-York.

Herr Rankins verwendet wie fast überall in Nordamerika die in Fig. 36

Fig. 36.

abgebildete länglich viereckige Käsewanne (Cheese vat). Dieselbe besteht aus der äußeren Wanne oder dem Mantel (Jacket) von zweizölligem Fichtenholz und aus der inneren oder Milchwanne, welche aus Zinn gefertigt ist, das mit dem der äußeren Wanne aufliegenden Holzrahmen verbunden ist; die untere Seite der Zinnwanne ist mit einem Anstrich von Eisenoxyd überzogen, um sie widerstandsfähiger gegen Dampfhitze zu machen. Da die

Zinnwanne etwas kleiner ist als die äußere Holzwanne, so bleibt ein Zwischenraum zwischen beiden am Boden und an den Seiten; dieser Zwischenraum wird durch das Dampfrohr an der rechten Schmalseite mit Dampf gefüllt zur Erwärmung der Milch in der Zinnwanne. Aus den beiden Zapfen an der linken Schmalseite kann aus der äußeren Wanne das aus dem Dampf verdichtete Wasser, aus der Zinnwanne die Molke abgelassen werden; bisweilen geschieht dies auch durch einen Heber. Der Einguß an der linken Schmalseite ist zur Einfüllung von Wasser in die äußere Wanne. Damit die Molke aus der Käsemasse besser abfließen kann, läßt sich die Käsewanne mittelst der an den linken Eckpfosten angebrachten Hebeln niedriger stellen, indem diese vorwärts oder rückwärts gedreht werden.

Es gibt aber auch Käsewannen, an denen die Heizung mit dem Boden der Wanne selbst verbunden ist; andere Käsewannen haben eine runde Form und besondere Rührvorrichtungen, von denen ich später sprechen werde.

Die Käsewanne des Herrn Rankins war zur Zeit meines Besuches am Morgen des 4. Oktober mit 5741 Pfd. (2610 kg) Milch gefüllt, teils abgerahmte Abendmilch, teils volle Morgenmilch. Die Milch wird von 13 Farmern morgens zwischen 7 und 8 Uhr geliefert; sie kommt zunächst in eine große Milchkanne, welche auf einer Wage mit sieben treppenförmig über einander liegenden Skalen steht, so daß sieben Milchlieferungen zugleich, bezw. unmittelbar nacheinander gewogen werden können, ohne daß die Milch nach jeder Lieferung ausgeschüttet zu werden braucht. Die Farmer bekommen für ihre Milch den Preis des daraus gewonnenen Käses, abzüglich eines Macherlohnes von Doll. 1,15 für 100 Pfd. Käse (10,6 Pf. d. kg). Andere Käser lassen sich 1—1 ½ cts Macherlohn für das Pfd. (9,2 bis 13,8 Pf. d. kg) Käse zahlen. Im Durchschnitt rechnet man 1 Pfd. Käse auf 10—10,1 Pfd. Milch. Bei Annahme des höchsten Macherlohnes von 1 ½ cts und bei einem Käsepreise von 10 ½ cts das Pfd., würde also 1 Pfd. Milch mit 0,9 cts (8,3 Pf. d. kg) bezahlt werden. Die Farmer, welche Herrn Rankins die Milch liefern, bekommen 0,935 cts (8,6 Pf. d. kg) und auf 100 Pfd. gelieferte Milch 75 Pfd. Molke, wenn sie diese abholen. Was von Molke übrig bleibt, verwendet Herr Rankins im Sommer zur Mästung von Schweinen; in der übrigen Zeit fließt die nicht abgeholte Molke ungenützt ab.

Alle 2—3 Tage macht Herr Rankins eine Milchprobe mit einfachen Standgläsern ohne Skala. Die Standgläser mit der Milch der einzelnen Lieferanten stehen neben einander und es wird mit dem Auge die durchschnittliche Rahmhöhe beurteilt; wenn diese unter dem Durchschnitt bleibt, wird der betreffende Farmer darauf aufmerksam gemacht.

Aus der großen und erhöht stehenden Aufnahmekanne fließt die Milch durch ein am Boden angebrachtes Rohr auf eine zur Käsewanne führende Blechrinne. Sowohl das Rohr der Milchkanne, wie die Rohre der Käsewanne sind Hebelverschlüsse, die sehr leicht zu handhaben sind und deren verschiedene Arten in Gebrauch sind. In Käsereien habe ich niemals Schraubenverschlüsse, sondern immer nur Hebelverschlüsse gesehen, wie z. B. den in Fig. 37 abgebildeten Perfection Gate, der in Eisen mit 1/2—3 zölligem Außengang Doll. 0,80—3,00 kostet.

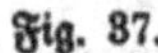

Fig. 37.

Nachdem die Käsewanne mit Milch gefüllt ist, wird sie bis 86° F. (30° C.) erwärmt, entweder mit Dampf, oder durch Dampf erwärmtes Wasser, das die innere Zinnwanne umgibt. Herr Rankins zieht die Wassererwärmung vor, weil die nachfolgende Quargmasse länger warm bleibt. Während des Erwärmens wird die Milch durch einen Schöpfer aus verzinntem Eisenblech fortwährend mit der Hand gerührt. Dann wird der Milchmasse 1 1/2 Gallonen (6,81 l) gestrige, etwas säuerliche Morgenmilch zugefüllt und Labextrakt von Hansen in Kopenhagen (der in Little-Falls ein Zweiggeschäft hat) zugesetzt, 14 Unzen auf 5000 Pfd. Milch (1 : 5714), mit dem Schöpfer etwas umgerührt und stehen gelassen. Nach etwa 30 Minuten ist die Milch geronnen und wird der Quarg (Curd) nun mit dem senkrechten, dann mit dem wagrechten Quargmesser (Fig. 38 und 39) einmal durchschnitten. Nach einer Viertelstunde Ruhe wird die zerkleinerte Quargmasse 2—3 Minuten kreuz und quer durchschnitten, dann 20—30 Minuten die ganze Masse mit den Händen aufgerührt (stirred), wobei sie bis auf 90° F. (32,2° C.) erwärmt wird; darauf wird die zerkleinerte Quargmasse während 10—15 Minuten mit einem hölzernen Rechen durchgerecht und nun bis 94° F. (33,3 C.) erwärmt, wenn, wie im vorliegenden Falle, nicht ganz fetter Käse gemacht wird; bei der Fettkäsebereitung im Sommer wird bis 100° F. (38° C.) erwärmt.

Fig. 38 und 39.

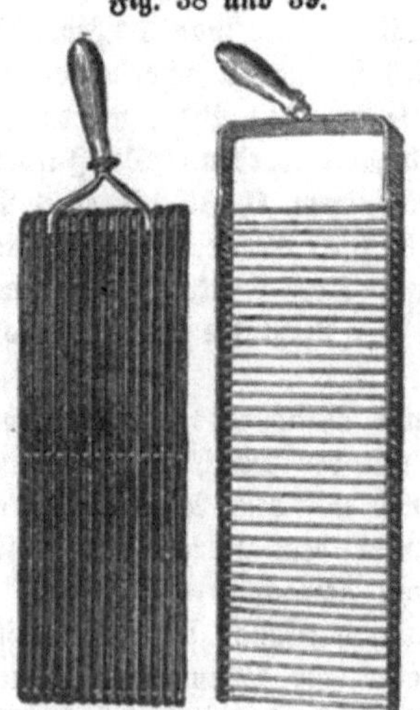

Die Quargmasse bleibt dann 2—4 Stunden ruhen, bis sie schwach sauer schmeckt, bezw. *reif* ist. Die *Reife* des Quarges wird in folgender Weise festgestellt. Der Käser nimmt eine Handvoll Quarg aus der Käsewanne, drückt kräftig die Molke aus, preßt die ausgedrückte Masse an ein heißes Eisen und zieht sie langsam ab; ist der Quarg reif, dann müssen feine Faserchen desselben an dem Eisen haften bleiben.

Dann wird die Molke mittelst eines Seihers (dessen Rohr in das Abflußrohr der inneren Wanne gesteckt wird) und gleichzeitig das warme Wasser aus der Außenwanne abgelassen, wobei das eine Ende der Wanne durch Senkung der beiden Hebel tiefer gestellt wird, damit die Molke aus der Quargmasse leichter abfließen kann. Die abfließende Molke ist etwas sauer, die Quargmasse besteht aus festen elastischen Körnern, etwa so groß wie halbe Erbsen, oder etwas größer als Buchweizenkörner.

Nachdem die Molke abgeflossen ist, wird die, den Boden der inneren Wanne gleichmäßig deckende Quargmasse mit einem großen Quargmesser dreimal der Länge an und in Abständen von etwa 1 Fuß quer durchschnitten, so daß dadurch Quargkuchen von etwa 1 Quadratfuß und 3 Zoll Dicke gebildet werden. Die inneren Quargkuchen werden dann auf die an den Außenwänden liegenden gelegt, so daß zwei Reihen von paarweise liegenden Quargkuchen entstehen; im Ganzen waren es 56 Stück. Aus dem Mittelraum zwischen den beiden Kuchenreihen fließt noch etwas Molke ab. Nach einigen Minuten werden alle Quargkuchen nochmals umgedreht, nachdem sie zuvor mit dem Quargmesser von einander etwas gelüftet worden. Nun wird die Reifeprobe des Quarges an dem heißen Eisen nochmals wiederholt; die feinen Faserchen des Quarges lassen sich etwa auf 1 Zoll Länge ausziehen.

Nachdem auch diese Probe glücklich bestanden und die Käsewanne nun von Molke ganz entleert ist, wird die Quargmühle dem Ende der Käsewanne aufgesetzt und festgeschroben. Die Quargmühle ist von der in Europa bekannten Einrichtung mit einer eisernen und zwei hölzernen mit Stiften besetzten Walzen, welche bei der Bewegung durcheinander laufen. Bevor die Quargkuchen in die Mühle kommen, werden sie mit Salz bestreut und die Quargkuchen der einen Seite auf die der anderen gelegt und dann wieder mit Salz bestreut. Nachdem die Quargkuchen einmal die Mühle passiert haben und ihre zermahlene Masse in die innere Wanne zurückgekehrt ist, wird sie mit großen sechszinkigen Gabeln (in der Form von Düngergabeln) durchgestochen, durchgerührt und gelockert, wobei nochmals Salz aufgestreut wird. Die Arbeit mit den Gabeln bezweckt die ausreichende Vermischung der Quargmasse mit Salz.

In der Käserei des Herrn Rankins wurde das Salz der Quargmasse mehr nach Gutdünken zugesetzt und wie mir scheint, nicht zu viel, denn ein dort gekaufter Cheddarkäse, den ich mit nach Wien genommen habe, schmeckte mir noch zu wenig gesalzen.

Viel zweckmäßiger und arbeitsersparender sind die mit einer Vorrichtung zum Selbstsalzen eingerichteten Quargmühlen. Das Salz kommt in einen oberen Einwurfkasten mit zwei Holzwalzen, durch welche es in genau bestimmbaren Mengen abwärts fällt auf die Quargmasse, die von den darunter gelegenen, mit eisernen Haken versehenen Walzen zermahlen wird. Diese Pohl Self-Salting Curd Mill kostet bei D. H. Burrell & Co. in Little-Falls, Staat New-York, Doll. 22 (M. 91,74).

Die durchgesalzene und zermahlene Quargmasse wird dann mit Holzschaufeln in die Käseformen (Hoops) gefüllt, welche der Gehülfe des Käsers inzwischen in folgender Weise hergerichtet hat. Die Käseform von verzinntem Eisenblech mit festem, aber durchlöchertem Boden ist 15 Zoll hoch und hat 14½ Zoll Durchmesser; in diese Form wird ein mit dem Käsetuch (von Kanevas) überzogener Blechreifen eingesetzt, der herabhängende Teil des Käsetuches über der Form zusammengefaßt und auf den Boden fallen gelassen, damit er sich dort gleichmäßig niederlegt. Nachdem die Quargmasse in die Form gefüllt ist, wird sie mit einem Holzdeckel geschlossen und in die Presse gelegt.

Die in ganz Nordamerika verbreitete Käsepresse ist die in Fig. 40

Fig. 40.

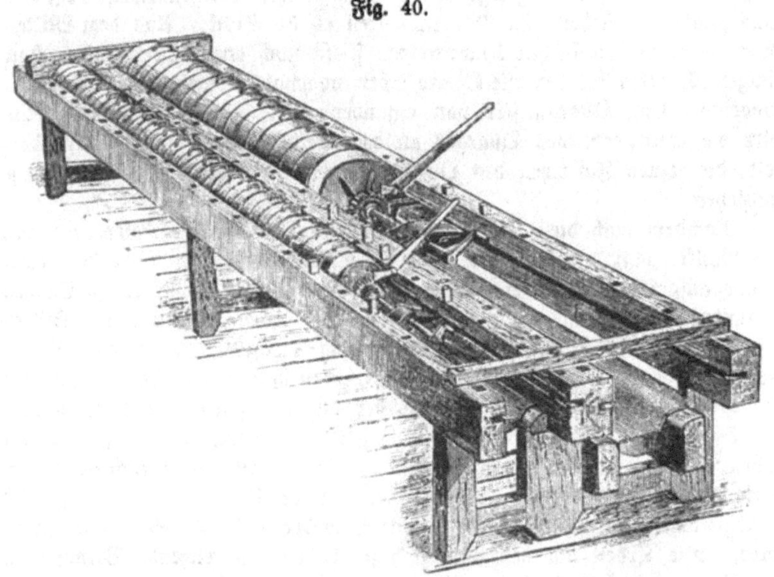

abgebildete. Die Käseformen liegen darin in zwei Rinnen, rechts große Formen für Cheddarkäse, links kleine für Jung-Amerikaner; es gibt aber auch Käsepressen mit nur einem Gang, entweder für große oder kleine Käse. Die Käseformen liegen in der Presse eine hinter der anderen, so daß der lose Deckel der hinteren Form von dem festen Boden der vorderen Form in die Quargmasse gedrückt wird, wenn die Schraube und der Hebelarm angezogen werden. Schraube und Hebel drücken eine Eisenplatte gegen den

Boden der letzten Käseform. Dieses Verfahren ist sehr einfach, aber der Druck oder die Pressung ist ganz unberechenbar; je nach der Kraft des Käsers, oder seines Gehülfen ist die Pressung bald stärker, bald schwächer.

Nachdem die Quargmasse eine Stunde gepreßt worden, werden die Käseformen aus der Presse herausgenommen, die Käsetuchreifen abgenommen, das obere Ende des Tuches über den Käse gezogen, der Holzdeckel wieder aufgelegt und dann weiter gepreßt. Die Käseformen bleiben bis Mittag des nächsten Tages, d. h. insgesamt etwa 20—21 Stunden in der Presse. Die aus der Presse genommenen Käse kommen, umgeben von ihrem Käsetuche, endlich in die Käsekammer auf Holzborde, wo sie täglich umgedreht werden. Die Käsetücher bleiben immer mit den Käsen verbunden. Die Behandlung in der Käsekammer, deren Temperatur möglichst auf 70° F. (21° C.) gehalten wird, ist sehr einfach, da mit gesunden Käsen außer dem Umdrehen nichts geschieht. Geblähte Käse werden eingestochen, von schimmeligen wird der Schimmel abgekratzt.

Die ganze Milchmasse in der Käserei des Herrn Rankins wurde auf 10 Käse zu etwa 60 Pfd. verarbeitet; im Sommer werden täglich 18 Käse gemacht. In dieser Käserei wurden die Käse nicht gefärbt. Aber in anderen Käsereien werden sie häufig gefärbt und zwar mit Annattopulver, das auch zum Färben von Butter verwendet wird. Die Annattokörner, die nur äußerlich rot sind und wie Buchweizensamen aussehen, bilden den Inhalt kleiner stachliger Nüsse des in Westindien einheimischen Annattostrauches. Die Körner werden mit Oel gekocht, das den Farbstoff löst. Die Lösung wird mit 6 % Pottasche versetzt und so als Annattolösung verkauft, die aber in den Vereinigten Staaten als Färbemittel für Käse und Butter verboten ist, weil der Zusatz desselben als Fälschung des Butterfettes angesehen wird. Seit diesem Verbot wird nun Annatto als dunkelrotes Pulver verkauft. Ich habe mir in einer Fabrik zu Little-Falls die Herstellung von Annattopulver angesehen und es als ein schmutziges und eckelhaftes Verfahren kennen gelernt. Der Fabrikant selbst erklärte mir, er möchte keinen Käse und keine Butter essen, die mit Annatto gefärbt seien.

Schließlich will ich noch bemerken, daß das gesamte Käsereiverfahren in der Käserei des Herrn Rankins, vom Einfüllen der Milch in die Käsewanne bis zum Einsetzen der Käseformen in die Presse etwa 7 Stunden gedauert hat. Die ganze Arbeit wurde von Herrn Rankins und einem Gehülfen verrichtet, welcher einen Monatslohn von Doll. 20, freie Wohnung, Wäsche und volle Beköstigung hat; nur ab und zu hilft auch Frau Rankins bei der Arbeit.

Die Käse werden im Alter von 20—30 Tagen verkauft.

Der Amerikaner bevorzugt jungen Käse, aber dem Europäer würde der amerikanische Cheddarkäse nicht schmecken, wenn er nicht wenigstens ein halbes Jahr gereift ist. Aber dann kann man ihn essen, wenn er auch nicht den Vergleich aushält mit dem englischen Chester- und dem Holländer-

Edamkäse. Selbst in den Vereinigten Staaten bevorzugen die Amerikaner den dort häufig verbreiteten Edamer vor dem inländischen Cheddarkäse.

Die nordamerikanische Käsebereitung zeigt eigentlich keine Unterschiede; überall wird Cheddarkäse, Flachkäse und Jung-Amerikaner auf dieselbe Weise gemacht. Nur die Art der Verarbeitung ist manchmal verschieden. So sah ich in Sheboygan-Falls eine runde Käsewanne von 12,000 Pfd. (5454 **kg**) Fassungsraum mit mechanischem Rührapparat, der in Fig. 41 abgebildet

Fig. 41.

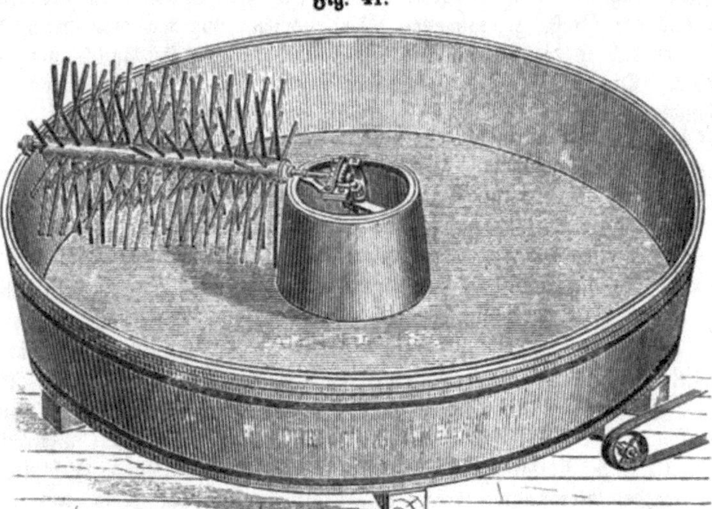

ist. Derselbe besteht aus einer Holzwalze, die mit 8 Reihen dünner Holzstäbe schraubenartig besetzt ist; sie hat die Länge des halben Durchmessers der Käsewanne und rollt mit einem kleinen Rade auf dem Außenrand der Käsewanne. Dieser Rührapparat bewegt sich in der Milch und nachher in der Quargmasse, wie ein Mühlrad im Wasser. An einigen dieser Wannen ist auch eine dem Halbmesser derselben entsprechende rollende Eisenstange angebracht, auf welcher die Quargmesser aufgehängt werden, um die Quargmasse zu zerschneiden. Die Bandscheibe, welche diese Maschinenteile in Bewegung setzt, befindet sich in Fig. 41 rechts unten. Der Raum für die Erwärmung durch Dampf liegt unter dem Boden der zinnernen Milchwanne, die außen von einer Holzwanne umgeben ist.

Die Milch wurde in dieser Käserei vor dem Laben auf 84° F. (28,9° C.) erwärmt und die Quargmasse während des Verrührens auf 98—100° F. (36,7—37,8° C.) gebracht; aber das war im Sommer bei der Herstellung von Fettkäse. Im heißen Sommer wird die Molke gleich nach dem Zerschneiden der Quargmasse abgelassen, sobald sie etwas sauer wird; darnach wird dann die Quargmasse mit dem Käserührer trocken bearbeitet.

Was in den Butter- und Käsefabriken Nordamerikas auf mich einen überraschenden und wohlthuenden Eindruck gemacht hat, ist das große Vertrauen, welches die Farmer in die Leiter jener Fabriken setzen. Meistens ohne schriftliche Verträge und ohne Kontrolle liefern die Farmer die Milch und empfangen deren Wert nach dem was an Butter und Käse daraus gewonnen wird.

XIII. Der landwirtschaftliche Unterricht.

Ich habe in den Vereinigten Staaten 17 landwirtschaftliche Schulen (**Agricultural Colleges**) besucht, welche entweder mit Universitäten, oder mit Ingenieurschulen verbunden, oder selbständig waren. Die landwirtschaftlichen Schulen befinden sich (nach der Reihenfolge meines Besuches): zu Lexington in Kentucky, zu Columbus in Ohio, zu Manhattan in Kansas, zu Fort Collins in Colorado, zu Lincoln in Nebraska, zu Ames in Iowa, zu Madison in Wisconsin, zu Minneapolis in Minnesota, zu Champaign in Illinois, zu Lafayette in Indiana, zu Lansing in Michigan, zu New-Haven in Connecticut, zu Amherst in Massachusetts, zu Hanover in New-Hampshire, zu South-Burlington in Vermont, zu Ithaca im Staate New-York, zu New-Brunswick in New-Jersey. Außerdem besuchte ich die landwirtschaftliche Schule zu Guelph in der kanadischen Provinz Ontario, welche ich im 16. Abschnitte berücksichtigen werde.

Zunächst will ich diejenigen landwirtschaftlichen Schulen der Vereinigten Staaten in Betracht ziehen, welche ich näher kennen gelernt, oder deren Programme mir vorliegen. Ich werde hierbei ihre Besonderheiten berücksichtigen und sodann dasjenige besprechen, was allen gemeinsam ist. Zu besserem Verständnis will ich jedoch vorausschicken, daß alle Universitäten und **Colleges** als Regel einen vierjährigen Kurs haben und jeder Kurs in drei Termine geteilt ist; der Herbst-Termin beginnt um die Mitte September und er dauert bis Weihnachten, der Winter-Termin dauert von der zweiten Januarwoche bis gegen Ende März, der Frühjahrs-Termin von Anfang April bis zur zweiten Juniwoche. Von der zweiten Juniwoche bis zur zweiten Septemberwoche sind die Sommerferien, die ein volles Vierteljahr dauern; die Weihnachtsferien dauern 2—3 Wochen und zwischen dem Winter- und Frühjahrs-Termin sind einige Tage Ferien, an manchen **Colleges** aber gar keine. Die überwiegende Mehrzahl aller Universitäten und **Colleges** werden auch von jungen Mädchen besucht, insbesondere in den Weststaaten.

Die Universität des Staates Ohio befindet sich in der Nähe von dessen Hauptstadt Columbus. Sie besteht aus 9 Abteilungen, bezw. Fakultäten im deutschen Sinne: 1) für Künste mit der Erteilung des Grades Bachelor*) of Arts nach Vollendung der vier Jahreskurse und bestandener Prüfung; 2) für Philosophie mit dem Grad Bachelor of Philosophy; 3) für Wissenschaft (Moderne Sprachen, Litteratur und Naturwissenschaft) mit dem Grad Bachelor of Science; 4) für Landwirtschaft mit dem Grad Bachelor of Agriculture; 5) für Tierarzneikunde mit dem Grad Doctor of Veterinary Medicine; 6) für Zivil-Ingenieurwesen mit dem Grad Civil-Engineer; 7) für mechanisches Ingenieurwesen mit dem Grad Mechanical-Engineer; 8) für Minen-Ingenieurwesen mit dem Grad Engineer of Mines; 9) für Pharmacie mit dem Grad Graduate in Pharmacy.

Im Jahre 1887/88 war der vierjährige landwirtschaftliche Kurs nur von zwei Studenten besucht und der Grad Bachelor of Agriculture war gar nicht in Anspruch genommen worden. Um nun mehr Studierende der Landwirtschaft heranzuziehen, hat die Ohio Staats-Universität einen abgekürzten zweijährigen landwirtschaftlichen Kurs eingerichtet, der nach dem Bericht des Professors der Landwirtschaft von 18 Landwirtschafts-Studenten besucht war, während die Gesamtzahl der Universitäts-Studenten 401 betrug, von denen 144 die vorgeschriebenen vierjährigen Kurse durchmachten und 165 in der Vorbereitungsklasse waren.

In Manhattan befindet sich das Agricultural-College des Staates Kansas, eine anscheinend rein landwirtschaftliche Schule, welche jedoch viele nicht landwirtschaftliche Gegenstände lehrt; sie hat zahlreiche Abteilungen (Departments), nämlich für Landwirtschaft (Farm-Department), für Chemie, für Gartenbau und Insektenkunde, für Botanik und Zoologie, für Mathematik, für Militärwissenschaft, für industrielle Kunst und Zeichnen, für Telegraphie, für Mechanik, Physik und Ingenieurwesen, für Buchdruckerei, für englische Sprache und Geschichte, für Hauswirtschaft und Hygiene, für Nähen, für Mechanik (praktisch), für Musik. Die ganze Schule wurde im Jahre 1887/88 von 472 Studenten (314 männlichen und 158 weiblichen) besucht, von denen sich 50—60 an dem Unterricht im Farm-Department beteiligten. Die jungen Männer haben ihre regelmäßigen Arbeitstermine in der Zimmermanns- und Eisenarbeits-Werkstatt, auf der Farm und im Garten. Die jungen Mädchen haben einen Termin im Nähen, einen zur Arbeit im Küchen-Laboratorium und einen in der Molkerei.

Die praktischen Uebungen der jungen Männer in den Arbeiten des Zimmermannes, des Tischlers, des Schlossers und Eisenarbeiters, sind eine Beigabe des Unterrichtes in der Landwirtschaft und den mechanischen Künsten, die ich in fast allen Colleges gefunden habe und später noch besprechen werde.

Eine Besonderheit des College von Manhattan aber ist der Unterricht in den obengenannten industriellen Künsten der Mädchen, dem ich dort bei-

*) Bachelor (Baccalaureus) ist der niederste akademische Grad in England und Nordamerika.

gewohnt habe und der mir sehr beachtenswert zu sein scheint. Die Mädchen, welche sich im Durchschnittsalter von 19½ Jahren befinden, hören im Wintertermin eine Vorlesung über Hauswirtschaft und sind genötigt, täglich eine Stunde zu kochen. Sie lernen die verschiedenen Methoden eine kräftige Nahrung herzustellen und sie verwenden auch einige Zeit auf die Zubereitung von Leckereien oder Naschwerk. Dann müssen sie sich üben im Bedienen bei Tisch, Aufwarten von Gästen und in der Anordnung von Abendgesellschaften, welche Uebungen sich den Vorlesungen des Tages unmittelbar anschließen.

Im Frühjahrstermin des zweiten Jahres haben die jungen Mädchen Unterricht und Uebungen in der Molkerei; sie lernen das verschiedene Abrahmungsverfahren, Butter- und Käsemachen, das Packen und die Aufbewahrung der Butter u. s. w.

In der Nähschule lernen die Mädchen im ersten Jahre ihrer Studien. Sie üben sich im Hand- und Maschinennähen, im Zuschneiden und Anpassen, und machen ihre eigene Kleidung unter der Leitung der Aufseherin.

Ueber die Einrichtung der Koch- und Nähschule traue ich mir kein selbständiges Urteil zu; aber von der Molkereischule kann ich sagen, daß sie sehr zweckmäßig und ordentlich eingerichtet war.

Zu Fort Collins befindet sich das Agricultural College des Staates Colorado. Es führt nur diesen Namen, aber es hat neben dem landwirtschaftlichen auch einen mechanischen Kurs für die Studenten des dritten und vierten Jahres, während der Vorbereitungskurs und die Kurse des ersten und zweiten Jahres für alle Studenten gemeinsam ist. Der Vorbereitungskurs entspricht dem Unterricht in den unteren Klassen einer deutschen und österreichischen Realschule. Die Burschen werden angehalten zu häufigen Uebungen im Laboratorium, im Mikroskopieren, in den Holz- und Eisen-Werkstätten, auf der Farm und im Garten, im militärischen Drill, ja selbst in Meteorologie und Astronomie.

Es besteht eine Werkstatt für Holzarbeiten, eine für Eisenarbeiten (Schlosserarbeiten) und eine für Schmiedearbeiten. Im Winter arbeiten alle männlichen Schüler täglich nachmittags zwei Stunden in den Werkstätten unter Leitung des Professors für Zeichnen. Im Sommer treten an Stelle dieser Arbeiten die Feld- und Gartenarbeiten, außer bei schlechtem Wetter.

Ich habe mir die Werkstattsarbeiten der Schüler in Fort Collins genau angesehen und will sie hier ausführlich beschreiben, weil ich der Meinung bin, daß sie Nachahmung verdienen in den Landwirtschaftsschulen, bezw. landwirtschaftlichen Mittelschulen in Deutschland und Oesterreich, welche meines Erachtens auf praktisches Geschick und Handfertigkeit viel zu wenig Wert legen.

Der Werkstätten-Kurs in Fort Collins wird nach folgenden Grundsätzen betrieben. Er soll eine systematische und fortschreitende Anleitung gewähren in dem Gebrauch von Werkzeugen und Materialien, verbunden mit so viel theoretischen Kenntnissen, wie notwendig ist, die darin enthaltenen Grundsätze zu erklären. So, ohne irgend ein vollständiges Handwerk zu lehren, werden die mechanischen Grundsätze von vielen gewonnen. Dies führt nicht notwendig zu der Meinung, daß der Student hinreichend vorbereitet wird, um mit einem geschickten Mechaniker zu konkurrieren, sondern daß er eine gründliche Kenntnis erhält, wie ein Werkzeug oder eine Maschine gebraucht wird, und die Art des „Werkzeug-Anlegens" für dieselben. Sollten die Umstände es fügen, daß der Student in eine Fabrik eintritt, so sind seine Gedanken durch diese Uebung erweitert worden, er wird um so schneller etwas Neues ergreifen, daß in seinem Geschäft aufkommen mag, oder, wenn er eine Farm aufnimmt, so wird er mit größerer Leichtigkeit im Stande sein, die mechanischen Grundsätze und Wirkungen seiner Maschinerie zu verstehen, wie sie zu halten ist, und auch seine Gebäude, bei eigener Ausbesserung.

Der Werkstätten-Unterricht ist in zwei Kurse geteilt; in jedem wird, in Verbindung mit der Arbeit, eine Erklärung gegeben über den Bau jedes Werkzeuges und über seine Art das Material zu bearbeiten, die Methoden der Bestimmung: wie das passendste Material für verschiedene Arten von Arbeit auszuwählen ist, die Art wie ein Werk anzugreifen ist u. s. w.

Werkstatt-Kurs

Erstes Jahr:

Bankarbeit in Holz	14	Wochen
Maschinenarbeit in Holz	4	„
Modellarbeit für Gußwerk	12	„
Schraubstockarbeiten in Eisen	10	„

Zweites Jahr:

Eisen-Schmieden	14	Wochen
Stahl-Schmieden	4	„
Maschinenarbeit in Eisen	20	„

Die Bankarbeit besteht in dem Gebrauch des Hobels und der Säge, in der Anfertigung von Nuthen und Zapfen, offenen und blinden Schwalbenschwänzen, verschiedener Arten von Fugen, von Thüren mit Füllung oder Täfelung, Kasten, Zimmermanns-Gerüsten u. s. w.

Die Maschinenarbeit in Holz ist verbunden mit der Lehre von den raschesten und vorteilhaftesten Methoden der Auswahl und der Vorbereitung des Holzes für die Maschine. Da wird geübt: das Drechseln, das Schneiden und Abkanten, die Anfertigung von Bogenformen, von Handgriffen für Meißel und andere Werkzeuge, Patronenarbeiten für Drechsler, Kugel-Drechselung.

Die Modellarbeit hat den Zweck, Modelle für Gießereien zu machen; in der Gießerei werden verschiedene Gußformen geübt.

Bei den Schraubstock-Arbeiten wird Gußeisen, Stabeisen und Stahl bearbeitet, Kerben gesägt, kantige und runde Flächen gefeilt, Fugen zugerichtet u. s. w.

Bei den Schmiedearbeiten in Eisen und Stahl wird die Wirkung verschiedener Hitzegrade auf das Material in Betracht gezogen, das Schweißen gelehrt von Eisen mit Eisen, Eisen mit Stahl, Stahl mit Stahl, und die Herstellung verschiedener Eisenerzeugnisse und Werkzeuge, wie Nägel, Bolzen, Haken, Haspen, Wirbel, Ringen, Ketten, Klammern, Stahl-Schraubenschlüssel, Hartmeißel, Drillbohrer, Drechslerwerkzeuge, Springfedern u. s. w. Geübt wird auch die Stahlhärtung.

Die Maschinenarbeit in Eisen, bestehend in Bohrarbeiten, Schraubenschneiden, Polieren und Glätten, Anfertigung von Handgeräten u. s. w., wird gewöhnlich nur von den Studenten der mechanischen Künste geübt.

Die jungen Mädchen müssen während der ersten drei Jahre (einschließlich der Vorbereitungsklasse) denselben Kurs durchmachen wie die Burschen, aber wenn diese in den zweijährigen landwirtschaftlichen, oder mechanischen Kurs übergehen, dann können die Mädchen dafür Deutsch studieren. Das Studium des Deutschen ist für diese also auf zwei Jahre ausgedehnt. Da ich diesem von einer Lehrerin erteilten Unterricht beigewohnt habe, so kann ich sagen, daß sowohl die jungen Mädchen, wie auch einige junge Männer ganz leidlich deutsch gesprochen haben, freilich auf Grund auswendig gelernter Redensarten aus einem Buche.

Ich will noch bemerken, daß die praktischen Arbeiten der Schüler in zwei Klassen geteilt sind. Die erste Klasse umfaßt diejenigen Arbeiten, welche nur zum Unterricht dienen, wie die Arbeiten im chemischen Laboratorium, in der Werkstatt, im Feldmessen und Nivellieren und im Konservatorium.

Die zweite Klasse der Arbeiten wird mit Geld bezahlt; dazu gehören landwirtschaftliche und Gartenarbeiten, sowie die Extraarbeiten (außer den täglichen zwei Stunden) in den Werkstätten, wenn der Student einen ausreichenden Grad von Geschicklichkeit erlangt hat. Die Bezahlung ist abhängig von der Geschicklichkeit und Pflichttreue des Studenten. Der höchste Preis ist 10 cts (41,7 Pf.) die Stunde.

Diese Einrichtung besteht auch an den meisten anderen landwirtschaftlichen Schulen, so daß es fleißigen und geschickten Studenten möglich wird, sich den größten Teil ihrer Studienkosten selbst zu verdienen. Da der Unterricht frei ist, so haben die Studenten nur gewisse Gebühren für Immatrikulation, für Laboratorium- und Werkzeugbenutzung und Graduierung, übrigens ihre Bücher, Wohnung, Beköstigung, Wäsche und Uniform (wo diese üblich, was aber meistens der Fall ist) zu zahlen. Alles das zusammen kostet in Fort Collins durchschnittlich jährlich Doll. 220 (M. 917,40 oder fl. 528), also viel weniger als auf irgend einer landwirtschaftlichen Mittelschule in Oesterreich. Wohnung mit Zubehör und Beköstigung haben die jungen Leute in dem sog. Dormitory (Schlafhause). Die Wohnung ist reinlich und ordentlich, die Beköstigung kräftig und vollkommen ausreichend.

Das Agricultural College zu Fort Collins war 1887/88 von 109 Studenten (71 männlichen und 38 weiblichen) besucht, unter denen sich nur 7 für die landwirtschaftlichen und mechanischen Studien befanden. Wie viel von diesen sieben dem landwirtschaftlichen Kurs angehören, ist mir nicht bekannt; jedenfalls erscheint mir der Name Agricultural College nicht berechtigt zu sein, wenn kaum 6% der Schüler an dem landwirtschaftlichen Unterricht teilnehmen.

Die Schule des Staates Jowa zu Ames führt den Titel College of Agriculture and Mechanic Arts. Dieses College hat nur zwei Termine den ersten vom 1. März bis 20. Juni, den zweiten vom 20. Juli bis 14. November; vom 15. November bis Ende Februar sind die großen Winterferien. Der Unterricht umfaßt sechs Kurse: 1) den vierjährigen Kurs der Wissenschaften in Beziehung auf Industrien mit dem Grad Bachelor of Science nach Vollendung desselben; 2) den vierjährigen Damenkurs mit dem Grad Bachelor of Letters; 3) den vierjährigen landwirtschaftlichen Kurs mit dem Grad Bachelor of Science; 4) den vierjährigen Kurs des mechanischen Ingenieurwesens mit dem Grad Bachelor of Mechanical Engineering; 5) den vierjährigen Kurs des Civil-Ingenieurwesens mit dem Grad Bachelor of Civil Engineering; 6) den dreijährigen Kurs der Tierarzneikunde mit dem Grad Doctor of Veterinary Medicine.

Der Damenkurs bezweckt die höhere Erziehung des Weibes, indem er die Gelegenheit verschafft zu einem gründlichen Studium der Litteratur, verbunden mit einem etwas leichteren Kurs in Naturwissenschaften und Mathematik. Außerdem ist den jungen Mädchen Gelegenheit gegeben zu einem praktischen Haushaltskurs „um sie anzuregen zu einer treuen Erfüllung der täglichen Pflichten des Lebens und ihnen einzuflößen den Glauben an den Adel und die Würde einer echten Weiblichkeit".

Der landwirtschaftliche Kurs beginnt im ersten Semester des ersten Jahres mit Tierzucht, im zweiten Semester desselben mit Gartenbau. Im ersten Semester des zweiten Jahres lehrt der Professor für Landwirtschaft durch etwa 10 Wochen Ackerbau; die letzten sechs bis sieben Wochen hält der Präsident selbst 12—15 Vorlesungen über praktische Landwirtschaft. Das ist eine sehr sonderbare Einrichtung. Der Präsident nämlich trägt hinter seinem Namen die Buchstaben LL. D., d. h. Legum Doctor oder Doctor of Laws; er ist Rechtsgelehrter, dazu Geistlicher (wie die meisten Präsidenten landwirtschaftlicher Schulen) und Professor of Ethics and Civics, endlich noch Lecturer on Practical Agriculture. Unter Civics versteht man in den Vereinigten Staaten „Bürgerkunde", ein Lehrfach, das sich in Ames stützt auf Andrews' Manual of the Constitution. Der Leiter der praktischen Landwirtschaft und Farm Superintendent (Farmverwalter) ist in Ames der Professor der Landwirtschaft Loren P. Smith; außerdem hat die College Farm den Vormann F. S. Schoenleber für Farmversuche und den Vormann A. J. Wiechardt als Instructor in Machine Shops (Lehrer in Maschinenschuppen).

Im Jahre 1887 war das College in Ames von 293 Studenten (219 männlichen und 74 weiblichen) besucht, im Sommersemester 1888 von 265 Studenten, von denen aber nur 3 im dritten Jahre und 2 im vierten Jahre dem landwirtschaftlichen Kurs angehörten. Im ersten und zweiten Studienjahre ist der landwirtschaftliche Kurs mit dem allgemeinen Kurse verbunden, so daß sich von den Angehörigen dieser Kurse nicht voraussagen läßt, wie viel den landwirtschaftlichen Kurs bis zum Ende des vierten Jahres vollenden werden. Im Sommersemester 1888 waren dies nur zwei im vierten Jahre, d. h. kaum 8/10 % aller Studenten. Doch weist das Jahr 1886 vier, das Jahr 1887 fünf Graduierte der Landwirtschaft nach. Demnach hätten im Jahre 1887 von 293 Studenten fünf, oder etwa 1,7 % die landwirtschaftlichen Studien vollendet und den Grad eines Bachelor of Science erlangt.

Im Staate Illinois sind die landwirtschaftlichen Studien mit der University of Illinois, der Staatsuniversität zu Urbana bei Champaign verbunden. Da der Staat Illinois zu den besten Ackerbaustaaten der Union gehört und sich von seiner Bevölkerung von 3½—4 Millionen Menschen wenigstens 1½ Mill. mit Landwirtschaft und nahe verwandten Gewerben beschäftigen, so will ich das landwirtschaftliche Studium an der Staats-Universität von Illinois etwas schärfer ins Auge fassen.

Diese Universität ist, wie alle übrigen seit dem Jahre 1862 durch die Kongreßakte von 1862, Sec. 4 ins Leben gerufen und ihre Ziele sind wie folgt bestimmt:

„Ihre leitenden Ziele sollen sein, ohne andere wissenschaftliche und klassische Studien auszuschließen, und einschließend die militärische Taktik, solche Zweige des Lernens zu lehren, die sich beziehen auf Landwirtschaft und die mechanischen Künste, in der Weise, wie die Gesetzgebung der Staaten sie insbesondere vorschreiben mag, um die freiheitliche (liberal) und praktische Erziehung der industriellen Klassen zu fördern in den verschiedenen Geschäften und Gewerben des Lebens."

Darnach ist also den Universitäten der Vereinigten Staaten die Lehre der Landwirtschaft in erster Linie vorgeschrieben und fast sämtliche Staats-Universitäten der Union (in den westlichen Staaten alle Staats-Universitäten ohne Ausnahme) sind deshalb mit großen, wohl ausgestatteten Landgütern versehen worden, welche ein ausgezeichnetes Lehrobjekt darbieten, da sie durchschnittlich musterhaft bewirtschaftet werden.

Die Staats-Universität von Illinois umfaßt vier Colleges (wir würden sagen vier Fakultäten), nämlich:

I. Das College für Landwirtschaft.

II. Das College für Ingenieurwesen mit 4 Schulen:
Schule für mechanisches Ingenieurwesen.
" " Civil-Ingenieurwesen.
" " Minen-Ingenieurwesen.
" " Architektur.

III. College für Naturwissenschaft mit zwei Schulen:
Schule für Chemie.
" " Naturgeschichte.

IV. College für Litteratur und Wissenschaft mit zwei Schulen:
Schule für englische und moderne Sprachen.
„ „ alte Sprachen.

Außerdem gibt es noch Nebenschulen für Militärwissenschaft und für Kunst und Zeichnen. Vokal- und Instrumentalmusik wird auch gelehrt, aber nicht als Teile eines regelmäßigen Kurses.

Die Staatsuniversität von Illinois gestattet große Freiheit in der Auswahl der Studien; wer aber einen Grad erwerben will, muß die für den Grad vorgeschriebenen Studien durchmachen.

Die Studien für jeden Grad sind vierjährig und jedes Studienjahr ist in einen Herbst-, Winter- und Frühjahrstermin geteilt, wie ich früher erwähnt habe.

Wer nun an der Staatsuniversität von Illinois den Grad des Bachelor of Science in der Landwirtschaft erwerben will, der muß folgende Studien betreiben:

Erstes Jahr.

1.*) Elemente der Landwirtschaft; Chemie; Trigonometrie; Werkstatt-Uebung (freigestellt).

2. Elemente des Gartenbaues; Chemie; Amerikanische Schriftsteller, oder Freihandzeichnen.

3. Landw. Insektenkunde; Chemie; Brittische Schriftsteller.

Zweites Jahr.

1. Chemie und Laboratorium-Praxis; Botanik; Deutsch.

2. Agrikulturchemie (Boden und Pflanzen); Zoologie, oder Botanik; Deutsch.

3. Agrikulturchemie (Ackerbau, Düngemittel, Futter); Pflanzenphysiologie; Deutsch.

Drittes Jahr.

1. Landw. Ingenieurwesen und Architektur; Tieranatomie und Physiologie; Deutsch.

2. Tierwirtschaft; Tierarzneikunde; Tierarzneimittellehre (freigestellt); Physik, oder Geologie.

3. Landschaftsgärtnerei; Tierarzneikunde; Physik, oder Geologie.

Viertes Jahr.

1. Physiographie; Geisteswissenschaft; Geschichte der Civilisation.

2. Landw. Oekonomie; Konstitutionelle Geschichte; Logik.

3. Geschichte der Landwirtschaft und Landesgesetzgebung; Politische Oekonomie; Laboratoriums-Arbeit.

Der vorgeschriebene Inhalt der genannten Lehrfächer ist der folgende:

Elemente der Landwirtschaft. Umriß der allgemeinen Grund-

*) Die Zahlen bedeuten die drei Termine des Jahres.

sätze, die Landwirtschaft stützend in Theorie und Praxis; Einführung in die technischen und wissenschaftlichen Studien des Kurses.

Landw. Ingenieurwesen und Architektur. Einrichtung der Farm; ihre Verbesserung durch mechanische Mittel, wie Drainage und Bewässerung; ihre Abgrenzungen, Umfriedungen (Fences), Hecken u. s. w.; ihre Wasserversorgung; der Straßenbau; Einteilung, Plan und Bau der Farmgebäude; Bau, Auswahl, Pflege und Gebrauch der Geräte und Maschinen.

Tierwirtschaft. Grundsätze der Zucht und Haltung unserer Haustiere; Beschreibung aller wichtigen Zuchten und Abarten, ihre Geschichte und Verwendungen.

Landw. Oekonomie. Beziehung der Landwirtschaft zu anderen Industrien und zum Nationalwohlstand; Einflüsse, welche die Art zu wirtschaften bestimmen sollen; Vergleichungen von besonderen und allgemeinen Systemen; Verbindung von Fabrik und Landwirtschaft; Kultur der verschiedenen Farmfrüchte — Getreide, Gräser u. s. w.; Farm-Rechnungen.

Geschichte der Landwirtschaft. Fortschreitender und gegenwärtiger Zustand in diesem und in anderen Ländern. Einfluß von Klima, Civilisation und Gesetzgebung für den Fortschritt und Rückschritt. Landw. Litteratur und Einrichtungen.

Landw. Gesetzgebung. Geschäftsgesetz; Gesetze insbesondere die Landwirtschaft betreffend. Besitztitel des Grundbesitzes, Straßen, Umfriedungen, Drainage-Gesetze u. s. w.

Geistes-Wissenschaft oder Philosophie. (Mental Science or Philosophy.) Analyse und Einteilung der Geisteserscheinungen; Theorien der Wahrnehmung, des Selbstbewußtseins, der Einbildung, des Gedächtnisses, des Urteils, der Vernunft. Geistes-Physiologie oder Verbindung von Körper und Geist, gesunder Zustand des Denkens, Wachstum und Verfall der geistigen und moralischen Kräfte. Philosophie der Erziehung, Theorie des Gewissens, Natur der moralischen Verpflichtung, moralisches Gefühl. Das Recht. Das Gute. Praktische Ethik; Pflichten. Bildung des Charakters. Alte Schulen der Philosophie; moderne Schulen der Philosophie. Einfluß der Philosophie auf den Fortschritt der Civilisation und auf moderne Wissenschaften und Künste.

Grundsätze der Logik. Bedingungen des starken (valid) Denkens; Formen der Beweise, Trugschlüsse und deren Einteilung. Inductives und wissenschaftliches Urteilen; Grundsätze und Methoden der Untersuchung. Praktische Anwendungen der Logik auf die Bildung von Beweisen, zur Entdeckung und Beantwortung von Trugschlüssen, die Entstehung der Gewohnheiten des Denkens und des gemeinen Urteiles im Leben“.

Wenn man diese lange Liste der für Landwirtschafts-Studierende vorgeschriebenen Lehrfächer ansieht, dann muß man sagen, daß die angehenden Landwirte der Vereinigten Staaten sich eine umfassende Bildung anzueignen Gelegenheit haben. Auch alle übrigen landwirtschaftlichen Schulen lehren

Logik und Mental-Philosophy, was man von den praktischen Amerikanern gar nicht erwarten sollte. So empfiehlt z. B. das Agricultural-College in Fort Collins das Studium der Logik mit folgenden Worten: „Das Studium dieses Faches wird als von vornehmster (prime) Wichtigkeit betrachtet; so finden wir in der Darstellung des Induktiven die Methoden, welche angewendet werden für den Fortschritt der Wissenschaft und die Mittel zur Ausscheidung des Irrtums aus dem Versuch. Die Arbeit des Termins (des zweiten im vierten Jahr) ist gleichmäßig verteilt zwischen den induktiven und den deduktiven Methoden".

Kehren wir nun wieder zu der umfangreichen Studienliste zurück, welche die Staatsuniversität von Illinois für ihre Landwirtschafts-Studenten entworfen hat, damit sich diese den Grad eines „Bachelor of Science" erwerben können.

Nach der Liste der Graduierten sind vom Jahre 1872—1888, d. h. in 17 Jahren 47 Landwirte graduiert worden, also durchschnittlich jährlich kaum drei, in den Jahren 1886 und 87 keiner und im Jahre 1888 nur einer. Im Jahre 1888/89 wurde die Staatsuniversität von Illinois von 418 Studenten (346 männlichen und 72 weiblichen) besucht und unter diesen befanden sich nur acht, welche den regelmäßigen vierjährigen landwirtschaftlichen Kurs machten und sechs, welche an einem abgekürzten landwirtschaftlichen Kurs Teil nahmen. Das sind zusammen 14 Landwirtschafts-Studierende, oder etwa 3 % der Gesamtzahl.

Dieser abgekürzte Farmers-Kurs ist eine eigentümliche Einrichtung der Staatsuniversität von Illinois. Es heißt da in ihrem Programm:

„Studenten, welche nicht die nötige Zeit für den vollen Kurs haben und doch wünschen, sich tauglicher zu machen um erfolgreiche Farmer zu werden, mögen ihre ausschließliche Aufmerksamkeit den technischen landwirtschaftlichen Studien zuwenden, einschließlich Tierarzneiwissenschaft, und diese in einem Jahr vollenden.

Die Studien des zweiten oder Wintertermines dieses Kurses sind so angeordnet, daß sie vorteilhaft von denen betrieben werden, welche nur während dieses Termines zugegen sein können.

Studenten werden zu diesem Kurse zugelassen, wenn sie eine befriedigende Prüfung in den gewöhnlichen Schulfächern bestehen, aber sie werden größeren Nutzen davon empfangen, wenn sie sich besser vorbereitet haben, besonders wenn sie eine gute Kenntnis von Botanik und Chemie besitzen. Sie sollen nicht weniger als achtzehn Jahre alt sein. Besondere Gebühr Doll. 5 für den Termin.

Sie werden zugelassen zu den folgenden Klassen:

1. Elemente der Landwirtschaft; Landw. Ingenieurwesen und Architektur; Tier-Anatomie und Physiologie; Werkstattpraxis.

2. Tierwirtschaft; Landw. Oekonomie; Tierarzneiwissenschaft.

3. Geschichte der Landwirtschaft und landw. Gesetzgebung; Tierarzneiwissenschaft; Landw. Insektenkunde, oder Landschaftsgärtnerei."

Die Staatsuniversität von Illinois sagt also zu den jungen Leuten, welche in ihren Hallen Landwirtschaft studieren wollen: Ihr müßt vier Jahre lernen und eine Menge wichtige Gegenstände, wie Chemie, Botanik, Pflanzenphysiologie, Zoologie, Physik oder Geologie, Geisteswissenschaft, Geschichte der Civilisation, Logik u. s. w., aber wenn ihr für diese wichtigen Gegenstände keine Zeit habt, dann könnt ihr die Landwirtschaft auch in einem Jahre studieren und wenn euch auch das zu viel ist, dann könnt ihr mit Vorteil nur einen einzigen Wintertermin studieren, der im Jahre 1890 vom 8. Januar bis 26. März dauert.

Man kann unmöglich liberaler sein als die Staatsuniversität von Illinois! Aber kann man ein derartiges Studium der Landwirtschaft Ernst nehmen?

Da die Amerikaner der Vereinigten Staaten sehr lernbegierig sind und jede Gelegenheit ergreifen, um ihre Kenntnisse zu erweitern, so erscheint es mir sehr auffallend, daß gerade die landwirtschaftlichen Studien der Universitäten und Agricultural-Colleges von so wenigen Studenten betrieben werden. Sollten denn die amerikanischen Landwirte so wenig bildungsbedürftig sein? Ganz und gar nicht! Fast jeder Landwirt in den Vereinigten Staaten hält eine oder mehrere landwirtschaftliche Zeitungen, er besucht landwirtschaftliche Vereine und Ausstellungen, er nimmt Teil an den Arbeiten und Versuchen seiner staatlichen Versuchsstation, er hat das regste Interesse für alle Verbesserungen, welche im landwirtschaftlichen Betriebe aufkommen, er führt ein geselliges Leben, er hat Sinn für Kunst und Wissenschaft, er gibt seinen Kindern Gelegenheit, sich Kenntnisse zu erwerben und ihren Geist zu bilden — aber den landwirtschaftlichen Unterricht an seinen Universitäten und Colleges meidet er mit wenigen Ausnahmen.

Sollte diese eigentümliche Erscheinung nicht Schuld der landw. Unterrichtsmethode sein? In Wahrheit, ich bin der Meinung.

Die Kongreßakte, welche die Universitäten ins Leben gerufen hat, setzt den landwirtschaftlichen Unterricht an erster Stelle vor allen anderen; an den Universitäten und Colleges aber steht er an letzter Stelle, hinter allen anderen; er ist das fünfte Rad am Wagen. Eine Ausnahme macht in den Vereinigten Staaten nur das College des Staates Massachusetts in Amherst, das ich später besprechen werde.

An der Spitze der landw. Colleges steht in der Regel ein Geistlicher; meistens ist dieser zugleich Politiker, der seine Stellung der gerade herrschenden Partei verdankt. In manchen Fällen hat der Präsident der landw. Colleges gar kein Lehrfach, er ist überhaupt kein Lehrer, sondern nur der Repräsentant der Schule. Aber wenn er lehrt, dann ist er Professor der Ethik und der Geisteswissenschaft, unter allen Umständen ein frommer Mann, der mit äußerster Strenge darauf sieht, daß seine Schüler jeden Morgen

8¼ Uhr in der Kapelle zum Gottesdienste erscheinen, wo er ihnen eine Bibelstelle vorliest, ein langes Gebet verrichtet und sie eine Hymne singen läßt. Sonntags müssen die Studenten die Predigt besuchen und häufig auch nachmittags eine Andacht verrichten. Wenn das alles freiwillig geschehen würde, dann wäre nichts dagegen einzuwenden. Aber es geschieht mit Zwang; wenn die Studenten die Andachtsübungen nicht besuchen, dann werden sie bestraft; sie können schließlich von der Schule weggewiesen werden und sie werden dann von keiner anderen angenommen.

Die Leitung des ganzen landwirtschaftlichen Unterrichts liegt in der Hand des Präsidenten, der nirgends Landwirt von Beruf ist, der seine Ethik oder Geistesphysiologie, oder Logik für die wichtigsten Lehrfächer hält und den Professor der Landwirtschaft mit samt seinem Lehrfach in eine untergeordnete Stellung herabdrückt. Dies geht sogar so weit, daß der Präsident des Staats-College von Jowa einen Teil des landwirtschaftlichen Unterrichtes übernimmt, der zu seinem Lehrfach Ethics und Civics doch gar keine Beziehungen hat.

In einem anderen westlichen Staate zeigte mir der Präsident eines Agricultural College die Uebungshefte seiner besten Schüler und unter anderem die mikroskopischen Zeichnungen von einem solchen. Ich fand die Zeichnungen des Knochen- und Muskelgewebes von einer fast gleichen unbestimmten Manier; dazu hatte der Schüler geschrieben: „ich finde keinen wesentlichen Unterschied zwischen Knochen- und Muskelgewebe.“ Der Präsident*) sah und las dies mit mir und ich sagte ihm, es bestehe doch ein großer Unterschied zwischen beiden Geweben. Aber er ging auf meinen Einwand nicht näher ein, weil er auch vielleicht nichts davon wußte, da er Professor der politischen Oekonomie und Logik war. Aber was soll man von dem naturwissenschaftlichen Professor denken, der solchen Unsinn durchgehen läßt und seinen Präsidenten in die Lage versetzt, einem fremden Naturforscher einen so tiefen Einblick zu gestatten in die Unterrichtsmethode seiner Schule.

Diese Unterrichtsmethode ist auf den Agricultural Colleges der Vereinigten Staaten von zweierlei Art. Die Schüler lernen entweder durch Vorlesungen (lectures), oder aus Büchern. Die letztere Lehrmethode nennt man in England und Amerika Recitations, d. h. die Hersagung des auswendig gelernten. Den Schülern wird aus dem vorgeschriebenen Lehrbuch oder Leitfaden eine bestimmte Stelle zum Auswendiglernen angewiesen, die ihnen in den nächsten Unterrichtsstunden vom Lehrer abgefragt wird. Nur bei wenigen naturwissenschaftlichen Lehrfächern, in denen die Naturgegenstände gezeigt werden, ist die Vorlesung, bezw. der demonstrative Vortrag

---

*) Ich will ihn nicht nennen, weil ich ihn persönlich nicht für etwas verantwortlich machen möchte, was Schuld des Systems ist. Auch will ich mich gegen seine mir erwiesene Gastfreundschaft nicht undankbar erweisen.

in Anwendung, die meisten Lehrfächer aber werden an der Hand eines vorgeschriebenen Lehrbuches als **Recitations** behandelt.

Ich halte — und ich glaube, jeder deutsche Professor wird mir beistimmen — diese Lehrmethode für geistlos und unfruchtbar. Mir ist es vollkommen klar, daß junge Leute im Alter von 18—22 Jahren, welche auf dem Lande aufgewachsen sind — wie die Söhne und Töchter von Farmern — an solcher Lehrmethode keinen Gefallen finden und daher dem landwirtschaftlichen Unterrichte fern bleiben. Das was sie früher mit allen ihren Sinnen in der freien und grünen Natur wahrgenommen haben, das sollen sie nun aus einem langweiligen Buche auswendig lernen und zwischen den vier Wänden des kahlen **Recitation-Room** hersagen. So erkläre ich es mir, daß wohl Farmerskinder **Agricultural Colleges** besuchen, sich aber in der Regel an dem landwirtschaftlichen Kurs desselben nicht beteiligen. Dieser Thatsache gegenüber will ich aber nicht verkennen, daß die Landwirtschaft auch in den Vereinigten Staaten kein glänzendes Geschäft ist, und daß viele Farmerssöhne vorziehen ihr Geschäft in der Stadt zu machen als Kaufmann, oder als Ingenieur. Ich meine aber, wenn der Präsident eines **Agricultural College** es verstehen würde seine Schüler für die Landwirtschaft und den Beruf des Farmers ebenso zu begeistern, wie er dies thut für **Mental Philosophy** und **Logic**, wenn er mit derselben Strenge darauf halten würde, daß seine Studenten der Landwirtschaft den Uebungen auf der Farm ebenso pünktlich beiwohnen, wie den Uebungen in der Kapelle, daß dann vielleicht das Studium der Landwirtschaft auf den **Agricultural Colleges** eifriger betrieben werden und die Zahl der Landwirtschafts-Studenten sich heben würde. Denn daß gegenwärtig das Landwirtschaftsstudium an der Universität eines so hervorragenden Staates wie Illinois, nur von 8 Studenten besucht wird, welche dem Vorbereitungskurs und dem vierjährigen Kurs angehören und daneben von 6 Studenten zweiter Güte, denen der hochwissenschaftliche vierjährige Kurs auf ein Jahr zugeschnitten ist — das würde man gar nicht glauben von einem Lande, in dem der Ackerbau das vornehmste Gewerbe ist, wenn man nicht das Studienprogramm der Staatsuniversität von Illinois vor sich hat.

Trotzdem ich der Meinung bin, daß der landwirtschaftliche Unterricht in den Vereinigten Staaten Amerikas in wissenschaftlicher Beziehung einer gründlichen Verbesserung bedarf, so will ich doch nicht unterlassen hervorzuheben, daß die **Agricultural Colleges** der Vereinigten Staaten einige gute Einrichtungen besitzen, um welche der landwirtschaftliche Unterricht in Oesterreich und Deutschland sie beneiden kann und in denen jene den landwirtschaftlichen Mittelschulen und Landwirtschaftsschulen bei uns als Muster zu dienen vermögen.

Zu diesen Einrichtungen gehören: 1) die mit allen **Agricultural Colleges** verbundenen Versuchswirtschaften, welche fast überall musterhaft bewirtschaftet werden und ein ausgezeichnetes Lehrmittel darbieten; 2) die schon erwähnten Uebungen in den Werkstätten, die, wenngleich sie keine fertigen Tischler, Zimmerleute und Eisenarbeiter liefern (was sie ja auch nicht wollen und sollen), so doch die jungen Landwirte lehren ihre Hände zu gebrauchen für gewerbliche Zwecke; 3) die körperlichen Uebungen auf den Spielplätzen (Play Grounds) und in der Turnhalle (Gymnasium). Jedes Agricultural College, jede Universität in den Vereinigten Staaten besitzt einen großen, gut berasten Spielplatz, auf dem die jungen Männer Base Ball, Lawn-Tennis, Croquet und Foot Ball, die jungen Mädchen entweder unter sich oder mit jungen Männern Lawn-Tennis und Croquet spielen. Außerdem sind unter den jungen Männern auch Bicycle-Uebungen, und an manchen Orten auch Ruderübungen sehr beliebt. Alle diese körperlichen Uebungen werden seitens des Lehrkörpers entschieden begünstigt und die Schule selbst hält alle Gerätschaften für jene Spiele, wie z. B. die Bälle, die Wurfnetze, die Turngeräte in größter Auswahl.

Ich würde als vierten Punkt noch die militärischen Uebungen erwähnen, wenn diese für österreichische und deutsche Studenten in Betracht kommen würden. Unsere Studenten werden als wirkliche Soldaten, als Kriegsmaschinen gedrillt, was die amerikanischen Jünglinge glücklicherweise nicht notwendig haben. Bei ihren militärischen Uebungen ist viel Spielerei dabei und sie sind selbstverständlich nicht so stramme Soldaten wie unsere sogen. Freiwilligen. Aber diese unleugbaren Vorteile unserer militärischen Jugend müssen wir ja auch teuer genug bezahlen mit der riesigen Militärlast und der Blutsteuer, die den europäischen Landwirt fast zu Boden drückt. Uebrigens will ich bemerken, daß die Disziplin auf den nordamerikanischen Colleges eine vortreffliche ist.

Das Agricultural College des Staates Michigan zu Lansing ist zwar auch keine rein landwirtschaftliche Schule, aber der Unterricht der Landwirtschaft ist dort sehr gut organisiert. Der Professor der Landwirtschaft, Herr Samuel Johnson, verwendet kein Lehrbuch für seine Vorträge, sondern die Studenten machen Notizen nach seinem Vortrage und sie werden in der nächsten Unterrichtsstunde darnach gefragt. Das Hersagen des nach einem Textbuch auswendig gelernten ist also vermieden.

Zufolge Gesetz des Staates Michigan muß jeder Student des Agricultural College (auch diejenigen, welche nicht Landwirtschaft studieren) auf der Farm des College täglich drei Stunden arbeiten. Nach einem Beschluß der dortigen Landwirtschaftstafel können, je nach den Jahreszeiten und den Erfordernissen, die Arbeitsstunden bis auf vier ausgedehnt, oder bis zu $2^1/_2$ Stunden vermindert werden. Die Studenten des erstjährigen und des vierjährigen Kurses sind verteilt auf landwirtschaftliche und Gartenarbeiten; die zweijährigen arbeiten das ganze Jahr auf der Farm, die dreijährigen das ganze Jahr im Garten. Die Farm umfaßt 676 Acker (273,8 ha); von diesen sind 100 Acker Gemüse- und Obstgarten, 200 Acker Feld, 100 Acker Waldweide, der Rest Wald.

An jedem Montag bis Freitag treten die Studenten um 12¼ Uhr an und bekommen von dem Verwalter oder dem Vormann den Auftrag was sie zu thun haben, welche Geräte sie zu nehmen haben und wer die Arbeit beaufsichtigen wird. Dann wird die Mittagsmahlzeit eingenommen und Punkt 1 Uhr erscheinen die Studenten in ihren Arbeitskleidern, nehmen ihre Werkzeuge aus dem musterhaft geordneten und reichlich ausgestatteten Werkzeugraum (Students Tool Room), hängen eine mit ihrem Namen bezeichnete Tafel an die Stelle des weggenommenen Werkzeuges, dessen Nummer in dem Werkzeugbuch des Studenten eingetragen wird. Dann gehen sie unter der Führung von einem Vormann oder einem Studenten im vierten Jahreskurse in Trupps an ihre Arbeit, welche Schlag vier Uhr endet. Das entnommene Werkzeug stellen oder hängen sie wieder an dessen Platz; wenn es rein und unverletzt ist, wird die Rücklieferung in dem Werkzeugbuch vermerkt.

Die Studenten bekommen am Ende jeden Monats die Bezahlung für ihre Arbeit; der höchste Preis ist 8 cts (33,36 Pf.) die Stunde; nur die Senioren, welche als Aufseher dienen, bekommen 12½ cts (52,13 Pf.) die Stunde.

Daß die Verwaltung der Farm und des Gartens aus der Arbeit der Studenten keinen Vorteil zieht, ist wohl selbstverständlich. Die Studentenarbeit kostet dem College jährlich Doll. 5000 (M. 20850).

Als Gründe dieses allgemeinen Arbeitssystems führt Prof Johnson an*):

1) Hände und Geist in Sympathie zu halten mit der Arbeit. Das ist vorwiegend gegenüber jedem anderen Beweggrunde.

2) Das Arbeitssystem gewährt den Studenten den Vorteil, einen Teil ihrer notwendigen Ausgaben zu verdienen.

3) Arbeit im Freien fördert die körperliche Gesundheit.

4) Arbeit soll erziehend wirken auf den Charakter des Studenten und ihm Gelegenheit bieten, das Verfahren der Farmarbeit in allen Einzelheiten zu beobachten und ihn durch die Praxis vertraut zu machen mit den besten Methoden des Ackerbaues, der Tierhaltung und des Gartenbaues.

Sowohl die Farm wie der Gemüse- und Obstgarten zu Lansing sind musterhaft bestellt, so daß diese Lehrgegenstände in der That ihren Zweck erfüllen. Die Studenten des dortigen Agricultural College empfangen daher theoretisch und praktisch eine gründliche landwirtschaftliche Bildung.

Ebenso wie Lansing, steht die ausschließlich landwirtschaftliche Schule des Staates Massachusetts zu Amherst im Gegensatze zu den übrigen Agricultural Colleges in den Vereinigten Staaten.

Der Präsident Henry H. Goodell des Agricultural College zu Amherst ist ausnahmsweise kein Geistlicher, sondern Professor der modernen Sprachen und der englischen Litteratur.

*) In seiner Schrift: „Practical Agriculture at the Michigan State Agricultural College."

Außer den landwirtschaftlichen Lehrfächern und Gartenbau werden in Amherst gelehrt: Mathematik und Naturwissenschaften, Tierarzneiwissenschaft, Geisteswissenschaft (Mental Science), Politische Oekonomie, Konstitutionelle Geschichte, Latein, Französisch und englische Litteratur, Zeichnen, Feldmessen und militärische Wissenschaften. Die Studenten (nur männliche) können in ihren Freistunden auf der Farm und im Garten arbeiten, bekommen auch dafür bezahlt, aber diese Arbeiten sind freiwillig und nicht in ein festes System gebracht, wie in Lansing. Dagegen muß sich jeder Student an den militärischen Uebungen beteiligen. Werkstätten für die Studenten besitzt Amherst nicht, wie denn auch mechanische Künste und Ingenieurwissenschaften dort nicht gelehrt werden; diese sind mit Harvard College der Universität Boston verbunden.

Seit der Gründung des Agricultural College in Amherst im Jahre 1863 sind von 745 Studenten, welche die Anstalt besucht haben, bis zum Jahre 1888/89 278 als Bachelor of Science graduiert worden; von diesen sind 123 oder 44,2 % in der Landwirtschaft oder verwandten Berufszweigen beschäftigt, 155 oder 55,8 % in anderen Geschäften. Unter den Graduierten befanden sich aber nur 46 Farmer, 28 Lehrer der Landwirtschaft und Angestellte der landwirtschaftlichen Versuchsstationen, 14 Gärtner, 4 Pflanzer, 9 Hühner- und Tierzüchter und 2 Herausgeber landw. Zeitungen, also zusammen 103 der Landwirtschaft unmittelbar Angehörige; die übrigen 20 waren Tierärzte und Angehörige von Düngerfabriken. Demnach hatten in Amherst von 745 Studenten in 26 Jahren nur 103 oder kaum 14 % (durchschnittlich vier in jedem Jahre) das vorgeschriebene Ziel erreicht: wissenschaftliche Bildung in den praktischen Betrieb der Landwirtschaft einzuführen. Amherst wird allgemein als die beste landw. Schule in den Vereinigten Staaten anerkannt.

Im Jahre 1888/89 wurde das College von 120 Studenten (ohne die Graduierten) besucht.

Mit der Cornell-Universität des Staates New-York zu Ithaca ist auch ein vierjähriger landwirtschaftlicher Kurs verbunden, welcher nach bestandener Prüfung zu dem Grad Bachelor of Science in Agriculture führt. In diesem College of Agriculture wird gelehrt: Allgemeine und Agrikulturchemie, Botanik und Gartenbau, Zoologie, Insektenkunde, Tierarzneiwissenschaft und die verschiedenen Zweige der theoretischen und praktischen Landwirtschaft. Die Studenten der Landwirtschaft müssen durch ein Jahr wöchentlich fünf Stunden in der Farmwerkstätte, in den Scheunen, oder auf dem Felde unter Aufsicht des Professors der Landwirtschaft arbeiten, und ebenso lange auf den Feldern und in den Scheunen unter Aufsicht der Professoren für Tierarzneiwissenschaft, Botanik, Gartenbau, Geologie und Insektenkunde. Diese Arbeiten sind eigentlich bloß praktische Anwendungen oder Ergänzungen der Vorlesungen und Recitations und sie werden nicht bezahlt; sie dienen dazu, die Studenten mit den Arbeiten auf der Farm und im Garten vertraut zu machen. Im Schuljahre 1889/90 ist auch ein Molkereikurs unter der Leitung von Professor J. W. Robertson von Guelph in Kanada eingerichtet worden. Außerdem beteiligen sich die Studenten an Ausflügen zu den besten Farmen und Herden im Staate New-York und in Kanada. Wie in Illinois, so besteht auch hier ein abgekürzter Kurs für Studenten der Landwirtschaft, welche nur ein Jahr studieren wollen. Trotz dieser Vergünstigung war der regelmäßige vierjährige Kurs der Landwirtschaft 1888/89 von 37 Studenten, der abgekürzte Kurs nur von 21 besucht. Von ersteren waren sieben graduiert. Die Gesamtzahl der Studenten (ohne die Graduierten) betrug 1160. Was ich von dem landwirtschaftlichen Kurs an der New-Yorker Staatsuniversität in Ithaca kennen gelernt habe, veranlaßt mich zu der Bemerkung, daß er mit zu den besten in den Vereinigten Staaten gehört und daß der Professor der Landwirtschaft J. P. Roberts es versteht, seine Schüler für die Landwirtschaft zu interessieren.

Sämtliche Universitäten der Vereinigten Staaten, welche durch die Kongreßakte vom 2. Juli 1862 ins Leben gerufen wurden, sind von dem Kongreß mit einer Landschenkung versehen worden von je 30 000 Acker (12 150 ha) auf jeden seiner im Kongreß vertretenen Senatoren und Abgeordneten. Auf diese Weise bekam die Cornell-Universität des Staates New-York 990 000 Acker (400 950 ha), durch deren Verkauf sie ein Vermögen von Doll. 6 000 000 (M. 25 020 000) erwarb, und von Ezra Cornell eine Schenkung von Doll. 500 000 (M. 2 085 000) und 200 Acker Land; ihm zu Ehren erhielt die Universität ihren Namen.

Die Staatsuniversität von Illinois empfing vom Kongreß 480 000 Acker, vom Staate Illinois Doll. 250 000, vom Champaign County über Doll. 400 000 in Bonds, Gebäuden und Farmen. Die Staatsuniversität von Ohio bekam vom Kongreß 630 000 Acker, vom Staate Doll. 205 593, durch Schenkungen Doll. 323 000. Aber auch die vereinzelten Agricultural Colleges bekamen vom Kongreß großartige Landschenkungen, so z. B. Michigan 240 000 Acker, dazu vom Staate Doll. 362 000 für laufende Ausgaben und Doll. 337 000 für besondere Zwecke; das College des Staates Pennsylvanien vom Kongreß 780 000 Acker, vom Staate Doll. 305 000; das College des Staates Kansas vom Kongreß 82 313 Acker, die für Doll. 501 436 verkauft wurden, vom Staate für Gebäude Doll. 128 000; das College von Massachusetts vom Kongreß 360 000 Acker, durch deren Verkauf Doll. 219 000 einkamen, welches Vermögen vom Staate auf Doll. 360 575 erhöht wurde; außerdem gewährte der Staat Massachusetts seinem Agricultural College Doll. 400 000 für die Errichtung von Gebäuden und als Beitrag für Erziehungszwecke.

Diese Beispiele mögen genügen, um zu zeigen, wie großartig die Unterrichtsmittel sind für die Universitäten und Agricultural Colleges in den Vereinigten Staaten.

Alle diese Unterrichtsanstalten sind ganz unabhängig von der Bundesregierung; sie stehen allein unter der Aufsicht ihrer Staatsangehörigen, gewöhnlich unter einem **Board of Trustees** (Vorstandstafel, bezw. Vorstandsbehörde), an deren Spitze der Gouverneur des betreffenden Staates steht; außerdem gehört zu diesem Vorstande der jeweilige Präsident der staatlichen Landwirtschafts-Tafel (**Board of Agriculture**), der Vorstand des öffentlichen Unterrichtes und andere angesehene Staatsmänner, zuweilen auch der Präsident (Direktor) der Schule selbst.

XIV. Landwirtschaftliches Versuchswesen.

Die erste landwirtschaftliche Versuchsstation wurde in den Vereinigten Staaten Amerikas 1875 zu Middletown in Connecticut gegründet. Ihr folgten vom Jahre 1876 bis 1880 die Stationen in den Staaten Kalifornien, Nord-Karolina, New-York und New-Jersey. Im Jahre 1886 waren schon 17 Stationen in 14 Staaten errichtet.

Im selben Jahre brachte das landwirtschaftliche Komitee des Abgeordnetenhauses einen die landw. Versuchsstationen betreffenden Gesetzentwurf ein, der durch den Senat und das Abgeordnetenhaus am 2. März 1887 zum Gesetz (der sog. „**Hatch act**") erhoben wurde und folgende Bestimmungen enthält.

Unter der Leitung eines Colleges, oder der Colleges, oder landwirtschaftlicher Abteilungen von Colleges sollen in jedem Staate und Territorium landwirtschaftliche Versuchsstationen errichtet werden, um unter dem Volke der Vereinigten Staaten nützliche und praktische Belehrung zu verbreiten über die Landwirtschaft betreffende Gegenstände, sowie die wissenschaftliche Untersuchung und den Versuch zu fördern, die sich beziehen auf die Grundsätze und Anwendungen der landw. Wissenschaft.

Es soll der Gegenstand und die Pflicht besagter Versuchsstationen sein auszuführen: ursprüngliche Forschungen oder beglaubigte Versuche über die Physiologie der Pflanzen und Tiere; über die Krankheiten, denen sie besonders unterworfen sind, mit den Heilmitteln für dieselben; über die chemische Zusammensetzung der nützlichen Pflanzen in ihren verschiedenen Wachstumsstufen; über vergleichende Vorteile des Fruchtwechsels, verfolgt unter einer wechselnden Reihe von Ernten; über die Fähigkeit neuer Pflanzen oder Bäume zur Anpassung an das Klima; über die Analyse von Boden und Wasser; über die chemische Zusammensetzung von Dünger, natürlichen oder künstlichen, mit Versuchen über ihre vergleichenden Wirkungen auf Ernten verschiedener Art; über die Anpassung und den Wert von Gräsern und Futterpflanzen; über die Zusammensetzung und die Verdaulichkeit der verschiedenen Arten von Futter für Haustiere; über die wissenschaftlichen und wirtschaftlichen Fragen betreffend die Erzeugung von Butter und Käse und solche andere Forschungen oder Versuche, die sich unmittelbar auf die landwirtschaftliche Industrie der Vereinigten Staaten beziehen, wie es in jedem Falle ratsam zu sein scheint mit Rücksicht auf die verschiedenen Bedingungen und Bedürfnisse der betreffenden Staaten und Territorien.

Um so viel wie möglich eine Uebereinstimmung der Methoden und Ergebnisse in der Arbeit der Versuchsstationen zu sichern, soll es die Pflicht des Ackerbau=Sekretärs (Ministers) der Vereinigten Staaten sein, so viel wie möglich Formen zu beschaffen für das Tabellisieren der Ergebnisse von Untersuchungen oder Versuchen; von Zeit zu Zeit solche Reihen von Fragen anzuzeigen, welche ihm sehr wichtig zu sein scheinen; und im allgemeinen solchen Rat und Beistand zu erteilen, welche am besten die Zwecke dieses Gesetzes fördern. Es soll die Pflicht jeder der besagten Stationen sein, jährlich, am oder vor dem 1. Februar, dem Gouverneur des Staates oder Territoriums, in dem sie gelegen ist, einen vollen und in's Einzelne gehenden Bericht über ihre Arbeiten, einschließlich einer Darlegung ihrer Einnahmen und Ausgaben zu erstatten; ein Exemplar dieses Berichtes soll jeder der besagten Stationen dem Sekretär des Ackerbaues und dem Sekretär des Schatzes der Vereinigten Staaten senden.

Bekanntmachungen oder Fortschritts=Berichte sollen von den besagten Stationen wenigstens einmal in drei Monaten veröffentlicht werden; ein Exemplar davon soll jeder Zeitung in den Staaten oder Territorien, in denen sie gelegen sind, zugesendet werden, und ferner solchen Personen, welche mit der Landwirtschaft thätig beschäftigt sind und dieselben verlangen, soweit es die Mittel der Station gestatten. Solche Bekanntmachungen oder Berichte und die jährlichen Berichte der besagten Stationen sollen postfrei von den Posten der Vereinigten Staaten befördert werden.

Zum Zwecke der Bezahlung der notwendigen Ausgaben zur Ausführung von Untersuchungen und Versuchen, für Druck und Verteilung der Ergebnisse, wie vorhin angegeben, ist die jährliche Summe von Doll. 15 000 (M. 62 550) jedem Staate zuzuwenden, insbesondere vorgesorgt vom Kongreß in den jährlichen Verwendungen, und jedem Territorium, abgesehen von jedem in den Schatz fließenden Gelde, herrührend von öffentlichen Landverkäufen, zahlbar in gleichen vierteljährlichen Raten u. s. w. Außer dem ersten jährlichen, von jeder Station empfangenden Bundesbeitrag darf ein Betrag, ein Fünftel nicht überschreitend, verwendet werden zur Errichtung, Vergrößerung oder Verbesserung von Gebäuden, welche notwendig sind für die Arbeit solcher Station; und darnach darf ein Betrag von nicht über 5 % des jährlichen Bundesbeitrages zu solchen Ausgaben verwendet werden.

Das sind die wesentlichen Bestimmungen des Kongreßgesetzes zur Organisation landwirtschaftlicher Versuchsstationen in den Vereinigten Staaten Amerikas.

Bis zum Jahre 1889 sind dort 46 landwirtschaftliche Versuchsstationen in fast allen Staaten errichtet worden; nur die Staaten Montana und Washington, sowie die Territorien Arizona, Idaho, New-Mexico, Utah und das Indianer-Territorium besitzen keine landwirtschaftlichen Versuchsstationen. Die 46 staatlichen Versuchsstationen empfangen von der Bundesregierung einen jährlichen Beitrag von Doll. 585 000, aus anderen Quellen Doll. 125 400, zusammen Doll. 710 400 (M. 2 962 368). Dazu kommen noch Doll. 10 000 für das Zentralbureau der Versuchsstationen im Ackerbau-Amte in Washington, so daß also der jährliche Beitrag für das landwirtschaftliche Versuchswesen in den Vereinigten Staaten seitens der Bundesregierung Doll. 595 000 (M. 2 481 150) beträgt.

Wenn in einem Staate nur eine einzige Versuchsstation ist, dann bekommt diese den ganzen Beitrag der Bundesregierung von Doll. 15 000 (M. 62 550). Sind aber zwei oder mehrere Versuchsstationen in einem Staate, so wird der Bundesbeitrag zwischen ihnen geteilt, wie z. B. im Staate Connecticut zwischen der Connecticut Agricultural Experiment Station und Storrs School Experiment Station und im Staate Louisiana, wo drei Versuchsstationen bestehen, welche je Doll. 5000 von der Bundesregierung bekommen. Es gibt aber auch Versuchsstationen, welche neben den von der Bundesregierung unterstützten bestehen und nur von ihren Staaten unterhalten werden, wie z. B. die Massachusetts State Agricultural Experiment Station zu Amherst, welche vom Staate Doll. 10 000 bekommt (die Hatch Experiment Station of Massachusetts Agricultural College bezieht den Bundesbeitrag von Doll. 15 000), die New-Jersey State Agricultural Experiment Station bekommt vom Staate Doll. 11 000 (die New-Jersey Agricultural College Experiment Station zu New-Brunswick bezieht den Bundesbeitrag), die New-York Agricultural Experiment Station zu Geneva bekommt vom Staate Doll. 20 000 (die Cornell University Agricultural Experiment Station zu Ithaca bezieht den Bundesbeitrag). Die bestdotierte Versuchsstation in den Vereinigten Staaten ist die der Universität von Kalifornien, welche außer dem Bundesbeitrage von Doll. 15 000 vom Staate noch Doll. 13 000, also zusammen Doll. 28 000 (M. 116 760) bekommt.

Die Versuchsstationen der Vereinigten Staaten stehen unter der Leitung des Amtes für die Versuchsstationen (Office of Experiment Stations) im Ackerbauamte zu Washington D. C. Erstgenanntes Amt wurde am 1. Oktober 1888 unter der Leitung des Direktor W. O. Atwater errichtet. Das Office of Experiment Stations ist gewissermaßen ein Abrechnungshaus (Clearing-house) und eine Art Börse für die Stationen; es erleichtert den Verkehr zwischen den einzelnen Stationen, sammelt die Ergebnisse ihrer Arbeit und begünstigt ihr vorteilhaftestes Zusammenwirken; es vermittelt die Belehrung auf zwei Wegen, einmal zwischen den Stationen und dem landwirtschaftlichen Publikum, dann zwischen jenen und der wissenschaftlichen Welt.

Da die einzelnen Stationen nur verpflichtet sind die Ergebnisse ihrer Forschungen und Versuche den Farmern ihres eigenen Staates mitzuteilen, so übernimmt das Office of Experiment Stations die Verpflichtung, jene Ergebnisse der Landwirtschaft des ganzen Landes mitzuteilen. Dies geschieht durch eine Reihenfolge von Bekanntmachungen (Farmers bulletins), die so klar sind, daß der intelligente Farmer sie verstehen kann, so kurz, daß er sie durchliest, und so praktisch, daß er sie sich zu Herzen nimmt. Alles das geschieht kostenfrei; jeder Farmer erhält auf Grund seiner einfachen Meldung die vom Office of Experiment Stations herausgegebenen Bekanntmachungen regelmäßig, kosten- und postfrei zugesendet.

Als ein Vermittler zwischen den Versuchsstationen und der wissenschaftlichen Welt sammelt das Office of Experiment Stations die Versuchs-Ergebnisse im eigenen Lande und in Europa und veröffentlicht sie in geeigneter Form für ihre Stationsarbeiter und andere, die sich für die Wissenschaft der Landwirtschaft interessieren. Die Errichtung einer Zeitschrift für diesen Zweck ist in Aussicht genommen.

Die Organisation des landwirtschaftlichen Versuchswesens in den Vereinigten Staaten ist in der That bewunderungswürdig. Die Freigebigkeit mit welcher die Ergebnisse der wissenschaftlichen Forschungen nicht nur unter den Landwirten des eigenen Landes, sondern auch ins Ausland verbreitet werden, wo ein Interesse dafür besteht, verdient vollste Anerkennung. Ich selbst weiß diese Freigebigkeit aufs höchste zu schätzen, da ich sowohl der Office of Experiment Stations, wie einer großen Zahl von Versuchsstationen die regelmäßige Zusendung ihrer Veröffentlichungen verdanke, so daß ich über die Untersuchungen und Versuche der Stationen in den Vereinigten Staaten weit besser unterrichtet bin als über die in Europa.

Ich will nun zunächst eine kurze Uebersicht über die in den Jahren 1888 und 1889 ausgeführten Arbeiten von denjenigen Versuchsstationen in den Vereinigten Staaten geben, welche ich besucht habe, und zwar nach der Reihenfolge meines Besuches.

Die Versuchsstation zu Lexington in Kentucky unter Leitung von Direktor M. A. Scovell hat auf ihren 48 Acker (19,44 ha), aus grauen und blauen Kalksteinen der oberen Schichten der Trenton-Gruppe des unteren Silurs entstandenen Boden Versuche mit Kartoffeln angestellt, um erstens verschiedene Sorten zu versuchen, zweitens die Methoden des Schneidens und Pflanzens, drittens künstliche Düngemittel. Das Versuchsfeld war zuvor niemals gedüngt worden. Es wurden 83 Sorten versucht. Den höchsten Ertrag, 104 Bsh. v. Acker (90,5 hl v. ha) gaben die Rands mit 20,4 % Trockensubstanz; das Durchschnittsgewicht der einzelnen Kartoffel war 3 Unzen (85,05 g). Den höchsten Trockensubstanzgehalt hatten die Farinas mit 24,5 %, die aber nur 31 Bsh. v. Acker (27 hl v. ha) brachten. Der zweite Versuch wurde so ausgeführt, daß Durchschnitts-Kartoffeln, sowie große und kleine, ganz und auf zwei Augen geschnitten gelegt wurden. Den höchsten Ertrag, nämlich 50,6 Bsh. v. Acker (44,02 hl v. ha) abzüglich der Saatkartoffeln, gaben die kleinen ganzen Kartoffeln. Den schlechtesten Ertrag, 24,9 Bsh. v. Acker (21,66 hl v. ha) abzüglich der Saat, die auf zwei Augen geschnittenen Durchschnitts-Kartoffeln, welche auf 2 Fuß Entfernung gepflanzt waren. Von künstlichen Düngemitteln und Stalldüngern ergaben den höchsten Ertrag von 133,2 Bsh. v. Acker (115,88 hl v. ha) der mit 600 Pfd. Phosphorsäure und 200 Pfd. Kaliumsulphat gedüngte Acker. Der ungedüngte Acker gab nur 72 Bsh. (62,54 hl v. ha). Gegen den Kartoffelkäfer wurde mit Erfolg London Purple (Rückstand der Anilinfabrikation) angewendet.

Andere Versuche der Station geschahen mit Mais, Hanf, Weizen und der Fütterung von Schweinen. Bekanntmachungen wurden veröffentlicht über die Zusammensetzung und Verwendung von Handelsdünger und über die Naturgeschichte und Bekämpfung der Getreidelaus (Siphonophora avenae). In den Fütterungsversuchen mit Schweinen erwiesen sich ausgeschälte Maiskörner zur Mästung vorteilhafter als Maismehl, Maiskolbenmehl und Baumwollensamenmehl.

Die Versuchsstation zu Columbus in Ohio mit etwa 200 Acker (81 ha) Land unter Leitung von Direktor C. E. Thorne habe ich am 15. April besucht, aber keine Kenntnis erhalten von ihren in 1888/89 ausgeführten Arbeiten.

Die Versuchsstation zu Manhattan in Kansas mit 315 Acker (127,6 ha) unter Leitung des Prof. der Landwirtschaft E. M. Shelton hat Versuche ausgeführt über den Schwund und Stoffverlust des über Sommer im Hofe liegenden Stalldüngers, über Mais- und Weizenkultur. Unter anderem wurden von drei gleichartigen Weizenfeldstücken das eine von einer Kuh im Herbst beweidet, das andere im Frühjahr, das dritte gar nicht; am meisten Körner gab das im Frühjahr beweidete Feld, am meisten Stroh das im Herbst beweidete, und die beiden beweideten Felder gaben mehr Körner und Stroh als das unbeweidete. Ein Versuch mit Futterpflanzen ergab folgendes: Kuherbsen (Cow Peas, Dolichos chinensis), die übrigens mehr den Bohnen als den Erbsen ähnlich sind und auch wie die Kletterbohnen ranken, wurden weder grün noch als Preßfutter vom Rindvieh gefressen und nur als ausgezeichnet zur Gründüngung empfohlen; Rural Branching Sorghum, eine Abart des gemeinen Sorghum, wurde grün und getrocknet vom Rindvieh lieber gefressen als irgend ein anderes Futter; Kafir Corn, auch eine Abart des gemeinen Sorghum, wurde wegen seiner harten Stengel vom Rindvieh zu fressen verweigert; Teosinte (Euchloena luxurians), eine Pflanze ähnlich dem Mais, aber mit breiteren Blättern und mehr Wurzelsprossen, war dem Rindvieh nicht so schmackhaft wie Sorghum. Teosinte gibt eine große Masse, der Dürre widerstehenden

Grünfutters, reift aber in Kansas nicht; da sie im Herbst länger grün bleibt als andere Pflanzen, so bietet sie alsdann der zerstörenden Getreidewanze (Chinch Bug, Blissus leucopterus) Zuflucht und unter ihren dichten Wurzeln sicheren Aufenthalt im Winter. Ein Versuch über die Erzeugung von Milch und Butter unter dem Einfluß von Körnerfutter bei unbeschränkter Weide hatte das Ergebnis, daß bei Zugabe von Maismehl, Kleie und Haferschrot Milchmenge und Buttergehalt größer wurden als bei Weidefutter allein, daß aber jene Zugabe sich nicht bezahlt machte; den verhältnismäßig größten Einfluß hatte Haferschrot auf die Zunahme des Buttergehaltes. Eine Untersuchung über die Beziehung des Regenfalles zur Maisernte ergab, daß der Mais die größte Empfindlichkeit für den Einfluß des Regens im Juli hat, es sei denn daß spät im Juni und früh im August reichlich Regen fällt. Zwölf Zoll Regen in den Wachstumsmonaten entscheiden über den Ausfall der Maisernte. In der chemischen Abteilung der Versuchsstation wurden Untersuchungen gemacht über das Eintrocknen von Heu und über Sorghum; den Molkereipraktikern wurde als neue Methode der Milch-Analyse das in der „Zeitschrift für analytische Chemie“ von W. Schmid veröffentlichte Verfahren empfohlen. Die Abteilung für Gartenbau hat Beobachtungen über dem Obstbau schädliche Insekten gemacht und Versuche ausgeführt mit verschiedenen Sorten von Kartoffeln, Erbsen und Tomatoes. Die botanische Abteilung hat sich beschäftigt mit Sorghum-Brand (Bacillus Sorghi), mit krankhaften, von sog. Mehlthau (Sphaerotheca Phytoptophila) und einer Milbe der Gattung Phytoptus erzeugten Astknoten des Zurgelbaumes (Hackberry, Celtis occidentalis), mit dem Keimen von Unkrautsamen u. s. w. Eine besondere Bekanntmachung wurde von der Versuchsstation veröffentlicht über die in Kansas kultivierten Gräser und Kleearten, nach vierzehnjährigen Erfahrungen auf der College-Farm.

Die Versuchsstation zu Fort Collins in Colorado mit 240 Acker (92,2 ha) Land steht unter der Leitung von Direktor C. L. Ingersoll. Der Leiter der landwirtschaftlichen Abteilung, Prof. A. E. Blount, führte zahlreiche Versuche aus mit Getreide, Mais und Futterpflanzen um die Verschiedenheit des Bodens zu prüfen. Von Weizen wurden 366 verschiedene Sorten versucht, von Hafer 52, von Gerste 34, mit genauer Bestimmung der Keimfähigkeit, der Körner- und Stroherernte, sowie der Zahl von Tagen, die zur Reife erforderlich waren. Sehr wichtig ist ein Versuch mit 18 Tabaksorten, die alle vor Ende August reif wurden und von denen Havanna seed-leaf als die wünschenswerteste und wertvollste für Boden und Klima von Colorado bezeichnet wurde; zugleich wurde das geeignetste Kulturverfahren für Colorado nach zweijährigen Erfahrungen festgestellt. Seitens der botanischen und Gartenbau-Abteilung unter Prof. J. Cassidy wurde die Lebensweise mehrerer dem Obst- und Gartenbau schädlicher Insekten und die Mittel sie zu vertilgen untersucht. Eine besondere Bekanntmachung wurde auf Grund umfassender Versuche herausgegeben über die Kultur der Luzerne.

Die Versuchsstation der Universität von Nebraska zu Lincoln mit 320 Acker (129,6 ha) Land unter der Leitung des Prof. der Botanik Dr. Ch. E. Bessey hat sich in der landwirtschaftlichen Abteilung bisher hauptsächlich mit meteorologischen Beobachtungen bezüglich des Pflanzenwuchses und mit Kartoffelkulturen (176 Sorten wurden versucht) beschäftigt. Die Abteilung für Tierkrankheiten unter Dr. F. S. Billings hat hauptsächlich die Schweineseuche untersucht, ferner die Natur des Texasfiebers, eine ansteckende Augenkrankheit und die Actinomycosis des Rindviehes, welche in allen Teilen des Staates verbreitet ist; diese Krankheit besteht in einer oft riesigen Geschwulstbildung am Unterkiefer (sog. Winddorn), oder an der Zunge (sog. Holzzunge), verursacht durch den Strahlenpilz (Actinomyces), der auch auf Schweine und Menschen übergehen soll. Die Actinomycosis tritt bei Rindvieh als Herdenkrankheit auf; die Anschwellung am Unterkiefer führt auch den populären Namen Big jaw (großer Unterkiefer). Ich sah in Lincoln eine Kuh, welche seit fünf Jahren die Unterkiefergeschwulst hatte und kaum wiederkäuen konnte. Besondere Bekanntmachungen gaben heraus Prof. Bessey über die Gräser und Futterpflanzen von Nebraska, eine sehr wertvolle Uebersicht der Prairie- und Steppenpflanzen mit guten Abbildungen, Prof. C. Mc. Millan über 22 gemeine Insekten von Nebraska und Prof. L. Bruner über gewisse schädliche Insekten des Jahres 1888, beides wertvolle, mit guten Abbildungen versehene Abhandlungen, welche selbstverständlich auch die insektenvertilgenden Mittel angeben.

Die Versuchsstation zu Ames in Iowa mit 640 Acker (259,2 ha) Land unter der Leitung von Direktor R. P. Speer hat sich hauptsächlich mit Beobachtungen von Insekten und deren Vertilgung beschäftigt. Ferner wurden Versuche gemacht mit wilden Pflaumen, um deren Wert für die Einbüchsung (Canning) zu bestimmen. Von den Herren G. E. Patrick und B. D. Halstad wurden Zweige von Aepfelbäumen chemisch und botanisch untersucht. Die chemische Untersuchung ergab, daß die Zweige von empfindlichen Aepfelsorten mehr Extraktstoffe, freie Säuren und lösliches Pektin, dagegen weniger Zucker, Dextrin und andere in Wasser lösliche Substanzen enthalten als die harten Aepfelsorten. Nach der botanischen Untersuchung ist Reife die Hauptbedingung der Hartheit. Die Reife der Zweige ist eine Bedingung der guten Durchwinterung und daher sind die sog. harten Sorten ganz sicher ihr Jahreswachstum zu vollenden, bevor die Herbstfröste eintreten. Albuminoide und Stärke, welche als Reservematerial in den Zweigen abgelagert sind, wenn die Jahreszeit vorschreitet, mögen als Proben der Reife genommen werden. Eine andere Probe für Herbstreife an Aepfelbäumen scheint gefunden zu werden in dem verholzten stärketragenden Kegel dicht unter der Endknospe. Die Zellen des Markes, der

Markstrahlen und des Holzmarkes sind am dicksten in gut gereiften Zweigen; wenn sie gut mit Stärke gefüllt sind, ist daher die Anwesenheit von Gries (Grit) ein Zeichen der Reife und der Stärke-Anhäufung.

Die Versuchsstation der Universität zu Madison in Wisconsin unter der Leitung von Prof. W. A. Henry ist eine der rührigsten in den Vereinigten Staaten. Ich habe bereits im 9. Abschnitt die Schweine-Fütterungsversuche von Prof. Henry besprochen, um die amerikanischen Erfahrungen über Schweinefütterung mitzuteilen. Am Schlusse der praktischen Schlußfolgerungen aus seinen Versuchen macht Prof. Henry auf die Wichtigkeit der Aschefütterung für Schweine aufmerksam. Viele Farmer sind genötigt große Massen Mais auf Prairiefarmen zu füttern, wo Asche von hartem Holz kaum oder nicht vorkommt; gerade auf solchen Farmen erscheint es am notwendigsten Asche zu füttern, um das Knochengerüst aufbauen zu helfen. In solchen Fällen rät Prof. Henry, Maiskolben zu verbrennen und deren Asche den Schweinen zu füttern. Untersuchungen über den Ertrag und die Beschaffenheit der Milch sind von Prof. S. M. Babcock ausgeführt; unter anderem machte er eine vergleichende Probe zwischen Handmelken und Melken mit Pilling's silbernen Milchröhren. Im ganzen zeigte sich, daß — obgleich die Röhren die Milch völlig aus dem Euter gezogen hatten — mit der Hand mehr und reichere Milch gemolken wurde. Aus seinen übrigen Versuchen: rasch und langsam zu melken, die Melker zu wechseln, den Ort zu wechseln u. s. w. kommt Prof. Babcock am Schluß seines Berichtes zu folgendem Rat: „Ich würde empfehlen, um die besten Erfolge von irgend einer Kuh zu erhalten, sie zuerst vor Allem freundlich zu behandeln und alle Quellen der Aufregung so viel wie möglich zu vermeiden. Es ist meine Meinung, daß freundliche Behandlung und wohlthuende Umgebungen einen größeren Einfluß auf die Beschaffenheit der Milch haben werden als die Art des Futters, vorausgesetzt, daß die gegebene Ration ausreichende Nahrung enthält für die Erhaltung des Tieres.“ Aus den vergleichenden Verdauungs-Versuchen mit Mais-Preßfutter und Futter-Mais (getrockneten Grünmais) von F. W. Woll ergab sich, daß der Milchertrag sank infolge der Fütterung von Futter-Mais, was auch geschah mit der täglichen Produktion von Milch-Trockensubstanz, Fett und Kasein bei zwei Kühen. Die Kühe waren im Stande mehr Nahrung zu sich zu nehmen aus dem Preßfutter als aus dem Futter-Mais; in den Versuchen der letzten Jahre waren die Preßfutter-Rationen etwas mehr verdaulich als die des Futter-Mais; in einem Falle waren 60 % der Trockensubstanz von diesem, 63 % von jenem verdaulich. — Die Untersuchungen über Warm- und Kaltwasser-Tränkung bei Milchkühen im Winter von J. H. King habe ich schon im 9. Abschnitte erwähnt. Eine besondere Bekanntmachung erschien von Prof. S. M. Babcock über die Zusammensetzung der Milch und einige der Bedingungen, welche die Abscheidung des Rahms betreffen, aus der sich ergiebt, daß die Haupt-Unterschiede in der Zusammensetzung der normalen Milch in der Verschiedenheit des Fettgehaltes bestehen, während das Milchserum in jeder Milch von ganz gleicher Zusammensetzung ist. Die Verschiedenheit in dem Betrage der Serum-Trockensubstanz in Milch von derselben Kuh ist selten größer als 1/2 %, in Milch von verschiedenen Kühen derselben Zucht gewöhnlich weniger als 1 % und in Milch von Kühen verschiedener Zuchten nicht größer als 2 1/2 %. Die Milch enthält einen Grundstoff, der ähnlich, oder übereinstimmend ist mit dem Blutfibrin, fähig der selbständigen Gerinnung; die Klümpchen desselben umhüllen die Fettkügelchen und verhindern bis zu einer beträchtlichen Ausdehnung eine ausgiebige Abrahmung. Die ausgiebigste Abrahmung bekommt man, wenn Bedingungen geschaffen werden, welche die Gerinnung des Fibrins zurückhalten oder verhindern. Dies geschieht in der Praxis am besten durch Einsetzen der Milch in kaltes oder Eiswasser, unmittelbar nach dem Melken. — Neu in dieser Untersuchung ist nur der Fibringehalt der Milch; ob dieser thatsächlich vorhanden ist, will ich hier nicht entscheiden. — Eine besondere Bekanntmachung ist auch herausgegeben über die schädlichen Unkräuter von Wisconsin nach der Untersuchung von E. S. Goff.

Die Versuchsstation der Universität von Minnesota zu Anthony Park bei Minneapolis unter der Leitung von Dr. E. D. Porter hat als eine der jüngsten noch wenig beachtenswerte Leistungen aufzuweisen. Erwähnenswert ist eine Arbeit des Tierarztes Dr. O. Schwartzkopff über moderne Fütterung der Schweine und ihr Einfluß auf die Bildung des Schädels und Gebisses.

Die Versuchsstation der Universität von Illinois zu Champaign mit zwei Farmen von 170 und 400 Acker (86,8 und 162 ha) Land hat eine ganze Direktionstafel (Board of Direction of the Experiment Station), an deren Spitze der „Regent der Universität" Dr. S. H. Peabody als Präsident steht. Der Prof. der Landwirtschaft ist G. E. Morrow, der Assistent T. F. Hunt, dessen Fütterungsversuche mit Schweinen und Versuche mit Mais-Preßfutter ich schon im 9. Abschnitte erwähnt habe. Von denselben liegt mir eine weitere Bekanntmachung vor über die Wirkung der Reife auf Ernte und Zusammensetzung von Gräsern und Klee. Die von den beiden letztgenannten Herren gemeinsam ausgeführten Feldversuche betreffen verschiedene Sorten von Mais, der als Sweet Corn auch im Garten von dem Botaniker Dr. T. J. Burrill und dem Gartenbau-Assistenten G. W. Mc. Cluer versucht wurde.

Die Versuchsstation zu La Fayette in Indiana mit 160 Acker (64,8 ha) Land steht unter Leitung von Dr. H. E. Stockbridge; der Prof. der Landwirtschaft ist W. C. Latta. Die Versuche betreffen die Anwendung von Handelsdüngern auf Gemüse und Mais. Die Maisversuche beziehen sich auf frühes und spätes Pflanzen, tiefes und seichtes Pflügen, tiefes, mittleres und seichtes Kultivieren, Gebrauch verschiedener Kultivatoren, verschiedene Pflanzweite u. s. w. Versuche über Milcherzeugung von C. A. Wulff betrafen die Warm- und Kaltwasser-Tränkung, das geteilte Melken u. s. w. Entomologische Versuche von F. M. Webster bestanden in der Aufzucht des Pflaumen-Curculio (Contrachelus nenuphar), in der Entdeckung, daß die Larve des Kleestengelbohrers (Languria Mozardi) ein Gallenmacher sei und daß die Kartoffelpflanzen im Staate New-York von einem neuen Feind, dem Cosmopepla cranifex, einem kleinen, dunkelfarbigen, rotpunktierten Käfer von derselben Ordnung wie die Getreidewanze, angegriffen seien. Das Studium der Getreide-Blattlaus (Aphis Avenae) hat Prof. Webster in Angriff genommen.

Die Versuchsstation zu Lansing in Michigan mit 676 Acker (273,8 ha) Land stand unter der Leitung von Prof. S. Johnson. Ich habe im 9. Abschnitt schon seine Versuche erwähnt über Warm- und Kaltwasser-Tränkung, über Fütterung verschiedener Mastochsen und über Mais-Preßfutter, worüber er die umfassendsten Erfahrungen besitzt. In der Gartenbau-Abteilung der Versuchsstation hat Professor L. R. Taft zahlreiche Versuche angestellt mit Kartoffeln, Kohl, Squashes und Tomatoes. Der Versuchsgarten zu Lansing ist für Versuchszwecke musterhaft eingerichtet.

Die Versuchsstation zu New-Haven in Connecticut steht unter der Leitung von Direktor S. W. Johnson. Zur Verfügung der Station steht nur ein Garten, keine Farm. Doch sind seitens der Station Maiskulturversuche auf einem benachbarten Felde ausgeführt, welches der Besitzer zur Verfügung gestellt hatte. Die Hauptthätigkeit der Station besteht in der Untersuchung von Pilzerkrankungen (Brand) der Zwiebeln, welche für die zahlreichen Zwiebelzüchter des Staates eine große Bedeutung haben; diese Untersuchung macht Dr. R. Thaxter. Außerdem sind Untersuchungen von Handelsdüngern im Gange.

Zu Amherst in Massachusetts bestehen zwei Versuchsstationen: die von der Bundesregierung unterstützte und 1888 errichtete Hatch Experiment Station of Massachusetts Agricultural College mit 390 Acker (157,9 ha) Land, und die schon im Jahre 1882 errichtete State Agricultural Experiment Station mit 50 Acker (20,2 ha) Land unter der Leitung des Chemikers Dr. C. A. Goeßmann. Die letztgenannte hat ausgeführt: Fütterungsversuche mit Milchkühen und Schweinen, Feldversuche mit Futtermais, Wicken, Hafer, Serradella, Kuherbsen, Wurzelgewächsen und anderen; im chemischen Laboratorium wurden Handelsdünger, Wasser, Futtermittel u. s. w. untersucht. Diese Station ist sehr thätig; aus dem Jahre 1889 liegen mir sechs besondere Bekanntmachungen derselben vor. Die erste veröffentlicht einen Versuch mit 12 Milchkühen, um die Futterkosten der erzeugten Milch festzustellen; aus demselben ergab sich, daß wenn eine Kuh nicht mehr als durchschnittlich acht Quart (9,9 l) Milch täglich gab, sie unter den dort herrschenden Preisen ihr Futter nicht bezahlt machte. Auf Grund weiterer Futterversuche mit Milchkühen (welche in der Bekanntmachung No. 35 vom November 1889 veröffentlicht wurden) sucht Dr. Goeßmann die Netto-Kosten des Futters mit Rücksicht auf dessen Düngerwert genau zu berechnen.

Die **Hatch Experiment Station** steht unter Leitung des **College**-Präsidenten H. H. Goodell; Landwirt ist Prof. W. P. Brooks, Gartenbauer Prof. S. T. Maynard, Entomolog Prof. C. H. Fernald. Die Arbeiten dieser Station bezogen sich seit ihrer Errichtung im April 1888: auf die besten Methoden, Fruchtknospen gegen das sehr kalte Klima Neu-Englands zu schützen; auf die verschiedenen Arten der für den Staat am besten angepaßten Früchte; auf die Wirkung verschiedener Düngerelemente auf die Zeit der Reifung der Gewächse; auf verschiedene Insekten-Vertilgungsmittel.

Der Entomologe Prof. Fernald hat auf den Schulgründen in Amherst im Jahre 1889 ein Insektenhaus (**Insectary**) gebaut, welches ohne Kosten des Grundes Doll. 2000 (M. 8340) gekostet hat. Das Gebäude hat einen Grundbau von Stein und Ziegeln, im übrigen besteht es aus Holz und Glas. Im Keller befindet sich ein kleiner Raum zur Ueberwinterung der Puppen, ein größerer Raum für den Dampfkessel. Darüber liegt im Erdgeschoß auf der Nordseite der Insektentötungsraum (**Insecticide Room**), wo die Mittel versucht werden, die Insekten zu töten. Daneben befindet sich die Amtsstube (**Office**), welche zugleich für mikroskopische Arbeiten dient. Auf der andern Seite liegt der Wasch- und Abort-Raum. Auf der Südseite befindet sich das mit Pulten ausgestattete Laboratorium als Arbeitsraum, von wo eine Treppe in den Keller führt. Das Laboratorium führt in den Zuchtraum (**Breeding Room**), der aus einem Glashaus mit zwei Abteilungen, Heißhaus und Kalthaus, besteht. Das Glashaus hat nach Osten und Westen schräge, mit Glas gedeckte Wände und ist im Innern mit je einem großen Tisch in der Mitte und Seitentischen ausgestattet, auf denen die Pflanzen stehen, welche die Insekten nähren. Die an Wurzeln lebenden Insekten sind mit den Wurzeln der Wohnpflanzen in Bodenvertiefungen des Glashauses versenkt. Im Dachgeschoß des Insektenhauses liegen die Wohnung für den Wärter und zwei Vorratsräume. Dieses Insektenhaus war zur Zeit meines Besuches in Amherst (vom 5.—8. Sept.) gerade fertig geworden und noch nicht in vollen Gebrauch genommen. Die Züchtungsversuche mit Insekten machte Prof. Fernald noch in seinem Hause, wo zwei junge Mädchen mit der Bestimmung und den Züchtungs- und Fütterungsarbeiten der Insekten beschäftigt waren. Zwei Studenten sammeln die Insekten im Freien und die Pflanzen, auf denen sie leben. Zweimal täglich bekommen die Insekten frisches Futter. Prof. Fernald steht mit allen Farmern des Staates bezüglich schädlicher Insekten in Briefwechsel. Die Hauptmittel zur Insektenvertilgung sind **Paris Green** mit etwa 50 % Arsenik und **London Purple** mit 43,65 % arseniger Säure und 21,82 % Kalk. Das Pariser Grün ist Kupferarsenacetat; es wird entweder in Wasser angerührt und über die von Insekten befallenen Pflanzen gespritzt, oder trocken aufgestreut. Als ich in der letzten Maiwoche das Droguengeschäft von Ch. Baumbach Co. in Milwaukee besuchte, war dort durch drei Wochen ein Mann beschäftigt Pariser Grün in kleine Packete zu verpacken, die an Farmer verschickt wurden; in dieser Zeit hatte er 3000 Pfd. (1364 kg) Pariser Grün verpackt.

Der Eifer in der Insektenvertilgung, der seitens der Wissenschaft durch umfassende Versuche unterstützt wird, ist begreiflich angesichts der in den Vereinigten Staaten verheerenden Insektenschäden, die jährlich zwischen 50 und 60 Millionen Dollars Werte vernichten.

Prof. Fernald, der beiläufig die größte Mottensammlung besitzt, welche ich jemals gesehen habe, ist im Begriffe eine großartige Sammlung anzulegen von land- und forstwirtschaftschädlichen Insekten mit ihren Larven, Eiern und Parasiten.

Die Versuchsstation zu Hanover in New-Hampshire mit 360 Acker (145,8 ha) Land unter der Leitung von Direktor G. H. Whitcher, begann ihre Arbeiten erst im April 1888 und sie hat bis zum November 1889 schon acht Bekanntmachungen veröffentlicht, von denen ich die über Mais-Preßfutter und die Fütterungsversuche mit Milchkühen schon früher (S. 153 und 151) in Betracht gezogen habe. Die gut ausgestattete Versuchsstation beschäftigt sich vorwiegend mit Molkereiversuchen. Der Mikroskopiker der Station, H. H. Lamson, hat festgestellt, daß die Fettkügelchen der Milch verschiedener Rindviehzuchten verschiedene Durchschnittsgrößen haben, so z. B. haben die Jerseys die größten mit $^1/_{6230}$ Zoll (0,04 mm), die Holländer die kleinsten mit $^1/_{9214}$ Zoll (0,03 mm) Durchmesser. Dazwischen liegen Shorthorns und Ayrshires.

Die Versuchsstation zu Burlington in Vermont mit 104 Acker (42 ha) Land, unter Leitung von Direktor W. W. Cooke, beschäftigt sich ebenfalls vorwiegend mit Molkereiversuchen, doch hat sie von Staatswegen auch viel mit der Analyse von Handelsdüngern zu thun, welche nach der Vorschrift eines strengen Handelsdüngergesetzes im Staate Vermont nur auf Grund einer chemischen Analyse verkauft werden dürfen. Die im Jahre 1889 veröffentlichten Bekanntmachungen dieser Station beziehen sich auf Dünger-Analysen, auf die Wirkung von Düngemitteln, auf die Zusammensetzung von Mais, auf Heu-Analysen, Milchproben von Buttereien und Proben von Milchkühen auf der landwirtschaftlichen Staats-Ausstellung in Vermont. Auf dieser Ausstellung wurden für die mitwerbenden Milchkühe folgender Maßstab von Punkten aufgestellt:

für je 20 Tage nach dem Kalben	1	Punkt.
„ „ 10 Tage der Trächtigkeit	1	„
„ „ 2 Unzen Trockensubstanz in 24st. Milch	1	„
„ jede Unze Butterfett in 24st. Milch	2	„
„ je 2 Unzen gesalzener Butter von 24st. Milch	1	„

Die beste Kuh, eine Jersey, gab 41,88 Pfd. (19 kg) Milch und 25 Unzen (709 g) gesalzene Butter in 24 Stunden.

Die Versuchsstation des Staates New-York zu Geneva mit einer Farm von 125 Acker (50,6 ha) steht unter Leitung des Direktor Dr. P. Collier; Farmer ist G. W. Churchill, Chemiker E. F. Ladd. Der Jahresbericht der Station für 1888 enthält einen sehr interessanten Bericht über einen Versuch mit Hühnern, um festzustellen: den Nahrungsbedarf für ein Huhn, das Durchschnittsgewicht der Eier und den Gewichtsverlust bei der Aufbewahrung, den Unterschied in der Zusammensetzung der Eier mit Rücksicht auf das Verhältnis ihrer Hauptbestandteile, und ob irgendwelcher Unterschied dem Einfluß der Nahrung, oder der Zucht gebührt; das spezifische Gewicht der Eier, und zwar von frischen Eiern und von solchen, die eine Zeit lang unter den gewöhnlichen Bedingungen aufbewahrt wurden. Zu den Versuchen wurden verwendet je 4 Hühnchen von lichten Brahmas, Wyandottes, Italiener (Leghorns) und Paduaner*). Diese Hühnchen bekamen morgens feuchten Haferschrot, mittags rohe Aepfel und zur Nacht ganze Maiskörner, zuweilen auch gekochte Kartoffeln anstatt Aepfel. Die beiden erstgenannten großen Zuchten fraßen etwa doppelt so viel als die beiden kleineren; die 4 Wyandottes nahmen in der Zeit vom 23. Januar bis 20. Februar 3 Pfd. 8½ Unze (1,6 kg) an Gewicht zu, die Brahmas nur 2 Pfd. 15½ Unze (1,35 kg), die Italiener 1 Pfd. 4½ Unze (0.58 kg) und die Paduaner nur 15 Unzen (0,43 kg). Verschiedene Nahrung hatte auf das spezifische Gewicht der Eier keinen Einfluß, wohl aber die verschiedene Zucht. Die braunschaligen Eier hatten ein durchschnittliches spezifisches Gewicht von 1087, die weißschaligen von 1092. Nach Ansicht des Versuchsanstellers waren jene spezifisch leichter, weil sie mehr Fett und weniger Wasser enthielten als diese. Der prozentische Anteil an Schalen betrug in den braunschaligen Eiern durchschnittlich 9,96, in den weißschaligen 10,82. Der Versuchsansteller meint, daß die Quelle, aus welcher die Hühner das Material für die Eierschalen bekommen, unabhängig ist von den Aschenbestandteilen der Eier selbst.

Die landwirtschaftliche Abteilung der Station hat ferner erprobt 162 Muster von Sorghumsamen und 3 Muster von Hirsesamen. Die Gartenbauabteilung hat Versuche gemacht mit neuen Gemüsen, mit Insekten- und Pilz-Vertilgungsmitteln (Fungicides), Kartoffelsorten, über den Einfluß des Ackerns auf die Tiefe der Wurzeln, über den Einfluß einer gründlichen Vorbereitung des Bodens im Gegensatz zu einer nachlässigen u. s. w. Die chemische Abteilung hat untersucht: die Zusammensetzung von Futtermitteln, die Erschöpfung des Bodens durch Ernten, den Einfluß von Düngemitteln auf die Zusammensetzung von Gräsern und Hafer, den Einfluß gewisser

*) In Nordamerika werden die Holländer und Paduaner „Polands“ genannt, da aber erstere dort sehr selten sind, so vermute ich, daß die Polands Paduaner sind.

Rationen auf die Milch, den Einfluß der Nahrung auf die chemische Zusammensetzung der Butter; sie hat Mästungsversuche gemacht mit Jungvieh, sowohl für Fett wie für Magerfleisch.

Die im Jahre 1889 veröffentlichten Bekanntmachungen der Station zu Geneva beziehen sich auf Studien über die Maispflanze und die Luzerne, (deren gedeihliches Wachstum im Staate New-York festgestellt wurde), ferner auf Rindviehfütterung und Fütterungsrationen, mit Angabe der von New-York-Farmern für Milchzwecke gefütterten Rationen, endlich auf Prüfung von Rindviehzuchten. Das Molkereiwesen hat die größte Bedeutung gerade im Staate New-York, der mehr als 1 1/2 Millionen Milchkühe besitzt, im Werte von etwa 46 Millionen Dollars. Die Molkereiprodukte des Staates werden auf einen Wert von 44 Millionen Dollars geschätzt und das in der Molkerei angelegte Gesamtkapital auf 400 Millionen Dollars. Die Fütterungsversuche wurden ausgeführt an den im Staate New-York hauptsächlich für Milchzwecke gehaltenen Zuchten: Friesen-Holländer, Ayrshires, amerikanischen Holderneß, Guernseys und Jerseys. Bei den über Sommer gefütterten Kühen wurde die auf 1000 Pfd. Lebendgewicht verzehrte Futter-Trockensubstanz und die Körpergewichtszunahme berechnet, wobei sich herausstellte, daß zu einem Pfund Körperzuwachs im Juni mehr Futter-Trockensubstanz erforderlich war als im Mai, im Juli mehr als dreimal so viel als im Mai, im August weniger als im Juli, im September etwa so viel wie im Juni.

Aus dem Jahresbericht des Farm-Verwalters F. E. Emery für 1889 ergibt sich, daß in der landwirtschaftlichen Abteilung der Station verschiedene Arten und Sorten von Gräsern und Futterpflanzen, von Kartoffeln, Mais, Rüben, Möhren und Gerste versucht sind; auch wurden Düngungsversuche mit Gräsern, Warmwassertränkung mit Milchkühen und Untergrundspflügung für Hafer und Mais ausgeführt, jedoch nicht zum Vorteil des Mais, der auf nicht mit dem Untergrundspflug bearbeiteten Boden einen höheren Ertrag gebracht als auf dem untergrundgepflügten. Der Jahresbericht des Obstbauers G. W. Churchill für 1889 enthält große Listen versuchter Obstsorten, namentlich von Weinreben (den kräftigsten und gesundesten Wuchs hatten Clevener, Elvibach, Elvira, Faith, Grenis Golden, Massasoit, Olita, Profitable, Rogers No. 14 und 44), Aepfel, Birnen, Pflaumen, Kirschen und Pfirsichen. Alsdann wurden verschiedene Vertilgungsmittel gegen Insekten und Pilze angewendet, die Lebensweise des Pflaumen-Curculio studiert und Versuche mit Gartenbohnen gemacht.

Die Versuchsstation der Cornell-Universität zu Ithaca im Staate New-York mit 125 Acker (50,6 ha) Farmland steht unter der Leitung des Prof. der Landwirtschaft J. P. Roberts. Entomolog ist Prof. J. H. Comstock, Gartenbauer Prof. L. H. Bailey. Die Organisation dieser Versuchsstation war erst am 30. April 1888 beendet, doch hat sie bis zum Schluß des Jahres 1889 schon 14 Bekanntmachungen veröffentlicht, u. a.

über folgende Gegenstände: Die Verhütung der Verwüstungen der Drahtwürmer, die Zerstörung des Pflaumen-Curculio durch Gifte, die Erzeugung von Magerfleisch in erwachsenen Tieren, den Einfluß erwärmter Milch auf Masse und Güte der Butter, die Einflüsse gewisser Bedingungen auf die Keimung der Samen, die Wirkung verschiedener Rationen auf Lämmermästung, Windbrüche (Schutz-Baumpflanzungen) in ihren Beziehungen zum Fruchtwachstum, einen Blattwespenbohrer (**Cephus pygmaeus**) in Weizen, die Verschlechterung des Hofdüngers durch Auslaugen und Gährung, die Wirkung einer Körnerration für Kühe auf der Weide, den Erdbeeren-Blattbrand u. s. w.

Die Besonderheit der Versuchsstation der Cornell-Universität besteht in dem zuerst von Prof. Comstock errichteten Insektenhaus (**Insectary**), dem dann als zweites das schon früher besprochene in Amherst folgte. Das Insektenhaus in Ithaca ist ein kleines zweistöckiges Gebäude mit langem Glashaus. Der Keller enthält den Dampfkessel, einen Kohlenraum und einen Ueberwinterungsraum für Insekten. Ebenerdig liegt das Laboratorium für Versuche, eine Werkstätte und ein Dunkelraum für photographische Zwecke. Im Oberstock befindet sich die Wohnung für den Wärter und ein Vorratsraum für Apparate. Das Glashaus besteht aus einem Warm- und einem Kaltraum, jeder von 30 Fuß (9,15 m) Länge. An den Seiten des Glashauses befinden sich Schiefertische mit Kies bedeckt, auf denen die in Töpfen gezogenen Pflanzen und diejenigen Brutkäfige stehen, aus denen Wasser abfließt. Auf den hölzernen Tischen in der Mitte des Glashauses stehen die Brutkäfige ohne Wasserabfluß. Eine besondere Form haben die Brutkäfige für unterirdische Insekten, die Prof. Comstock Wurzelkäfige nennt. Sie bestehen aus einem Holzrahmen, der zwei Glastafeln in senkrechter Lage und in kurzer Entfernung von einander hält. Der Raum zwischen beiden Glastafeln ist mit Erde gefüllt, in welche Samen oder kleine Pflanzen hineinkommen. Die Erde zwischen den Glastafeln kann durch übergeschobene Zinktafeln verdunkelt werden. Außerdem hat Prof. Comstock mehrere große Wurzelkäfige bauen lassen, deren Rahmen von Eisen sind und deren Seite je aus acht Glasscheiben zusammengesetzt ist, jede 10 und 12 Zoll groß. Diese Käfige werden in ausgemauerte Gruben im Boden des Glashauses versenkt, so daß die Oberfläche des Käfigs gleich ist mit der Oberfläche des Fußbodens. Diese Käfige können durch eine kleine tragbare Hebemaschine leicht aus ihren Gruben gehoben werden. In diesen, in die dunklen Gruben versenkten Käfige werden Weinreben gezogen, um die Phylloxera, Hopfenreben, um die Hopfen-Pflanzenlaus zu beobachten. Prof. Comstock will auch Aepfelbäume in diese Wurzelkäfige pflanzen, zur Beobachtung der Wurzelform der wolligen Blattlaus.

Eine andere Form von Brutkäfig hat Prof. Comstock hergestellt durch Vereinigung einer oben offenen Glasglocke und einem Blumentopf. Die Wohnpflanze des Insektes wächst im Topf, der auf einer großen mit Sand gefüllten Unterschüssel steht. Die Glasglocke wird über die Topfpflanze gestellt, in den Sand der Unterschüssel eingepreßt und der oben offene Teil mit Mußlin bedeckt. Die Pflanze kann durch Wassereingießen in die Unterschüssel feucht erhalten werden, ohne daß die Glasglocke entfernt zu werden braucht. Die Sandlage schützt die von den Pflanzen herabgefallenen Insekten vor dem Ersaufen. Um kleine Insekten zu züchten und Puppen aufzubewahren, setzt Prof. Comstock sie in mit Sand gefüllten Gelee- oder Fruchtgläsern, durch deren Boden ein Loch gebohrt ist, und stellt jene auf eine Unterschüssel, in die von Zeit zu Zeit Wasser gegossen wird, um den Sand feucht zu halten.

Das Insektenhaus zu Ithaca ist mit sehr guten Apparaten ausgestattet, insbesondere mit einem großen Mikroskop von Zeiß und einem mikrophotographischen Apparat. Prof. Comstock photographiert seine Insekten auf Holz und seine Frau schneidet sie aus. Frau Comstock ist aber nicht bloß eine geschickte Holzschneiderin, sondern auch eine gute Zeichnerin, welche die Werke ihres Mannes mit schönen Zeichnungen versieht; davon zeugt dessen im Jahre 1888 veröffentlichte An Introduction to Entomology mit 201 Abbildungen, gezeichnet und geschnitten vom Frau Comstock.

Zum Fangen der Insekten auf der Versuchsfarm zu Ithaca sind an sieben verschiedenen Stellen auf den Feld-Umfriedungen des Nachts brennende Lampen aufgestellt, die in einem Wasserbecken stehen, auf dessen Oberfläche Petroleum schwimmt, wodurch die vom Lichtschein angelockten Insekten herabfallen und getötet werden. Jeden Morgen werden die getöteten Insekten von Studenten gesammelt und von Prof. Comstock nach Zahl und Art bestimmt. Die Studenten bekommen für das Sammeln der Insekten 15 cts (62,55 Pf.) die Stunde.

Zu New-Brunswick im Staate New-Jersey bestehen zwei Versuchsstationen: die 1880 gegründete State Agricultural-Experiment Station und die 1888 gegründete Agricultural College Experiment Station, beide unter der Leitung von Prof. G. H. Cook; Chemiker der ersteren ist E. B. Voorhees; chemischer Geologe der letzteren Prof. Dr. H. B. Patton. Die College Farm umfaßt 100 Acker (40,5 ha). Die ältere Station beschäftigt sich mit Dünger- und Futtermitteln, mit schädlichen Insekten und den Mitteln dagegen, mit den Fragen, die sich auf die Produktion und Güte der Milch beziehen; auch hat sie einige Versuche mit Sorghum und Sorghumzucker gemacht. Die Station des Agricultural College beschäftigt sich mehr mit wissenschaftlichen Untersuchungen, Pflanzenkrankheiten, der Lebensweise nützlicher und schädlicher Insekten u. s. w. Eine Filiale der Staatsstation ist das Laboratorium im Sorghum-Zuckerhause zu Cape May.

Seitens der Agricultural College Station sind im Jahre 1889 folgende Bekanntmachungen veröffentlicht worden: über die Austerninteressen New-Jerseys von Prof. Dr. J. Nelson, über die Hornfliege von dem

Entomologen J. B. Smith, Versuche mit Tomatoes von dem Chemiker Voorhees und über einige Gallenkrankheiten der Moosbeeren durch Bakterien der Gattung **Synchytrium** von dem Botaniker und Gärtner Prof. Byron D. Halsted.

Die Austernindustrie New-Jerseys wird auf 79 000 Acker (31 995 ha) natürlichen Betten betrieben, der mit Austernbrut angepflanzte Grund umfaßt 14 990 Acker (6071 ha). Der Acker natürlichen Austernbettes trägt jährlich durchschnittlich 20 Bsh (17,4 hl v. ha) im Preise von Doll. 5—10. Das durchschnittliche Einkommen von 1 Acker Austernbett beträgt Doll. 140 (M. 1442 v. ha). Außerdem werden auf etwa 100 000 Acker (40 500 ha) amerikanische Venusmuscheln (Clams) gewonnen, entsprechend einem Einkommen von Doll. 2 vom Acker (M. 20,6 v. ha). Die Austern- und Clams-Industrie in New-Jersey beschäftigt 60 000 Personen. Ich bedaure, daß der Raum dieses Berichtes mir nicht gestattet, die wichtigen Ausführungen Prof. Nelsons über die Austernindustrie New-Jerseys weiter zu verfolgen. Diese Industrie wird jetzt schon großartig betrieben, aber sie hat mit Hilfe der Wissenschaft noch eine weit größere Zukunft vor sich. Prof. Nelson meint am Schluß seines Berichtes: „Wir würden nicht überrascht sein, den Tag zu erleben, wenn wir von Austernzuchten sprechen werden, wie jetzt von Schweinezuchten. Ein berühmter Rogener mag dann auf einige Hundert Dollars zu kosten kommen. Der wilde Eber ist dem Hausschwein reiner Zucht nicht unähnlicher als unsere heutige Auster der zukünftigen."

Die oben erwähnte Hornfliege (**Haematobia serrata**) sowie die Gallenbakterien haben im Jahre 1889 auf den Moosbeeren-Sümpfen New-Jerseys vielfachen Schaden gemacht.

Im Vorstehenden habe ich eine kurze Uebersicht der Thätigkeit von zwanzig Versuchsstationen gegeben, welche ich in den Vereinigten Staaten besucht habe. Manche von den veröffentlichten Bekanntmachungen würden für europäische Landwirte nur einen sehr geringen oder keinen Wert haben, aber viele darunter sind von großem praktischem Wert und einige auch von wissenschaftlichem Wert. Man legt in den Vereinigten Staaten größeres Gewicht darauf, daß die Versuchsstationen Arbeiten ausführen, welche den Farmern unmittelbaren Nutzen gewähren. Jeder Farmer hat das Recht, die Veröffentlichungen seiner staatlichen Versuchsstation unentgeltlich zu beanspruchen. Viele Farmer besuchen zeitweilig ihre staatliche Versuchsstation, um sich von dem Erfolge der Versuche zu überzeugen, um neue Kulturpflanzen, die Verwendung künstlicher Düngemittel, ein neues Fütterungsverfahren kennen zu lernen. Die nordamerikanischen Versuchsstationen stehen also in viel engerer Verbindung mit den Farmern ihres Staates und sie lernen deren wissenschaftlichen Bedürfnisse viel besser kennen, als dies bei den deutschen Versuchsstationen der Fall ist, wo der Versuchsarbeiter und der praktische Landwirt durch eine hohe Schranke getrennt sind, weil dieser jene und jene diesen nicht verstehen. Das ist ein großer Vorzug aller Veröffentlichungen nordamerikanischer Versuchsstationen: daß sie leicht verständlich sind. Der amerikanische Versuchsgelehrte prüft selbst seine wissenschaftlichen Arbeiten in der Praxis, er säet selbst, er erntet selbst, er füttert selbst, kurz, er kennt die Praxis der Landwirtschaft, die ihn umgibt. Jede wissenschaftliche Abhandlung der Vereinigten-Staaten-Versuchsstationen schließt mit allgemeinverständlichen Folgerungen und Anwendungen auf die landwirtschaftliche Praxis. Es mag sein, daß die Versuchsstationen der Vereinigten Staaten etwas zu viel und etwas zu rasch veröffentlichen, so daß manches Unreife in die Oeffentlichkeit gelangt. Im allgemeinen aber sind sie treue und gewissenhafte Berater der Farmer ihres Staates und Bahnbrecher für den Fortschritt der einheimischen Landwirtschaft.

XV. Landwirtschaftliches Vereinswesen und Ausstellungen.

Es gibt wohl kein Land in der Welt, das so zahlreiche landwirtschaftliche Vereine besitzt, wie die Vereinigten Staaten Amerikas und wo das landwirtschaftliche Vereinswesen so gut organisiert ist, wie dort.

Jeder Staat der Union besitzt seine „Tafel der Landwirtschaft“ (Board of Agriculture), ja in manchen Staaten jede Grafschaft (County) und außerdem zahlreiche landwirtschaftliche Vereine, Farmer-Klubs, Produktiv-Genossenschaften und als neueste Organisation Granges*), d. h. nationale Farmer-Vereine, welche ich später in Betracht ziehen werde.

Als Muster der landwirtschaftlichen Vereinsorganisation wollen wir zunächst den Staat New-Jersey in Betracht ziehen.

Der State Board of Agriculture dieses Staates besteht aus dem Präsidenten, dem Vice-Präsidenten, dem Schatzmeister, dem Sekretär und drei Mitgliedern des Exekutiv-Komites, welche zusammen den Vorstand bilden. Die übrigen Mitglieder des Board bilden den Board of Directors, der aus drei Klassen besteht: zur ersten Klasse gehören die beiden Staatsgeologen und zwei Mitglieder des Board of Visitors Agricultural College (Aufsichtsbeamte für das landwirtschaftliche College zu New-Brunswick); zur zweiten Klasse: der Präsident und der Direktor der Versuchsstation, der Meister und der Sekretär des staatlichen Grange; zur dritten Klasse: Präsident und Sekretär der staatlichen Landwirtschafts-Gesellschaft (State Agricultural Society), ein Mitglied und der Sekretär der staatlichen Gartenbau-Gesellschaft, Präsident und Sekretär des amerikanischen Moosbeerenzüchter-Vereins (Am. Cranberry Growers' Association), fünf Mitglieder der

*) Grange ist eine Bezeichnung für Farm.

Pomona Grange (ein Obstzüchter-Verein), ein Mitglied des staatlichen Geflügelzüchter-Vereins und je zwei Mitglieder von 16 Grafschaftstafeln (County Boards), zusammen 52 Mitglieder des Board of Directors. Der Board of Agriculture versammelt sich jährlich einmal (Ende Januar oder Anfang Februar) in der Staatshauptstadt Trenton.

Auf der Jahresversammlung erstatten die verschiedenen Komitees und die Grafschaftsvertreter ihre Berichte, es werden Adressen vorgelesen, Vorträge gehalten und der Kassenbericht erstattet, worüber alles der Sekretär einen Gesamtbericht verfaßt, welchen er der gesetzgebenden Versammlung des Staates zu überreichen gesetzlich verpflichtet ist. In anderen Staaten erstattet der Sekretär seinen Jahresbericht gesetzlich dem Governor des Staates.

Der vom Sekretär Franklin Dye erstattete Bericht über die Landwirtschaftstafel-Versammlung im Jahre 1889 bildet einen stattlichen Band von 630 Druckseiten mit zwei Tafeln Abbildungen. Dieser Jahresbericht hat folgenden Inhalt: Zuerst kommt das Sitzungsprotokoll und der Bericht des Exekutiv-Komitees; dann folgt die sogenannte Adresse des Präsidenten der Landwirtschaftstafel, d. h. ein Bericht über den vorjährigen Zustand der Landwirtschaft im Staate; dann die Adresse eines Nicht-Mitgliedes über Viehfütterung mit daran sich schließender Debatte; dann ein Bericht über den staatlichen Wetterdienst, über künftige Aufgaben der Agrikulturchemie, über den gegenwärtigen Stand der Ensilage-Frage, der Bericht der staatlichen Landwirtschafts-Gesellschaft, eine Adresse über den Wert und die Bedeutung von landwirtschaftlichen Ausstellungen, eine Adresse über Vergangenheit, Gegenwart und Zukunft der wissenschaftlichen Landwirtschaft, ein Vortrag über das Studium des Pflanzenlebens in staatlichen Normalschulen, der Bericht über die New-Jersey-Versuchsstation, ein Vortrag über schädliche Insekten und wie ihnen zu begegnen von dem Entomologen des Staates New-York, eine Adresse über denselben Gegenstand von dem New-Jersey-Staats-Entomologen, ein Vortrag über Bienenkultur, der Bericht über den staatlichen Grange und den Patronen der Landwirtschaft von New-Jersey, der Bericht der staatlichen Gartenbau-Gesellschaft, ein Vortrag über die Behandlung von Pilzkrankheiten der Pflanzen, der Bericht des amerikanischen Moosbeerenzüchter-Vereins, der Bericht des staatlichen Molkereibevollmächtigten (Dairy Commissioner), der Bericht über ansteckende Tierkrankheiten im Staate, die Adresse eines Kongreßmannes für Ohio über landwirtschaftlichen Unterricht und wirtschaftspolitische Angelegenheiten, Rundschreiben des Sekretärs der Landwirtschaftstafel an die Sekretäre der Township Landwirtschafts-Gesellschaften, Granges u. s. w.; endlich folgen die landw. Berichte der Grafschaftstafeln über alle landwirtschaftlichen Vorkommnisse in ihren Grafschaften.

Alle diese Verhandlungen, Berichte, Adressen und Vorträge werden in drei Tagen erledigt. Es ist in der That ein reges Vereinsleben, welches in dem kleinen Staate New-Jersey besteht, der mit seinen 20240 qkm nur wenig größer ist als das Königreich Württemberg (mit 19504 qkm).

Die staatliche Landwirtschafts-Gesellschaft bekommt vom Staate Doll. 3295 (M. 13740) zu Prämien, im übrigen aber empfängt weder sie noch irgend ein landwirtschaftlicher Verein im Staate eine staatliche Unterstützung. Aus den landwirtschaftlichen Ausstellungen hatte die staatliche Landwirtschafts-Gesellschaft 1888/89 eine Einnahme von Doll. 24823,75 (M. 103515), und zwar ohne Lotterie und ohne Totalisator bei den Trabrennen, welche in der Regel mit den landwirtschaftlichen Ausstellungen verbunden sind. Die Gesellschaft hält jährlich im September eine landwirtschaftliche Ausstellung ab, für welche sie im Jahre 1888/89 Doll. 14048 (M. 58580) zu Prämien verwendet hat. Außerdem aber fanden im Staate New-Jersey im Jahre 1889 noch neun landwirtschaftliche Grafschafts-Ausstellungen (County Fairs) statt.

Eine besondere Betrachtung verdienen die Granges, oder wie sie sich auch nennen: Patrons of Husbandry (Patrone der Landwirtschaft). Die Granges aller Staaten und Territorien bilden zusammen den National Grange, der jährlich eine Wanderversammlung hält. Der Zweck des Grange ist: eine bessere und höhere Mannheit (manhood) und Weiblichkeit unter seinen Mitgliedern zu verbreiten, die Bequemlichkeiten und Anziehungen ihres Heims zu erhöhen, gegenseitige Verständigung und Zusammenwirkung zu pflegen, vollständige Harmonie, guten Willen und lebensfördernde Brüderschaft unter einander zu erhalten, geistigen, moralischen und materiellen Fortschritt zu sichern, Produzenten und Konsumenten in die möglichst unmittelbaren und freundlichen Beziehungen zu bringen, mit aller Kraft die Sache der Erziehung zu fördern, keinen Krieg zu führen gegen andere gesetzliche Interessen, nur das für sich selbst fordernd, was sie bereit sind anderen zu gewähren, glaubend, daß persönliches Glück abhängig ist von allgemeiner Wohlfahrt.

Die Granges wirken also ebensowohl zur Förderung der Sitten und des menschlichen Verkehrs, wie des landwirtschaftlichen Gewerbes.

Im Staate Massachussetts (von 21535 qkm mit gegen 2 Mill. Einwohnern) bestehen vierzig landwirtschaftliche Gesellschaften, die vom Staate jede jährlich Doll. 600 (M. 2502) zu Prämien für landwirtschaftliche Ausstellungen bekommen. Die lebenslängliche Mitgliedschaft wird durch Einzahlung von Doll. 5 erworben. Jede Gesellschaft muß jährlich mindestens drei Versammlungen und eine Ausstellung abhalten. Für den staatlichen Board of Agriculture wählt jede Gesellschaft ein Mitglied auf drei Jahre. Im Dezember jeden Jahres muß jede Gesellschaft ihren Jahresbericht an die Landwirtschaftstafel des Staates einsenden. Außerdem bestehen in Massachusetts Farmer-Klubs, welche ganz unabhängig von den Landwirtschafts-Gesellschaften sind. Diese Klubs bekommen für jedes Mitglied von dem Präsidenten der Landwirtschaftstafel je ein Exemplar des Jahresberichtes, sonst aber keinerlei Unterstützungen vom Staate, oder den Landwirtschafts-Gesellschaften. Für die sechs Staaten Neu-Englands besteht endlich eine freiwillige, von den Staaten unabhängige Landwirtschafts-Gesellschaft, die New England Agricultural Society, deren lebenslängliche Mitgliedschaft mit Doll. 3 erworben wird.

Im Staate Kansas bestehen landwirtschaftliche Grafschafts-Gesellschaften (County Societies), deren Präsidenten, zusammen mit dem Vorstande die staatliche Landwirtschaftstafel bilden. Diese empfängt vom Staate eine jährliche Zuwendung von Doll. 2000 (M. 8340); die übrigen Einnahmen entstammen zumeist den landwirtschaftlichen Ausstellungen. Ein großer Teil der Ausgaben wird zu Prämien verwendet. Der Präsident empfängt einen Jahresgehalt von Doll. 200 (M. 834) und Ersatz seiner baren Auslagen für Reisen u. s. w.; der Sekretär der Landwirtschaftstafel bekommt (wie auch in den anderen Staaten) einen Jahresgehalt von Doll. 2000 (M. 8340) und die Bezahlung seiner Reisen und Kanzleiunkosten; alsdann bekommen noch die übrigen Beamten, wie der Oberverwalter, der Verwalter der landwirtschaftlichen Halle, der Staatsbotaniker, welche zum Vorstande der Landwirtschaftstafel gehören, Gehalte oder Vergütungen; die abgeordneten Mitglieder der Landwirtschaftstafel bekommen nur die Kosten ihrer Reise und ihres Aufenthaltes in der Staatshauptstadt ersetzt.

Zu den Obliegenheiten der staatlichen Landwirtschaftstafeln gehört auch die Unterhaltung der sog. Farmers' Institutes. Man versteht darunter eine Vereinigung von Farmern zur Anhörung der Vorträge von Wanderlehrern und darauf folgende Debatte. Die staatlichen Landwirtschaftstafeln bezahlen die Reisekosten und eine Entschädigung für Zeitaufwand, gewöhnlich Doll. 5 (M. 20,85) den Tag, und sie verteilen und entsenden die Wanderlehrer an die Farmers-Institute, welche darum ersucht haben. Die Institute selbst tragen die örtlichen Kosten der Vereinigung (Lokalmiete, Heizung, Beleuchtung, gedruckte Programme, Musik und Unterhaltungen) und sie sorgen für Wohnung und Beköstigung des Wanderlehrers. Wanderlehrer sind meistens die Professoren der Agricultural Colleges oder der landwirtschaftlichen Abteilungen der Universitäten, aber auch gebildete Farmer, welche ihre freie Zeit im Winter dazu verwenden, um ihre Gewerbsgenossen zu belehren. Die Agricultural Colleges und Universitäten bezahlen gewöhnlich den Zeitaufwand ihrer Professoren selbst, so daß diese nur die wirklichen Reisekosten von der staatlichen Landwirtschaftstafel ersetzt bekommen. Im Staate Ohio hat diese Tafel jährlich Doll. 1000 (M. 4170) für Wanderlehrerreisen festgesetzt; dazu gewährt die staatliche Gartenbau-Gesellschaft noch Doll. 200 (M. 834). Die Universität zu Columbus bezahlt alle Ausgaben ihrer zu den Farmers-Instituten entsendeten Professoren selbst. Gewöhnlich besorgt der Sekretär der staatlichen Landwirtschaftstafel die Farmers-Institute, d. h. er regelt die Wanderlehrer-Thätigkeit. Im Staate Michigan besorgt dies ein Professor des Agricultural College zu

Lansing. Der Staat, welcher diese Farmers-Institute am frühesten und am besten ausgebildet hat, ist Wisconsin, und zwar ist dies ein wesentliches Verdienst des gegenwärtigen Ackerbauministers, Herrn J. M. Rusk, der in diesem Staate eine Farm hat. In seinem ersten Jahresberichte für 1889 sagt Herr Rusk über das Farmers-Institut folgendes:

„Ich betrachte dieses Institutswerk als eine der wohlthätigsten Bewegungen, welche die landwirtschaftliche Geschichte dieses Landes (der Union) jemals erwiesen hat. Meine Aufmerksamkeit ist beansprucht worden für einen in der letzten Sitzung des Kongresses eingeführten Gesetzentwurf: eine ausreichende Summe zu verwenden, um in Verbindung mit diesem Amt (des Ackerbaues) eine Abteilung zu errichten, deren besondere Aufgabe es sein soll, Beistand zu leisten in dem Werke der Farmers-Institute durch das ganze Land. Ich würde über diesen Gegenstand bloß sagen, daß es eine Sache von nicht geringer Befriedigung für mich ist, daß dieses große Werk nirgends vollkommener versucht worden ist als in meinem eigenen Staate, wo es mein Vorrecht und mein Vergnügen war, es in jeder rechtmäßigen Weise zu ermutigen; nirgends hat es reichlichere Früchte getragen als in Wisconsin. Die Erfahrung dort und in anderen Staaten hat vollkommen die außerordentlichen, von diesen Instituten ausgehenden Wohlthaten bewiesen, so daß ich entschieden der Meinung bin, ohne in Einzelheiten einzugehen — wie auf die bestimmte Weise, in welcher die Bewegung zu unterstützen ist — daß die Bundesregierung, im Verfolge der bei der Errichtung der Agricultural Colleges und Versuchsstationen so entschieden ausgedrückten Politik, es in die Macht des Ackerbauamtes stellen sollte, das Werk der Institute in den verschiedenen Staaten und Territorien zu befördern und zu unterstützen. Diese Institute sind mit Recht als Farmers-Colleges bezeichnet worden. Kein wahrerer Titel wurde jemals verliehen. Ich will nur noch hinzufügen, daß der kräftigste Hebel das Werk der höheren landwirtschaft-Erziehung, vertreten durch unser System der landwirtschaftlichen Schulen und Versuchsstationen, zu heben und aufrecht zu halten, gefunden wird in diesem Institute und in ähnlichen Unternehmungen."

Die staatlichen Landwirtschafts-Gesellschaften in der Union haben überall ziemlich übereinstimmende Verfassungen. Der Gegenstand ihrer Thätigkeit ist Landwirtschaft, Gartenbau, mechanische und Haushaltskünste. Ihre Mitglieder sind entweder lebenslängliche, oder Ehren- und korrespondierende Mitglieder. Die lebenslängliche Mitgliedschaft wird erworben durch Einzahlung von Doll. 5—20. Dieselben Rechte wie die lebenslänglichen Mitglieder haben die Präsidenten der landwirtschaftlichen Grafschafts-Gesellschaften, welche ex-officio Mitglieder der staatlichen Landwirtschafts-Gesellschaften sind und die Tafel der Direktoren, oder das General-Komitee der staatlichen Gesellschaften bilden. Die Rechte und Pflichten des Vorstandes der staatlichen und Grafschafts-Gesellschaften sind durch Staatsgesetze genau bestimmt.

Neben den staatlichen und Grafschafts-Landwirtschafts-Gesellschaften, welche sich mit allen Zweigen der Landwirtschaft beschäftigen, bestehen auch staatliche und Grafschafts-Gartenbau-Gesellschaften mit ähnlicher, durch Staatsgesetze vorgeschriebener Organisation.

Ganz unabhängig von diesen staatlichen Gesellschaften sind die genossenschaftlichen Vereinigungen für bestimmte produktive Zwecke. Auch diese Vereinigungen haben ihre Satzungen, welche aber in der Regel nur die Organisation der Gesellschaft feststellen, aber nicht auf das Sachliche der Produktion eingehen. So bestimmen z. B. die „Artikel" der **Wisconsin Dairymens Association** (Molkerei-Genossenschaft) auf nur einer Druckseite den Bestand des Vorstandes, die jährliche Versammlung der Mitglieder, den Jahresbeitrag derselben (einen Dollar) und insbesondere den Geschäftskreis des Schatzmeisters; von dem Geschäftskreis des Vorstandes, bezw. der Beamten (**officers**) im allgemeinen ist nur gesagt: „sie sollen solchen anderen Pflichten nachkommen, wie sie gewöhnlich den Beamten ähnlicher Vereinigungen zufallen". Die ganze Organisation dieser Molkerei-Genossenschaft ist in zehn kurzen „Artikeln" umschrieben; das ist sehr einfach, aber es ist vollkommen ausreichend für den Geschäftsbetrieb dieser großen Genossenschaft.

Zu dem Geschäftsbetriebe der staatlichen und Grafschafts-Landwirtschafts-Gesellschaften gehört auch die jährliche Veranstaltung landwirtschaftlicher Ausstellungen. Ich habe in den Vereinigten Staaten die landwirtschaftliche Ausstellung der Neu-England-Staaten zu Worcester in Massachusetts, die Ausstellung des Staates Maine zu Lewiston und die des Staates New-York zu Albany besucht. Die Neu-England-Ausstellung und die des Staates New-York gehören zu den größten landwirtschaftlichen Ausstellungen, welche in der Union vorkommen.

Der amtliche Titel für eine landwirtschaftliche Ausstellung ist **Fair**, d. h. Jahrmarkt oder Messe. In der That sind die landwirtschaftlichen Ausstellungen Jahrmärkte im europäischen Sinne. Neben den Ausstellungen von Saaten, Gemüsen, Obst, landwirtschaftlichen Haustieren und Maschinen sieht man alle möglichen anderen Dinge ausgestellt, wie Haushaltungsgeräte, Kleidungsstoffe, weibliche Handarbeiten, Kinderspielzeug u. s. w. Das größte Interesse für das zahlreiche Publikum bilden die Rennen mit den ausgestellten Trabern auf der die Mitte des Ausstellungsplatzes einnehmenden Rennbahn von ½ Meile (0,8 km) Umfang. In Worcester wurden auf dieser Bahn abends bei elektrischer Beleuchtung auch Fuß- und Zweirad-Rennen abgehalten. Drei Männer liefen zwanzigmal über die Bahn, und sie machten die 10 englischen Meilen (16 km) in durchschnittlich 56 Min. 15 Sek. Dann wurden auch Kunststücke vorgeführt mit dressierten Pferden und Ochsen, gymnastische Kunststücke von Menschen, kurz alles, was ein Jahrmarkt nur bieten kann. So war es in Worcester und Lewiston; dagegen war die **State Fair** in Albany eine fast rein landwirtschaftliche Ausstellung, insofern die Nebenausstellungen von nichtlandwirtschaftlichen Gegenständen ganz untergeordnet waren und auch keine Rennen stattfanden. Die

Besichtigung der landwirtschaftlichen Gegenstände wurde mir in Worcester und Lewinston dadurch außerordentlich erschwert, daß ein großer Teil des Publikums seine Besichtigung vom Buggy aus vornahm und zwischen allen Vieh- und Maschinenschuppen umherfuhr. Das war in Albany nicht der Fall.

Da alle Fairs der Vereinigten Staaten im September und Oktober stattfinden, so sind sie sehr reichlich mit Feldfrüchten, Gemüsen und Obst beschickt. Der leitende Grundsatz bei der Ausstellung von Feldfrüchten und Gemüsen ist die Größe. Wer die höchsten Hafer- und Maispflanzen ausstellt, die größten Kohlköpfe, die schwersten Squashes, Kürbisse und Kartoffeln — ist König. Man fragt dabei gar nicht nach der Feinheit oder dem Wohlgeschmack des Gemüses, nur groß und schwer muß es sein. Dagegen legt man bei den verschiedenen Obstsorten mehr Wert auf den Wohlgeschmack, obgleich bei einigen Obstsorten, wie bei Birnen und Pfirsich (Kirschen und Beerenfrüchte kommen im Herbst nicht zur Ausstellung) auch große Früchte entschieden bevorzugt werden. Im allgemeinen aber weiß der Amerikaner gutes Obst zu schätzen. Davon geben die wirklich guten Obstausstellungen Zeugnis, die ich auf allen Fairs in den Vereinigten Staaten und Kanada getroffen habe. Selbst in Maine mit seinem rauhen Klima bin ich überrascht worden durch die vortrefflichen Aepfel, Birnen und Pflaumen, die in Lewiston ausgestellt waren; sogar Weintrauben und große Pfirsiche waren in diesem nördlichsten Staate der Union gewachsen.

Ich will aber auf die Gemüse- und Obstausstellungen der Vereinigten Staaten nicht näher eingehen, da ich Obst und Gemüse ja im 8. Abschnitte besprochen habe. Dasselbe gilt von den im 7. Abschnitte behandelten Maschinen. Nur das will ich bezüglich dieser bemerken, daß erstens jeder Aussteller sich bemüht, seine Maschinen in Thätigkeit zu zeigen und zweitens viel Wert legt auf die schöne und gefällige Ausstattung. So sah ich auf der Fair in Albany eine Ausstellung von Pflügen, von denen ein Teil in einem mit Blumen und Blattgewächsen geschmückten offenen Zelt standen, während ein anderer Teil draußen aufgestellt war; die Pflüge unter dem Zeltdach waren auf ihrem hölzernen Grindel mit Blumen und Landschaften wirklich schön und geschmackvoll bemalt, während die auswendigen Pflüge von ganz einfacher, für den Gebrauch passender Ausstattung waren.

Am gespanntesten war ich auf die Tierschauen der genannten Fairs. Am wenigsten habe ich hier von den Pferden gesehen, denn diese waren in ihren engen Ställen nicht zu besichtigen und außer denselben konnte man sie nur auf der Rennbahn vor dem „Sulky“ sehen. Aber die Anspannung vor dem Sulky ist eine für die Beurteilung des Pferdes sehr ungünstige, weil der Kopf hoch aufgezäumt ist, so daß die Nase des Pferdes gegen den Horizont gerichtet ist. Diese steife, unschöne und qualvolle Kopfhaltung des Pferdes ist allgemein Mode in Nordamerika, insbesondere bei der Anspannung vor Sulkies und Buggies. Da diese Kopfhaltung aber die Lenkung des Pferdes erleichtert, so wird sie wohl von einem unsicheren oder ängstlichen Fuhrmann erfunden worden sein.

Das Rindvieh ist in den Ausstellungen meistens so aufgestellt, daß man es vorn und hinten gut anschauen kann und wenn man in die Stände eintritt, auch von der Seite. Auch werden die ausgestellten Tiere öfters am Tage vorgeführt, selbst auf den Wunsch einzelner Personen, so daß eine Besichtigung nach jeder Richtung möglich ist. Da auf den von mir besuchten Tierschauen vorwiegend Milchvieh ausgestellt war, so waren die Tiere nicht zu fett gehalten.

Auf der Neu-England-Schau in Worcester sah ich zum ersten Mal einen Schlag schwarzer Holländerkühe mit breiter weißer Binde um die Mitte von Rücken und Bauch; diese „umgürteten“ Holländer waren ausgestellt als Dutch-Belted Cattle. Ich habe sie später auf meiner Reise durch die Neu-England-Staaten einigemal auf der Weide gesehen; sie bilden aber mehr eine Liebhaberei, als daß sie eine wirtschaftliche Bedeutung haben.

Die Ausstellung von Schafen und Schweinen ist auch in den Vereinigten Staaten ganz wie in Europa und man sieht dort auch ganz dieselben Zuchten. In Worcester und Lewiston war die Schafschau sehr unbedeutend, in Albany aber gut, bis auf die wenigen Merino-Negrettis mit stark faltiger Haut. Vorwiegend sind Shropshires und Southdowns ausgestellt, demnächst gehörnte Dorsets. Von Schweinen sind in den östlichen Staaten weiße Chesters, schwarze Polandchinas und Berkshires, sowie rote Jerseys die am häufigsten ausgestellten. Die aus Pennsylvanien stammenden Chesters sind offenbar aus den englischen Yorkshires hervorgegangen, aber jene haben nicht so überbildete Köpfe wie diese.

Auf den genannten drei Ausstellungen war die Geflügelzucht sehr gut vertreten, insbesondere in Albany. Unter den Hühnern sind Plymouth Rocks und Wyandottes die vorherrschenden Zuchten, während Cochins sehr zurücktreten. Als Eierleger sind Italiener (Leghorns), Hamburger, Langshans und Brahmas sehr beliebt und zahlreich vertreten. Selten sind die französischen und spanischen Zuchten. Als Neuheiten sah ich in Albany Sumatrahühner, schwarz mit grünem Glanz, kurzem hornartigen Kamm beim Hahn, grauen Beinen und dunklem Schnabel; ferner schwarze Javas mit schwarzem Gefieder, Beinen und Schnabel, ohne Ohrlappen, mit kurzen Kehllappen, kurzem, aufrechten, gezähnten Kamm; unter dem Namen Golden Duckwin Game waren Kampfhühner mit hellen Farben ausgestellt.

Truthühner in verschiedenen Farben bilden einen hervorragenden Teil der Geflügelschau; außer grauen Putern sieht man bronzefarbige, schieferfarbige (**state turkeys**) und lichtbraune oder lederfarbige (**buff turkeys**). Von Gänsen sah ich in Albany „weiße Chinesen“ mit großem Hornhöcker auf dem Oberschnabel und „braune Chinesen“ mit schwarzem Schnabel ohne Höcker und roten Füßen. Von Enten waren vertreten englische Aylesbury's, kleine weiße White Calls, Rouen und Moschusenten, sowie einheimische schwarze, grün glänzende Cayuga-Enten.

Unter allem Geflügel wird gegenwärtig der größte Sport mit den Wyandotte-Hühnern getrieben, welche ich schon früher (S. 165) als Kreuzungsprodukt fremder Zuchten erwähnt habe. Trotzdem betrachtet man das Wyandotte als „nationales" Huhn. Die meisten Wyandottes sind schwarz und weiß gestreift mit Stutzschwanz, Rosenkamm, sehr kleinen roten Ohr- und größeren Kehllappen, hornfarbigem Schnabel mit gelbem Rand und gelben Beinen. Die Größe ist eine mittlere zwischen Hamburgern und Brahmas. Der Hahn hat schwarze, weißgestreifte Nackenfedern und lichte Armschwingen; die Henne weißgebänderte Brustfedern und weißgestrichelte Armschwingen. Die vorherrschende Grundfarbe ist schwarz, aber es gibt Wyandottes mit mehr Weiß, so daß einzelne Federn ganz oder halb weiß erscheinen; solche Tiere heißen Silver Faced und sind sehr ähnlich den Hamburgern, aber größer, in manchen Zuchten so groß und stattlich wie Brahmas. Einige Silver Faced Wyandotte's hatten die schwarzen Halsfedern weiß umsäumt. Nicht selten sind die ganz weißen Wyandottes, ähnlich den weißen Dorkings, mit gelben Beinen und Schnabel.

Die Taubenzucht ist in den Vereinigten Staaten sehr unbedeutend; die Tauben sind daher auf den Ausstellungen nur schwach vertreten. Haushühner und Truthühner sind das Hauptgeflügel; letztere bilden die einzigen in den Vereinigten Staaten einheimischen und dort gezähmten Haustiere.

XVI. Landwirtschaft in Ontario (Kanada).

Leider war meine Reisezeit in Nordamerika zu kurz, um der kanadischen Landwirtschaft ein längeres Studium widmen zu können. Ich habe mich daher nur auf den Besuch der kanadischen Provinz Ontario beschränkt, hauptsächlich um deren Molkereiwesen kennen zu lernen.

Ich überschritt die kanadische Grenze am 20. September, von Vermont kommend, bei dem kanadischen Orte Lacotte. Das Land ist hier eben und in kleine Parzellen geteilt. Der Acker liegt in Beeten von 3—4 m Breite; er war zum Teil noch mit Buchweizen bestanden und er zeigte überall Baumstümpfe als Ueberreste des Urwaldes. Einzelne Felder lagen noch in Stoppeln. Auf den stark verunkrauteten Weiden ergingen sich Stuten mit ihren Fohlen. Aermliche Dörfer liegen an der Eisenbahnstrecke nach Ottawa; die Bewohner wohnen größtenteils in Blockhäusern. Die Kultur steht auf kanadischer Seite nicht so hoch wie in den benachbarten Neu-England-Staaten. Man glaubt sich in den fernen Westen der Vereinigten Staaten versetzt.

Prächtiger Urwald, reich an Ulmen und Hemlocks, bedeckt den kanadischen Boden, aber eine heillose Holzverwüstung hat den Wald verheert. Ueberall liegt geschlagenes und verfaultes Holz, in den Ortschaften sind große Vorräte von Brettern angehäuft und es macht den Eindruck, als ob die Bevölkerung nur dem Walde ihr Dasein verdankt, aber gewiß nicht mehr auf lange Zeit. Wenn man den mächtigen Lorenzostrom überschritten hat, wird der Wald spärlicher und vor Ottawa liegen die Felder in Stoppeln und die Weiden sind mit Pferden und Rindvieh besetzt, welche zwischen den Steinen und Baumstümpfen ihre Nahrung suchen.

Ich war morgens schon um 5 Uhr aus Burlington in Vermont ausgefahren und traf gegen 11 Uhr vormittags in Ottawa ein, der Hauptstadt des Dominion Kanada. Nachmittags besuchte ich die einige Meilen entfernt gelegene, 1886 auf Staatskosten errichtete, dem Ackerbauministerium in Ottawa unmittelbar unterstellte Versuchsfarm von 475 Acker (192,37 ha), wovon 75 Acker botanischer und Baumgarten, 15 Acker Baumobstgarten und 10½ Acker Beerengarten sind. Der Viehstand besteht aus 40 Stück Rindvieh: Polled Angus, Shorthorns, Ayrshires, Jerseys und Holländer. Diese Farm ist sehr schön und zweckmäßig eingerichtet. Die Wirtschaftsgebäude, die Wohnhäuser der Beamten, das chemische Laboratorium, alle sind sehr solid und mit einem gewissen Luxus gebaut.

Der Boden ist zum Teil sandig, zum Teil lehmig. Der Lehmboden trug bis 14 Fuß (4,27 m) hohen Mais, aber auch der Sandboden war mit schönem, freilich nicht so hohem Mais bestanden, deren Pflanzen doch je zwei Aehren trugen. Man legt auf der Versuchsfarm besonderen Wert auf Obstkultur und die Farmleitung bemüht sich die für ihr rauhes Klima passendsten Sorten zu finden. Die Sommerwärme steigt bis 100° F. (37,8° C.), die Winterkälte sinkt bis — 30° F. (— 34,4° C.). Trotzdem erntete die Farm im Jahre 1888 für 8000 Quart (9088 l) Erdbeeren, welche zu durchschnittlich 12½ cts (45,9 Pf. d. l) in Ottawa, zu 8 cts (29,4 Pf. d. l) auf der Farm verkauft wurden. Der Pflückelohn für alles Beerenobst beträgt 1½ cts des Quart (5,5 Pf. d. l). Einige neue Früchte lernte ich auf dieser Versuchsfarm kennen, so eine kleine, gelbe Melone, die wie eine Zitrone aussah und eine Purple Husk (Physalis) genannte Frucht von violetter Farbe, ähnlich wie kleine Pflaumen; sie wächst in Hülsen, schmeckt wie Tomato und kann in salicylsaurem Wasser aufbewahrt werden. Auch zieht man dort eine Kreuzung zwischen Erdbeeren und Himbeeren, die ich aber nicht gesehen habe.

Eine Besonderheit dieser Versuchsfarm ist die großartige Hühnerzucht, welche unter Leitung des Herrn Fletcher steht. Das Hühnerhaus ist sehr hübsch und zweckmäßig eingerichtet. Die sehr geräumigen, von verschiedenen Zuchten besetzten Hühnerställe sind durch Drahtgitter von einem breiten Gang getrennt, von dem aus man die Hühner bequem betrachten kann. In jedem Stalle befinden sich 5 Brütkasten und für die Nacht dient ein Brett mit einer darüber befestigten Stange als Nachtsitz, der am Tage zurückgeschlagen werden kann. Der Fußboden des Stalles ist aus Holz und gestreut wird mit gehacktem Stroh. Jeder Stall ist mit einem abgegrenzten Hofraum durch eine kleine Fallthüre verbunden, die vom Gange aus aufgezogen werden kann.

Es sind alle möglichen Hühnerzuchten vertreten. Nach den Erfahrungen des Herrn Fetcher sind die besten Eierleger: die weißen Italiener (Leghorns), dann die Andalusier und Hamburger. Als beste Fleischhühner wurden mir bezeichnet die frühreifen Plymouth-Rocks. Die ebenfalls frühreifen Wyandottes kommen als Fleischhühner und gleichzeitig Eierleger in zweiter Linie. Diese Erfahrungen stimmen so ziemlich mit denen in den Vereinigten Staaten überein. Außer den gewöhnlichen gesperberten Plymouth-Rocks sah ich dort auch weiße und Kreuzungen von Houdans mit Dorkings und La Fleche. Wie in den Vereinigten Staaten, so standen auch hier die vormals so berühmten Cochins und Brahmas in zweiter Linie bezüglich ihrer Fleisch- und Eierleistungen.

Die Versuchsfarm bei Ottawa dient dem landwirtschaftlichen Fortschritt für das gesamte Dominion Kanada. Die einzelnen Provinzen haben ihre besonderen Versuchsfarmen; eine befindet sich in Nova Scotia für die Provinzen Nova Scotia, New-Brunswick und Prince Edward Island; eine in der Provinz Manitoba, eine in der Provinz British Columbia und eine in dem Nordwest-Territorium. Die genannten Versuchsfarmen stehen unter der Aufsicht von Direktor Sanders in Ottawa. Obwohl die Versuchsfarm bei Ottawa in der Provinz Ontario liegt, so hat diese noch eine besondere, mit einer landwirtschaftlichen Schule verbundene Versuchsfarm zu Guelph, welche von Ottawa unabhängig ist und das nächste Ziel meiner Reise war. Ich reiste von Ottawa über Toronto dorthin.

Die landwirtschaftliche Schule (**Agricultural College**) zu Guelph ist etwa eine Meile von der gleichnamigen Stadt entfernt. Sie wurde 1874 gegründet und ist die einzige, nur rein landwirtschaftlichen Zwecken dienende Schule, welche ich in Nordamerika kennen gelernt habe. Mit ihr ist die 550 Acker (222,75 ha) umfassende Versuchsfarm verbunden, von der ich später sprechen werde.

Das Lehrer-Kollegium besteht aus dem Präsidenten James Mills, der zugleich Professor für englische Litteratur und politische Oekonomie ist, dem Professor für Landwirtschaft und Baumkultur Thomas Shaw, dem Professor der Chemie C. C. James, dem Professor für Geologie und Naturgeschichte J. Hoyes Panton, dem Professor für Molkereiwesen J. W. Robertson, dem Professor für Tierarzneiwissenschaft F. C. Grenside, dem Assistenten für Mathematik und Englisch E. L. Hunt und dem Drillmeister Captain M. Clarke.

Der landwirtschaftliche Unterrichtskurs ist zweijährig für diejenigen, welche ein Diplom erwerben wollen. Sie haben zu lernen im ersten Jahre:

Landwirtschaft, Tierhaltung, unorganische und organische Chemie, Tier-Anatomie und Arzneimittellehre, Zoologie, Botanik, Geologie, englische Litteratur und Komposition, Buchhaltung, Mathematik und Feldmessen; im zweiten Jahre: Landwirtschaft, Tierhaltung und Molkereiwesen, Baumkultur, Agrikulturchemie, Tierpathologie, Chirurgie und Praxis, Insektenkunde, Meteorologie, englische Litteratur, politische Oekonomie, Zeichnen, Mechanik, Nivellieren und Feldmessen, systematische und ökonomische Botanik.

Wer nicht weniger als 60 von hundert der gesamten Nummermarken in englischer Grammatik, Litteratur und Komposition hat, darf noch ein drittes Jahr an der Schule bleiben, um sich den Grad eines Bachelor of the Science of Agriculture zu erwerben. Er muß dann folgende Vorlesungen hören: Chemie, Naturgeschichte, englische Sprache und Litteratur, Themen und Zeichnen, welche Gegenstände zusammen 10 Stunden wöchentlich erfordern; ferner kann sich der Student im dritten Jahre 5 Stunden wöchentlich auswählen: aus Landwirtschaft und Tierhaltung, Molkereiwesen, kanadische Geologie, Algebra oder Euclid und Grundsätze des Latein (um die Aussprache wissenschaftlicher Ausdrücke und die lateinischen Wurzeln vieler englischer Wörter zu lernen). Außerdem muß er durchschnittlich 1 ½ Stunden täglich auf der Farm, 9 Stunden wöchentlich im chemischen Laboratorium und 2—4 Stunden wöchentlich mit dem Mikroskop arbeiten.

Jedes Studienjahr besteht aus drei Terminen: dem Herbsttermin vom 1. Oktober bis 22. Dezember, dem Wintertermin vom 22. Januar bis 16. April, dem Frühjahrstermin vom 17. April bis 30. Juni. Dann folgen die Sommerferien vom 1. Juli bis 30. September. Die Winterferien vom 23. Dezember bis 21. Januar haben hauptsächlich den Zweck, den Professoren die Zeit zu verschaffen für die Vorträge am Farmers-Institut, was ich später berücksichtigen werde.

Zur Aufnahme in das College ist erforderlich: ein Mindestalter von 16 Jahren, der Nachweis eines moralischen Charakters, von Gesundheit und Stärke und der Absicht: Landwirtschaft oder Gartenbau als Beruf zu wählen. Ferner ist eine Aufnahmeprüfung zu bestehen im Lesen, Schreiben und Diktieren, in englischer Grammatik (Konstruktion und Analysis), Arithmetik bis einschließlich der einfachen Gleichung, die Umrisse der allgemeinen und der kanadischen Geographie.

An Unterrichtsgeld ist zu zahlen: von ontarischen Farmers-Söhnen, welche ein befriedigendes Zeugnis über eine mindestens einjährige Lehrzeit auf einer Farm beibringen, jährlich Doll. 20, sonst Doll. 30. Schüler, die nicht aus der Provinz Ontario stammen, haben in jenem Falle Doll. 50, wenn sie nicht auf einer kanadischen Farm gearbeitet haben: im ersten Jahre Doll. 100, im zweiten Jahre Doll. 50 zu zahlen. Wohnung, Verpflegung, Licht und Wäsche von Handtüchern und Bettleinen kosten wöchentlich Doll. 2,50 (M. 10,42), Leibwäsche zu festgesetzten Preisen. Die Studenten wohnen und speisen im Schulgebäude, das für diesen Zweck einfach aber entsprechend eingerichtet ist. Außerdem muß jeder Student Doll. 5 beim Schatzmeister des College hinterlegen zur etwaigen Deckung von Strafen, Beschädigungen u. s. w.

Alle Studenten sind verpflichtet, an den Nachmittagen jedes zweiten Tages draußen zu arbeiten (auf der Farm, im Stall, im Garten, in der Zimmermannswerkstatt, im Versuchswesen) und mindestens eine Stunde morgens im Stall, wenn es nötig ist. Sie können aber, wenn nötig, auch zu anderen Zeiten zur Arbeit herangezogen werden.

Während des Sommer-Termins (im Juli und August) müssen diejenigen, welche im College bleiben, täglich mindestens zehn Stunden arbeiten. Farmerssöhne verlassen gewöhnlich das College nach Schluß des Frühjahrstermins, um auf ihrer eigenen Farm zu arbeiten. Auch während der Januarferien können die Studenten im College bleiben und praktisch arbeiten.

Solange die Studenten die Arbeit erlernen, bekommen sie keine Bezahlung. Wenn sie aber die Arbeit kennen, dann bekommen sie die Arbeitsstunde mit 4—10 cts (16,7—41,7 Pf.) bezahlt, je nach dem Wert ihrer Arbeit, der vom Farm-Verwalter, vom Gärtner und deren Vormännern festgestellt wird. Die Bezahlung für ihre Arbeit wird den Studenten auf ihre Verpflegung gutgeschrieben. Im Jahre 1888 wurde den Studenten für Farm- und Gartenarbeit bezahlt Doll. 2716,59 (M. 11 328,18).

Mit Rücksicht auf seine Geschicklichkeit zur Arbeit, stellen sich die jährlichen Kosten für Unterricht, Verpflegung und Wäsche für einen ontarischen Farmerssohn auf Doll. 50—60 (M. 208,50—250,20). Wenn die Studenten aber im Sommertermin (Juli und August) zehn Stunden täglich auf der Farm arbeiten, dann bezahlen sie damit nicht nur ihren Unterhalt im Sommertermin vollständig, sondern sie vermindern auch ihre Verpflegungskosten in dem folgenden Termin. So ist es möglich, daß ein fleißiger und geschickter Student seine jährlichen Studien- und Verpflegungskosten auf etwa Doll. 40 (M. 166,80) herabmindern kann. Auf diese Weise lernt er arbeiten und sparen zugleich.

Die Arbeits-Einrichtungen für die Studenten in Guelph haben den Vorzug vor denen in den Vereinigten Staaten, daß sie dort auch durch den Sommer (nur nicht im Monat September) landwirtschaftlich arbeiten und dabei mindestens ihre vollen Unterhaltskosten decken können.

Die landwirtschaftliche Schule zu Guelph war im Jahre 1888 von 131 Studenten zwischen 16 und 28 Jahren besucht; das Durchschnittsalter war 20 Jahre. Zur Unterhaltung des College bewilligt die Gesetzgebung der Provinz Ontario jährlich Doll. 26 685 (M. 111 276). Die Gesamtkosten für College, Versuchsfarm, Versuche und Unterhalten des Gartens, Rasens, der Spielplätze u. s. w. beträgt jährlich Doll. 39 456 (M. 165 132).

Die Jahresgehalte für die Professoren sind die folgenden:

Der Präsident bekommt Doll. 2000 (M. 8340), ein vollständig eingerichtetes Haus, Licht und Heizung, einen Diener, sowie einen Wagen und ein Pferd. Der Professor der Landwirtschaft und Verwalter der Farm und des Versuchswesens bekommt Doll. 2000, ein nicht eingerichtetes Haus und Futter für ein Pferd (das er sich selbst kaufen muß). Der Professor der Milchwirtschaft bekommt Doll. 2000, der Professor der Chemie Doll. 1500 (M. 6255), der Professor der Geologie Doll. 1700 (M. 7089) nebst nicht eingerichtetem Hause, der in der Stadt lebende Professor der Tierarzneikunde Doll. 800 (M. 3336) und der Assistent Doll. 900 (M. 3753) nebst freier Wohnung, Verpflegung und Wäsche. Die Gehälter und Nebenvergünstigungen der Professoren in Guelph sind durchschnittlich höher als in den Vereinigten Staaten, weil bei jenen auch die Verpflichtung eingeschlossen ist, den Farmers-Instituten unentgeltlich Vorträge zu halten.

Die Versuchswirtschaft zu Guelph verwendet von ihren 550 Acker 40 Acker zu Feldversuchen; 400 Acker sind Farmland, 40 Acker Garten- und Rasenplätze, 70 Acker Wald. Der Viehstand besteht aus 7 Pferden; von Rindvieh sind vorhanden: Shorthorns, Herefords, Aberdeen-Angus, Devons, Galloways, Holländer, Ayrshires, Jerseys, Guernseys und Kreuzungen. Die Natives werden in Kanada **Canadians** genannt; sie sind Kreuzungen von Devons und zum Teil von Shorthorns. Von Schafen hält die Versuchsfarm: Leicesters, Cotswolds, gehörnte Dorsets, Southdowns, Oxfordshiredowns, Shropshiredowns und Hampshiredowns. Was man in Kanada Native-Schafe nennt, sind Leicester-Kreuzungen. Von Schweinen werden gehalten: Berkshires, Polandchinas, Yorkshires und Suffolks.

Das Rindvieh wird im Sommer geweidet, im Winter mit Maispreßfutter gefüttert, von dem jedes Stück täglich 40 Pfd. (etwa 18 kg) bekommt, d. h. ²/₃ des Gesamtfutters. Der zum Preßfutter verwendete Mais war (wie ich selbst gemessen habe) durchschnittlich 10 ¹/₂ Fuß (3,20 m) hoch; er wird in Stücke von 2 Zoll (5 cm) Länge geschnitten. Die Farm besitzt zwei Silos, 26 Fuß (7,93 m) tief; der eine faßt 120, der andere 165 Tonnen (1088 und 1497 q). Die Preßfuttermasse setzt sich ohne künstliche Pressung und erwärmt sich bis zu 140° F. (60° C.). Sechs Wochen nach der Füllung der Silos beginnt die Fütterung des Preßfutters. Außerdem wird getrockneter Grünmais geschnitten verfüttert; er bleibt bis drei Monate auf dem Felde in Schocks stehen, die mit Bindfaden zusammengebunden werden. Auch wird Raps grün verfüttert, oder dem Mais im Silo zugesetzt.

Eigentümlich ist die Fütterung der Pferde. Sie bekommen täglich 4 Pfd. Timothyheu und 1 Pfd. Hafergarben, die zu Häcksel geschnitten und zusammengemengt werden, dazu 2 Pfd. Kleie und mittags einige Möhren; in schwerer Arbeitszeit einige Pfund geschnittene Gerste an Stelle der Möhren. Gefüttert wird an Werktagen dreimal, an Sonntagen aber nur zweimal.

Die Haupt-Feldfrüchte sind: Hafer, Gerste, Erbsen und Kleegras (Timothy und Rotklee) zum Mähen; das Weidegras besteht aus Wiesenschwingel (**Festuca pratensis**) und Blaugras (**Poa pratensis**). Roggen und Weizen sind nur Nebenfrüchte; sie dienen hauptsächlich für den örtlichen Bedarf und sie müssen schon früh (vom 1.—15. September) gesäet werden, damit sie kräftig in den harten Winter kommen. Nach Roggen wird Hirse als zweite Ernte genommen. Der Mais wird vorwiegend zu Preß-, oder zu Trockenfutter gebaut und in der Milchreife der Körner geschnitten. Nur im Westen und Süden der Provinz Ontario gelangt der Mais zur vollständigen Reife. Für Preßfutter sind die beliebtesten Maissorten: **Mammouth Southern Sweet, Red Cob** und **Grand Prolific**. Man legt von diesen Maissorten je 2 Körner einen Fuß weit in Reihen von 3—3 ½ Fuß. Andere Futterpflanzen sind: **Sorghum Saccharatum**, Turnips (die ungefähr am 20. Juni am Platze gesäet werden), Runkelrüben (Mangolds genannt), und Zuckerrüben.

Von saatenschädlichen Insekten kommen vor: die Getreidewanze (**Blissus leucopterus**), die Hessenfliege (**Cecydomyia destructor**) und der Coloradokäfer (**Doryphora decem-lineata**); ihr Schaden ist aber in der Provinz Ontario nicht bedeutend. Die schlimmsten Unkräuter sind die krausblättrige kanadische Distel (**Cnicus arvensis**) und der wilde Wermut (**Ragweed, Ambrosia artemisiaefolia**). Zur Vertilgung der Unkräuter wird Raps angebaut, der grün untergepflügt wird.

Der Obst- und Gemüsegarten der Versuchswirtschaft ist sehr gut gepflegt. Die Haupt-Baumfrüchte sind Aepfel, von Beerenfrüchten werden Erdbeeren und Himbeeren in größerer Ausdehnung angebaut, von Gemüsen: Spargel, Hülsenfrüchte, Wurzelfrüchte, Artischocken, Rhabarber, eiförmige Kürbis (**Vegetable Marrows, Cucurbita ovifera**), Schwarzwurzeln (**Salsifies, Scorzonera hispanica L.**) u. s. w., kurz, alle möglichen Gemüse in reichlicher Auswahl. Selbst Weintrauben wurden gezogen, an fünfdrähtigen Spalieren, 5 Fuß hoch; die Reben standen in 10 Fuß entfernten Reihen, in der Reihe 10 Fuß von einander. Am besten gerät die Niagaratraube.

Der Tagelohn auf der Versuchswirtschaft ist im Sommer Doll. 1 ¼ (M. 5,21) und Verpflegung; der Jahreslohn Doll. 175 (M. 729,75) mit Verpflegung, Doll. 300 (M. 1251) ohne Verpflegung, jedoch mit freier Benutzung eines kleinen Hauses. Dienstmädchen bekommen monatlich Doll. 7—9 (M. 29,19—37,53) mit Verpflegung. Der Arbeitslohn ist also hier niedriger als in den Vereinigten Staaten im allgemeinen.

Die Ackerbau-Abteilung der Versuchsstation hat sich beschäftigt mit verschiedenen, aus Deutschland, England und Schottland eingeführten Getreidesorten, mit Kulturversuchen von Mais, Erbsen, gemischten Gräsern u. s. w. Dann mit Fütterungsversuchen an Rindern und Schafen, Ersatz von Körnern durch Wurzeln bei Milchproduktion, Verwendung von Runkelrüben bei Kälbern nach drei Monaten Alter, mit Anbauversuchen von australischem Getreide, Verwendung von Salz zur Gerstenkultur, das sich auf feuchtem und Thonboden am besten bewährte.

Die Hauptthätigkeit der Versuchsstation in Guelph betrifft das Molkereiwesen, einschließlich der Fütterung von Milchkühen. Die Molkerei der Versuchswirtschaft zu Guelph hat einen Versuchsstall, der bis 20 Kühe fassen kann. In ihrer Butterei verarbeitet sie den Rahm von etwa 150 Kühen, der ihr jeden zweiten Tag von den Farmern der Umgegend geliefert wird. Täglich macht sie 100—200 Pfd. Butter. Gebuttert wird in einem rechtwinkeligen sog. Revolving Churn (Drehbutterfaß), wie es S. 203, Fig. 32 abgebildet ist; dieses Butterfaß hält 50 Gallonen (227 l) Rahm.

Der von den Farmern gelieferte Rahm wird einer eigentümlichen Rahm- oder Butterprobe unterworfen. Der Rahm wird nämlich in graduierte Probiergläser eingefüllt, die zu 150 Stück in einen eisernen Kasten kommen, der durch Dampfkraft $^{3}/_{4}$—1 Stunde geschüttelt wird; dann wird der Rahm auf 110—120° F. (43,3—48,9° C.) erwärmt und wenn er bis auf 70° F. (21,1° C.) abgekühlt ist, wieder $^{1}/_{2}$ Stunde geschüttelt, dann bis auf 130° F. (54,4° C.) erwärmt, aus dem Kasten genommen und ruhig hingestellt. Nach einer Stunde kann die gebildete Butter an der Skala der Probiergläser abgelesen werden; diese Skala zeigt an die Anzahl der Unzen Butter für 1 Zoll Rahm. Ein Zoll Rahm des Probierglases entspricht 113 Kubikzoll oder einem Zoll Rahm in einer Kanne von 12 Zoll Durchmesser. Durchschnittlich werden 14 Unzen Butter von 113 Kubikzoll Rahm (1 g Butter von 4,67 ccm Rahm) gewonnen, oder 1 Pfd. Butter von 24—28 Pfd. Milch (3,57—4,17 %).

Die Molkerei läßt den Rahm von den Farmern abholen. Der Mann, der dies besorgt, mißt auf jeder Farm die Höhe des gelieferten Rahms (in den 12 Zoll weiten Rahmkannen) und thut zugleich eine Probe desselben in die obenerwähnten graduierten Probiergläser. Die Rahm-Sammelkanne ist mit einem inneren beweglichen Deckel versehen, der das Schütteln des Rahmes verhindert. In der Molkerei wird der Rahm in einer länglich viereckigen doppelwandigen Rahmwanne (ähnlich der früher beschriebenen Käsewanne) durch Dampf erwärmt, oder durch Eis gekühlt. Als passendste Temperatur zum Buttern wird erachtet: im Sommer 57—58° F. (13,9 bis 14,4° C.), im Spätherbst und Winter 62—64° F. (16,7—17,8° C.). Man empfiehlt den Rahm im Sammelgefäß mit $^{1}/_{4}$ reinem Wasser zu versetzen, ihn auf einer Temperatur von 60° F. (15,5° C.) zu halten und vor dem Buttern schwach sauer zu machen; dies geschieht durch Zusatz einer zwei Tage vor dem Buttern abgenommenen und in einer Temperatur von 70° F. (21,1° C.) beiseite gestellten kleinen Rahmmenge (entsprechend 2 % des zu butternden Rahmes). Wenn nach dem Buttern die Buttermilch abgenommen ist, wird der Butter reines Wasser von 55° F. (12,8° C.) zugesetzt. Die Butter wird dann mit dem bekannten amerikanischen Butterkneter bearbeitet und zu 1 Pfd. Butter $^{3}/_{4}$ Unzen Salz (4,7 %) hinzugethan. Die Butter wird verschifft in irdenen Töpfen zu 50 Pfd. (22,7 kg) und meistens in der Provinz, oder nach Schottland verkauft. Der Ortspreis war zur Zeit meines Besuches am 21. September 22—23 cts das Pfd. (M. 2,02—2,12 d. kg). Die Farmen, welche den Rahm liefern, bekommen dafür den Butterpreis abzüglich 4 cts (36,8 Pf. d. kg) für das Machen der Butter.

Die Käserei betreibt die Molkerei in Guelph nur versuchsweise. Zur Zeit meines Besuches enthielt die Käsekammer derselben nur fremde Käse von verschiedener Zubereitung, um festzustellen, wie sie sich bei gleicher Behandlung durch drei Monate verhalten. Außerdem hat die Molkerei einen kleinen Separator zu Doll. 140 von Burmeister und Wain in Kopenhagen zu Abrahmungsversuchen und eine einfache, vierpferdige Dampfmaschine zum Betriebe des Butterfasses und der Rahmprobungsmaschine.

In der Provinz Ontario bestehen zwei Molkerei-Genossenschaften (Dairymen's Associations), die eine für den Westen, die andere für den Osten. Jede dieser Gesellschaften hält je 4 Milch-Inspektoren und Käserei-Instruktoren, welche für die westliche Genossenschaft unter der Leitung von Prof. Robertson in Guelph stehen. Außerdem besteht noch eine Creamery Association mit zwei Inspektoren für Butterfabriken. Diese Genossenschaften stehen unter der Aufsicht des Ackerbauministers der Provinz Ontario. Die beiden Dairymen-Associations bekommen von der Provinz einen jährlichen Beitrag von je Doll. 2500 (M. 10 425), die Creamery-Association einen Jahresbeitrag von Doll. 1500 (M. 6255) zur Besoldung ihrer Lehr- und Aufsichtsorgane. Jede Butter- und Käsefabrik zahlt diesen Aufsichts- und Lehrorganen jährlich Doll. 8—12 (M. 33,36—50,04), wofür diese zur Belehrung der Butter- und Käsemacher jede Fabrik dreimal jährlich besuchen. Die Veröffentlichungen der Molkerei zu Guelph werden unentgeltlich an alle Leiter der Butter- und Käsefabriken in der Provinz verteilt.

Die Bedeutung des Molkereiwesens für die Provinz Ontario ergibt sich aus der Thatsache, daß sie 1889 über 800 Käsefabriken und etwa 40 Butterfabriken besaß. Ganz Kanada führte 1888 für 9 Mill. Dollar (37 1/2 Mill. M.) Käse und für 1/2 Mill. Dollar (etwa 2 Mill. M.) Butter aus. Der Käse geht meistens nach England, wo der Käseverzehr durchschnittlich 20 Pfd. auf den Kopf der Bevölkerung beträgt, in Kanada selbst nur 5 Pfd. Man bezeichnete mir die 800 Käsefabriken Ontarios als cooperatives, was sie aber nur insofern sind, als sich eine gewisse Zahl von Farmern zur regelmäßigen Lieferung von Milch an eine Käsefabrik verpflichten, während diese auf eigene Rechnung des Käsers betrieben wird. Man rechnet durchschnittlich auf eine Käsefabrik die Milch von 350 Kühen.

In der Regel holt sich der Käser die Milch, zu welchem Zweck hohe hölzerne Milchgerüste an den Hauptstraßen aufgestellt sind, auf welche die Farmer die vollen Milchkannen stellen, die der Käser abholen läßt, und dafür die leeren Milchkannen vom vorhergehenden Tage hinstellt. Im westlichen Teile von Ontario habe ich solche Holzgerüste für Milchkannen an allen Hauptstraßen gesehen. Dieses ganz öffentliche Verfahren der Milchlieferung beweist einen hohen Grad von Vertrauen zwischen den Käsereien und Farmern einerseits und von beiden gegen die Gesittung der Bevölkerung andrerseits. Kein Mensch beeinträchtigt diese Art des Milchverkehres; Säugetiere können an die hochstehenden Milchkannen nicht anreichen und gegen Vögel und andere fliegenden Tiere schützt der Deckel der Milchkanne.

Ehe ich näher auf das Käsereiverfahren in Ontario eingehe, will ich zunächst der ontarischen Farmers-Institute gedenken.

In der Provinz Ontario hat das Parlament selbst die Farmersinstitute organisiert; 1889 bestanden deren neunzig. Jede Grafschaft und jeder Riding (Bezirk einer Grafschaft) darf ein solches Institut gründen, wenn sich mindestens 50 Mitglieder dazu vereinigen; diese haben einen jährlichen Beitrag von je 25 cts (M. 1,04) zu zahlen. Jedes Farmers-Institut muß wenigstens zwei Versammlungen jährlich in verschiedenen Teilen des Ridings abhalten. Der Vorstand des Farmers-Institut darf nur aus praktischen Farmern bestehen. Wenn der Grafschafts-Rat ein solches Institut gründet und zur Deckung der Versammlungskosten jährlich Doll. 25 (M. 104,25) bewilligt, dann verpflichtet sich die Gesetzgebung der Provinz, dieselbe Summe zu zahlen. Diese Beträge dienen zur Deckung der Kosten für Anzeigen, Miete, Heizung, Beleuchtung u. s. w. bei den Versammlungen.

Die Leitung der Farmers-Institute in Ontario hat gegenwärtig Präsident Mills in Guelph. Er läßt sich von den Professoren des von ihm geleiteten College ein Verzeichnis der Vorträge geben, welche sie auf den Versammlungen des Farmers-Institut zu halten beabsichtigen. Zu diesen Vorträgen sind alle Professoren verpflichtet und zwar unentgeltlich, da die Entlohnung dafür in ihrem Gehalt eingerechnet ist. Diese Vortragslisten sendet der Präsident an die Sekretäre der Farmers-Institute, die sich daraus die entsprechenden Gegenstände auswählen. Da aber die an den Farmers-Instituten gewünschten Vorträge nicht allein von den Professoren der landwirtschaftlichen Schule zu Guelph besorgt werden können, so hat Präsident Mills die Aufgabe, auch praktische Farmer als Vortragende heranzuziehen. Diese Vortragenden bekommen eine Entschädigung von Doll. 2½ (M. 10,42) täglich und den Ersatz ihrer Reisekosten. Die Professoren von Guelph bekommen nur ihre Reisekosten ersetzt. Die Vorträge werden in der Regel frei gehalten, es kommen aber auch Vorlesungen aus Zeitungen oder Büchern vor.

Die Versammlungen der Farmers-Institute dauern von nachmittags ½2 Uhr bis zum Abend des nächsten Tages. Die Professoren von Guelph beteiligen sich an diesen Versammlungen vorwiegend im Januar (wenn die Studenten Ferien haben) und sie können in einer Woche drei Versammlungen besuchen, oder alle zusammen 21 in einer Woche, 63 in den drei Ferienwochen des Januar. Im Jahre 1888 wurden durch Vermittlung des Präsidenten Mills 80 Versammlungen abgehalten mit einem Kostenaufwande von Doll. 3000 (M. 12 510).

Sämtliche Farmers-Institute der Provinz Ontario sind zu dem Central Farmers Institut durch je zwei Abgeordnete verbunden, das eine Jahresversammlung in Toronto (der Hauptstadt Ontarios) abhält zur Besprechung gemeinsamer Angelegenheiten.

In jeder Grafschaft Ontarios besteht ferner eine Landwirtschafts-Gesellschaft, deren Aufgabe es ist, Ausstellungen (Fairs) zu veranstalten. Diese Gesellschaften sind unabhängig von einander. Außerdem bestehen noch zahlreiche andere landwirtschaftliche Genossenschaften, ganz wie in den Vereinigten Staaten.

Die Provinz ist in 13 landwirtschaftliche Bezirke geteilt, deren jede ein Mitglied zur Landwirtschaftstafel (Board of Agriculture) in Toronto wählen. Diese Tafel steht unter der Aufsicht des ontarischen Ackerbauministers; sie besorgt die Herdbücher, prämiiert gute Farmen, gewährt Preise für landwirtschaftliche Schriften und veranstaltet jährlich eine Provinzial-Ausstellung. So ist das landwirtschaftliche Vereinswesen in der Provinz Ontario musterhaft organisiert.

Der westliche Teil der Provinz Ontario, zwischen dem Ontario- und Huron-See gelegen, ist ein gut bewirtschaftetes und von wohlhabenden Bauern bewohntes Land. Die Farmgebäude sind meistens von Stein und Ziegeln, gute Straßen durchziehen das Land. Die durchschnittliche Größe der Farmen ist in dieser Gegend 100 Acker (40,5 ha) und eine solche Farm zahlt jährlich etwa Doll. 25 (M. 2,57 v. ha) an Steuern. In der Stadt Guelph betragen die sämtlichen Steuern 2 % des Einkommens, auf dem Lande 0,8 %. Der durchschnittliche Zinsfuß für Hypotheken ist 6 %. In der Umgebung von Guelph kostet Farmland Doll. 70—80 der Acker (M. 721—824 d. ha), in der Umgebung von Stratford Doll. 100 der Acker (M. 1030 d. ha), Durchschnittspreis im südwestlichen Ontario ist Doll. 50 der Acker (M. 515 d. ha). Die Eingangszölle an der Grenze zwischen den Vereinigten Staaten und Kanada betragen: für Weizen p. Bsh v. 60 Pfd. 15 cts (2,3 Pf. d. kg), für Gerste p. Bsh v. 48 Pfd. und Hafer v. 34 Pfd. 10 cts (2 u. 2,7 Pf. d. kg), für Mais p. Bsh v. 56 Pfd. 7½ cts (1,2 Pf. d. kg), für Tabakblätter das Pfd. Doll. 2 (M. 18,40 d. kg). Der Zoll für Mager- und Schlachtvieh beträgt 20 % des Wertes. Zuchtvieh ist zollfrei. Die Provinz Ontario allein führt jährlich für etwa 2 Mill. Dollar Pferde nach den Vereinigten Staaten aus. Die übrigen Ausfuhrprodukte Ontarios sind Gerste und Eier nach den Vereinigten Staaten, Käse, Schlachtvieh und Weizen nach England, wo die Einfuhr kanadischer Produkte zollfrei ist.

In der Umgegend von Guelph habe ich einige Farmen besucht, zunächst die Janefield Farm des Herrn Thomas Mc. Cran, der 1849 aus Schottland eingewandert ist. Diese Farm umfaßt 150 Acker (60,75 ha); sie ist berühmt durch ihre Gallowayzucht, die seit 1861 besteht. Ich sah dort über 80 schwarze Gallowayrinder von sehr gleichmäßigen, breiten und gedrungenen Formen. Die Kühe und Färsen waren alle auf der Weide und boten einen prächtigen Anblick dar. Außerdem hielt Herr Mc. Cran schwarze Esserschweine und gesperberte Plymouth Rocks.

Die Woodland Farm der Herren D. und O. Sorby ist berühmt durch ihre Clydesdalezucht, welche durch 43 gut gebaute und kräftige Pferde vertreten ist. Beiläufig will ich bemerken, daß ich hier den schönst gebauten und am zweckmäßigsten eingerichteten Pferdestall sah, der mir in Nordamerika vorgekommen ist. Die Grundlage und Untermauer des Stalles bestand aus Granitsteinen, die übrigen Mauern aus Ziegeln. Im Innern des Stalles lagen die geräumigen Pferdestände zu beiden Seiten eines breiten, mit Cederblöcken gepflasterten Ganges. Die niedrige Haferkrippe jedes Standes war von außen zugänglich; die ebenfalls niedrige Heuraufe im Stande wurde vom Heuboden aus gefüllt; zwischen je zwei Ständen befand sich eine hölzerne Tränkwanne, die auch von außen gefüllt werden konnte, so daß die Pferdewärter nicht nötig hatten, behufs Fütterung in die Pferdestände einzutreten; außerdem wurde Arbeit erspart.

Von Guelph fuhr ich nach Stratford, zur Besichtigung der Käserei des Herrn Thomas Ballantyne, Parlaments-Mitgliedes für Ontario. Die Käserei liegt in Tavistock, 13 Meilen von Stratford. Sie ist sehr einfach eingerichtet, das Gebäude ganz von Holz, aber ihr Betrieb ist der größte, den ich in Nordamerika gesehen habe. Im Arbeitsraum standen sechs länglich viereckige Käsewannen von gleicher Form und Größe, wie ich sie früher (Seite 206) beschrieben habe. Herr Ballantyne hat im Jahre 1888 105 000 Käse zu durchschnittlich 70 Pfd. (31,8 kg) nach London, England, verkauft; jeder Käse liegt allein in einer Holzschachtel mit Wand von Ulmenholz, Deckel und Boden von Fichtenholz, die fabrikmäßig zu 11 cts (45,8 Pf.) das Stück hergestellt werden. Die Art und Form der Käse (Cheddarkäse) ist die gleiche wie in den Vereinigten Staaten; die Käse in der Fabrik zu Tavistock hatten durchschnittlich 1 Fuß Höhe und 1¼ Fuß Durchmesser. Außerdem mästet Herr Ballantyne jährlich 400—500 Schweine mit Molken, Kleien und Erbsen.

Zu dieser Käserei liefern 170 Farmer die Milch, die Herr Ballantyne abholen läßt und den Farmern den Käsepreis bezahlt, abzüglich 2 cts per Pfd. Käse (18,4 Pf. v. kg) für seine Arbeit. Da während meiner Anwesenheit in Ontario der Käsepreis ab Fabrik 10 cts das Pfd. (92 Pf. d. kg) betrug und zu 1 Pfd. Käse durchschnittlich 10 Pfd. Milch verwendet wurden, so verwerteten sich durch Käserei: 10 kg Milch mit 92 — 18,4 Pf. = 72,6 Pf., oder 1 kg Milch mit 7,36 Pf. Die Molken behält die Käserei. Die Abrechnung der Käserei mit den Farmern geschieht monatlich. Die eingebrachte Milch soll angeblich mit Rahmmessern probiert werden; ich fand diese aber in einem Zustande, welcher für deren Nichtgebrauch sprach.

In dem Empfangsraum der Käserei wird die Milch gewogen und der Betrag jedem Farmer in sein Lieferungsbuch eingetragen. Aus der auf der Wage stehenden Milchsammelkanne rinnt die Milch durch Blechrinnen in die Käsewannen, wo sie bis 84° F. (29° C.) durch Dampf erwärmt und in jeder Käsewanne durch zwei Doppelflügel umgerührt wird; das dauert etwa 3/4—1 Stunde. Dann wird Lablösung zugesetzt, die in der Käserei selbst aus getrockneten, in Salzwasser erweichten Kälbermagen hergestellt wird. Diese Lablösung wird mit der Milch von fünf an einem Längsbalken über jeder Wanne befestigten und durch Dampf bewegten Doppelflügel (Adjutators) mit hakenförmig gebogenen Enden verrührt. Nach etwa 3/4 Stunden ist die Milch geronnen und nun wird der Quarg mit den früher (S. 208) beschriebenen Käsemessern kreuz und quer durchschnitten, langsam bis 98° F. (36,7° C.) erwärmt und dabei durch die fünf Doppelflügel umgerührt. Dann wird die Molke mit einem Syphonheber abgelassen, um unmittelbar in die Schweinetröge zu fließen; der Quarg wird in eine andere mit Kanevas ausgeschlagene Wanne gebracht, wo er etwa 3 Stunden trocknet und mit der Hand umgerührt wird. Dann kommt er in die Käsemühle, wo er gemahlen und gesalzen wird (2 3/4 Pfd. Salz auf 1000 Pfd. Milch), um endlich, umgeben vom Käsetuch, in kurzen Ahornfässern ohne Boden gepreßt zu werden. Der Deckel des Fasses wird unter eine Eisenschraube gestellt, die mit der Hand und einem Hebel gedreht wird In der Presse bleibt die Käsemasse etwa 17 Stunden. Dann kommen die von Kanevas umhüllten Käse auf die Borde der Käsekammer (Curing room), die auf eine Temperatur von 65—70° F. (18,3—21,1° C.) gehalten wird. Die Sommerkäse reifen in einem Monat, die Herbstkäse in 7—8 Wochen. Es werden vom 1. April bis 30. November nur Vollmilchkäse gemacht. Die reifen Käse, welche ich in Tavistock am 25. September gesehen habe, zeigten eine sehr gleichmäßige, feste Masse, die mit Anatto (dem Fruchtmark von **Bixa Orellana** aus Südamerika) schwach gelb gefärbt war.

Auf der Farm des Herrn Ballantyne bei Stratford, welche 200 Acker (81 ha) umfaßt, sah ich, wie der grün geschnittene Mais um ein eigentümliches Bockgestell geschockt wurde. Der Viehstand bestand wie meist überall in der Gegend aus Shorthorns und Kreuzungen.

Mit Herrn Ballantyne besuchte ich eine landwirtschaftliche Bezirks-Ausstellung (**Riding Fair**) zu St. Marys im westlichen Ontario. Bemerkenswert auf derselben war mir ein Wirtschaftswagen, dessen Deichsel ganz auf- und niedergeschlagen und dann so wagrecht befestigt werden konnte, daß die Pferde ihn nicht zu tragen brauchen; dieser Wagen war aus der Fabrik von Adams und Sohn in Paris, Ontario. Herr John Robertson von St. Marys hatte zwei sehr schöne Clydesdalestuten ausgestellt, die zusammen 3635 Pfd. (1652 kg) Lebendgewicht hatten; die eine Stute war aus Schottland eingeführt, die andere selbstgezogen. Das waren die schönsten Clydesdales, die ich in Nordamerika gesehen habe. Beide Stuten waren braun mit weißen Abzeichen an Kopf und Füßen, hatten sehr breite aber feine Köpfe, einen kurzen und gedrungen gebauten Rumpf und kurze Beine; sie erhielten einen ersten Ausstellungspreis. Außerdem waren sehr große und breit gebaute Boarder Leicesters, schöne Southdowns, Hühner, Puter, Gänse und Enten ausgestellt.

In St. Marys trank ich einen, St. Malo genannten weißen kanadischen Wein aus Concordtrauben; er hatte einen milden und reinen Geschmack, ähnlich dem französischen Sauternes.

Am 26. September besuchte ich mit Herrn Ballantyne die Grafschafts-Ausstellung zu Hamilton im Wentword County. Diese Stadt ist sehr schön am westlichen Winkel des Ontariosees gelegen und ihre Umgebung ist berühmt durch Obstbau. Ich sah hier in der That eine ganz hervorragende und reichhaltige Ausstellung der besten Herbstfrüchte, insbesondere Aepfel, Pflaumen und Birnen der besten Sorten. Auch die Gemüseausstellung war gut und reichhaltig. Die Geflügelausstellung war ebenfalls sehr gut und mit fast allen in der Landwirtschaft betriebenen Zuchten bestellt. Hervorragend waren die braunen Italiener (Leghorns), die in Kanada als beste Eierleger gelten, die lichten Brahmas, weiße und silberlack Wyandottes, Plymouth Rocks u. s. w. Auch sah ich in Hamilton die schon erwähnten schwarzen Javas mit ganz schwarzem Gefieder, Füßen und Schnabel, ähnlich den Langshans. Unter dem Namen French Fowls waren große goldlack Hamburger ausgestellt. Von ausgezeichneter Farbenreinheit waren die Sebright-Bantams. Auch schwarze, grünschimmernde Cayuga-Enten, sehr große Truthühner und Gänse waren gut vertreten.

Von Pferden waren Suffolks und Ponies am besten vertreten, von Rindvieh Herefords, Angus und Ayrshires, dagegen nur wenig Jerseys und Holländer. Der Zahl nach herrschten Shorthorns und Ayrshires vor; letztere sind als Milchkühe in Kanada sehr beliebt.

Von Schafen waren am besten vertreten die Shropshires des Herrn John Campbell zu Fair View Farm, Grafschaft Victoria, Ontario; die Tiere waren breit, lang und ebenmäßig gebaut mit sehr dichtem Stand leicht gewellter Haare, welche im ungewaschenen Vlies 13 Pfd. (6 kg) wiegen und zu 23 cts das Pfd. (M. 2,12 d. kg) verkauft werden; es waren die schönsten Schafe, die ich in Nordamerika gesehen habe. Außerdem zeigte die Schafschau große, breitgeformte Lincolns, ähnlich den Leicesters, doch ist das Haar jener länger; schöne Southdowns und gehörnte Dorsets, die wahrscheinlich durch Kreuzung mit Merinos entstanden sind, denen die Form der Hörner und der Charakter der freilich lockereren Wolle ähnlich ist. Im übrigen waren noch Cotswolds, Oxfordshiredowns, wenige Merinos und Kreuzungen von Shropshirebock mit Cotswoldmüttern ausgestellt; es waren große und breite Tiere mit tiefer, schwach gestapelter Mittelwolle.

Von Schweinen waren gut vertreten: weiße Yorkshires und Suffolks, schwarze Essex', Berkshires von sehr schönen, breiten und langen Formen und sehr kurzen Schnauzen, Polandchinas mit weißen, etwas faltigen Gesichtern. Die schwarzen Schweine glänzten sehr schön; als ich sie aber anfühlte, merkte ich, daß sie mit Stiefelwichse beschmiert waren.

Von neuen Ackermaschinen sah ich den zweireihigen Turnipssäer von B. Bell und Sohn in St. George, Ontario, welchen ich im 7. Abschnitt S. 101 beschrieben habe. Ferner war eine Fence Making Maschine für Handbetrieb zu sehen, welche 5 Doppeldrähte um Holzlatten dreht und so eine feste, aber dabei elastische Umfriedung von etwa fünf Fuß Höhe herstellt. Ein Kartoffelgraber von H. Binkley zu Lancaster, Ontario, wurde mir von Farmern als praktisch gerühmt.

Von Hamilton reiste ich nach Brantford, um den einige Meilen entfernt gelegenen Bow Park zu besuchen. Diese Farm von etwa 1000 Acker (405 ha) gehört einem Journalisten in Edinburgh, Schottland, und wird von Herrn Hope verwaltet; sie ist berühmt durch ihre Shorthornzucht.

Der Acker von Bow Park wird in sieben Schlägen bewirtschaftet: 1. Mais, 2. Hafer, 3. Wurzelfrüchte, 4. Hafer, 5. Weizen, 6. und 7. Kleegras (Rotklee und Timothygras). Die Weiden werden mit Wiesenschwingel und Knaulgras angesäet und 3—6 Jahre verwendet, dann umgebrochen, kultiviert und wieder angesäet. Außerdem besitzt die Farm schöne beständige Blaugrasweiden, welche mit großen Eichen, Ahorn, Ulmen und Hikorybäumen bestanden sind, unter denen das Vieh Schatten und Schutz findet. Das Waldland enthält außer den genannten Bäumen noch Linden und Butternuß (Juglans cinerea).

Der Mais wird teils der Körner wegen, teils als Futter gezogen. Die Durchschnittsernte an Maiskörnern beträgt 60—70 Bsh v. Acker (52,20 bis 60,90 hl v. ha); der in Schocks auf dem Felde stehende Mais hatte sehr lange Kolben mit 15 Reihen Körnern, aber nur kurzes Stroh; Weizen gibt eine Durchschnittsernte von 25—32 Bsh v. Acker (21,75—27,84 hl v. ha). Von Wurzelfrüchten werden Runkelrüben, (Mangolds) und Turnips gezogen. Der Futtermais (Pferdezahnmais) wird grün, bezw. in der Milchreife geschnitten und auf dem Felde in Schocks aufgestellt. Die Farm besitzt keine Silos, denn Herr Hope ist kein Freund von Preßfutter.

Der Rindviehstand besteht aus 175 Shorthorns von Bates- und Boothsblut und 25 Kreuzungen, zusammen 200 Stück. Die Shorthorn von Bates-Abstammung sind vorwiegend einfärbig rot, die von Booth-Abstammung meistens Rotschimmel. Die Bullen und Hauptkühe standen in Einzelständen, das Jungvieh war auf der Weide. Die Zuchtbullen und Kühe von Bow Park sind von schönen, ebenmäßigen Formen, nicht zu fett gehalten, obgleich die alten Kühe starke Fettpolster an der Schwanzwurzel hatten. In Nordamerika sah ich keine besseren Shorthorns, was auch die Preise beweisen, zu denen das Jungvieh verkauft wird. So hat Herr Hope von einer Ducheßkuh vier Stück Jungvieh (2 zu 9 Monate, 1 zu einem und 1 zu zwei Jahren) für Doll. 18 500 (M. 77 145) verkauft.

Auch sah ich in Bow Park eine gute Geflügelzucht. Als Eierleger werden braune Italiener, Wyandottes und Langshans, als Masthühner Plymouth Rocks gehalten. Die Farm hält eine Puterherde von 80 Stück.

Die ganze Wirtschaft war sehr gut eingerichtet. Eine Dampfmaschine von 20 Pferdekraft treibt verschiedene Hofmaschinen. Alles Heu wird geschnitten. Nach englischer Sitte stehen Heu und Hafer in Feimen, mit Stroh gedeckt. Die Felder zeigen sorgsame Kultur.

Der Arbeitslohn für verheiratete Arbeiter beträgt monatlich Doll. 18 (M. 75,06), außerdem bekommen sie ein Haus mit Garten und Milch. Der Lohn einzelner Arbeiter beträgt monatlich Doll. 15 (M. 62,55), Verpflegung und Wäsche.

Von Brantford fuhr ich an die Niagarafälle. Es würde mich zu weit führen, wenn ich dieser mächtigen und überwältigenden Naturerscheinung beschreibend näher treten wollte. Ich will nur, meinem landwirtschaftlichen Berufe treu bleibend erwähnen, daß ich an den Stromschnellen des Niagara kleine wildwachsende Weintrauben gegessen habe, welche ganz das Aussehen und den Geschmack hatten von schwarzen Johannisbeeren. Auch traf ich dort gelbgrüne Wildäpfel von aromatischem Geschmack.

Die ganze Gegend zwischen Hamilton und dem Niagara ist voll Aepfel- und Weingärten.

XVII. Die landwirtschaftliche Konkurrenz Nordamerikas und die Abwehr dagegen.

Die Mitwerbung landwirtschaftlicher Erzeugnisse Nordamerikas ist eine, allen mittel- und westeuropäischen Landwirten wohl bekannte und schwer empfundene Thatsache, denn sie hat die Preise unseres Weizens und unserer tierischen Erzeugnisse herabgedrückt.

Die Mehrausfuhr landwirtschaftlicher Erzeugnisse der Union betrug i. J. 1888 Doll. 180 463 944 (M. 752 534 646), 1889 Doll. 173 614 336 (M. 723 971 781). An der Mehrausfuhr*) von 1888 beteiligten sich:

Weizen mit	Doll.	55 774 582	=	M.	232 580 007
Weizenmehl mit	„	54 764 453	=	„	228 367 769
Rindvieh und Rindsprodukte .	„	29 141 649	=	„	121 520 676
Schweine und Schweinsprodukte	„	62 742 609	=	„	261 636 679

Die Ausfuhr landwirtschaftlicher Erzeugnisse der Union betrug 1888 73 %, 1889 72,5 % der Gesamtausfuhr. Die Ausfuhr von Weizen war 1888: 65 789 261 Bsh (23 157 820 hl), von Weizenmehl 11 963 574 Barrels (10 659 544 q), 1889: 46 414 129 Bsh (16 337 773 hl) Weizen, 9 374 803 Barrels (8 352 949 q) Weizenmehl. Der Wert der ausgeführten

---

*) Der Wert der folgenden Produkte ist größer als der Wert der Mehrausfuhr, weil viele andere landwirtschaftliche Produkte mehr ein- als ausgeführt wurden.

Weizenernte entspricht etwa dem der ausgeführten Maisernte in Form von Mastochsen und Schweinen und deren Produkte, sowie von unmittelbar ausgeführten Maisprodukten. Die Mehrausfuhr von Schweinsprodukten betrug 1889: 782 601 275 Pfd. im Werte von Doll. 66 716 097 (M. 278 206 124).

Bis jetzt sind es nur jene drei landwirtschaftlichen Produkte der Vereinigten Staaten, welche die mittel- und westeuropäische Landwirtschaft zu fürchten hat: Weizen (und Mehl), Rind- und Schweinefleisch. In Zukunft wird auch der Hopfen dazu kommen, dessen Anbau sich in den West- und Pazific-Staaten immer weiter ausdehnt; im Jahre 1889 wurde für Doll. 1 668 360 mehr Hopfen aus- als eingeführt. Die Ausfuhrprodukte Kanadas nach Europa sind Käse, Weizen und Schlachtvieh, aber diese Produkte werden fast allein vom englischen Markt aufgenommen, wohin sie zollfrei eingehen. Die mitteleuropäische Landwirtschaft wird also von der kanadischen Ausfuhr nicht unmittelbar betroffen, wohl aber durch Ausschließung vom englischen Markt, d. h. jene kanadischen Produkte decken den englischen Bedarf vor den mitteleuropäischen Produkten der gleichen Art.

Wenn ich die Mehrausfuhr von Käse der Vereinigten Staaten, welche im Jahre 1889 einen Wert hatte von Doll. 6 754 487 (M. 28 166 211) bisher nicht erwähnt habe, so geschah es, weil sowohl Deutschland wie Oesterreich ihren Bedarf an Käse durch eigene Produktion nicht zu decken vermögen, so daß also nordamerikanischer Käse zur Zeit kein Konkurrenzprodukt ist für die mitteleuropäische Landwirtschaft. Dazu kommt, daß die mitteleuropäische Bevölkerung an den, in den Vereinigten Staaten und Kanada erzeugten Chedbarkäse nicht gewöhnt ist, so daß dieser — mit Ausnahme von Großbritannien — keinen Markt in Westeuropa findet, wahrscheinlich auch nicht in Osteuropa; doch werde ich auf die mir unbekannten osteuropäischen landwirtschaftlichen Verhältnisse hier keine Rücksicht nehmen.

Die den mitteleuropäischen Landwirt zunächst interessierende Frage ist nun die: was bedingt die ihn bedrückende nordamerikanische Konkurrenz in Weizen und Fleisch von Rindern und Schweinen, und wie lange können diese Bedingungen noch andauern?

Eine der Bedingungen ist das freie oder öffentliche Land, welches als Heimstätte fast unentgeltlich, im Vorkaufe von der Bundesregierung, oder im Ankaufe von den Eisenbahngesellschaften zu sehr geringen Preisen zu erwerben ist; der Acker Bundesland kostet Doll. 1¼—2½ (M. 12,87—25,75 d. ha), Eisenbahnland Doll. 2,60—6 (M. 26,78—61,80 d. ha). Auf Grund amtlicher Berichte der Gouverneure in den Staaten Minnesota, Dakota, Montana, Washington und dem Territorium Idaho schätze ich das dort noch freie ackerbare Land auf mindestens 89 Mill. Acker (36 Mill. ha). Oeffentliches pflugbares Land ist ferner noch zu haben in Nebraska, Colorado, Kansas, Arkansas und den übrigen Südstaaten; mir ist indessen die Summe dieses Landes unbekannt. Ferner beabsichtigt die Bundesregierung die sog. amerikanische Wüste, zunächst in den Staaten und Territorien Kalifornien, Colorado, Utah, Idaho, Montana und New-Mexiko zu bewässern, wodurch angeblich etwa zweihundert Millionen Acker Land der Kultur erschlossen werden sollen. Endlich ist die Besitznahme, bezw. die Kulturerschließung des Indianer-Territoriums mit 40 Mill. Acker (16 1/5 Mill. ha) nur eine Frage der Zeit, nachdem schon das dortige Oklahama-Gebiet der Kultur erschlossen worden ist. Kurz, ich schätze das in den Vereinigten Staaten noch freie pflugbare Land — wenn die Bewässerung der amerikanischen Wüste ausgeführt und das Indianer-Territorium kulturbar gemacht werden kann — auf 300—350 Mill. Acker (121 1/2—141 3/4 Mill. ha). Das in Kanada noch freie, pflugbare Land ist aber noch viel, viel größer; doch bin ich nicht im Stande eine Schätzungssumme dafür anzugeben.

Auch Prof. Dr. Max Sering würdigt diesen Reichtum noch freien, öffentlichen Landes; er schreibt in seinem gegen Ende des Jahres 1887 erschienenen Reisebericht: „Die landwirtschaftliche Konkurrenz Nordamerikas in Gegenwart und Zukunft“ mit gesperrter Schrift S. 563 folgendes: „Die Getreideproduktion von Nordamerika hat noch entfernt nicht ihren Höhepunkt erreicht; speziell das mit Weizen bestellte Areal kann auf mehr als das Doppelte seines gegenwärtigen Umfanges erweitert werden. Daß eine derartige Ausdehnung der Weizenproduktion mit der Zeit durch die fortschreitende Besiedelung und Kolonisation des Landes thatsächlich herbeigeführt werden wird, unterliegt keinem Zweifel, da die Wanderungen von Ackerbauern nach den westlichen Kolonisationsdistrikten auf konstant wirkenden Ursachen der Volksvermehrung in Europa und Nordamerika beruhen. Man kann annehmen, daß das anbaufähige Land in den Weizendistrikten erst in vier oder fünf Jahrzehnten vollständig in Kultur gebracht sein wird.“

Dazu kommt nun noch, daß die durchschnittliche Weizenernte, welche gegenwärtig in den Vereinigten Staaten, 12 Bsh vom Acker (10,44 hl v. ha) beträgt, unzweifelhaft steigerungsfähig ist und erhöht werden wird. Gibt es doch schon jetzt Staaten in der Union, welche — wie z. B. Colorado — durchschnittlich 21 Bsh v. Acker (18,27 hl v. ha) ernten. Vergleichsweise führe ich an, daß die Durchschnitts-Weizenernte von Großbritannien 28 Bsh v. Acker (20,88 hl v. ha) ist. Ich halte es für möglich, daß die Gesamt-Weizenernte in den Vereinigten Staaten in etwa 20 Jahren sich verdoppeln kann, teils durch Ausdehnung der Weizenkultur auf bisher noch freiem Lande, teils durch Steigerung der Durchschnittsernte vom Acker.

Daß sich die durchschnittliche Weizenernte vom Acker in den Vereinigten Staaten noch steigern wird, daran ist gar kein Zweifel, angesichts der regen geistigen und wissenschaftlichen Bewegung auf dem Gebiete der Landwirtschaft. Der nordamerikanische Bauer ist ganz gewiß nicht minder einsichtsvoll und nicht minder fleißig als sein Gewerbsgenosse in Alt-England, oder in Deutschland; aber weit mehr als in irgend einem Lande Europas wird in den Vereinigten Staaten die Wissenschaft in den Dienst der Landwirtschaft gestellt. Mit vollem Verständnis ihrer Aufgabe sucht die amerikanische Wissenschaft der Landwirtschaft ihre Forschungen und Lehren zum Gemeingut aller Landwirte zu machen. Hierin wird sie mit voller Kraft von der Bundesregierung und allen Staatsregierungen auf das Wirksamste unterstützt.

Diese rege geistige Bewegung auf allen Gebieten der Landwirtschaft fördert die landwirtschaftliche Produktion ebensowohl, wie es das wohlfeile, noch öffentliche Land zu thun vermag und sie ist eine zweite Ursache der landwirtschaftlichen Konkurrenz Nordamerikas, welche eine längere Dauer verspricht, als die Besitznahme noch freien Landes.

Dieser mächtigen geistigen Bewegung, diesem Zusammenwirken von Geist und Hand in den Vereinigten Staaten — hat die mitteleuropäische Landwirtschaft nichts entgegenzusetzen. Das europäische Festland starrt in Waffen, die Steuern zur Erhaltung der Kriegsrüstung drücken den Landwirt zu Boden, die Männer der Wissenschaft und die Männer der Praxis verstehen sich nicht, Versuchswirtschaften, welche die Anwendung wissenschaftlicher Lehren auf die Praxis gestatten, besitzen wir in Mitteleuropa nicht. Die Aufmerksamkeit unserer Regierungen ist vorwiegend darauf gerichtet, wie die Steuern zu beschaffen sind, um den bewaffneten Frieden aufrecht zu halten; für landwirtschaftliche Verbesserungen, für die Förderung des landwirtschaftlichen Fortschrittes sind kaum die Mittel aufzubringen.

Eine dritte Ursache für die Erfolge der nordamerikanischen Konkurrenz ist der leichte und wohlfeile Verkehr auf Eisenbahnen und Wasserstraßen. So kostet z. B. die Eisenbahnfracht für 100 Pfd. Weizen in ganzen Wagenladungen von Chicago nach New-York 15,75 cts (M. 1,45 d. q), die Fracht über die Seen und auf dem Eriekanal von Chicago nach New-York 6 cts d. Bsh (70,8 Pf. d. hl, oder 92 Pf. d. q). Die durchschnittliche Entfernung von Chicago nach New-York beträgt auf den sechs Eisenbahnlinien 966 englische Meilen (1554 km). Die Eisenbahnfracht für Weizen beträgt also noch nicht einmal 1/10 Pf. pr. metrischen Zentner und Kilometer. Im Durchschnitt des Jahres 1888 betrug die Dampferfracht für 1 Bsh Weizen von New-York nach Liverpool 5,34 cts (63 Pf. d. hl oder 81,9 Pf. d. q), die Fracht von Chicago nach Liverpool auf dem Wasserwege also 11,34 cts d. Bsh (M. 1,34 d. hl oder M. 1,74 d. q).

Weder in den Vereinigten Staaten noch in Kanada ist es mir möglich geworden, die Erzeugungskosten des Weizens festzustellen. Ich habe zwar mehrfach von einzelnen Farmern gehört, was ihnen ein Bushel Weizen zu erzeugen kostet, aber ich habe nicht die Ueberzeugung gewonnen, daß sie das genau berechnen konnten, bezw. daß sie alle Faktoren zur Erzeugung des Weizens in Betracht gezogen haben. Noch viel weniger kennt man die Weizen-Erzeugungskosten in einzelnen Staaten, oder gar in der ganzen Union, oder in Kanada. Aber das ist gewiß, daß diese Kosten in Nordamerika weit geringer sind als in Europa, insbesondere in Mitteleuropa. Der eine Erzeugungsfaktor, das Land, kostet dort, wo Weizen gezogen wird, durchschnittlich etwa Doll. 10—15 der Acker (M. 103—154,5 d. ha); das ist kaum der zehnte Teil des Preises für Weizenland in Mittel- und Westeuropa. Es gibt freilich in Nordamerika auch Weizenland, welches jenen Durchschnittspreis um das Zehnfache übersteigt, wie in Europa; aber dieses Land, bezw. die Erzeugungskosten des Weizens auf demselben, sind nicht maßgebend für den Weizenpreis, der auf dem Weltmarkte für Weizen, in Chicago, in Beziehung steht zu den Erzeugungskosten in den Weststaaten.

Der zweite Faktor für die Erzeugungskosten des Weizens, der Arbeitslohn, steht in Nordamerika freilich viel höher als in Europa. Der Tagelohn für landwirtschaftliche Arbeiter ist in Nordamerika Doll. 1 bis $1^1/_4$ (M. 4,17—5,21) ohne Verpflegung, der Monatslohn Doll. 16 bis 30 (M. 66,72—125,10) mit Verpflegung; aber der nordamerikanische Farmer spart so viel wie möglich mit der menschlichen Arbeitskraft und wo er kann, ersetzt er sie durch Maschinenarbeit. Auf der früher (S. 62) besprochenen Farm des Herrn Wilhelm Meißner in Iowa waren auf 880 Acker (356,4 ha) nur sechs ständige Arbeiter beschäftigt, welche durchschnittlich Doll. 19 (M. 79,23) Monatslohn und Verpflegung bekamen, die auf Doll. 10—11 (M. 41,70—45,87) monatlich gerechnet wird. Wir wollen einmal annehmen, daß ein Arbeiter mit Lohn und Verpflegung dort monatlich Doll. 30 (M. 125,10) kostet, dann würden sechs Arbeiter jährlich Doll. 2160 (M. 9007), oder Doll. 2,45 p. Acker (M. 25,24 p. ha) kosten*).

Die landwirtschaftlichen Arbeiter in Nordamerika arbeiten für den höheren Lohn aber auch mehr als in Europa. Die Arbeitsdauer ist dort 12 Stunden täglich; sie wird durch die Mittagsruhe unterbrochen, nicht aber durch Frühstück und Jause (Vesper), wie in Europa. Dann hat der Arbeiter in Nordamerika durch das ganze Jahr nur 60 Sonn- und Feiertage, in dem protestantischen Deutschland (wo in der Regel drei Ostern-, Pfingst- und Weihnachtsfeiertage gefeiert werden) 66, in Nieder-Oesterreich 77 und im Herzogtum Salzburg sollen jährlich 102 Sonn- und Feiertage thatsächlich gefeiert werden**).

Während in allen größeren Landwirtschaften Europas — wo mehrere Arbeiter beschäftigt sind — Aufsichtspersonen gehalten werden, um die Arbeiter zu überwachen (wodurch die europäische landwirtschaftliche Arbeit

---

*) Auf einem mir bekannten Gute von 188 Joch (105,2 ha) in Niederösterreich beträgt der Arbeitslohn — ohne die Kosten eines Verwalters — jährlich fl. 5550, das sind fl. 52,7 oder M. 90,2 p. ha, also mehr als das Dreifache des amerikanischen.

**) Während meines Sommeraufenthaltes im Salzburgischen im Jahre 1887 habe ich beobachtet, daß die ländlichen Arbeiter ihre Wochenarbeit am Samstag Mittag schließen und am Montag Nachmittag wieder beginnen; das wären mit den Sonntagen schon 104 Feiertage und mit den übrigen gesetzlichen Feiertagen und Kirchtagen mindestens 130 Tage, an denen nicht gearbeitet wird, also etwa ein Drittel des Jahres.

wesentlich verteuert wird), geschieht dies in Nordamerika nur auf den größten, sog. Bonanzafarmen, welche zur Zeit der Saat und Ernte Hunderte von Arbeitern zeitweilig beschäftigen, die zum Teil mit landwirtschaftlichen Arbeiten gar nicht vertraut sind. Auf mittelgroßen und selbst auf großen Farmen (ich habe solche von 5000 Acker oder 2025 ha kennen gelernt) ist es nicht notwendig, ständige landwirtschaftliche Arbeiter zu beaufsichtigen, weil diese auch ohne Aufsicht ihre Arbeit pflichtgemäß verrichten. Das kommt zwar auch in Europa vor, aber Regel ist dies doch hier nicht. Freilich kommen bei uns auch mehr Arbeiten vor, welche, wie z. B. die Arbeiten der Rübenkultur, vorwiegend mit der Hand verrichtet werden und in Bezug auf gute Ausführung der Aufsicht bedürfen. Aber das verteuert eben die Arbeit.

Im Gegensatz zu dem absolut hohen Arbeitslohn in Nordamerika, sind die ländlichen Steuern dort durchgehends viel niedriger als in Europa, insbesondere als in Deutschland und Oesterreich. Die sämtlichen direkten Steuern betragen auf Farmen der Vereinigten Staaten und Kanadas durchschnittlich 25—30 cts vom Acker (M. 2,57—3,09 v. ha)*). Freilich sind die indirekten Steuern dort hoch genug, aber doch wohl kaum höher als in Europa, und dann kommen sie in den Vereinigten Staaten der Gesamt-Landwirtschaft insofern wieder zu gut, als die Zollüberschüsse seitens der Bundesregierung zum Teil im landwirtschaftlichen Interesse verwendet werden.

Mit Ausnahme der hohen Arbeitslöhne und des hohen, durchschnittlich 7% betragenden Zinsfußes, sind also die Produktionsbedingungen für Getreide und insbesondere für Weizen in Nordamerika viel günstiger als in Europa. Daß diese Bedingungen dort noch eine unabsehbare Zeit andauern werden, dafür sprechen folgende, von Prof. J. R. Dodge, dem Statistiker des Bundesackerbauamtes, im United States Export Almanac des Jahres 1889 veröffentlichte Thatsachen.

In den 35 Jahren von 1849—1884 betrug das Anwachsen der Bevölkerung 141%, jenes der Weizen-Produktion 410%. In 30 Jahren hat sich der Ackergrund von Weizen für die Ausfuhr von einer Million auf zwölf Millionen vermehrt. Gegenwärtig läßt sich die, über den heimischen Bedarf hinausgehende Anbaufläche auf zehn Millionen Acker bemessen. Diese Anbaufläche wird ohne Zweifel bedeutend vergrößert werden, sobald das den Indianern in Dakota schon abgenommene Land kultiviert und die in bestimmte Aussicht genommene Bewässerung der sog. amerikanischen Wüste ausgeführt sein wird.

Wenden wir uns jetzt zur Fleischkonkurrenz der Vereinigten Staaten, deren wertvollste Ernte das abgeweidete und zu Heu verarbeitete Gras bildet, welches gemeinsam mit etwa der halben Maisernte zur Er-

---

*) Auf dem früher erwähnten Gute in Niederösterreich betragen sämtliche Steuern fl. 10,3 oder M. 17,6 p. ha, also etwa das Fünffache der amerikanischen.

zeugung von Fleisch (von Rindern, Schweinen und Schafen) dient. Der Wert dieser Erzeugung wurde 1886 auf Doll. 748 000 000 (M. 3 119 160 000) geschätzt. Einschließlich des Wertes der Häute, der Geflügelzucht und der Milchwirtschaft, beträgt der jährliche Gesamtwert der tierischen Erzeugung 1407 Mill. Doll. (5867 Mill. M.).

Für das Jahr 1890 ist der Fleischviehbestand in den Vereinigten Staaten wie folgt geschätzt worden:

Rindvieh (ohne Milchkühe)	auf 36 849 024	Stück.
Schafe	„ 44 336 072	„
Schweine	„ 51 602 780	„

Das ist ein riesiger Fleischviehstand für eine Bevölkerung von etwa 60 Mill. Menschen und es ist daher begreiflich, daß ein starker Ueberschuß über den inländischen Verzehr zur Ausfuhr kommt. Insbesondere an Schweineprodukten hat die Ausfuhr durch 25 Jahre 15% der ganzen Produktion betragen, im Durchschnitt etwa 2 800 000 Schweine, oder 560 Mill. Pfd. (255 Mill. kg) jährlich. Die Höchstzahl ist mit 7 Mill. Schweinen in einzelnen Jahren erreicht worden. Die Versendungen frischen Rindfleisches haben erst vor zehn Jahren begonnen. Im Jahre 1889 wurden zum erstenmal lebende Mastochsen aus Chicago nach Mainz und Frankfurt a. M. gebracht. Diese Konkurrenz hat die deutschen Landwirte sehr schmerzlich berührt und sie hat umso mehr überrascht, als noch im Jahre 1887 Prof. Dr. Sering (Landw. Konkurrenz Nordamerikas S. 712) schreiben konnte: „Die unmittelbare Zufuhr von frischem Fleisch nach dem Innern des europäischen Kontinentes hat daher große Schwierigkeiten. Das beste Fleisch kann immer nur lebend und mit sehr großen Kosten zugeführt werden."

In der That werden gegenwärtig lebende Mastochsen aus den Vereinigten Staaten über New-York nach Hamburg ausgeführt, um von da in das Innere des deutschen Reiches zu gelangen. Selbst magere Ochsen sind nach Hamburg ausgeführt, um auf deutschen Weiden gemästet zu werden.

Ich habe in Nro. 6 und 9 des Breslauer „Landwirth" 1890 durch eingehende Berechnung (auf Grund eines zu Lansing in Michigan ausgeführten Mästungsversuches) nachgewiesen, daß ein Mastochse erster Güte von Chicago nach Frankfurt a. M. geführt und hier vorteilhaft zum Marktpreise verkauft werden kann, selbst wenn sämtliche Versendungskosten (Fracht, deutscher Eingangszoll von 30 M., Quarantekosten, Verlust u. s. w.) M. 200 erreichen. Wenn ein solcher Ochse mit durchschnittlich 700 kg Lebendgewicht und 450 kg Fleischgewicht zum höchsten Preise von 6 cts d. Pfd. (55,2 Pf. d. kg) Lebendgewicht in Chicago angekauft wird, dann würde er dort M. 386,40 kosten. Nun betrug der höchste Preis für 50 kg Fleischgewicht erster Güte in Frankfurt a. M. am 6. und 13. Januar 1890 M. 70. Der Chicagoer Mastochse von durchschnittlich 450 kg Fleischgewicht würde also in Frankfurt a. M. M. 630 bringen, und da er einschließlich von M. 200 Versendungskosten M. 586,40 kostet, so würde er durch den Verkauf in Frankfurt a. M. noch einen Gewinn bringen von M. 43,60.

Ich bin jedoch überzeugt, daß die gesamten Versendungskosten von Chicago nach Frankfurt a. M. nicht M. 200 pr. Ochse betragen und es ist Thatsache, daß dieser in Chicago durchschnittlich billiger als zu 6 cts das englische Pfd. Lebendgewicht zu kaufen ist; im Jahre 1889 betrug dort der höchste Durchschnittspreis 5,25 cts (48,3 Pf. d. kg). Demnach ist auf Grund meiner genauen Kostenberechnung der günstige Erfolg der Konkurrenz lebender nordamerikanischer Mastochsen mitten im Deutschen Reiche unzweifelhaft festgestellt.

Angesichts dieser, die deutschen und österreichischen Landwirte niederdrückenden Konkurrenz von nordamerikanischem Weizen und Fleisch, entsteht nun die Frage: wie kann diese Konkurrenz abgewehrt, oder doch ihre Nachteile ausgeglichen werden?

Der mitteleuropäische Landwirt muß zunächst mit den Thatsachen rechnen, daß erstens in Europa, insbesondere in Mittel- und Westeuropa, kein freies oder öffentliches Land mehr zu haben ist, und zweitens in Europa der bewaffnete Friede aufrecht zu erhalten und infolge dessen eine Steuerlast zu tragen ist, welche etwa ein Drittel des landwirtschaftlichen Reinertrages in Anspruch nimmt. Diesen Zustand können wir in Europa gegenwärtig nicht ändern und wir haben deshalb mit ihm, als mit einem Betriebsfaktor, zu rechnen. Die Frage lautet nun: wie muß der mitteleuropäische Landwirt unter dem gegenwärtigen Zustande des bewaffneten Friedens wirtschaften, um die nordamerikanische Konkurrenz in Weizen und Fleisch zu ertragen?

Bezüglich der Weizen-Konkurrenz liegt die Antwort nahe: keinen Weizen für den Weltmarkt bauen, sondern nur für den örtlichen Bedarf. Kein Land in Mittel- und Westeuropa ist im Stande, Weizen so billig zu erzeugen wie Nordamerika. Das naheliegende und beliebte Mittel der europäischen Staaten: durch Zölle die Einfuhr des nordamerikanischen Weizens zu vermindern, oder abzuwehren, verteuert das Weizenbrot für die nicht weizenbauende Bevölkerung, und da die Getreidezölle nicht bloß für nordamerikanischen Weizen, sondern für jede Getreideeinfuhr bestehen, so wird der Getreideverkehr in Europa selbst erschwert. Ohne die Landwirte des mittel- und westeuropäischen Festlandes zu schädigen, könnte die Weizeneinfuhr von Nordamerika, Rußland und Indien nur beschränkt werden durch einen *westeuropäischen Zollverein*, welcher die Staaten des deutschen Reiches, Oesterreich-Ungarn, die Niederlande und Belgien, Frankreich, Spanien, Italien und die Schweiz zu vereinigen hätte. Diese Staaten müßten *zollfrei* ihren Weizen gegenseitig austauschen und sich durch hohe Schutzzölle gegen die Weizeneinfuhr der übrigen Staaten absperren. Ob ein solcher Zollverein *möglich* sein wird, wage ich nicht zu entscheiden, daß er aber *notwendig* ist, um die westeuropäischen Völker wenigstens wirtschaftlich zu einigen, das ist gewiß.

Unter dem gegenwärtigen System der europäischen Staaten, sich gegenseitig durch Zollschranken abzusperren, müssen wir zunächst in Betracht ziehen, was an Stelle der ausfallenden Weizenernten anzubauen ist. Ich meine, es müßte erstens der Obst- und Gemüsebau und zweitens der Futterbau ausgedehnt werden.

Das Angebot von Tafelobst entspricht in den mitteleuropäischen Staaten gegenwärtig nicht der Nachfrage. Im allgemeinen ist der Obstgenuß in Mitteleuropa ein Luxus, den sich nur reiche Leute als Alltagsgenuß gönnen können. Und doch gibt es kein größeres Ländergebiet, weder in Oesterreich noch in Deutschland, wo nicht eine dem Boden und Klima angepaßte Obstsorte gedeihen und im großen gezogen werden könnte. Selbst in den nördlichsten Provinzen des deutschen Reiches reifen vortreffliche Aepfel, Zwetschen und Pflaumen, und einer der besten deutschen Aepfel, der Gravensteiner, hat seine ursprüngliche Heimat in Schleswig-Holstein. Ganz besonders liegt die Kultur der Beerenfrüchte in Oesterreich und Deutschland sehr im Argen. Millionen von Hektaren könnten in beiden Staaten mit Erdbeeren, Himbeeren und Brombeeren angebaut werden. Merkwürdigerweise ist der Anbau der Garten-Brombeere in Oesterreich und Deutschland ganz unbekannt. Ferner gibt es in diesen Staaten große Flächen von Sumpf- und Moorland, welche gegenwärtig kaum einen Ertrag bringen. Warum werden sie nicht mit der nordamerikanischen Moosbeere (Vaccinium macrocarpum) angebaut? Diese Beere bringt den Vereinigten Staaten, namentlich in New-Jersey einen Rohertrag von mindestens Doll. 150 vom Acker (M. 1545 v. ha) und sie beansprucht nach der ersten Anlage (Pflanzung und Bewässerungsanlage) fast gar keine Kultur.

Im Gemüsebau ist Norddeutschland schon sehr vorgeschritten; insbesondere werden dort Spargel, verschiedene Kohlarten, Hülsen- und Wurzelfrüchte vorzüglich kultiviert und ein lebhafter Handel damit betrieben. Aber in Süddeutschland und Oesterreich — wenn wir absehen von einigen wenigen inselartigen Gemüsekulturen in der Nähe großer Städte — steht der Gemüsebau auf sehr niedriger Stufe. In ganz Westeuropa gibt es keine Stadt, welche so schlecht mit Gemüse versorgt ist, wie Wien. Im Frühjahr kommt hier das Gemüse zu hohen Preisen aus Frankreich, Algier und Italien, und im Sommer liefern die wenigen Gemüsegärtnereien der Umgebung ein so trockenes und grobes Gemüse, das man in Norddeutschland kaum zum Viehfutter verwenden würde. Aber selbst für die norddeutschen Gemüsebauern gibt es noch manche Gemüsesorten, welche den Anbau im großen lohnen würden, wie z. B. verschiedene Sorten von Speisekürbis, Liebesäpfel (Tomaten), Eierfrüchte, selbst der kleinkörnige Grünmais würde dort gedeihen, unbedingt aber überall im süddeutschen und österreichischen Flachlande.

Die von mir befürwortete Ausdehnung des Futterbaues könnte zweifelhaft erscheinen gegenüber der gewaltigen nordamerikanischen Konkurrenz mit Fleisch von Rindern und Schweinen. Das will ich auch nicht bestreiten bezüglich der Schweine, des Haupt-Ausfuhrartikels der Vereinigten Staaten; aber die Schweine kommen für den europäischen Futterbau kaum in Betracht, wohl aber Rinder, Schafe und Pferde. Für Schafe, insbesondere für Fleischschafe, ist seitens der Vereinigten Staaten in den nächsten Jahren, vielleicht in einem Jahrzehnt und länger, keine Konkurrenz zu besorgen, da jene ihren eigenen Bedarf daran kaum zu decken vermögen. Aber freilich ist der Bedarf an Masthammeln in Oesterreich und Deutschland auch nicht groß, weil diese Fleischsorte nicht zum Alltagsgenuß der inländischen Bevölkerung gehört. Dagegen wäre es die Aufgabe der österreichisch-ungarischen Hammelmäster, sich den französischen Markt, der deutschen, sich den englischen Markt zu erobern.

In Oesterreich und Deutschland kommt für die Verwertung des Feldfutters hauptsächlich das Rind in Betracht und zwar ebensowohl als Mast- wie als Milchtier. Nun ist es keine Frage, daß die Vereinigten Staaten ihre Rinder billiger mästen als wir und sie im Stande sind unsere Märkte mit lebenden Mastochsen zu beschicken, was in Zukunft (wegen verbesserter Einrichtungen auf den Frachtdampfern) vielleicht noch vorteilhafter sein wird als jetzt. In der That, wir können unseren Mastochsen durchschnittlich nicht so wohlfeiles Futter verschaffen, wie die Amerikaner den ihren, ausgenommen unsere mit Zucker- und Spiritusfabriken verbundene Mastanstalten. Dagegen können wir unser kostspieligeres Futter durch unsere frühreifen Rinder höher verwerten als dies drüben gegenwärtig der Fall ist. In der Aufzucht frühreifer Rinder sind wir zur Zeit den Amerikanern noch voraus. Es gibt zwar in den Oststaaten der Union und in der kanadischen Provinz Ontario frühreife Rinder, welche den Vergleich mit den unserigen nicht zu scheuen brauchen, aber deren sind wenige und ihre Mast ist kaum wohlfeiler als in Oesterreich und Deutschland. Die eigentlichen Mastgebiete der Vereinigten Staaten liegen im Westen, auf den Prairien und den bewässerten Steppen. Dort ist das frühreife Rind nicht am Platze, weil es die dort übliche rauhe Haltung nicht verträgt. Die Hauptmasse der amerikanischen Mastrinder ist spätreif; sie sind durchschnittlich erst im Alter von vier bis fünf Jahren mastfähig und ihre Mästung dauert mindestens 6 Monate. Wenn wir unsere Mastrinder so aufziehen, daß sie mit zwei Jahren und in vier Monaten gemästet werden können, dann haben wir einen großen Vorteil vor den Amerikanern voraus, der durch ein paar Jahrzehnte andauern kann. Dazu kommt nun noch, daß unsere Mastrinder durchschnittlich schwerer sind als die nordamerikanischen. Ein ausgemästetes Mastrind von 400 kg Fleischgewicht gehört auf dem großen Viehmarkt in Chicago schon zu den besten. Auf unseren Schlachtviehmärkten aber sind Mastochsen von 600 kg Fleischgewicht nicht ungewöhnlich. Ein großer Mastochse aber frißt weniger und er gibt verhältnismäßig mehr Fleisch und Fett als ein kleiner.

Auf dem Gebiete der Milchwirtschaft ist in Oesterreich und Deutschland die nordamerikanische Konkurrenz in nächster Zeit nicht zu fürchten, weil erstens die Butter auf große Entfernungen nicht leicht transportfähig ist und das überseeische Produkt dem unsrigen im allgemeinen an Güte nachsteht, und zweitens der nordamerikanische Käse den bei uns beliebten Käsesorten — Emmenthaler und Holländer — in der Schätzung des Publikums nicht gleichsteht. Alles in allem genommen aber steht die österreichische und deutsche Milchwirtschaft keineswegs auf höherer Stufe als die nordamerikanische. In Bezug auf Käseerzeugung stehen wir sogar unter ihr. In Oesterreich wird Käse für den Welthandel nur in Vorarlberg und einem kleinen Teile von Tirol gemacht, in Deutschland nur im Algäu, abgesehen von einigen kleinen Produktionsinseln in andern Teilen des Reiches.

In seinem „Handbuch der Käsereitechnik" sagt Dr. v. Klenze im Vorwort von der deutschen Käserei folgendes: „Diese befindet sich noch in einem Zustande vollkommener Empirie; die Käser kennen kaum das Handwerksmäßige ihres sehr schwierigen Gewerbes; von Vorkenntnissen, die dazu eigentlich nötig sind, wissen sie nichts und die Praxis kann diese auch nicht nach langer Zeit ersetzen. Wer diese Anschauung für übertrieben erachtet, mag nur beobachten, wie wenig wirklich tadellose, vorzügliche Käse produziert werden. Wenn man viele Käsereien untersucht, in denen die verschiedensten Sorten bereitet werden, so wird man zu dem Resultate kommen müssen, daß im großen Durchschnitte höchstens ein Zehntel aller Produkte als erste Qualität zu betrachten ist."

Demnach ist in Deutschland und Oesterreich noch viel zu thun auf dem Gebiete des Molkereiwesens. Bezüglich der Käserei stehen wir erst am Anfange eines wirklich einsichtigen Verfahrens. Es wäre wohl zu überlegen, ob die österreichischen und deutschen Käser sich nicht der Erzeugung des nordamerikanischen Cheddarkäses zuwenden sollen, der eine einfachere Behandlung erfordert, rascher reift und darum früher verkäuflich ist als der Emmenthaler. Ich halte es nicht für schwierig, den Cheddarkäse besser zu machen als in den Vereinigten Staaten, wo insbesondere das Preßverfahren noch viel zu wünschen übrig läßt. Die allgemeine Einführung der Schweizer Käserei in Oesterreich und Deutschland würde ich nicht empfehlen, weil der Schweizer (Emmenthaler) Käse sehr viel Arbeit erfordert und zur Erlangung der ersten Qualität vielen Zufälligkeiten unterworfen ist, auch zu seiner Herstellung bis zur Reife viel Kapital erfordert. Viel eher würde sich zur Massenproduktion für österreichische und deutsche Käsereien der Edamer und Holländer Rahmkäse eignen, wenn nicht der nordamerikanische Cheddarkäse sich als nachahmungswert erweisen sollte. Jedenfalls können wir mit unseren weichen Ziegelkäsen, mit den Olmützer Quargeln, mit den schlesischen und Harzer Handkäsen, mit dem holsteinischen Lederkäse nicht den Weltmarkt erobern.

Bezüglich unserer Milchkühe legen wir zu viel Gewicht auf deren Milchmenge, anstatt auf den Fettgehalt der Milch. In Nordamerika verlangt man von einer guten „Butterkuh" 6 % Fett in der Milch, und das geben dort die Jerseys und Guernseys. Mir ist in Oesterreich und Deutschland keine Milchkuh bekannt, welche mehr als 4 1/2 % Fett in der Milch hat; als Durchschnitt können wir nur etwa 3 3/4 % annehmen. Durch Fütterung kann der Fettgehalt in der Milch nicht, oder nur sehr wenig gesteigert werden, wohl aber durch Zuchtwahl butterreicher Milchkühe.

Eine weitere Ausdehnung gestattet in Oesterreich und Deutschland auch die Pferdezucht, insbesondere die Zucht schwerer Ackerpferde. In beiden Staaten sind durch unüberlegte Verwendung von englischem Vollblut gute Landpferde selten geworden. In Deutschland gibt es kaum noch einen Landschlag schwerer Ackerpferde; in Oesterreich und zum Teil in Bayern haben wir noch die Pinzgauer, die aber einer Verbesserung ihrer Formen bedürfen. Namentlich die Alpengebiete in Oesterreich und Bayern sind die berufensten Länder zur Zucht des schweren Ackerpferdes. Wo aber der Grundbesitz sehr geteilt ist, wie vielfach in Süddeutschland, Rheinland und Mitteldeutschland, ist freilich die Pferdezucht nicht am Platze, wenn sie nicht etwa genossenschaftlich betrieben werden kann in der Art, daß die pferdezüchtenden Bauern gemeinsame Fohlengärten errichten.

Die weitere Ausdehnung der Pferdezucht, namentlich in bäuerlichen Kreisen, wird zur Folge haben, daß die Zugochsen vom Acker verdrängt werden zum Vorteile der Fleischerzeugung. Als Zugochsen können nur spätreife Rinder verwendet werden, deren Mästung schließlich lange Zeit erfordert, um die durch Arbeit hart und zähe gewordenen Muskeln durch Einlagerung von Fett weich und schmackhaft zu machen. Mit der Aussicht auf die kostspieligere Mast der zur Arbeit benutzten Rinder, scheint mir die Verwendung von Zugochsen nicht den Vorteil zu bieten, den man allgemein annimmt. Es ist ja richtig, daß die Aufzucht und Haltung eines Zugochsen nicht so kostspielig ist, wie die eines Pferdes. Aber thatsächlich braucht man meistens zwei Zugochsen, um die Arbeit eines schweren Ackerpferdes zu verrichten, so daß damit der Vorteil der Ochsenhaltung schwindet, ganz abgesehen davon, daß Ochsenarbeit nicht überall die Pferdearbeit ersetzen kann.

Einer großen Steigerung im Ertrage ist in Oesterreich und Deutschland noch die Geflügelzucht fähig. Nach Sering (Landw. Konkurrenz Nordamerikas S. 713) betrug 1886 die Eiereinfuhr des deutschen Reiches 27 Mill. kg im Wert von 24,5 Mill. Mark; sie hat sich seit 1881 fast verdoppelt. Oesterreich-Ungarn gehört zu den eierausführenden Staaten, aber die Geflügelzucht steht auch hier nicht auf der Stufe, auf der sie bei einsichtsvollerem Betriebe stehen könnte und sie steht entschieden nicht so hoch wie in Frankreich. Auf dem Gebiete der Geflügelzucht ist in Oesterreich und Deutschland noch viel zu machen; eine Konkurrenz Nordamerikas ist auf diesem Gebiete auf Jahrzehnte hinaus nicht zu fürchten, weil dort die inländische Eiererzeugung bei weitem nicht genügt, den eigenen Bedarf zu decken.

Die künstliche Ausbrütung und Aufzucht der Hühner steht bei uns erst am Anfang, die Mästung des Geflügels ist nur vereinzelt ein wirklicher Erwerbszweig. In ganz unüberlegter Weise haben unsere Geflügelzuchtvereine durch ausländische Zuchten unsere guten inländischen Eierleger in ihrem Ertrage vermindert und ihre Fleischerzeugung verschlechtert. Die „Mode“, in Oesterreich und Deutschland überall Cochins und Brahmas einzuführen, hat unseren einheimischen Hühnerzuchten mehr Schaden als Nutzen gebracht. In Nordamerika hält man als beste Eierleger die braunen Italiener (Leghorns), welche in der That den Stamm der Landhühner in den südlichen Ländern Oesterreichs bilden. In nächster Linie gelten dort als gute Eierleger die Hamburger, eine norddeutsche Hühnerzucht; und gleichwertig mit ihnen sind die Wyandottes, die von ihnen abstammen. Zur Fleischerzeugung verwendet man in Nordamerika keine kurzflügligen Zuchten wie die Cochins und Brahmas, weil durch den Nichtgebrauch der Flügel deren Brustmuskeln (die besten Fleischteile) verkümmern. Gerade unsere langflügligen Landhühner liefern — wenn sie sich frei bewegen können — eine reichliche Fleischmasse.

Auch die Bienenzucht und Seidenzucht, sowie an manchen Orten die künstliche Fischzucht, ist in Oesterreich und Deutschland noch einer weiten Ausdehnung und hohen Steigerung ihrer Erträge fähig.

Und nun möchte ich hier einen wunden Punkt der bäuerlichen Landwirtschaft in Oesterreich berühren: das sind die vielen Feiertage, insbesondere in den Alpenländern. Ich sage nicht zu viel, wenn ich behaupte, daß in den österreichischen Alpenländern die Bauern und ihre Arbeiter durchschnittlich den vierten Teil des Jahres nicht arbeiten. In den Vereinigten Staaten Amerikas betragen sämtliche Feiertage nur den sechsten Teil des Jahres, und doch sind die amerikanischen Bauern gewiß nicht weniger gute Christen und selbst katholische Christen als die Bauern der österreichischen Alpenländer. In den Vereinigten Staaten wurden beim letzten Census im Jahre 1880 insgesamt 44 verschiedene Kirchen, bezw. Bekenntnisse gezählt, und unter diesen hat die römisch-katholische im Verhältnis zu den übrigen Bekenntnissen die meisten Mitglieder. Aber die römischen Katholiken in den Vereinigten Staaten haben insgesamt nur 60 Sonn- und Feiertage in einem gemeinen Jahre, so wie die Mitglieder aller übrigen Bekenntnisse. Wie können unsere Bauern den schweren Kampf ums Dasein bestehen, wenn sie nur $^{3}/_{4}$, ja an vielen Orten nur $^{2}/_{3}$ des Jahres arbeiten und die übrige Zeit feiern, und zwar keineswegs allein zum Zwecke kirchlicher Andacht, sondern mit Saufen und Raufen im Wirtshause. Die vielen Feiertage in unseren Alpenländern kommen am wenigsten der Kirche zu gut, die meisten sind Opfertage für Gambrinus und Venus.

Noch einen wunden Punkt möchte ich im Interesse der österreichischen Landwirtschaft berühren: das ist der Mangel an schiffbaren Wasserstraßen und damit der Mangel billiger Frachten für landwirtschaftliche

Erzeugnisse. Wenn man sich eine ausführliche Landkarte Europas ansieht, dann gewahrt man, wie die zahlreichen Kanäle und regulierten Flußläufe des deutschen Reiches gerade an der österreichischen Nord- und Westgrenze aufhören. Oesterreich besitzt zum Anschlusse an Deutschland keinen einzigen brauchbaren Kanal, keinen einzigen regulierten Fluß. Statt der billigen Schiffsfrachten muß die österreichische Getreideausfuhr die teuren Eisenbahnfrachten tragen. Mindestens sollte doch der längst geplante Donau-Oderkanal endlich in Ausführung gebracht werden!

Schließlich wende ich mich mit einer Frage an die Vertreter der landwirtschaftlichen Wissenschaft in Oesterreich und Deutschland. Haben die wissenschaftlichen Anstalten in diesen Staaten, die landwirtschaftlichen Hochschulen, Mittelschulen und Ackerbauschulen, die Fortbildungsschulen und Versuchsstationen ihre Aufgabe so erfüllt, daß sie behaupten können: wir sind die Führer der praktischen Landwirte, wir sind die Quellen seiner Kraft in dem harten Kampf gegen die ausländische Konkurrenz?

Diese Frage beantworte ich mit Nein. Gegen die wissenschaftlichen Leistungen der genannten Anstalten habe ich nichts einzuwenden. Wissenschaftlich stehen die Schulen und Versuchsstationen in Deutschland und Oesterreich höher als in den Vereinigten Staaten Amerikas. Das steht außer Zweifel. Aber praktisch, d. h. bezüglich der Anwendbarkeit ihrer wissenschaftlichen Leistungen auf die landwirtschaftliche Praxis, stehen unsere wissenschaftlichen Anstalten unzweifelhaft unter den amerikanischen.

Es würde mich zu weit führen, an dieser Stelle auf die Verbesserung unseres landwirtschaftlichen Unterrichtes in praktischer Richtung einzugehen. Ich halte eine solche Verbesserung für dringend notwendig. In Deutschland hat man die sog. landwirtschaftlichen Akademien vielleicht zu früh aufgehoben. Sie hatten freilich viele Uebelstände bei ihrer Halbheit von Wissenschaft und Praxis und ihrem Mangel an strenger, systematischer Arbeit; aber diese Uebelstände hätten verbessert werden können und wir hätten dann an ihneu gute praktische Schulen gehabt, wenn man nämlich die Schüler zu ernster Arbeit anzuhalten verstände.

Den größten Fehler, den man in Deutschland und Oesterreich auf dem Gebiete der landwirtschaftlichen Belehrung gemacht hat, ist die Vereinzelung der landwirtschaftlichen Versuchsstationen. Anstatt diese Stationen mit Schulen zu vereinigen, insbesondere mit den sog. landwirtschaftlichen Akademien und Mittelschulen auf dem Lande, hat man sie meistenteils in Städte verlegt und zu ihrer Leitung Gelehrte berufen, die zwar vortreffliche Forscher, aber keine Landwirte sind, die daher auch die Bedürfnisse des Landwirtes aus eigener Erfahrung nicht kennen und meistens auch nicht verstehen.

Ich weiß sehr wohl, daß man wissenschaftliche Versuche auf dem Gebiete der Landwirtschaft nicht auf Hektaren, sondern nur auf Aren, nicht in großen Ställen mit zahlreichen Tieren, sondern nur in einem wohleingerichteten Versuchsstall mit wenigen Stücken vornehmen kann. Aber die Ergebnisse solcher Versuche im kleinsten und kleinen darf man nicht eher verallgemeinern (und das ist doch die Aufgabe der Versuchsstationen), bis man sie auch im großen und an verschiedenen Orten angewendet hat. Dazu braucht die Versuchsstation eine eigene Versuchswirtschaft. Der praktische Landwirt hat gar kein Verständnis dafür, daß man Getreidepflanzen in Blumentöpfen, oder in Hyacinthengläsern mit wässerigen Lösungen zieht, und daß man landwirtschaftliche Haustiere in Käfigen füttert. Das sind freilich notwendige Hilfsmittel der Versuchsstationen, die den Praktiker nichts angehen. Aber der Praktiker will auch sehen, was die Wissenschaft leistet, und darum müssen die Versuchsstationen ihre Arbeiten im großen anwendbar, im großen sichtbar machen, denn nur dann haben sie einen Wert für die landwirtschaftliche Praxis.

Und wenn der wissenschaftliche Versuchsarbeiter genötigt wäre, bei der Veröffentlichung seiner Arbeiten an den praktischen Landwirt, an den Bauer zu denken — dem er doch auch wissenschaftliche Hilfe zu leisten berufen ist, als einem Bürger des Staates, der die Kosten der Versuchsstation trägt — dann wird er so schreiben, daß jeder gebildete Landwirt ihn verstehen kann, und er wird seitens der Versuchsstation nichts veröffentlichen, was sich nicht in der Praxis verwenden läßt und was sich nicht schon durch den Versuch im großen, d. h. in der eigenen Versuchswirtschaft bewährt, oder was sich als nachteilig erwiesen hat. Rein wissenschaftliche Versuche auszuführen, ist nicht die Aufgabe landwirtschaftlicher Versuchsstationen.

Daß dem landwirtschaftlichen Versuchswesen in Deutschland und Oesterreich noch nicht ein einziges Insektenhaus zur Verfügung steht, um durch Beobachtung der Insekten an ihren Wohnpflanzen deren Schädigung kennen zu lernen und zu bekämpfen, das ist mir ganz unverständlich in den deutschen Ländern, die stolz sind und stolz sein können auf ihre wissenschaftlichen Errungenschaften.

In dem schweren Kampf gegen die nordamerikanische Konkurrenz ist die deutsche Wissenschaft an erster Stelle berufen, durch ihre Forschungen und Versuche die Arbeit des heimischen Landwirtes und Bauern zu fördern und zu sichern. Aber sie vermag das nur, wenn sie im Stande ist die Arbeit des Laboratoriums anzuwenden und zu bewähren in eigener Versuchswirtschaft. Darum halte ich in Oesterreich und Deutschland die Erweiterung der Versuchsstationen zu gut geleiteten Versuchswirtschaften für eines der wirksamsten Mittel zur Abwehr der landwirtschaftlichen Konkurrenz Nordamerikas.

Münze, Maße und Gewichte in Nordamerika.

1 Dollar (Kurs am 18. Oktober 1889)	=	4,17	Mark.
1 Land-Meile	=	1,609	km.
1 Quadratmeile	=	2,589	km^2
1 Fuß	=	0,305	m.
1 Zoll	=	2,54	cm.
1 Quadratfuß	=	0,093	m^2.
1 Kubikfuß	=	0,028	m^3.
1 "	=	28,37	l.
1 Acker (acre)	=	0,405	ha.
1 Tonne	=	907	kg.
1 Faß (barrel)	=	89,1	"
1 Bushel (Winchester)	=	35,2	l.
1 Gallon	=	4,54	l.
1 Quart	=	1,136	l.
1 Pfund	=	0,4536	kg.
1 Unze	=	28,35	g.

Verhältniszahlen.

1 Dollar vom Acker	=	10,3	M. v. ha.
1 Tonne " "	=	2240	kg " "
1 Bushel " "	=	0,87	hl " "
1 Quart " "	=	2,80	l " "
1 Pfund " "	=	1,12	kg " "
1 Dollar die Tonne	=	46	M. d. kg.
1 " das Bushel	=	11,8	" " hl.
1 " das Pfund	=	9,2	" " kg.
1 " das Quart	=	3,67	" " l.
1 " das Faß	=	2,55	Pf. d. l.

Register.

(Die Zahlen bezeichnen die Seiten.)

Zeitfracht Medien GmbH
Ferdinand-Jühlke-Straße 7
99095 Erfurt, Deutschland
produktsicherheit@kolibri360.de